煤电机组技术监督工作指南 ③

组编 山东省能源局
国网山东省电力公司电力科学研究院
主编 刘学军

内容提要

随着山东省新型能源体系加快建设，“风光火核储”等各类电源快速发展，煤电逐步向“压舱石”“调节器”角色转变，调峰机组规模不断增加，调峰频率和深度持续加大，主辅机设备安全可靠性降低，煤电技术监督面临更多新问题、新要求。为了适应煤电技术监督工作新形势，明确监督职责，优化监督流程，强化监督管理，提升监督工作标准化和规范化水平，特编制《煤电机组技术监督工作指南》。

全书共十三章，第1章总体介绍了技术监督管理内容，涉及技术监督体系、监督制度、监督职责、监督范围、监督信息、监督会议和培训、监督检查、监督预（告）警管理、线上监督管理等内容。第2~13章分别介绍了绝缘技术监督、继电保护技术监督、励磁技术监督、电测技术监督、金属技术监督、汽机技术监督、锅炉技术监督、热工技术监督、化学技术监督、环境保护技术监督、电能质量技术监督、通信及网络安全技术监督等12项专业监督内容。各专业监督分别介绍了监督范围、监督依据、专业技术监督体系建设、日常管理监督、设备监督、反措落实监督、涉网监督等内容。附录1~附录12分别为12项专业监督检查细则，详细介绍了各专业监督检查内容、检查方法、评分标准及方法等内容，其中检查内容涉及技术监督体系、日常管理、设备状况、运行指标、反措落实、隐患排查、涉网安全和人员培训等8方面。

图书在版编目（CIP）数据

煤电机组技术监督工作指南 / 山东省能源局，国网山东省电力公司电力科学研究院组编；刘学军主编. 北京：中国电力出版社，2025. 8. -- ISBN 978-7-5239-0111-3

Ⅰ. TM621.2-62

中国国家版本馆 CIP 数据核字第 2025BS4226 号

出版发行：中国电力出版社
地　　址：北京市东城区北京站西街19号（邮政编码 100005）
网　　址：http://www.cepp.sgcc.com.cn
责任编辑：畅　舒（010-63412312）
责任校对：黄　蓓　朱丽芳　常燕昆
装帧设计：王英磊
责任印制：吴　迪

印　　刷：三河市万龙印装有限公司
版　　次：2025年8月第一版
印　　次：2025年8月北京第一次印刷
开　　本：787毫米×1092毫米　16开本
印　　张：30.5
字　　数：593千字
印　　数：0001-1500册
定　　价：150.00元

本书编写组

主　编　刘学军

副主编　韩贵业　周新刚　李乐丰　陈义森

成　员　孙善华　赵晴川　于庆彬　王毓琦　张　燕　孙孔明
解笑苏　严　黔　王庆玉　聂其贵　张　强　李贵海
田博彦　于丹文　冷述文　卢永生　张雪军　李太兴
张　健　王峰涛　厉召迎　王　宇　张京文

前言

PREFACE

山东是全国重要的能耗大省、碳排放大省，能源消费总量和碳排放总量均占到全国的近 1/10，“一煤独大”的问题突出。“十四五”以来，山东新能源和可再生能源装机容量以年均 25.2% 的速度增长，装机规模和发电量三年实现“双翻番”。截至 2024 年 10 月，山东新能源和可再生能源发电累计装机容量达 10642.6 万 kW，历史性超过煤电，跃升为全省第一大电源。同时煤电行业也在加速转型升级，“十四五”以来关停小煤电机组 347 台、966.8 万 kW，完成“三改联动”132 台次、6572.5 万 kW，煤电机组正由主体电源向支撑性调节性电源转变。

当前，煤电机组调峰已成常态，深调次数显著增加，部分调峰机组出现锅炉受热面拉裂、热疲劳交变应力裂纹、氧化皮加速生成脱落、空气预热器堵塞、风机失速、调速系统汽门卡涩、叶片水蚀、轴系振动异常、自动控制系统性能下降、高压电气设备绝缘故障等安全问题，同时煤电机组“三改”工作加快推进，煤电安全稳定运行面临诸多新问题。

技术监督作为发电运行管理的重要支撑手段，对保障新形势下煤电机组安全稳定运行意义重大。山东省电力政企分开改革前，山东省电力试验研究所（山东电力研究院前身）受山东省电力局委托承担全省电力行业技术监督工作。电力政企分开改革后，原山东省经济贸易委员会于 2001 年 5 月下文明确山东电力研究院承担全省电力行业技术监督工作，并在研究院设置山东省电力技术监督办公室负责技术监督的日常工作。2004 年，原山东省经济贸易委员会下文成立山东省电力技术监督领导小组，进一步完善技术监督网络体系。2021 年，山东省能源局将全省电力技术监督工作承担单位由山东电力研究院变更为国网山东省电力公司电力科学研究院。经过多年积淀和发展，山东电力技术监督从产生之初的高压预防性试验为主，逐步发展成为绝缘、继电保护、励磁、电测、金属、汽机、锅炉、热工、化学、环境保护、电能质量、通信及网络安全等 12 项专业技术监督，监督省内煤电企业 40 余家，装机容量超过 6000 万 kW。

《煤电机组技术监督工作指南》是山东省电力技术监督办公室在省能源局指导下，严格按照国家、行业有关电力技术监督的政策、法规，结合省内煤电机组升级改造进行编写。本书介绍了煤电机组监督范围、监督依据、监督体系、监督职责和监督内容等，包括绝缘、继电保护、励磁、电测、金属、汽机、锅炉、热工、化学、环境保护、电能质量、通信及网络安全等 12 项专业技术监督内容。

本书由山东省能源局、国网山东省电力公司电力科学研究院共同组织编写，在编写过程中得到了华能山东发电有限公司、中国华电集团有限公司山东分公司、国家能源投资集团有限责任公司山东电力有限公司、大唐山东发电有限公司、华润电力控股有限公司华北大区、山东能源集团有限公司等单位提供的技术资料和技术支持，在此一并表示感谢。

由于编著水平和搜集的资料有限，书中难免存在疏漏和不足之处，诚恳希望读者批评指正。

本书编写组

2025 年 3 月

目录

CONTENTS

1 技术监督管理

电力技术监督是指在电力工程建设和生产运行全过程中，对相关技术标准执行情况进行检查，对电力设备设施和系统安全、质量、环保、经济运行有关的重要参数、性能指标开展检测和评价等。

1.1 技术监督体系

山东省电力技术监督体系设置为三级，自上而下分别为山东省电力技术监督领导小组（以下简称领导小组）、山东省电力技术监督办公室（以下简称监督办公室）和发电企业。

领导小组是在山东省能源局领导下的全省电力技术监督领导机构。

监督办公室为山东省电力技术监督领导小组下设机构，是全省电力技术监督工作的归口管理机构，设在国网山东省电力公司电力科学研究院（以下简称国网山东电科院）。

各发电企业是技术监督主体单位，负责本单位的技术监督工作。

1.2 监督制度

在山东省能源局的指导下，监督办公室认真贯彻执行国家、行业有关电力技术监督的政策、法规，紧密跟新型电力系统建设，建立健全监督制度，牵头制定、滚动修订《山东省电力行业技术监督工作规定》，组织制定《山东省直调火力发电机组灵活性改造后最小技术出力核定管理办法》《山东省煤电机组耦合掺烧生物质及低热值燃料在线监督系统管理办法》《山东省直调热电机组在线监测管理办法》等制度规范，持续提升煤电机组技术监督制度化和标准化水平。

监督办公室建立健全技术监督预警、告警和整改制度，对违反监督制度、存在重大安全隐患的单位，视情节严重程度，发出技术监督预（告）警单，发电企业组织制订整改计划。

发电企业建立监督报告报送制度，按要求及时报送技术监督信息，重要问题进行专题报告；建立并严格执行技术监督责任处理制度，对由于技术监督不当或自行减少监督项目、降低监督指标标准而造成严重后果的，追究相应责任。

1.3 监督职责

1.3.1 领导小组

领导小组是在山东省能源局领导下的全省电力技术监督领导机构，主要职责如下：

（1）贯彻落实国家、电力行业以及山东省的有关法律、法规、标准、规范。

（2）建立健全山东省电力技术监督规章制度。

（3）协调解决电力技术监督工作中的重大问题。

1.3.2 监督办公室

监督办公室为领导小组下设机构，是全省电力技术监督工作的归口管理机构，主要职责如下：

（1）负责全省电力技术监督日常管理。

（2）指导技术监督组织体系建设。

（3）负责制定专项技术监督工作规定、管理办法和技术规范。

（4）组织召开全省技术监督工作会议和各专业技术监督工作会议。

（5）指导电力企业开展全过程技术监督。

（6）组织开展技术监督，落实技术监督措施。

（7）向领导小组汇报全省技术监督工作情况，为政府决策提供支撑。

监督办公室设在国网山东电科院，下设技术监督专责，实施全省各专业技术监督日常管理，主要职责为：

（1）贯彻执行国家、行业、山东省有关专业技术监督的方针、政策、法律、法规、标准、规程、制度。

（2）督导发电企业落实国家、行业有关技术监督的标准、规程、制度、反事故措施以及山东省电力技术监督规章制度。

（3）监督发电企业专业监督工作计划的制定和实施。

（4）制定或修订山东省电力行业专业技术监督工作规定，监督发电企业建立健全技术监督体系，完善管理制度和岗位职责。

（5）参加新建、扩建、改建和重大技术改造项目的专业技术监督检查、督导工作，协助发电企业研究解决专业技术监督工作中重大技术关键问题。

（6）参与重大设备及运行事故的调查、分析，监督审查反事故措施的制订和落实。

（7）掌握全省相关专业的设备特性、运行和检修状况，监督发电企业及时上报不安全事件、运行数据、技改工作等，针对重大、频发性异常问题发出监督预（告）警。

（8）对发电企业机组检验、检测等进行监督、核查。

（9）编写全省专业技术监督月报和年度工作总结。

（10）组织召开全省专业技术监督年度工作会议，总结、部署技术监督工作，表彰先进。

（11）组织开展全省专业技术监督检查工作。

（12）组织开展发电企业专业技术培训和交流工作。

1.3.3 各发电企业

各发电企业负责组织开展本单位技术监督工作，建立健全企业生产负责人领导下的技术监督组织体系、工作机制和流程，落实技术监督岗位责任制，成立厂级技术监督领导小组，企业生产负责人任组长，并在生产技术管理部门设立专业技术监督专责。

（1）发电企业技术监督网组长职责。

1）组织开展本企业技术监督工作。

2）贯彻执行国家、行业有关技术监督的方针、政策、法规、标准、规程、制度、条例、反事故措施。

3）组织制定本企业各技术监督工作实施细则、岗位职责、考核办法等管理文件，并监督执行。

4）组织召开本企业技术监督网工作会议，协调解决监督工作中的具体问题。

5）组织制订年度监督工作计划，总结全厂监督工作。

6）协调本企业技术监督网中各专业的技术监督工作，审批有关实施细则、技术措施。

7）对本企业发生的重大事故，组织并参加调查分析，督促事故防控措施的制定和落实。

8）负责监督、检查、督促专业技术监督专责的工作。

9）参加全省电力技术监督工作会议。

（2）发电企业专业技术监督专责职责。生产技术管理部门专业技术监督专责、班组技术监督专责具体职责见本书各专业技术监督中监督职责分工。

1.4 监督范围

山东省煤电机组技术监督包括绝缘、继电保护、励磁、电测、金属、汽机、锅炉、热工、化学、环境保护、电能质量、通信及网络安全等 12 项专业技术监督，主要监督范围如下：

1.4.1 绝缘技术监督

监督范围主要是电气一次设备的绝缘强度（包括外绝缘防污闪）、通流能力、过电压保护及接地系统。

1.4.2 继电保护技术监督

监督范围主要是继电保护装置、电力系统安全自动装置、二次回路及相关设备、继电保护试验仪器等。

1.4.3 励磁技术监督

监督范围主要是励磁变压器、副励磁机、主励磁机、自动励磁调节器（AVR）、功率整流器、发电机转子过电压保护和灭磁装置、工频手动柜以及相关二次回路。

1.4.4 电测技术监督

监督范围主要是直流仪器仪表、电测量仪器仪表、电能表、电流互感器、电测量系统二次回路（包括电压互感器二次回路压降测试装置）、电测计量标准装置等。

1.4.5 金属技术监督

监督范围主要是锅炉主要部件、压力容器、厂内工业管道、汽轮机主要部件、发电机主要部件和主要螺栓紧固件。

1.4.6 汽机技术监督

监督范围主要是汽轮机本体及附属设备和系统，主要辅机、供热设备及系统，以及与上述设备和系统相关的水、电、油等的节能技术。

1.4.7 锅炉技术监督

监督范围主要是锅炉本体、主要辅机及附属系统，以及与上述设备和系统相关的煤、油、汽、水电等的节能技术。

1.4.8 热工技术监督

监督范围主要是热控系统、热工仪表及设备、热工计量标准器具及装置。

1.4.9 化学技术监督

监督范围主要是制水、制（储）氢、制氯、制（储）氨，及水、汽、气（氢气、SF_6）、油及燃料等，有关化学设备、仪表等。

1.4.10 环境保护技术监督

监督范围主要是发电企业运行阶段的原料、环境保护设施、污染物排放以及对周边环境质量影响，电力建设项目对环境、水土保持等的影响等。

1.4.11 电能质量技术监督

监督范围主要是影响电网电能质量的设备以及电厂各电压等级母线的交流电能质

量，包括频率偏差、电压偏差、电压波动和闪变、三相电压不平衡度、谐波、间谐波等。

1.4.12 通信及网络安全技术监督

监督范围主要是调度数据网边界设备、电力监控系统安全分区及安全防护设备、电力监控系统主机及网络设备、光纤通信及可信 WLAN 网络、运行环境及台账等。

1.5 监督信息

山东省能源局超前谋划，推动指导国网山东电科院建成山东省电力技术监督服务平台，各发电企业通过平台定期向监督办公室在线报送监督信息，主要包括：

（1）每年 1 月 15 日前报送年度监督工作计划、反事故措施计划、上年度计划执行情况等。

（2）每年 7 月 15 日前、次年 1 月 15 日前报送半年、全年监督总结。

（3）每月 5 日前报送上月监督月报。

（4）在大修前 30 日内报送工作项目及内容；在大修后 30 日内报送工作总结报告。

（5）在设备故障或运行异常等问题定性后 2 日内报送故障经过、原因分析及处理措施。

（6）在主要设备改造方案确定后 30 日内报送有关内容。

1.6 监督会议和培训

1.6.1 山东省电力技术监督工作会议

每年由山东省能源局主办，国网山东电科院承办。主要是总结去年电力技术监督工作，分析当前电力行业面临的形势和任务，部署安排全年重点工作。参会单位包括山东省能源局、各市发展改革委（能源局）、国网山东省电力公司、华能山东发电有限公司、华电集团山东公司、国家能源集团山东公司、大唐山东发电有限公司、山东能源集团有限公司等单位及其下属发电企业。

1.6.2 山东省发电企业专业技术监督工作会议

每年由监督办公室主办，国网山东电科院承办。主要是宣贯全省电力技术监督会议精神，总结去年各发电企业专业技术监督工作，分析当前各专业监督面临的问题，部署安排全年各专业技术监督重点工作，同时交流探讨专业技术监督中的热点、难点问题。参会单位为全省各发电公司及下属发电企业等。

1.6.3 技术监督培训

监督办公室按计划组织开展发电企业化学、环保、热工、金属等专业技术培训，全省各发电企业相关专业技术人员参加。

1.7 监督检查

1.7.1 技术监督综合检查

根据山东省能源局工作部署，监督办公室每年组织开展迎峰度夏技术监督综合检查，由国网山东电科院组建专家队伍，以国家和行业相关规章、规程和技术标准为依据，重点检查设备状况、运行指标、反措落实、隐患排查、涉网安全等方面内容，同时督促检查问题闭环整改。

1.7.2 技术监督专业检查

监督办公室每年组织开展技术监督专业检查，国网山东电科院各监督专业负责落实执行，依据专业监督检查细则开展现场检查，并跟踪问题整改。

1.7.3 技术监督专项检查

监督办公室按要求不定期组织开展技术监督专项检查，协助开展全省小火电关停、机组非计划停运和降出力等专项核查，配合开展新型电力系统下调峰机组设备可靠性、运行稳定性等情况专项检查。

1.8 监督预（告）警管理

（1）对违反监督制度、存在重大安全隐患的单位，视情节严重程度，监督办公室发出技术监督预（告）警单。发电企业研究制订整改计划，并在3日内将技术监督预（告）警回执单上报监督办公室。

（2）问题整改完成后，发电企业将问题整改报告报送监督办公室备案。

（3）对整改完成的问题，电厂保存相关试验报告、现场图片等技术资料，作为问题整改情况及实施效果评估的依据。

1.9 线上监督管理

山东省能源局积极响应国家“互联网 +”发展战略，推动建设在线技术监督管理服务系统，拓展了技术监督渠道，丰富了技术监督手段，强化了全省电力技术监督管理。

1.9.1 山东省电力技术监督服务平台

2016 年 8 月，原山东省经济和信息化委员会委托国网山东电科院开发建设山东省电力技术监督服务平台，2017 年 5 月 31 日平台建成投运，为全省发供电企业提供了公平、公正、公开的统一信息共享与生产监管平台。

平台包括行业要闻、政策法规、通知公告、电网运行、工作动态、专业监督、互动交流等7个版块和山东省电力技术监督服务系统。其中山东省电力技术监督服务系统为核心功能版块，主要包括监督业务、监督专题和监督信息三部分内容。

（1）监督业务。开展机组容量核定、热电联产、灵活性改造后最小技术出力核定等业务在线申请、流转和审核。

（2）监督专题。定期发布热电联产、涉网监督等业务的监督报表、分析报告等内容。

（3）监督信息。发电企业定期报送监督月报/年报、大修技改监督、监督网络、工作动态等监督信息。

依托平台，实现了全省电力技术监督的在线管理、监督通告的及时发布和发电企业监督信息的收集共享，高效开展了机组容量核定、灵活性改造后最小技术出力核定和生物质掺烧的在线申报、流转和审核，大幅提升了在线技术监督管理水平。

1.9.2 网源监督服务平台

2015年，原山东省经济和信息化委员会超前谋划，推动国网山东电科院建设“山东省网源监督服务技术平台”，2018年平台基本建成并持续进行功能开发。

平台具有在线监测、实时评价、能力预测、故障诊断和远程优化等功能，截至2024年底，已接入山东电网全部192台直调机组、262座风电场和332座集中式光伏电站的涉网数据，可调节负荷和储能资源数据覆盖山东省17个地市，实现源网荷储各类调节资源最大化、最高效利用。平台接入机组数量、数据体量居全国首位，实现省级电网全面覆盖，入选国家电网公司调度运行典型经验。

平台定位三大方向，一是服务政府监管，二是支撑电网运行，三是服务发电企业。

（1）服务政府监管。实时掌握机组运行参数，创立了具有山东特色的在线监督新模式，首次实现涉网试验“云验收”。

（2）支撑电网运行。

1）在调峰方面。在线掌握发电机组真实调峰能力，首创“当前主辅机状态+历史数据挖掘”精准建模技术，实现机组调节能力在多时间尺度上的动态评估及预测。

2）在调频方面。首次常态化开展一次调频远程测试，掌握单台机组的调频性能，预测全网调频能力。

3）在负荷调控方面。完成可调节资源的接入技术、聚合策略和市场机制等研究和验证，推动负荷侧聚合资源直调直控试点，提升负荷调控能力。

（3）服务发电企业。构建机组调节性能动态评估系统，诊断设备特性对机组调节性能的影响，为机组运行提供指导建议。

平台作为电网和电源之间的桥梁纽带，在机组运行管理、电力保供、多资源协同等方面发挥重要作用，在山东省全面应用，并在全国多个省份推广。

1.9.3 山东省热电在线技术监督服务平台

2007年原山东省经济和信息化委员会统筹组织，推动山东省电力公司建成山东省热电在线技术监督服务平台。2021年热电在线监测系统主站完成升级改造，实现了网源监督服务平台和热电在线监测系统融合。目前已接入山东电网56家直调热电厂、174台热电机组，实时接收供热、电力测点数据1万余个，打造了全国首个省级电网全覆盖的热电机组在线监测系统。

系统开发了在线计算、数据挖掘、优化分析三类模型，生成了电负荷调度区间在线计算、全厂调峰能力优化、机组调峰能力挖掘、热电厂最小开机方式核定等10余个功能模块，在提升电网精准调度水平、促进新能源消纳方面发挥重要作用。

平台定位三大方向，一是服务政府监管，二是支撑电网运行，三是服务发电企业。

（1）服务政府监管。在供热指标统计方面。部署应用供热指标在线统计功能，统计全省直调热电机组采暖季上网电量、供热量、热电比等指标，为民生供热降出力免考核提供依据。

在动态跟踪全省供热机组供热能力方面。山东省内新建及改造供热机组，均需接入系统，实现了供热能力动态跟踪，为制定供热替代和小机组关停提供依据。

在灵活性改造验收方面。统计年度供热量和热电比等指标，为机组灵活性改造后最低出力验收供热工况试验提供依据。

（2）支撑电网运行。

1）在支撑调度方面。部署应用机组供热工况图在线修正模块，实时界定机组热、电负荷调整空间，近三年累计辅助调控人员下达调度指令1000余台次，辅助判断降出力申请合理性100余台次，显著提升了电网精准调度水平。

2）在支撑供热机组日内启停优化发面。部署应用供热最小开机方式在线核定模块，实时核定满足当前供热量下热电机组最小开机数量，协助调控人员在新能源消纳困难时段合理修正日内启停机计划，近三年累计辅助制定启停机计划300余次。

3）在支撑现货市场供热必开机组优化方面。开展供热季前开机方式核定工作，确定不同环境温度下直调电厂保障民生供热的最小开机方式，作为现货市场供热必开机组依据。近三年累计核减供热季现货市场必开机组90余台次，核减容量1789.5万kW，增加新能源消纳量103亿kWh，减排二氧化碳803万t。

（3）服务发电企业。接入系统的供热机组，可获得供热降出力减免、现货市场供热必开机组等供热机组权益。

平台在保民生供热及工业用汽、小机组关停及供热替代、电网调峰及新能源消纳、现货市场交易等方面发挥重要作用，在山东省全面应用，并在山西、辽宁等多地推广。

2 绝缘技术监督

绝缘技术监督以安全和质量为中心，以标准为依据，以检测和检查为主要手段，在工程设计、设备选型、设备制造、安装调试以及验收检验、运行维护、故障分析、技术更新改造等环节实行全过程技术监督，对影响电网和设备安全稳定运行的重要指标进行监测、调整和评价。

绝缘技术监督应坚持“安全第一、预防为主、综合治理”的方针，按照依法监督、分级管理、专业归口的原则，建立健全监督体系，贯彻安全生产“可控、在控”的要求，严格执行有关规程、规定和反事故技术措施，及时发现和消除设备缺陷，提高设备运行可靠性。

2.1 监督范围

绝缘技术监督范围包括电气一次设备的绝缘强度（包括外绝缘防污闪）、通流能力、过电压保护及接地系统。电气一次设备主要指 6kV 及以上电压等级的变压器、电抗器、互感器、开关设备、套管、绝缘子、接地装置、电动机、电力电缆、母线、避雷器、电容器、消弧线圈、所属输电线路、100MW 及以上容量同步发电机等。

2.2 监督依据

GB/T 311 高压输电设备的绝缘配合

GB/T 755 旋转电机 定额和性能

GB/T 1094 电力变压器

GB/T 1984 高压交流断路器

GB/T 3190 变形铝及铝合金化学成分

GB/T 4109 交流电压高于 1000V 的绝缘套管

GB/T 4208 外壳防护等级（IP 代码）

GB/T 5231 加工铜及铜合金牌号和化学成分

GB/T 6451 油浸式电力变压器技术参数和要求

GB/T 7064 隐极同步发电机技术要求

GB/T 7354 高电压试验技术　局部放电测量

GB/T 7595 运行中变压器油质量

GB/T 7597 电力用油（变压器油、汽轮机油）取样方法

GB/T 8349 金属封闭母线

GB/T 8905 六氟化硫电气设备中气体管理和检测导则

GB/T 10228 干式电力变压器技术参数和要求

GB/T 11022 高压交流开关设备和控制设备标准的共用技术要求

GB/T 11023 高压开关设备六氟化硫气体密封试验方法

GB/T 11032 交流无间隙金属氧化物避雷器

GB/T 12022 工业六氟化硫

GB/T 14542 变压器油维护管理导则

GB/T 17468 电力变压器选用导则

GB/T 18890.1 额定电压 220kV（U_m=252kV）交联聚乙烯绝缘电力电缆及其附件　第 1 部分：试验方法和要求

GB/T 19749 耦合电容器及电容分压器

GB/T 20113 电气绝缘结构（EIS）热分级

GB/T 20140 隐极同步发电机定子绕组端部动态特性和振动测量方法及评定

GB/T 20835 发电机定子铁芯磁化试验导则

GB/T 20840 互感器

GB/T 20993 高压直流输电系统用直流滤波电容器及中性母线冲击电容器

GB/T 20994 高压直流输电系统用并联电容器及交流滤波电容器

GB/T 21209 用于电力传动系统的交流电机　应用导则

GB/T 22071 互感器试验导则

GB/T 22582 电力电容器　低压功率因数校正装置

GB/T 24840 1000 kV 交流系统用套管技术规范

GB/T 26218.1 污秽条件下使用的高压绝缘子的选择和尺寸确定　第 1 部分：定义、信息和一般原则

GB/T 26218.2 污秽条件下使用的高压绝缘子的选择和尺寸确定　第 2 部分：交流

系统用瓷和玻璃绝缘子

GB/T 26218.3 污秽条件下使用的高压绝缘子的选择和尺寸确定　第 3 部分：交流系统用复合绝缘子

GB 50049 小型火力发电厂设计规范

GB 50057 建筑物防雷设计规范

GB 50061 66kV 及以下架空电力线路设计规范

GB/T 50064 交流电气装置的过电压保护和绝缘配合设计规范

GB/T 50065 交流电气装置的接地设计规范

GB 50147 电气装置安装工程　高压电器施工及验收规范

GB 50148 电气装置安装工程　电力变压器、油浸电抗器、互感器施工及验收规范

GB 50149 电气装置安装工程　母线装置施工及验收规范

GB 50150 电气装置安装工程　电气设备交接试验标准

GB 50168 电气装置安装工程　电缆线路施工及验收标准

GB 50169 电气装置安装工程　接地装置施工及验收规范

GB 50170 电气装置安装工程　旋转电机施工及验收标准

GB 50217 电力工程电缆设计标准

GB 50227 并联电容器装置设计规范

GB 50229 火力发电厂与变电站设计防火标准

GB 50233 110kV~750kV 架空输电线路施工及验收规范

GB 50545 110kV~750kV 架空输电线路设计规范

GB 50660 大中型火力发电厂设计规范

GB/T 50832 1000kV 系统电气装置安装工程电气设备交接试验标准

GB 50835 1000kV 电力变压器、油浸电抗器、互感器施工及验收规范

DL/T 266 接地装置冲击特性参数测试导则

DL/T 298 发电机定子绕组端部电晕检测与评定导则

DL/T 308 中性点不接地系统电容电流测试规程

DL/T 342 额定电压 66kV~220kV 交联聚乙烯绝缘电力电缆接头安装规程

DL/T 343 额定电压 66kV~220kV 交联聚乙烯绝缘电力电缆 GIS 终端安装规程

DL/T 355 滤波器及并联电容器装置检修导则

DL/T 374 电力系统污区分布图绘制方法

DL/T 393 输变电设备状态检修试验规程

DL/T 401 高压电缆选用导则

DL/T 402 高压交流断路器

DL/T 475 接地装置特性参数测量导则
DL/T 486 高压交流隔离开关和接地开关
DL/T 492 发电机环氧云母定子绕组绝缘老化鉴定导则
DL/T 572 电力变压器运行规程
DL/T 573 电力变压器检修导则
DL/T 574 电力变压器分接开关运行维修导则
DL/T 586 电力设备监造技术导则
DL/T 593 高压开关设备和控制设备标准的共用技术要求
DL/T 596 电力设备预防性试验规程
DL/T 603 气体绝缘金属封闭开关设备运行维护规程
DL/T 604 高压并联电容器装置使用技术条件
DL/T 615 高压交流断路器参数选用导则
DL/T 617 气体绝缘金属封闭开关设备技术条件
DL/T 618 气体绝缘金属封闭开关设备现场交接试验规程
DL/T 620 交流电气装置的过电压保护和绝缘配合
DL/T 626 劣化悬式绝缘子检测规程
DL/T 627 绝缘子用常温固化硅橡胶防污闪涂料
DL/T 653 高压并联电容器用放电线圈使用技术条件
DL/T 664 带电设备红外诊断应用规范
DL/T 722 变压器油中溶解气体分析和判断导则
DL/T 725 电力用电流互感器使用技术规范
DL/T 726 电力用电磁式电压互感器使用技术规范
DL/T 727 互感器运行检修导则
DL/T 728 气体绝缘金属封闭开关设备选用导则
DL/T 729 户内绝缘子运行条件　电气部分
DL/T 741 架空输电线路运行规程
DL/T 804 交流电力系统金属氧化物避雷器使用导则
DL/T 815 交流输电线路用复合外套金属氧化物避雷器
DL/T 838 燃煤火力发电企业设备检修导则
DL/T 866 电流互感器和电压互感器选择及计算规程
DL/T 911 电力变压器绕组变形的频率响应分析法
DL/T 970 大型汽轮发电机非正常及特殊运行及维护导则
DL/T 984 油浸式变压器绝缘老化判断导则

DL/T 1000.3 标称电压高于 1000V 架空线路用绝缘子使用导则 第 3 部分：交流系统用棒形悬式复合绝缘子

DL/T 1001 复合绝缘高压穿墙套管技术条件

DL/T 1054 高压电气设备绝缘技术监督规程

DL/T 1057 自动跟踪补偿消弧线圈成套装置技术条件

DL/T 1093 电力变压器绕组变形的电抗法检测判断导则

DL/T 1164 汽轮发电机运行导则

DL/T 1253 电力电缆线路运行规程

DL/T 1359 六氟化硫电气设备故障气体分析和判断方法

DL/T 1366 电力设备用六氟化硫气体

DL/T 1474 交、直流系统用高压聚合物绝缘子憎水性测量及评估方法

DL/T 1498 变电设备在线监测装置技术规范

DL/T 1522 发电机定子绕组内冷水系统水流量超声波测量方法及评定导则

DL/T 1524 发电机红外检测方法及评定导则

DL/T 1525 隐极同步发电机转子匝间短路故障诊断导则

DL/T 1539 电力变压器（电抗器）用高压套管选用导则

DL/T 1555 六氟化硫气体泄漏在线监测报警装置运行维护导则

DL/T 1658 35kV 及以下固体绝缘管型母线

DL/T 1680 大型接地网状态评估技术导则

DL/T 1682 交流变电站接地安全导则

DL/T 1684 油浸式变压器（电抗器）状态检修导则

DL/T 1685 油浸式变压器（电抗器）状态评价导则

DL/T 1688 气体绝缘金属封闭开关设备状态评价导则

DL/T 1689 气体绝缘金属封闭开关设备状态检修导则

DL/T 1702 金属氧化物避雷器状态检修导则

DL/T 1703 金属氧化物避雷器状态评价导则

DL/T 1766 水氢氢冷汽轮发电机检修导则

DL/T 1768 旋转电机预防性试验规程

DL/T 1769 发电厂封闭母线运行与维护导则

DL/T 5014 330kV~750kV 变电站无功补偿装置设计技术规定

DL/T 5092 110~500kV 架空送电线路设计技术规程

DL/T 5153 火力发电厂厂用电设计技术规程

DL/T 5217 220kV~500kV 紧凑型架空输电线路设计技术规程

DL/T 5222 导体和电器选择设计规程

DL/T 5242 35kV~220kV 变电站无功补偿装置设计技术规定

DL/T 5352 高压配电装置设计规范

DL/T 5437 火力发电建设工程启动试运及验收规程

JB/T 6227 氢冷电机气密封性检验方法及评定

JB/T 6228 汽轮发电机绕组内部水系统检验方法及评定

JB/T 8446 隐极式同步发电机转子匝间短路测定方法

JB/T 10314 高压绕线转子三相异步电动机技术条件

JB/T 10315 高压三相异步电动机技术条件

JB/T 10392 透平型发电机定子机座、铁芯动态特性和振动试验方法及评定

国能发安全〔2023〕22 号防止电力生产事故二十五项重点要求

国家电网设备〔2018〕979 号国家电网公司十八项电网重大反事故措施

山东电力系统网源协调管理规定（2025 版）

山东省电力行业绝缘技术监督工作规定（2024 年修订）

2.3 专业技术监督体系建设

2.3.1 专业技术监督体系

山东省能源局是全省电力行业技术监督工作的行政主管部门，山东省电力技术监督领导小组是在其领导下的技术监督工作领导机构；领导小组下设监督办公室，是全省电力技术监督工作的归口管理机构；监督办公室设在国网山东电科院，下设绝缘技术监督专责，依托国网山东电科院电气专业，实施全省电力行业绝缘技术监督工作的日常管理。

发电企业是技术监督的主体，应建立健全企业生产负责人领导下的技术监督组织体系，成立技术监督领导小组，企业生产负责人任组长，并在生产技术部门设立绝缘技术监督专责，构建厂级、车间级、班组级的三级绝缘技术监督网，完善工作机制和流程，落实技术监督岗位责任制。

2.3.2 职责分工

技术监督领导小组职责、监督办公室职责见本书 1.3 节，绝缘技术监督相关岗位职责分工如下：

2.3.2.1 监督办公室绝缘监督专责职责

（1）贯彻执行国家、行业、山东省有关绝缘技术监督的方针、政策、法规、标准、规程、制度。

（2）督导发电企业落实国家、行业有关绝缘技术监督的标准、规程、制度、反事故措施以及山东省电力技术监督规章制度。

（3）监督发电企业绝缘监督工作计划的制定和实施。

（4）制定或修订山东省电力行业绝缘技术监督工作规定，监督发电企业建立健全技术监督体系，完善管理制度和岗位职责。

（5）参加新建、扩建、改建和重大技术改造项目的绝缘技术监督检查、督导工作，协助发电企业研究解决绝缘技术监督工作中重大技术关键问题。

（6）参与重大电气一次设备及运行事故的调查、分析，监督审查反事故措施的制订和落实。

（7）掌握全省发电企业重要高压电气设备特性、运行和检修状况，监督发电企业及时上报电气一次设备不安全事件、运行数据、技改工作等，针对重大、频发性异常问题及时发出监督预（告）警。

（8）组织开展全省绝缘技术监督检查工作。

（9）编写全省绝缘技术监督月报和年度工作总结。

（10）定期组织召开全省绝缘技术监督工作会议，总结和通报年度工作情况，布置下一步的重点监督工作，对监督工作表现突出的单位和个人进行表彰。

（11）组织开展发电企业绝缘专业技术培训和交流工作。

2.3.2.2 发电企业技术监督领导小组职责

（1）贯彻执行国家有关绝缘技术监督的方针、政策、法规、标准、规程、制度、条例、反事故措施。

（2）组织制定本企业绝缘技术监督实施细则、岗位职责、考核办法等管理文件，并监督执行。

（3）定期组织召开绝缘技术监督工作会议，协调、解决绝缘技术监督工作中存在的问题，督促、检查绝缘技术监督工作的落实。

（4）组织总结本企业绝缘监督工作，制订年度绝缘技术监督工作计划。

（5）协调本企业技术监督网中绝缘技术监督工作，审批有关绝缘专业的实施细则、技术措施。

（6）对本企业发生的重大事故，组织并参加事故调查分析，督促专业事故防控措施的制定和落实。

（7）负责监督检查、督促绝缘专业技术监督专责的工作。

（8）参加全省技术监督工作会议。

2.3.2.3 发电企业绝缘技术监督专责职责

（1）协助分管负责人组织贯彻执行国家和行业有关绝缘技术监督工作的标准、规范、规程、导则和反措。

（2）在本企业技术监督网组长的领导下，组织开展、协调落实本企业绝缘技术监督工作，代表绝缘专业参加监督网活动。

（3）负责制订绝缘专业技术监督年度工作计划，包括年度工作要求和工作内容、责任部门及实际节点等方面，并检查计划执行情况。

（4）负责制订绝缘技术监督实施细则，编制绝缘监督、技术改造、反事故措施年度工作计划和有关技术措施，并组织实施。

（5）对所辖电气一次设备按规定进行监测，对设备的维护和修理进行质量监督，建立健全设备的技术档案。

（6）掌握本企业高压电气设备的运行、检修和缺陷消除情况，针对设备存在的问题组织落实反措、技术改进，及时报上级监督主管部门。

（7）对发电机、110kV 及以上电压等级变压器、高压电气设备的绝缘事故要在 24h 内向上级主管部门和监督办公室汇报。

（8）组织或参与本企业高压电气设备事故的调查分析，提出反事故技术措施，并监督和检查执行情况，及时将分析报告报送上级主管部门和监督办公室。

（9）负责审核本企业高压电气设备（包括变压器油和六氟化硫气体）试验报告，负责本企业绝缘技术监督指标核实、汇总工作，定期向技术监督主管部门报送绝缘技术监督报表，报告监督范围内设备异常情况并提出分析报告。

（10）针对监督办公室所发出的绝缘监督预（告）警单，要及时落实整改，按要求将有关的数据和落实情况及时反馈。

（11）组织召开或参与绝缘技术监督定期工作会议，对主要电气设备健康状况进行分析评估，总结、交流绝缘技术监督工作经验，通报绝缘技术监督工作信息。

（12）根据本企业具体情况，采用新技术、新方法，及时更新和添置必要的检测设备，并监督检查设备的周期送检。

（13）负责组织本企业绝缘相关专业技术培训，提高技术人员的专业素质和水平。

（14）参加全省绝缘技术监督工作会议，认真落实会议要求。

2.3.2.4 发电企业班组绝缘技术监督职责

（1）每年应根据 DL/T 596、DL/T 1768 等有关标准、规程、反事故措施及设备的实际运行状况，制定电气一次设备预试计划及滚动预试计划，并报本企业绝缘监督专责人审批。

（2）根据 GB 50150 规定要求做好电气一次设备交接试验工作，按计划完成预防性试验工作，并及时提交试验报告。

（3）分析试验数据，提出明确结论，建立健全设备基础技术档案。

（4）对预防性试验中发现的设备缺陷应及时向本企业绝缘监督专责汇报。

（5）维护好试验及检测设备，按周期进行检验，保证试验结果的准确性。

（6）参加本企业绝缘技术监督定期工作会议，传达会议内容并执行会议制定的工作要求。

（7）参加电气一次设备缺陷、异常、事故分析处理，提供试验数据及结论，协助分析故障原因。

（8）负责组织本部门的专业技术培训工作。

2.4 日常管理监督

2.4.1 技术监督报表和报告管理

（1）发电企业绝缘监督专责应于每月5日前向监督办公室报本单位上月“绝缘技术监督月报”，监督月报内容要包括预试完成情况、定期工作、设备检修及定检、反措落实、设备或系统重大缺陷及异常、下月重点工作、现场技术难题或需要解决的问题等，具体要求和格式见表2.1。

表2.1 绝缘技术监督月报表内容及格式要求

绝缘技术监督月报 （月份）
单位：　　　　　　　　　　　　年　　月
一、预试完成情况
二、本月主要工作 1. 定期工作： 2. 设备检修及定检： 3. 反措落实： 4. 其他（管理、培训等）
三、设备或系统重大缺陷及异常
四、下月主要工作

续表

五、现场技术难题或需解决的问题		
监督专工：	分管专工：	联系电话：
注：本监督月报应于每月 5 日前以邮件或传真形式发送山东省电力技术监督办公室。		

（2）发电企业绝缘监督专责上半年应对主要电气设备进行一次绝缘分析，编写半年监督总结，并于 7 月 15 日前报监督办公室，每年进行一次绝缘技术监督工作总结，并于次年 1 月 15 日前报监督办公室。

（3）绝缘专业年度监督工作计划应在每年 1 月 15 日前报监督办公室，同时报上年度计划执行情况。

（4）在大修前 30 日内报送工作项目及内容，在大修后 30 日内报送工作总结报告。

（5）在设备故障或运行异常等问题定性后 2 日内报送故障经过、原因分析及处理措施。

（6）在主要设备改造方案确定后 30 日内报送有关内容。

2.4.2　技术监督检查管理

（1）应建立定期检查制度，监督办公室负责定期检查的组织工作，各发电企业配合执行，技术监督检查以自查和互查相结合的方式进行，检查周期以一年为宜，监督检查应依据《绝缘技术监督检查细则》（见附录 1）开展。

（2）技术监督检查应有完整的检查记录或检查报告，对技术监督检查过程中发现的问题应提出相应的意见或建议，对严重影响安全的隐患或故障应提出预警或告警，并跟踪整改情况。各发电企业对检查发现的问题，应制定整改措施，整改措施及完成情况反馈至监督办公室。

2.4.3　监督技术资料档案管理

各发电企业应建立健全下列技术资料档案：

（1）与绝缘技术监督相关的最新版本的标准、规程及反事故技术措施。

（2）电气设备检修、预试计划，绝缘技术监督工作总结及监督会议记录。

（3）设备缺陷记录，设备事故、异常分析记录。

（4）岗位培训制度、计划、记录。

（5）图纸及文件资料。

1）一次系统图；

2）设备规范；

3）设备台账；

4）设备说明书、出厂试验报告、交接试验报告；

5）与设备质量有关的合同、协议和往来文件；

6）试验方案、作业指导书；

7）预防性试验报告；

8）特殊试验报告；

9）异常告警单。

（6）仪器仪表管理制度、文件资料。

1）仪器设备台账；

2）仪器设备说明书；

3）仪器设备操作规程；

4）年度校验计划；

5）检定证书。

2.4.4 监督预（告）警管理

（1）当发生下列情况时，监督办公室可向发电企业发出绝缘技术监督预（告）警单（见表 2.2）：

表 2.2 绝缘技术监督预（告）警单

预（告）警单编号：

<table>
<tr><td colspan="3">预（告）警项目名称：</td></tr>
<tr><td colspan="2">单位（部门）名称：</td><td>传真或联系方式：</td></tr>
<tr><td colspan="2">拟稿人：</td><td>联系电话：</td></tr>
<tr><td>存在问题</td><td colspan="2"></td></tr>
<tr><td>整改建议</td><td colspan="2"></td></tr>
<tr><td>整改要求</td><td colspan="2"></td></tr>
</table>

续表

<table>
<tr><td>审核：</td><td rowspan="3">签发单位（部门）：

（盖章）
年　　月　　日</td></tr>
<tr><td>复审：</td></tr>
<tr><td>签发：</td></tr>
</table>

1）设计选型、设备监造存在问题，投运后影响安全生产的；

2）设备安装施工不按有关标准规范进行检查验收的；

3）电气设备存在严重隐患仍在运行的；

4）设备试验数据和资料档案失真的；

5）发电机、220kV 及以上电压等级主要设备预试超周期的；

6）设备检修、技改工程重要监督项目漏项的；

7）发生重大设备事故未及时上报的；

8）监督检查发现的问题具备整改条件未及时整改的；

9）因监督不到位造成主设备绝缘故障的。

（2）异常告警实行闭环管理，发电企业接到通知单后应认真研究存在的问题，制订整改计划，整改计划中应明确整改措施、责任部门、责任人和完成日期。整改计划应 3 日内上报技术监督办公室。问题整改完成后，发电企业应填写绝缘技术监督预（告）警回执单（见表 2.3），并报送监督办公室备案。

表 2.3　绝缘技术监督预（告）警回执单

回执单编号：

<table>
<tr><td colspan="2">单位（部门）名称</td><td colspan="3"></td></tr>
<tr><td colspan="2">预（告）警项目名称</td><td colspan="3"></td></tr>
<tr><td colspan="2">预（告）警单编号</td><td colspan="3"></td></tr>
<tr><td colspan="2">预（告）警提出单位（部门）</td><td></td><td>预（告）警时间</td><td>年　　月　　日</td></tr>
<tr><td>预警内容</td><td colspan="4"></td></tr>
</table>

续表

<table>
<tr><td>整
改
计
划</td><td colspan="2"></td></tr>
<tr><td colspan="2">整改
结果</td><td>（注：整改支撑材料可另附页）</td></tr>
<tr><td colspan="2">填写：</td><td rowspan="3">整改单位（部门）：

（盖章）
年　月　日</td></tr>
<tr><td colspan="2">审核：</td></tr>
<tr><td colspan="2">签发：</td></tr>
</table>

2.4.5 会议及培训管理

每年定期召开绝缘技术监督工作会议，要求发电企业绝缘监督专责及相关负责人必须参加；会议总结上年度监督情况，讨论今年监督工作重点，表彰先进，根据现场情况安排专题培训。

发电企业绝缘监督专责定期组织对本专业人员进行技术培训。

2.5 设备监督

2.5.1 发电机

2.5.1.1 设计与选型

（1）发电机设计选型技术条件应满足 GB/T 755、GB/T 7064、GB 50049、GB 50660 和国能发安全〔2023〕22 号的要求。发电机的额定容量应与汽轮机额定出力（TRL）相匹配。

（2）发电机的非正常运行和特殊运行能力及相关设备配置，应符合 DL/T 970 的规定，并满足电网深度调峰要求。

（3）发电企业绝缘技术监督专责应参加设计方案审查和设计联络会议，参与招标文件审查及发电机等主要电气设备选型工作。

2.5.1.2 监造和出厂验收

（1）200MW 及以上容量的发电机应进行监造和出厂验收。发电机本体制造质量见证项目可按照 DL/T 586 的规定执行，并全面落实订货技术要求和联络设计文件要求。

（2）发电企业与制造单位签订发电机供货合同时，应参照表 2.4 所列内容确定监造部件、见证项目及见证方式（H 点：停工待检；W 点：现场见证；R 点：文件见证）。

表 2.4　发电机本体制造质量见证项目表

序号	监造部件	见证项目	见证方式			
			H	W	R	备注
1	硅钢片	1．原材料质保证书			√	
		2．毛刺检查		√		
		3．冲片漆膜外观、厚度检查		√		
		4．表面绝缘电阻检查		√		
2	定子空心导线	1．原材料质保证书			√	
		2．机械性能试验			√	
		3．化学成分分析			√	
		4．导电率测试			√	
		5．空心导线探伤			√	
3	定子实心导线	实心铜线质保证书			√	
	定子引线导电铜管	1．原材料质保证书			√	
		2．铜管与水电接头焊接面探伤检查			√	
4	定子线棒	1．线棒绝缘整体性检查			√	
		2．线棒密封性检验			√	
		3．线棒流通性检验			√	
		4．线棒绝缘介质损耗因数测定		√		
		5．工频耐压试验		√		
5	定子	1．铁芯尺寸及压紧量检查		√		
		2．测温元件直流电阻和绝缘电阻测定		√		
		3．铁芯磁化试验		√		
		4．绕组焊接质量检查		√		
		5．定子内部水系统流通性检验		√		
		6．定子内部水系统密封性检验		√		
		7．绕组冷态直流电阻		√		
		8．绕组绝缘电阻		√		
		9．绕组直流耐压及泄漏电流试验		√		
		10．绕组工频耐压试验	√			
		11．绕组端部电晕检测		√		
		12．绕组端部手包绝缘直流泄漏电流试验		√		
		13．定子装配检查		√		
		14．定子气密试验		√		
		15．定子绕组端部固有频率试验		√		
		16．定子内部清洁度检查		√		

续表

序号	监造部件	见证项目	见证方式			
			H	W	R	备注
6	转子	1. 槽衬装配质量检查		√		
		2. 绕组下线及焊接质量检查		√		
		3. 槽楔装配质量检查		√		
		4. 转子通风孔检查及通风试验		√		
		5. 绕组绝缘电阻测量		√		
		6. 绕组冷态直流电阻测定		√		
		7. 绕组工频耐压试验		√		
		8. 绕组匝间短路试验	√			
		9. 转子引线气密试验		√		
		10. 转子动平衡试验		√		
		11. 超速试验	√			
		12. 轴系动平衡试验	√			
7	出线瓷套	产品质量检验报告			√	
8	氢冷器	1. 产品质量检验报告			√	
		2. 水压试验			√	
9	整机型式试验报告	1. 轴电压试验			√	
		2. 效率试验			√	
		3. 温升试验			√	
		4. 电抗和时间常数			√	
		5. 空载特性试验			√	
		6. 稳态短路特性试验			√	

注 “√”表示选择的见证方式。

（3）监造人员在发电机监造工作结束后应提交监造报告，内容包括产品结构简述，监造内容、方式、要求和结果，有关试验报告，并如实反映产品制造过程中出现的问题、处理方法和结果等。

（4）发电机出厂前应进行出厂验收。对设备的竣工状态、制造质量进行现场核查，对制造过程的质量记录和交工文件进行审查，并形成验收意见。

2.5.1.3 安装调试和投产验收

（1）发电机安装前的存放保管应满足防尘、防冻、防潮、防爆和防机械损伤要求。最低存储温度为5℃，应避免转子存放导致大轴弯曲。严禁定、转子内部落入异物，每个进、出法兰应采取有效措施妥善封盖。

（2）发电机安装调试和投产验收工作按照GB 50170、DL/T 5437、GB 50150等技术标准和国能发安全〔2023〕22 号的要求进行。

重点监督项目：发电机定子铁芯磁化试验（出厂试验或现场试验）、200MW 及以上发电机定子绕组端部动态特性测量及评定、定子绕组内部水系统流通性检查等。

（3）投产验收时，应按时提交产品说明书、图纸，以及安装验收技术记录、调试报告等技术资料和文件。

（4）投产验收发现以下问题应立即要求整改，直至验收合格为止：

1）安装施工及调试不规范；

2）交接试验方法不正确；

3）试验项目不全或结果不合格；

4）设备达不到技术标准要求；

5）基础资料不全。

2.5.1.4　运行监督

（1）发电机运行中的监视、检查和维护应依据 DL/T 1164 的规定执行。在额定负荷及正常的冷却条件下运行时，发电机各部分温度应在合格范围内，温度限值和温升限值符合 DL/T 1164 的相关规定。

（2）发电机稳态运行中，其振动限制应符合 DL/T 1164、JB/T 10392 的规定。

（3）运行中，应定期用红外成像仪或红外点温计检测集电环、电刷装置和励磁回路的发热情况，具体方法应符合 DL/T 664、DL/T 1524 的规定。

（4）特殊运行方式监督。

1）发电机进相运行：根据发电机进相试验数据编写运行规程相关部分，当电网调度要求进相运行时，按规程规定执行。注意监视发电机定子端部铁芯温度、发电机功角、机端电压和厂用系统电压等。

2）不对称运行：发电机定子三相电流不对称限值应按发电机运行规程规定执行。

3）调峰运行：水内冷发电机应控制水温以减少线棒温度波动，两班制运行的氢冷发电机应在停机期间继续除湿，宜装设在线监测装置监测发电机运行状态。

2.5.1.5　检修监督

（1）发电机检修周期及检修项目参考 DL/T 838 及产品技术规定，水氢氢冷汽轮发电机及其附属系统检修的技术要求应符合 DL/T 1766 的规定，具体检修工作的开展还应结合电厂实际情况科学安排。

（2）发电机本体检修重点检查项目。

1）检查发电机定子绕组端部及铁芯紧固件，包括压板紧固螺栓和螺母、支架固定螺栓和螺母、引线夹板螺栓、汇流管所用卡板和螺栓、穿心螺杆螺母等的紧固和磨损情况。

2）检查大型发电机环形接线、过渡引线、鼻部手包绝缘、引水管水接头等处的绝缘情况。

3）检查定子铁芯有无松动、粉末或黑色泥状油污以及断齿等异常现象。

4）检查转子导电螺钉的密封情况及导电螺钉与导电杆之间接触情况。

5）测量定子绕组波纹板的间隙。

6）检查引水管外表应无伤痕。严禁引水管交叉接触，引水管之间、引水管与端罩之间应保持足够的绝缘距离。

7）校验定子各部分测温元件，保证测温元件的准确性。

8）对于氢内冷转子，检修后应进行通风试验和气密试验。

9）定子内冷水回路反冲洗及外水路冲洗。

10）防止发电机内遗留金属异物。防止锯条、螺钉、螺母、工具等金属杂物遗留在定子内部，特别应对端部线圈的夹缝、上下渐伸线之间位置做详细检查，必要时使用内窥镜逐一检查。

11）大修后，气密试验不合格的氢冷发电机严禁投入运行。密封性检验应符合 JB/T 6227 的规定。

12）两班制调峰发电机的检修项目应符合 DL/T 970 的规定。

2.5.1.6 预防性试验

（1）发电机预防性试验周期、项目和要求按 DL/T 596、DL/T 1768、国能发安全〔2023〕22 号及产品技术文件的规定执行。

（2）怀疑转子有匝间短路故障时，应按照 JB/T 8446、DL/T 1525 规定的方法进行转子匝间短路故障诊断。

（3）汽轮发电机每次大修时都应检查定子绕组端部的紧固、磨损情况，并按照 GB/T 20140 的规定进行发电机定子绕组端部动态特性和振动试验，试验不合格或存在松动、磨损情况应及时处理。

（4）氢冷发电机漏氢量大，查找氢气系统或部件泄漏点时，应进行气密性检验，其试验方法和判据应符合 JB/T 6227 的规定。

（5）对水内冷发电机大修时应对定子、转子线棒（双水内冷）进行分路流量试验，其试验方法和判据应符合 JB/T 6228、DL/T 1522 的规定。

（6）定子铁芯有异常时，应结合实际情况进行发电机铁损试验或定子铁芯诊断试验（ELCID），其试验方法和判据应符合 GB/T 20835 的规定。

（7）汽轮发电机大修时应按照 DL/T 298 的规定开展定子端部电晕试验，并根据试验结果进行防晕层检修工作。

（8）判定发电机环氧云母定子绕组绝缘老化情况，应进行老化鉴定试验，其试验方法和判据应符合 DL/T 492 的规定。

2.5.2 变压器（电抗器）

2.5.2.1 设计与选型

（1）变压器设计选型应符合 GB/T 1094、GB/T 17468、GB/T 6451、GB/T 10228 等标准和国能发安全〔2023〕22 号的规定。油浸式电力变压器的技术参数和要求应符合 GB/T 6451 等标准的规定。电抗器的技术参数和要求应符合 GB/T1094 的规定。干式变压器的技术参数和要求应符合 GB/T 1094、GB/T 10228 等标准的规定。变压器直流偏磁抑制装置应符合 GB/T 1094 的规定。变压器防火设计应符合 DL/T 5352 的规定。

（2）应对变压器的重要技术性能提出要求，包括容量、短路阻抗、损耗、绝缘水平、温升、噪声、抗短路能力、过励磁能力等。

（3）宜对变压器用硅钢片、电磁线、绝缘纸板、绝缘油及钢板等原材料的供货材质提出要求。

（4）宜对变压器套管、分接开关、套管式电流互感器、散热器（冷却器）及压力释放阀等重要组件的供货材质和技术性能提出要求。

（5）变压器冷却器风扇电机应采用防水电机，潜油泵应选用转速不大于 1000r/min 的低速油泵。

（6）变压器承受短路能力评估方法应符合 GB/T 1094 的要求。240MVA 及以下容量变压器，特别是轴向分裂式启动备用变压器和高压厂用变压器，应选用通过承受短路能力验证的产品；500kV 变器和 240 MVA 以上容量变压器，制造厂应提供同类产品承受短路能力计算报告，计算报告应有相关理论和模型试验的技术支持。应在订货合同中明确变压器承受短路能力的验证方式。

（7）变压器套管的选用应符合 DL/T 1539 的规定。

（8）宜对主变压器安装油中溶解气体在线监测装置，油中溶解气体在线监测装置的技术规范应满足 DL/T 1498 的规定。

2.5.2.2 监造和出厂验收

（1）对 220kV 及以上电压等级的变压器（电抗器）应进行驻厂监造。具体制造质量见证项目参照 DL/T 586 相关规定。监造应全面落实变压器（电抗器）订货技术要求和设计联络文件的要求。

（2）发电企业与制造单位签订设备供货合同时，应参照表 2.5 所列内容确定该设备的监造部件、见证项目及见证方式（H 点：停工待检；W 点：现场见证；R 点：文件见证）。

表 2.5　大型变压器监造质量见证项目表

序号	监造部件	见证项目	见证方式			
			H	W	R	备 注
1	主要原材料	1. 电磁线原材料质量保证书			√	
		2. 硅钢片				
		（1）原材料质量保证书			√	
		（2）磁感应强度试验			√	
		（3）铁损试验			√	
		3. 变压器油质量保证书			√	
		4. 绝缘纸板				
		（1）原材料质量保证书			√	
		（2）理化检验报告			√	
		5. 钢板原材料质量保证书			√	
2	主要配套件	1. 套管				
		（1）出厂试验报告			√	
		（2）性能试验报告			√	
		2. 无励磁分接开关 / 有载分接开关出厂试验报告			√	
		3. 套管式电流互感器出厂试验报告			√	
		4. 冷却器 / 散热器出厂试验报告			√	
		5. 潜油泵 / 风机出厂试验报告			√	
		6. 压力释放器出厂试验报告			√	
		7. 温控器出厂试验报告			√	
		8. 气体继电器出厂试验报告			√	
		9. 油流继电器出厂试验报告			√	
		10. 阀门出厂试验报告			√	
		11. 储油柜性能试验报告			√	
		12. 控制箱性能试验报告			√	
3	部套制造	1. 油箱				
		（1）油箱机械强度试验		√	√	
		（2）油箱试漏检验			√	
		2. 铁芯				
		（1）铁芯外观、尺寸检查			√	
		（2）铁芯油道绝缘试验		√		
		3. 绕组				
		（1）绕制质量、尺寸检查			√	
		（2）绕组压装与处理		√		

续表

序号	监造部件	见证项目	见证方式			
			H	W	R	备 注
4	器身装配	1．器身绝缘的装配				
		（1）各绕组套装牢固性检查		√		
		（2）器身绝缘的主要尺寸检查		√		
		2．引线及分接开关装配				
		（1）引线装焊		√		
		（2）开关、引线支架牢固性检查		√		
		（3）引线的绝缘距离检查		√		
		3．器身干燥的真空度、温度及时间记录		√		
5	总装配	1．出炉装配				
		（1）箱内清洁度检查		√		
		（2）带电部分对油箱的绝缘距离检查		√		
		2．注油的真空度、油温、时间及静放时间记录		√		
6	整机试验	1．密封渗漏试验		√		
		2．例行试验				
		（1）绕组电阻测量		√		
		（2）电压比测量和联结组标号检定		√		
		（3）绕组连同套管介质损耗及电容测量		√		
		（4）绕组对地绝缘电阻，吸收比或极化指数测量		√		
		（5）铁芯和夹件绝缘电阻测量		√		
		（6）短路阻抗和负载损耗测量		√		
		（7）空载电流和空载损耗测量		√		
		（8）外施工频耐压试验		√		
		（9）长时感应耐压试验（U_m>170kV）	√			
		（10）操作冲击试验	√			
		（11）雷电全波冲击试验	√			
		（12）有载分接开关试验		√		
		（13）绝缘油化验及色谱分析		√		
		（14）绕组变形试验		√		
		3．型式试验				
		（1）绝缘型式试验		√	√	
		（2）温升试验		√	√	
		（3）油箱机械强度试验		√	√	
		4．特殊试验				
		（1）绕组对地和绕组间的电容测定		√		
		（2）三相变压器零序阻抗测量		√		
		（3）空载电流谐波测量		√		

续表

序号	监造部件	见证项目	见证方式			
			H	W	R	备注
6	整机试验	（4）短时感应耐压试验（U_m>170kV）	√			
		（5）声级测量		√		
		（6）长时间空载试验		√		
		（7）油流静电测量和转动油泵时的局部放电测量		√		
		（8）风扇和油泵电动机所吸收功率测量			√	
		（9）无线电干扰水平测量			√	
		（10）短路承受能力计算书			√	
		（11）其他			√	
7	抗震能力	变压器抗地震能力论证报告			√	
8	吊心检查	现场检查		√		
9	出厂包装	现场检查		√		

注 “√”表示选择的见证方式。

（3）监造人员在变压器监造工作结束后应提交监造报告，内容包括产品结构简述，监造内容、方式、要求和结果，有关试验报告，并如实反映产品制造过程中出现的问题、处理方法和结果等。

（4）变压器出厂前应进行出厂验收。除对规定受监造的变压器（电抗器）进行出厂验收以外，宜对启动（备用）变压器、高压厂用变压器、励磁变压器等进行出厂验收。对设备的竣工状态、制造质量进行现场核查，对制造过程的质量记录和交工文件进行审查，并形成验收意见。

2.5.2.3 安装和投产验收

（1）变压器（电抗器）的安装、运输与储存应符合 GB/T 6451、GB 50148 的规定。变压器（电抗器）运输应有可靠的防止设备运输撞击的措施，应安装具有时标，且有合适量程的三维冲击记录仪。充气运输的变压器，应有压力监视和气体补充装置。

（2）安装前的储存期间应经常检查设备情况。对充油储存的变压器应检查有无渗油，油位是否正常，外表有无锈蚀。应定期检查油的绝缘强度。对充气储存的变压器应检查气体压力和露点，确保在充以 20~30kPa 压力的气体时密封良好，750kV 及以下电压等级的变压器气体露点低于 −40℃，1000kV 变压器气体露点低于 −45℃。变压器需贮存超过 3 个月时，一般应安装储油柜，并注油保存。

（3）变压器安装调试和投产验收工作按照 GB 50148、DL/T 5437、GB 50150 等技术标准和国能发安全〔2023〕22 号的要求进行。重点监督项目：局部放电试验、交流耐压试验、绕组变形试验、绝缘油的处理和有关试验等。

（4）新投运的变压器注油静置后与耐压和局部放电测量试验 24h 后、冲击合闸及额定电压下运行 24h 后，每次测得的氢气、乙炔和总烃含量应无明显区别，油中氢气、总烃和乙炔气体含量应符合 DL/T 722 的规定。

（5）变压器（电抗器）在试运行前，应按照规定的检查项目进行全面检查，确认其符合运行条件，方可投入试运行。

（6）变压器投产验收时，应提交产品说明书、出厂试验报告、合格证件、安装记录、现场试验报告等全部技术资料和文件。

（7）投产验收发现以下问题应立即要求整改，直至验收合格为止：

1）安装施工及调试不规范；

2）交接试验方法不正确；

3）试验项目不全或结果不合格；

4）设备达不到技术标准要求；

5）基础资料不全。

2.5.2.4 运行监督

（1）变压器的运行维护应依据 DL/T 572 的规定执行。日常巡视检查和定期检查的周期应由现场规程规定，运行中变压器油的维护管理应符合 GB/T 14542 的规定，运行中油的质量符合 GB/T 7595 的规定。

（2）定期检查项目。

1）各部位的接地应完好，应定期测量铁芯和夹件的接地电流；

2）外壳及箱沿应无异常发热；

3）有载调压装置的动作状况应正常；

4）消防设施应齐全完好；

5）各种保护装置应齐全、良好；

6）各种温度计应在检定周期内，超温信号应正确可靠；

7）电容式套管末屏应无异常声响或其他接地不良现象；

8）对变压器套管及连接头等部位进行红外测温，温度无异常；

9）气体继电器防雨措施应可靠；

10）接线端子腐蚀状况正常；

11）强油循环冷却的变压器应做冷却装置电源的自动切换试验，确认其正常；

12）贮油池和排油设施应保持良好状态；

13）检查变压器及散热装置无渗漏；

14）室内变压器通风设备应完好。

（3）应加强监督的异常情况。

1）变压器铁芯接地电流超过规定值时；

2）油中溶解气体分析结果异常时；

3）非电量保护动作时；

4）变压器在遭受近区突发短路时；

5）变压器运行中油温超过注意值时；

6）变压器振动、噪声增大时。

（4）其他注意事项。

1）大电流接地系统中，为防止变压器中性点不接地运行时出现中性点位移过电压，应装设可靠的过电压保护；在投、切变压器时中性点应可靠接地。

2）铁芯、夹件通过小套管引出接地的变压器应将接地引线引至适当位置，以便检测接地电流。如接地电流异常变化，应及时查明原因并采取措施。

3）当有载调压变压器本体绝缘油色谱分析数据出现异常（主要为乙炔和氢的含量超标）或分接开关油位异常升高或降低时，应暂停分接变换操作，进行跟踪分析，查明原因并消除缺陷。

4）分接开关检修超周期或累计分接变换次数达到规定限值时应安排检修。

2.5.2.5 检修监督

（1）宜采用计划检修和状态检修相结合的检修策略，依据 DL/T 1685 开展变压器状态评价工作。应根据运行状况和状态评价结果动态调整检修项目，应依据 DL/T 573、DL/T 574、DL/T 1684 开展变压器检修工作。

（2）检修注意事项。

1）投入运行前应排除套管升高座、油管道中的死区、冷却器顶部等处的残存气体。

2）大修、事故抢修或换油后的变压器，施加电压前静置时间不应低于以下规定：

a）110kV：24h；

b）220kV 及 330kV：48h；

c）500kV 及 750kV：72h；

d）1000 kV：120h。

3）变压器更换冷却器时，应用合格绝缘油反复冲洗油管道、冷却器和潜油泵内部，直至冲洗后的油试验合格并无异物为止。如发现异物较多，应进一步检查处理。

4）大修完复装时，应注意检查油箱顶部与铁芯上夹件的间隙，如有碰触应进行消除。

（3）干式变压器检修。

1）干式变压器检修时，要对铁芯和线圈的固定夹件、绝缘垫块检查紧固，检查低压绕组与屏蔽层间的绝缘，防止铁芯线圈下沉、错位和变形。

2）检查冷却装置，应运行正常，冷却风道清洁畅通，冷却效果良好。

2.5.2.6 预防性试验

（1）变压器预防性试验的项目、周期、要求应符合 DL/T 596 的规定和制造厂的要求。

（2）变压器红外检测的方法、周期、要求应符合 DL/T 664 的规定。

（3）在下列情况进行变压器现场局部放电测量试验时，试验方法应符合 GB/T 7354 的规定。

1）变压器油中溶解气体分析异常，需要进一步确认设备是否存在放电性故障；

2）绝缘部件或部分绕组更换并经干燥处理后；

3）110kV 及以上电压等级变压器拆装套管、本体排油暴露绕组或进入内检后。

（4）变压器在遭受出口短路、近区多次短路后，应进行绕组变形试验，试验方法应符合 DL/T 911 和 DL/T 1093 的规定。

（5）变压器油取样应符合 GB/T 7597 要求，应按照 DL/T 722 以及其他试验结果综合分析。

（6）对运行 10 年以上、温升偏高的变压器可进行油中糠醛含量测定，以确定绝缘老化的程度，糠醛含量异常时宜取纸样做聚合度测量，进行绝缘老化鉴定。试验方法和判据应符合 DL/T 984 的规定。

（7）增容改造后的变压器应进行温升试验，以确定其负荷能力。

2.5.3 互感器和套管

2.5.3.1 设计与选型

（1）互感器设计选型应符合 GB/T 20840、DL/T 725、DL/T 726、DL/T 866 等标准和国能发安全〔2023〕22 号的规定。

（2）高压套管选型应符合 GB/T 4109、DL/T 1539 的规定，穿墙套管的选型应符合 DL/T 5222 的规定，复合绝缘高压穿墙套管选型应符合 DL/T 1001 的规定。

（3）发电企业绝缘技术监督专责应参加设计方案审查和设计联络会议，参与招标文件审查及互感器等主要电气设备选型工作。

2.5.3.2 监造和出厂验收

（1）监造工作按 DL/T 586、DL/T 1054 要求执行，宜对 220kV 及以上电压等级的互感器进行监造和出厂验收，宜对 220kV 及以上电压等级的套管进行出厂验收，并全面落实订货技术要求和联络设计文件要求。

（2）互感器和套管的主要监造内容如下：

1）核对重要原材料是否符合订货技术条件的规定，核对重要配套组件是否满足订货技术条件的要求。

2）见证器身绝缘装配、引线装配、器身干燥、环氧树脂浇注等关键工艺程序，考察生产环境、工艺参数控制、过程检验是否符合工艺规程的规定。

（3）互感器和套管的监造应监督设备的制造工艺、装置性能、检测报告等是否满足订货技术条件和相关标准的要求。监造人员在互感器和套管监造工作结束后应提交监造报告，内容包括产品结构简述，监造内容、方式、要求和结果，有关试验报告，并如实反映产品制造过程中出现的问题、处理方法和结果等。

（4）互感器和套管出厂前应进行出厂验收。确认部件制造及器身装配、总装配应符合制造厂的工艺规程要求。按照合同规定的整机试验项目进行验收。确认试验项目齐全，试验方法正确，试验设备及仪器、仪表满足试验要求，试验结果符合相关标准的规定。

2.5.3.3 安装和交接验收

（1）油浸式互感器、高压套管的运输和储存应按照 GB 50148、GB 50835、GB/T 24840 产品技术条件的要求执行。

（2）互感器、高压套管安装应按照 GB 50148、GB 50835 和产品的安装技术要求进行。

（3）互感器、高压套管安装后，应按照 GB 50150、GB/T 50832 进行交接试验。

（4）投产验收的重点监督项目应符合以下要求：

1）各项交接试验项目齐全、合格；

2）设备外观检查无异常；

3）油浸式设备无渗漏油；

4）SF_6 设备压力在允许范围内；

5）油纸套管油位正常，油浸电容式穿墙套管压力箱油位符合要求；

6）复合外套设备的外套、硅橡胶伞裙规整，无开裂、变形、变色等现象；

7）接地规范、良好。

2.5.3.4 运行监督

（1）互感器运行监督应依据 DL/T 727 的规定进行。

（2）油浸式互感器、油纸高压套管巡视检查项目应满足以下要求：

1）设备外观完整无损，各部件连接牢固可靠；

2）外绝缘表面清洁、无裂纹及放电现象；

3）油位正常、膨胀器正常；

4）无渗漏油现象；

5）无异常振动、无异常声音及异味；

6）各部位接地良好；

7）引线端子无过热或出现火花，接头螺栓无松动现象。

（3）SF_6 气体绝缘互感器、SF_6 气体绝缘套管巡视检查项目应满足以下要求：

1）压力表、气体密度继电器指示在正常规定范围，无漏气现象；

2）绝缘套管表面清洁、完整、无裂纹、无放电痕迹、无变色老化迹象。

（4）环氧树脂浇注互感器巡视检查项目应满足以下要求：

1）互感器无过热、无异常振动及声响；

2）互感器无受潮、外露铁芯无锈蚀；

3）外绝缘表面无积灰、粉蚀、开裂、放电现象。

（5）绝缘油监督的主要内容如下：

1）绝缘油应符合 GB/T 7595 和 DL/T 596 的规定；

2）当油中溶解气体色谱分析异常，含水量、含气量、击穿强度等项目试验不合格时，应分析原因并及时处理；

3）互感器油位不足应及时补充，应补充试验合格的同油源同品牌绝缘油。如需混油时，应按照 GB/T 14542 规定进行混油试验，合格后方可进行。

（6）SF_6 气体管理应符合 GB/T 8905、GB/T 12022 和 DL/T 596 的规定。

（7）应加强监督的异常情况如下：

1）运行中存在渗漏油的互感器、油浸电容式高压套管，应根据情况限期处理；严重漏油及电容式电压互感器电容单元渗漏油应立即停止运行。

2）已确认存在严重内部缺陷的互感器、高压套管应及时进行更换。

3）复合绝缘外套电流互感器、高压套管出现外护套破裂，硅橡胶伞裙严重龟裂、严重老化变色、失去憎水性时，应及时进行更换。

4）运行中温度异常的互感器、高压套管应及时停电处理。现场无法处理的故障或已对绝缘造成损伤时，应进行更换。运行中温度异常的环氧树脂浇注式互感器应及时进行更换。

5）作为备品的 110kV 及以上油纸电容套管，宜竖直放置。如水平存放，其抬高角度应符合制造厂要求，以防止电容芯子露出油面受潮。对水平放置保存期超过 1 年的 110kV 及以上电压等级的套管，安装前应进行局部放电试验、额定电压下的介质损耗试验和油中溶解气体分析。

2.5.3.5 检修监督

（1）互感器、高压套管检修随机组、线路、开关站检修计划安排；临时性检修应针对运行中发现的缺陷及时进行。

（2）110kV 及以上电压等级的互感器、高压套管不应进行现场解体检修。

（3）110kV 以下电压等级的电磁式互感器的检修项目、内容、工艺及质量应符合 DL/T 727 相关规定及制造厂的技术要求。

2.5.3.6 预防性试验

（1）互感器、高压套管预防性试验应按照 DL/T 596、DL/T 727、GB/T 22071 的规定进行。

（2）红外测温检测的方法、周期、要求应符合 DL/T 664 的规定。

（3）定期进行复合绝缘外套憎水性检测，方法应符合 DL/T 1474 的规定。

2.5.4 高压开关设备

2.5.4.1 设计与选型

（1）开关设备设计选型应符合 GB /T 1984、DL/T 402、DL/T 486、DL/T 615、DL/T 617、DL/T 728、DL/T 593 等标准和国能发安全〔2023〕22 号的规定。

（2）220kV 及以下电压等级的机组并网的断路器应采用三相机械联动式结构。

（3）高压开关设备有关参数选择应考虑电网发展需要，留有适当裕度，特别是开断电流、外绝缘配置等技术指标。

2.5.4.2 监造和出厂验收

（1）监造工作按 DL/T 586、DL/T 1054 要求执行，对 220kV 及以上电压等级的高压开关设备及 GIS/HGIS 成套设备应进行监造和出厂验收，并全面落实订货技术要求和联络设计文件要求。

（2）SF_6 断路器、GIS/HGIS 制造质量见证项目参照 DL/T 586 的相关规定执行。监造人员在监造工作结束后应提交监造报告，内容包括产品结构简述，监造内容、方式、要求和结果，有关试验报告，并如实反映产品制造过程中出现的问题、处理方法和结果等。

（3）出厂前应进行出厂验收。除了对规定的受监造高压开关设备进行出厂验收以外，有条件时宜对批量采购的真空断路器进行出厂验收。对设备的竣工状态、制造质量进行现场核查，对制造过程的质量记录和交工文件进行审查，并形成验收意见。

2.5.4.3 设备安装与交接试验

SF_6 断路器的现场安装应符合 GB 50147、产品技术条件和国能发安全〔2023〕22 号的规定。SF_6 断路器安装后应按照 GB 50150、GB/T 50832 进行交接试验。SF_6 气体充入设备前应经过具有相应资质的 SF_6 气体质量监督部门抽检合格方能使用。

隔离开关（含接地开关）现场安装应符合 GB 50147、产品技术条件和国能发安全〔2023〕22 号的规定。隔离开关（含接地开关）安装后应按照 GB 50150、GB/T 50832

的规定进行交接试验。

真空断路器和高压开关柜应按照产品技术条件和 GB 50147 的规定进行现场安装和调试。真空断路器和高压开关柜安装后应按照 GB 50150 的规定进行交接试验。

（1）GIS/HIGIS 运输及安装应符合 DL/T 617、GB 50147 及产品技术条件的规定。GIS/HGIS 在现场安装后、投入运行前的交接试验项目和要求，应符合 GB 50150、GB/T 50832、GB/T 11023、DL/T 618 以及产品技术文件等有关规定。

（2）投产验收发现以下问题应立即要求整改，直至验收合格为止：

1）安装施工及调试不规范；

2）交接试验方法不正确；

3）试验项目不全或结果不合格；

4）设备达不到技术标准要求；

5）基础资料不全。

2.5.4.4 运行监督

（1）各类开关设备（油断路器、SF_6 断路器、真空断路器、隔离开关等）运行维护应按照 DL/T 393、DL/T 596 等标准、国能发安全〔2023〕22 号的和制造厂技术要求执行，气体绝缘金属封闭组合电器的运行应依据 DL/T 603 的要求和制造厂技术要求执行。红外成像检测工作按 DL/T 664 有关要求执行。

（2）充油高压开关设备绝缘油监督。

1）充油高压开关设备绝缘油按 GB/T 7595 标准管理，预防性试验工作按 DL/T 596 进行；

2）绝缘油试验发现影响断路器安全运行的不合格项时，应及时分析处理；

3）油位降低至下限以下时，及时补充同一型号的绝缘油。

（3）SF_6 气体监督。

1）高压开关设备 SF_6 气体按 GB/T 8905 执行；

2）运行中 SF_6 开关设备应定期进行 SF_6 气体微水含量和泄漏检测，需要补气时应使用检验合格的 SF_6 气体。

（4）SF_6 断路器监督重点。

1）分、合位置是否正确。

2）注意有无振动、漏气等异响或异味，连接部位有无过热，套管有无裂痕、放电和电晕。

3）为防止运行断路器绝缘拉杆断裂造成拒动，应定期检查分、合闸缓冲器，防止由于缓冲器性能不良使绝缘拉杆在传动过程中受冲击，同时应加强监视分、合闸指示器与绝缘拉杆相连的运动部件相对位置有无变化，或定期进行合、分闸行程曲线测试。

对于采用“螺旋式”连接结构绝缘拉杆的断路器应进行改造。

4）当断路器液压机构突然失压时应申请停电处理。在设备停电前，严禁人为启动油泵，防止断路器慢分。

5）对处于严寒地区、运行10年以上的罐式断路器，应结合例行试验检查瓷质套管法兰浇装部位防水层是否完好，必要时应重新复涂防水胶。

6）加强断路器操动机构的检查维护，保证机构箱密封良好，防雨、防尘、通风、防潮等性能良好，并保持内部干燥清洁。

7）断路器在开断故障电流后，值班人员应对其进行巡视检查。

8）巡视时记录气体压力、温度等重要数据。

（5）隔离开关监督重点。

1）加强对隔离开关导电部分、转动部分、操动机构、瓷绝缘子等的检查，防止机械卡涩、触头过热、绝缘子断裂等故障的发生。隔离开关各运动部位用润滑脂宜采用性能良好的二硫化钼锂基润滑脂。

2）应注意隔离开关、母线支柱绝缘子瓷件及法兰无裂纹，夜间巡视时应注意瓷件无异常电晕现象。

3）隔离开关倒闸操作，应尽量采用电动操作，并远离隔离开关，操作过程中应严格监视隔离开关动作情况，如发现卡滞应停止操作并进行处理，严禁强行操作。

4）定期用红外测温设备检查隔离开关设备的接头、导电部分，特别是在重负荷或高温期间，加强对运行设备温升的监视，发现问题应及时采取措施。

5）操动机构各连接拉杆无变形；轴销无变位、脱落；金属部件无锈蚀。外绝缘、瓷套表面无严重积污，运行中不应出现放电现象；瓷套、法兰不应出现裂纹、破损或放电烧伤痕迹。

（6）高压开关柜监督重点。

1）手车开关每次推入柜内后，应保证手车到位和隔离插头接触良好；

2）开展开关柜温度检测，对温度异常的开关柜强化监测、分析和处理，防止导电回路过热引发的柜内短路故障；

3）防误操作闭锁装置或带电显示装置失灵应作为严重缺陷尽快予以消除；

4）对操作频繁的开关柜要适当缩短巡检和维护周期。

（7）其他注意事项。

1）高压开关设备运行中出现缺油、SF_6气体压力异常、液（气）压操动机构、弹簧操动机构压力异常导致高压开关设备分、合闸闭锁时，禁止进行操作。

2）SF_6气体绝缘电气设备压力表指示值应在正常范围内，压力降低一定要查明原因，不得以随时补气代替查找泄漏点。要定期进行SF_6微水测量和密度继电器校验，发现问题及时处理。必要时对 GIS 设备开展 SF_6 分解物、局部放电等带电测试。

2.5.4.5 检修监督

（1）各类开关设备（油断路器、SF_6 断路器、真空断路器、隔离开关等）检修维护项目及质量标准按 GB/T 11022、DL/T 603 等技术标准和制造厂技术要求执行。

（2）GIS/HGIS 设备达到规定的运行年限后，应进行分解检修。对于内部异常或故障进行的检修，应根据检查结果，对相关元件、部件进行处理或更换。分解检修项目应根据设备实际运行状况并与制造厂协商后确定。分解检修宜由制造厂负责或在制造厂指导下协同进行。

（3）宜按照 DL/T 1688、DL/T 1689 开展 GIS/HGIS 设备状态评价、状态检修工作。

（4）检修监督重点。

1）加强开关设备外绝缘的清扫或采取相应的防污闪措施。

2）当断路器大修时，应检查液压（气动）机构分、合闸阀的阀针脱机装置是否松动或变形。

3）GIS 设备应重点监督在解体性检修或局部解体性检修后回路电阻试验、局部放电试验和机械特性试验开展情况；在大负荷前、经受短路电流冲击后必要时进行局放检测。

2.5.4.6 预防性试验

（1）高压开关设备预防性试验项目、周期和要求按 DL/T 596 及产品技术文件的规定执行。

（2）用红外成像仪测量各连接部位、断路器、隔离开关触头等部位。检测方法、评定准则参照 DL/T 664 执行。

（3）SF_6 密度继电器及压力表应按照规定定期校验。

（4）SF_6 新气质量检测和运行中 SF_6 气体的检测项目、周期和要求应符合 GB/T 8905、DL/T 603、DL/T 1366 的规定。

（5）SF_6 电气设备故障气体分析应按照 DL/T 1359 的要求开展。

（6）配置有 SF_6 气体泄漏在线监测装置，其运行维护应符合 DL/T 1555 要求。

2.5.5 外绝缘及绝缘子

2.5.5.1 设计与选型

（1）绝缘子的型式选择和尺寸确定符合 GB/T 311、GB/T 26218、DL/T 1000、DL/T 5092 等标准的相关要求。外绝缘的配置应满足相应污秽等级对统一爬电比距的要求，并宜取该等级爬电比距的上限。室内设备外绝缘的爬电比距应符合 DL/T 729 的规定。

（2）中重污区的外绝缘配置宜采用硅橡胶类防污闪产品，包括线路复合绝缘子、支柱复合绝缘子、复合套管、瓷绝缘子（含悬武绝缘子、支柱绝缘子及套管）和玻璃绝缘子表面喷涂防污闪涂料等。

（3）污秽严重的覆冰地区外绝缘设计应采用加强绝缘、V形串、不同盘径绝缘子组合等形式，通过增加绝缘子串长、阻碍冰凌桥接及改善融冰状况下导电水帘形成条件，防止冰闪事故。

（4）外绝缘配置不满足污区分布图要求及防覆冰（雪）闪络、大（暴）雨闪络要求的输变电设备应予以改造，中重污区的防污闪改造应优先采用硅橡胶类防污闪产品。

2.5.5.2 安装和投产验收

（1）绝缘子包装件运至施工现场，应检查运输和装卸过程中包装件是否完好。对已破损包装件内的绝缘子另行存放、检查。现场开箱检验时按有关标准和合同规定对绝缘子（包括金属附件及其热镀锌层）逐个进行外观检查。

（2）合成绝缘子存放期间及安装过程要做好防护措施避免损坏绝缘子，安装时禁止反装均压环。

（3）绝缘子安装时，应按 GB 50150、GB/T 50832 有关规定进行绝缘电阻测量和交流耐压试验，对盘形悬式瓷绝缘子的绝缘电阻应逐只进行测量。

2.5.5.3 运行监督

（1）现场污秽度测量点选择应符合 GB/T 26218 的要求。

（2）防污闪涂料的选用应符合 DL/T 627 的技术要求。

（3）对复合外套绝缘子及涂覆防污闪涂料的设备应设置憎水性监测点，并依照 DL/T 1474 标称电压高于 1000V 交、直流系统用复合绝缘子憎水性测量方法定期开展憎水性检测。

（4）应按照 DL/T 596、DL/T 626 的要求，开展绝缘子低值、零值检测工作，并及时更换低值、零值绝缘子。

（5）高压设备外绝缘清扫应以饱和盐密度监测为指导，并结合运行经验和设备停电检修合理安排清扫周期。

（6）当高压设备外绝缘环境发生明显变化或出现新污染源时，应结合现场污秽度测量结果核对外绝缘爬距，如不满足要求应及时采取防范措施。

2.5.5.4 检修监督

（1）当外绝缘爬距不满足要求时，应采取涂覆防污闪涂料、加装防污闪辅助伞裙等措施，其中避雷器不宜单独加装辅助伞裙，宜将防污闪辅助伞裙与防污闪涂料结合使用；隔离开关动触头支持绝缘子和操作绝缘子使用防污闪辅助伞裙时要根据绝缘子尺寸和间距选择合适的辅助伞裙尺寸、数量及安装位置。

（2）防污闪涂料宜优先选用加强 RTV-Ⅱ型防污闪涂料，宜采用喷涂施工工艺；防污闪辅助伞裙的材料性能与复合绝缘子的高温硫化硅橡胶一致，防污闪辅助伞裙应与相应的绝缘子伞裙尺寸应吻合良好。

（3）户内非密封设备外绝缘与户外设备外绝缘的防污闪配置级差不宜大于一级，户内设备的防尘和除湿条件应确保设备运行环境良好。

2.5.5.5 预防性试验

（1）支柱绝缘子、悬式绝缘子和合成绝缘子的试验项目、周期和要求应符合 DL/T 596 的规定。

（2）复合绝缘子的运行性能检验项目按照 DL/T 1000 执行。

（3）绝缘子红外检测按照 DL/T 664 规定的检测方法、检测仪器及评定准则执行。

2.5.6 接地装置

2.5.6.1 设计与选型

（1）接地装置的接地设计选型应依据 GB/T 50065、DL/T 1682、GB 50057 等有关规定进行。独立避雷针的配置及其接地装置应符合 GB/T 50064 的要求。

（2）应重点注意以下事项：

1）对于 110kV（66kV）及以上新建、改建变电站，在中性或酸性土壤地区，接地装置选用热镀锌钢为宜，在强碱性土壤地区或者其站址土壤和地下水条件会引起钢质材料严重腐蚀的中性土壤地区，宜采用铜质、铜覆钢（铜层厚度不小于 0.8mm）或者其他具有防腐性能材质的接地网。对于室内变电站及地下变电站应采用铜质材料的接地网。铜材料间或铜材料与其他金属间的连接，须采用放热焊接，不得采用电弧焊接或压接。

2）接地装置（包括设备接地引下线）的热稳定容量应结合长期规划进行计算。在扩建工程设计中，还应对前期已投运的接地装置进行热稳定容量校核，不满足要求的必须进行改造。

3）变压器中性点应有两根与接地网主网格的不同边连接的接地引下线，并且每根接地引下线均应符合热稳定校核的要求。主设备及设备架构等宜有两根与主接地网不同干线连接的接地引下线，并且每根接地引下线均应符合热稳定校核的要求。连接引线应便于定期进行检查测试。

4）对于高土壤电阻率地区的接地网，在接地阻抗难以满足要求时，应采用完善的均压及隔离措施，防止人身及设备事故。对弱电设备应有完善的隔离或限压措施，防止接地故障时地电位的升高造成设备损坏。

2.5.6.2 安装和交接试验

（1）施工单位应按照设计要求进行施工，接地装置的选择、敷设及连接应符合

GB 50169 的有关要求。

（2）接地装置验收应在土建完工后尽快安排进行。特性参数测量应避免雨天和雨后立即测量，应在连续天晴 3 天后测量。交接验收试验应符合 GB 50150、GB/T 50832 的规定。

（3）大型接地装置除进行 GB 50150、GB/T 50832 规定的电气完整性试验和接地阻抗测量，还应考核场区地表电位梯度、接触电位差、跨步电位差、转移电位等各项特性参数测试，以确保接地装置的安全。试验的测试电源、测试回路的布置、电流极和电压极的确定以及测试方法等应符合 DL/T 475 的相关规定。宜按照 DL/T 266 开展冲击接地阻抗、场区地表冲击电位梯度、冲击反击电位测试等冲击特性参数测试。

（4）防雷接地工程验收应按照 GB 50150、GB 50169、DL/T 596 等标准和国能发安全〔2023〕22 号的要求进行。

（5）投产验收应进行现场实地查看，主要对如下技术资料进行详细检查，审查其完整性、正确性和适用性：

1）设计联络文件；

2）设计、施工图纸资料；

3）安装记录（包括隐蔽工程记录等）；

4）交接试验报告；

5）监理报告。

（6）投产验收发现以下问题应立即要求整改，直至验收合格为止：

1）安装施工不规范；

2）交接试验方法不正确；

3）试验项目不全或结果不合格；

4）装置达不到技术标准要求；

5）基础资料不全。

2.5.6.3 运行检修监督

（1）接地引下线的导通检测工作宜每年进行一次，其检测范围、方法、评定应符合 DL/T 475 的要求，并根据历次测量结果进行分析比较，以决定是否需要进行开挖、处理。

（2）对于已投运的接地装置，应根据地区短路容量的变化，定期校核接地装置（包括设备接地引下线）的热稳定容量，并结合短路容量变化情况和接地装置的腐蚀程度，有针对性地对接地装置进行改造。对不接地、经消弧线圈接地、经低阻或高阻接地系统，应按照异点两相接地校核接地装置的热稳定容量。

（3）运行 10 年以上的接地网应通过开挖抽查等手段确定接地网的腐蚀情况。根据电气设备的重要性和施工的安全性，选择 5~8 个点沿接地引下线进行开挖检查，要求不得有开断、松脱或严重腐蚀等现象。如发现接地网腐蚀较为严重，应及时进行处理。铜质材料接地体地网不必定期开挖检查。

2.5.6.4 预防性试验

（1）接地装置试验的项目、周期、要求应符合 DL/T 596 的规定。

（2）接地装置的特征参数及土壤电阻率测定的一般原则、内容、方法、判据、周期应按照 DL/T 475 的规定执行。

（3）宜根据接地网运行年限、运行情况，参照 DL/T 1680 开展接地网状态评估。

2.5.7 高压电动机

2.5.7.1 设备选型

（1）电动机的设计选型应符合 GB/T 755、GB/T 21209、DL/T 5153、DL/T 1111 等标准的规定。

（2）选型时应注意电动机的防护等级满足环境要求。厂用电动机宜采用笼型交流电动机，启动力矩要求大的设备应采用深槽式或双笼型交流电动机。

（3）重载启动的 I 类电动机（如直吹式制粉系统中的中速磨煤机），应合理选择电动机容量与轴功率之间的配合裕度。

2.5.7.2 安装和交接验收

（1）电动机的安装和投产验收按照 GB 50170 的规定执行。

（2）安装应严格按照安装规范进行，重点检查电动机安装位置、尺寸等应符合设计和有关标准的要求；定子、转子之间气隙的不均匀度应符合产品技术条件的规定；引出线鼻子焊接或压接良好；裸露带电部分的电气间隙应符合产品技术条件的规定；底座和电动机外壳接地符合相关标准的规定。

（3）电动机应按照 GB 50150 进行交接试验。交接试验重点监督：直流电阻、定子绕组极性及其连接的正确性、空载转动检查和空载电流测量等。

2.5.7.3 运行监督

（1）电动机各部分温度在额定冷却条件下应符合产品技术文件的规定，在制造厂无明确规定时，可参照 JB/T 10314、JB/T 10315 等标准执行，运行中电动机绕组温度不应超过 GB/T 20113 规定。

（2）电动机运行应无超载、过热、异音和异常振动等现象，润滑油系统及轴承温度应正常。

（3）交流电动机的带负荷启动次数，应符合产品技术条件的规定，当产品技术条件无规定时，可符合下列规定：

1）在冷态时，可启动 2 次。每次间隔时间不得小于 5min。

2）在热态时，可启动 1 次。当在处理事故且电动机启动时间不超过 2~3s 时，可再启动1次。

2.5.7.4 检修监督

电动机的检修宜随机组或主系统设备检修周期进行，检修项目按照检修规程及制造厂要求制定。

重点监督项目：转子笼条和短路环有无脱焊、断裂、松脱；定子绕组端部绑线、垫块的紧固情况，线棒有无磨损，绝缘有无膨胀、过热和损伤现象；铁芯压紧螺钉应不松动，铁芯表面有无生锈、磨损现象；槽楔有无变色、松动、枯焦和断裂现象等。

2.5.7.5 预防性试验

电动机预防性试验项目、周期、要求应符合 DL/T 596、DL/T 1768 的规定。

重点监督项目：绝缘电阻和吸收比、直流电阻测量、耐压试验、定子绕组极性检查、定子铁芯磁化试验等。

2.5.8 电力电缆线路

2.5.8.1 设计与选型

（1）电力电缆线路设计选型应符合 GB 50217、DL/T 401、GB 50229 等标准的规定。

（2）应根据线路输送容量、系统运行条件、电缆路径、敷设方式等合理选择电缆和附件结构型式。

（3）应避免电缆通道邻近热力管线，腐蚀性、易燃易爆介质的管道，确实不能避开时，应符合 GB 50168 的要求。

（4）同一受电端的双回或多回电缆线路宜选用不同制造商的电缆、附件。110kV（66kV）及以上电压等级电缆的 GIS 终端和油浸终端宜选择插拔式。

（5）10kV 及以上电力电缆应采用干法化学交联的生产工艺，110kV 及以上电力电缆应采用悬链或立塔式工艺。

2.5.8.2 监造和出厂试验

（1）监造工作按 DL/T 1054、DL/T 586 要求执行，应对 220kV 及以上电压等级的电力电缆及附件进行监造和出厂验收，并全面落实订货技术要求和联络设计文件要求。

1）检查工厂生产条件是否满足电缆的制造要求；

2）见证主要原材料的供货厂家及供货质量，见证主要附件如接头和终端、（充油电缆）压力箱等的出厂试验及抽样试验；

3）见证各工艺环节是否符合制造厂工艺规程的要求，过程检验是否合格；

4）见证电缆出厂试验及抽样试验。

（2）监造人员在电缆监造工作结束后应提交监造报告，内容包括产品结构简述，监造内容、方式、要求和结果，有关试验报告，并如实反映产品制造过程中出现的问题、处理方法和结果等。

（3）电缆出厂前应进行出厂验收。对竣工状态、制造质量进行现场核查，对制造过程的质量记录和交工文件进行审查，并形成验收意见。

2.5.8.3 安装和交接验收

（1）电缆及其附件的运输、储存，应符合 GB 50168 的要求。当产品有特殊要求时，应符合产品的技术要求。

（2）电缆线路敷设和安装方式应符合 GB 50168、GB 50169、GB 50217、DL/T 342 和 DL/T 343 等有关的规定。

（3）电力电缆投入运行前，应按照 GB 50150、GB/T 50832 的规定进行试验。

（4）验收时，应按照 GB 50168 和 GB 50217 的要求进行检查。

（5）在电缆运输过程中，应防止电缆受到碰撞、挤压等导致的机械损伤，严禁倒放。电缆敷设过程中应严格控制牵引力、侧压力和弯曲半径。

（6）安装时监督重点：

1）电缆主绝缘、单芯电缆的金属屏蔽层、金属护层应有可靠的过电压保护措施。统包型电缆的金属屏蔽层、金属护层应两端直接接地。

2）合理安排电缆段长，尽量减少电缆接头的数量，层、桥架和竖井等缆线密集区域布置电力电缆接头。

3）施工期间应做好电缆和电缆附件的防潮、防尘、防外力损伤措施。在现场安装高压电缆附件之前，其组装部件应试装配。安装现场的温度、湿度和清洁度应符合安装工艺要求，严禁在雨、雾、风沙等有严重污染的环境中安装电缆附件。

4）落实电力电缆的防火措施，包括：严格按正确的设计图册施工，留出足够的人行通道；通往电缆夹层、隧道、穿越楼板、墙壁、柜、盘等处的所有电缆孔洞和盘面之间缝隙（含电缆穿墙套管与电缆之间缝隙）必须采用合格的不燃或阻燃材料封堵；电缆竖井和电缆沟应分段做防火隔离，对敷设在隧道和厂房内构架上的电缆要采取分段阻燃措施；应尽量减少电缆中间接头的数量，如果需要，应按工艺要求制作安装电缆头，经质量验收合格后，再用耐火防爆槽盒将其封闭。

2.5.8.4 运行监督

（1）电力电缆运行中应按照 DL/T 1253 的相关规定进行定期和不定期巡查。

（2）运行在潮湿或浸水环境中的 110kV（66kV）及以上电压等级的电缆应有纵向阻水功能，电缆附件应密封防潮；35kV 及以下电压等级电缆附件的密封防潮性能应能满足长期运行需要。

2.5.8.5 预防性试验

（1）电力电缆的预防性试验应按照 DL/T 596 的规定进行，对于交联聚乙烯电缆应采用交流耐压试验代替直流耐压试验。

（2）用红外成像仪检测电缆终端和非埋式电缆中间接头、瓷套表面、交叉互联箱、外护套屏蔽接地点等部位。检测方法、检测仪器及评定准则应符合 DL/T 664 的要求。

（3）电力电缆线路应根据电缆绝缘类型（橡塑绝缘、自容式充油电缆）确定交接验收试验中需要重点监督的项目，包括主绝缘交流耐压试验、直流耐压试验及泄漏电流测量、绝缘油试验、交叉互联系统试验等，严格根据相关标准、规程要求进行监督审核。

（4）对于额定电压 220kV（U_m=252kV）交联聚乙烯电力电缆和其附件，根据 GB/T 18890.1 标准，电缆和其附件安装完成后，在新的电缆线路上进行试验。推荐采用外护套直流电压试验和（或）绝缘交流电压试验。当电缆线路仅作了外护套直流电压试验，附件安装的质量保证程序可以替代绝缘试验。

2.5.9 金属封闭母线

2.5.9.1 设计与选型

（1）金属封闭母线的设计选型应符合 GB/T 8349 的规定，固体绝缘管型母线的设计选型应符合 DL/T 1658 35kV 及以下固体绝缘管型母线的规定。

（2）封闭母线的导体宜采用铝材或铜材，并符合 GB/T 3190 和 GB/T 5231 的要求。

（3）外壳的防护等级应按 GB/T 4208 的要求选择，一般离相封闭母线为 IP54；共箱封闭母线由供需双方商定。

（4）对湿度、盐雾大的地区，应有干燥防潮措施，中压封闭母线可选用 DMC 或 SMC 支柱绝缘子或由环氧树脂与火山岩无机矿物质复合材料成型而成的全浇注母线。长距离、大容量的联络母线可选用气体绝缘金属封闭母线 GIL，GIL 的选择参照 GIS 相关标准选择。

2.5.9.2 安装和交接验收

（1）封闭母线安装及验收应符合 GB 50149 的规定。

（2）安装结束后，与发电机、变压器等设备连接以前，金属封闭母线应按照 GB/T 8349 进行交接试验。固体绝缘管型母线应按照 DL/T 1658 进行交接试验。

重点监督项目：绝缘电阻、交流耐压、气密封试验等。

2.5.9.3 运行检修监督

（1）运行中维护应符合 DL/T 1769，应定期监视金属封闭母线导体及外壳，包括外壳抱箍接头连接螺栓及多点接地处的温度和温升。

（2）检修时应按照 DL/T 1769 的要求，对绝缘子、离相封闭母线紧固部分、对发电机出线端子箱内以及微正压装置进行检查。

（3）应定期测量封闭母线内空气湿度；定期检查封闭母线与主变压器低压侧升高

座连接处是否存在积水、积油；机组大修时检查盘式绝缘子密封垫、窥视孔密封垫及非金属伸缩节的密封性。

2.5.9.4 预防性试验

（1）封闭母线预防性试验的项目、周期、要求应符合 DL/T 596 的规定。

（2）母线红外检测应按照 DL/T 664 规定的检测方法、检测仪器及评定准则进行。

重点试验项目：绝缘电阻、交流耐压试验，GIL 试验项目参照 GIS 相关标准。

2.5.10 避雷器

2.5.10.1 设计与选型

（1）金属氧化锌避雷器的设计、选型应符合 GB/T 11032、GB/T 50064 和 DL/T 804 中的有关规定和国能发安全〔2023〕22 号的要求，避雷器有关参数选择应考虑发展需要，留有适当裕度。

（2）用于保护发电机灭磁回路、GIS 等的金属氧化物避雷器的设计选型应特殊考虑，其技术要求需经供需双方协商确定。

（3）金属氧化物避雷器配置的在线监测装置应符合 DL/T 1498 的规定。

2.5.10.2 监造和出厂验收

（1）监造工作按 DL/T 586 要求执行，对 330kV 及以上电压等级的避雷器宜进行监造和出厂验收，并全面落实订货技术要求和联络设计文件要求。

（2）监造人员在避雷器监造工作结束后应提交监造报告，内容包括产品结构简述，监造内容、方式、要求和结果，有关试验报告，并如实反映产品制造过程中出现的问题、处理方法和结果等。

（3）避雷器出厂前应进行出厂验收。对设备的竣工状态、制造质量进行现场核查，对制造过程的质量记录和交工文件进行审查，并形成验收意见。

2.5.10.3 安装和交接验收

（1）运输和存放时，应严格注意方式，产品水平放置时，应避免让伞裙受力。安装前，检查确认无裂纹、损伤等问题，安全装置完好无损。

（2）避雷器的安装和投产验收应符合 GB 50147 的要求，安装过程中注意避雷器各单元的排序应符合要求，严禁互换，防爆膜保持完好，整体密封良好。

（3）避雷器安装后，应按照 GB 50150、GB/T 50832 的要求进行交接试验，66kV 及以上电压等级避雷器交接验收试验中重点监督持续运行电压下的泄漏电流和阻性电流检测试验。

2.5.10.4 运行监督

（1）避雷器应定期巡视，主要巡视项目有：

1）无影响设备安全运行的障碍物、附着物；

2）绝缘外套无破损、无裂纹和电蚀痕迹；

3）记录避雷器泄漏电流和放电计次数。

（2）运行测试要求。

1）新投产的 110kV 及以上避雷器投运三个月后测量一次运行电压下的交流泄漏电流，半年再测量一次；

2）严格遵守避雷器交流泄漏电流测试周期，雷雨季前后各测量一次，测试数据应包括全电流及阻性电流；

3）应记录测量时环境温度、相对湿度和运行电压，测量宜在瓷套表面干燥时进行，并注意相间干扰的影响。

（3）宜按照 DL/T 1702、DL/T 1703 的要求，开展金属氧化物避雷器状态评价和状态检修工作。

2.5.10.5 预防性试验

（1）避雷器预防性试验的周期、项目和要求应按照 DL/T 596 执行。

（2）避雷器红外检测应按照 DL/T 664 规定的检测方法、检测仪器及评定准则执行。

（3）对金属氧化物避雷器，必须坚持在运行中按规程要求进行带电试验。35kV 及以上电压等级金属氧化物避雷器可用带电测试替代定期停电试验，但对 500kV 金属氧化物避雷器应 3~5 年进行一次停电试验。

2.5.11 电容器和消弧线圈

2.5.11.1 设计与选型

（1）电容器（无功补偿装置）的设计选型应依据 GB/T 22582、GB 50227、DL/T 5014、DL/T 5242 等标准及国能发安全〔2023〕22 号的要求。

（2）滤波电容器设备的选用应符合 GB/T 20993、GB/T 20994 等标准的要求，对其配套元件的选择应满足其各自的标准要求。

（3）耦合电容器设备的选用应符合 GB/T 19749 等标准的要求。

（4）消弧线圈装置的设计选型应依据 GB/T 1094、GB/T 6451、DL/T 308、DL/T 1057 等标准及国能发安全〔2023〕22 号的要求。

（5）对于中性点不接地的 6~35kV 系统，应根据电网发展每 3~5 年进行一次电容电流测试。当单相接地故障电容电流超过 DL/T 620 规定时，应及时装设消弧线圈；单相接地电流虽未达到规定值，也可根据运行经验装设消弧线圈，消弧线圈的容量应能满足过补偿的运行要求。在消弧线圈布置上，应避免由于运行方式改变出现部分系统无消弧线圈补偿的情况。对于已经安装消弧线圈、单相接地故障电容电流依然超标的应当采取消弧线圈增容或者采取分散补偿方式；对于系统电容电流大于 150A 及以上的，也可以根据系统实际情况改变中性点接地方式或者在配电线路分散补偿。

（6）对于自动调谐消弧线圈，在订购前应向制造厂索取能说明该产品可以根据系统电容电流自动进行调谐的试验报告。

2.5.11.2 安装调试和投产验收

（1）电容器及其装置的安装及验收工作除满足通用标准外，还应符合 DL/T 604、DL/T 653 等相关技术条件要求。装置配套设备如放电线圈、避雷器及电流互感器等，也应满足相应的标准、规程要求。

重点监督项目：电容值、相间和极对壳交流耐压试验。

（2）消弧线圈及其装置的安装及验收工作除满足通用标准外，还应符合 DL/T 1057 等相关技术条件要求。装置中其他各元件也应满足相应的标准、规程要求。

重点监督项目：绕组连同套管的交流耐压试验及控制器模拟试验等试验项目。

2.5.11.3 运行监督

（1）在巡视过程中，应特别关注高压电容器有无漏油、鼓肚现象，外熔断器有无锈蚀、松弛现象；非密封放电线圈有无受潮现象。红外测温是否覆盖电容器及其所有电气连接部位，红外热像图显示有无异常温升、温差或相对温差。

（2）消弧线圈及其装置应进行单相接地时连续运行时间超过 2h、全补偿或欠补偿等工况统计分析；对于装设手动消弧线圈的 6~35kV 非有效接地系统，应根据电网发展每 3~5 年进行一次调谐试验，使手动消弧线圈运行在过补偿状态，合理整定脱谐度，保证电网不对称度不大于相电压的 1.5%，中性点位移电压不大于额定电压的 15%；自动调谐消弧线圈投入运行后，应根据实际测量的系统电容电流对其自动调谐功能的准确性进行校核。

2.5.11.4 检修监督

（1）电容器和消弧线圈的检修依据 DL/T 355、DL/T 1057 及相关规程及国能发安全〔2023〕22 号的要求执行。

（2）依据 DL/T 596、DL/T 393 对电容器装置、消弧线圈装置进行定期预试，积极开展带电检测和在线监测工作，并重视各种运行经验的积累。并将试验结果、发现缺陷及处理情况记入档案。

2.5.12 输电线路

2.5.12.1 设计与选型

（1）新建交流线路的设计应满足 GB 50061、GB 50545、DL/T 5217、DL/T 5092、DL/T 620 等标准的有关规定及国能发安全〔2023〕22 号的要求。

（2）线路防污设计应满足 GB/T 26218.1、DL/T 374 等标准的有关规定及最新污区分布图的配置要求，绝缘子类型选择按 GB/T 26218.2、GB/T 26218.3 推荐选取。

（3）线路设计时应充分考虑雷害、舞动、大风和鸟害故障的影响，尽量避开导线和地线易覆冰区域、舞动多发区、采空区、雷电多发区和鸟害故障多发区域，线路走向确实需经过上述区域的，应充分调查、搜集该区域微地形、地貌、气象资料和已运行线路发生故障的情况，采取有效的防范措施。

2.5.12.2 安装调试和投产验收

（1）安装阶段应监督安装单位及人员资质、工艺控制资料、安装过程是否符合 GB 50233 等标准及国能发安全〔2023〕22 号的要求，对重要工艺环节开展质量抽检。重点监督项目依据国能发安全〔2023〕22 号第 15 章内容进行。

（2）接地等隐蔽工程应留有视频、图像等资料，并经监理单位和运行单位质量验收合格后方可掩埋。

2.5.12.3 运行监督

（1）应做好防雷经验的总结和积累。

（2）绝缘子的运行维护应按照 DL/T 741，DL/T 1000.3 和 DL/T 596 执行，日常巡视时，应注意玻璃绝缘子自爆、复合绝缘子伞裙破损、均压环倾斜等异常情况。

（3）线路绝缘子要按照 DL/T 626 要求，做好绝缘子低（零）值检测工作，并及时更换自爆及低（零）值绝缘子。

（4）特殊气象条件下，应加强线路巡视，随时了解线路情况，及时采取相应措施。舞动时应重点观测舞动强度（振幅、频率、振型、舞动时间）、气象状况（风速、风向、气温、空气湿度）及覆冰情况，上述故障消除后，应对线路进行全面检查、测试和维护。

（5）对于鸟害故障较多的线路要因地制宜采取长效的防鸟措施；及时拆除杆塔上的鸟巢，清扫杆塔绝缘子上的积粪，更换鸟粪污染严重或被鸟类啄损的绝缘子。

（6）线路避雷器的运行维护依据 DL/T 815 的要求执行。带间隙避雷器要定期巡线（每年至少一次，雷雨季节之前），目测避雷器的外观是否有损坏情况，并记录计数器的动作数据。无间隙避雷器要做定期检测，检测方法和周期参照变电站用无间隙避雷器。带脱离器的无间隙线路避雷器可采用抽查方式。

2.5.12.4 检修监督

（1）输电线路的检修应按照企业输电线路运行规程执行，具体检修周期或检修时间应按照设备状况、巡视、检测的结果及国能发安全〔2023〕22 号的要求确定。

（2）检修工作应按照检修工艺要求及质量标准执行。更换部件维修（杆塔、横担、导线、地线、绝缘子等）时，要求更换后新部件参数不低于原设计要求。

（3）运行维护单位应建立健全抢修机制。应储备抢修工具和材料并依据不同事故特点制定针对性的应急方案。

（4）对运行时间 3~5 年的复合绝缘子要按照 DL/T 1000.3 要求进行运行性能抽样检测，要特别注意复合绝缘子憎水性和机械性能的变化情况。

2.6 反措落实监督

（1）发电企业严格执行国能发安全〔2023〕22 号和国家、行业标准、技术管理法规及有关行业反事故措施，严防发电机损坏、大型变压器和互感器损坏、电力电缆损坏及开关设备、接地网和过电压、污闪等事故的发生。

（2）发电企业应依据国能发安全〔2023〕22 号的要求，根据各机组的实际情况进行全面、逐条对比排查，发现不符合项及时进行分析整改或列入整改计划。

（3）发电企业绝缘技术监督专责每年年初结合机组检修、设备改造等，制定年度反措计划，每年 1 月 15 日前报监督办公室，同时报上年度反措计划执行情况总结。

2.7 涉网监督

绝缘专业涉网监督主要是机组进相运行能力、电压控制等方面的技术监督，具体工作包括：机组进相运行试验、AVC 试验，涉及的一次设备主要包括发电机、主变压器、厂用电系统等。

2.7.1 一般要求

（1）新建机组进入商业运行前或机组在 A 修后、涉网试验周期超过五年，或者进行了影响机组进相能力或 AVC 性能的改造后，应进行机组进相运行试验和 AVC 试验。

（2）当发生下列情况之一时，应进行机组进相运行试验。

1）发电机组接入电网方式等运行条件发生重大改变；

2）主变压器或高压厂用变压器、低压厂用变压器分接头的调整；

3）厂用电新增大功率辅机设备；

4）机组进行灵活性改造后，应进行深调工况下进相运行试验。

（3）当发生下列情况之一时，应进行机组 AVC 试验。

1）发电机组容量变更、励磁系统改造或进行重大软件升级后；

2）发电企业主要设备、相关控制系统发生重大改变、AVC 调节范围产生变化时；

3）机组进行灵活性改造后，应进行深调工况下 AVC 试验。

（4）参与 AVC 控制的机组调整性能与运行参数应满足电网调度机构规定，AVC 投运率、AVC 无功调用合格率和调节合格率应满足要求。

（5）上传电网调度机构的相关 AVC 控制状态信号（如 AVC 投入 / 退出 / 闭锁等状态信号）应正确。

（6）厂站 AVC 相关功能应实现冗余配置、主辅运行，主辅机应实现自动切换。

（7）厂站 AVC 应具有远方控制模式、就地控制模式、停用模式三种控制模式，模式的切换应经值班调度员许可，并做好记录。

2.7.2 试验依据

GB/T 31464—2022 电网运行准则

GB/T 38755—2019 电力系统安全稳定导则

GB/T 40594—2021 电力系统网源协调技术导则

DL/T 1523—2023 同步发电机进相试验导则

DL/T 1707—2017 电网自动电压控制运行技术导则

DL/T 1860—2018 自动电压控制试验技术导则

DL/T 1870—2018 电力系统网源协调技术规范

调运〔2022〕51 号国调中心关于加强火电机组涉网性能管理的通知

山东电力系统网源协调管理规定（2025 版）

2.7.3 发电机进相运行试验

（1）试验目的。

1）通过进相运行试验，确定发电机实际进相运行能力和限制因素；

2）试验验证该发电机进相运行时对降低主变压器高压侧电压的作用和效果；

3）考核励磁调节器对提高发电机进相运行能力、静态稳定及动态稳定的作用，整定发电机低励限制范围；

4）根据试验结果确定发电机运行范围（即功率图，本试验可确定进相运行范围）；

5）确定主变压器、高压厂用变压器当前分接位置是否合适。

（2）试验应具备的条件。

1）主变压器及厂用变压器的分接头整定合理，6kV 母线电压一般不应低于 6kV（10kV 母线电压一般不应低于 10kV），400V 母线电压一般不应低于 390V。

2）发电机组电气量、非电量等状态指示均完整、准确。

3）机组运行稳定，氢气系统、密封油系统、发电机及励磁机冷却系统运行正常，试验期间不进行上述系统的重大操作。

4）自动发电控制（AGC）等其他调节发电机有功的功能组件退出运行。

5）自动电压控制（AVC）退出，除励磁调节器以外的其他影响发电机无功调整的功能组件及限制环节应退出或取消，无功功率应能平滑、稳定调节。

6）励磁调节器低励限制功能完好，整定值可在线修改，励磁调节器低励限制跳闸功能退出，其他调节、限制、保护功能正常投入。

7）发电机 - 变压器组保护运行正常，试验中最大进相深度不会启动发电机失磁保护，核实已投入的其他保护与进相试验无冲突。

（3）试验的有关说明。通常限制发电机进相运行能力的主要因素有三个：发电机的静稳定、定子铁芯端部的温升、厂用电的降低。

1）进相运行对静态稳定的影响。发电机进相运行时，在输出有功功率一定的情况下，随着励磁电流的减少，功率极限降低，功角增大，从而静态稳定降低。为保证发电机的静稳定，本次试验只进行励磁调节器自动下的进相运行试验，同时在试验中监视发电机的功角，确保不超过 70°。

2）进相运行对发电机端部的影响。同步发电机运行时，由于漏磁会引起端部发热，在进相运行时，随着进相功率的增大端部发热问题越来越严重。发电机定子铁芯由氢气冷却，端部有铜屏蔽，试验时铁芯端部温升相对较低，温度最高点在端部压指及铜屏蔽处，铁芯温度的监测可用制造时埋设的端部铁芯测温元件测点进行，要求铁芯及端部压指温度小于 120℃，高于上述值时进相力度不能加大，并增加励磁以减小进相力度。

3）进相运行对厂用电压的影响。进相运行时，随着发电机励磁电流的减小，发电机端电压降低，厂用电压也会降低。进相运行试验时要求发电机电压不低于额定电压的 90%，6kV 母线电压不能低于 5.7kV（10kV 母线电压不能低于 9.5kV），400V 母线电压不能低于 361V，低于上述值时进相力度不能继续加大，并增加励磁以减小进相力度。

（4）试验方法。

1）机组的进相过程采用人为减磁使被试机组进相方法实现。

2）试验应包括迟相、零无功、进相三种状态（进相工况应达到进相限制条件），在三种状态下分别选择停留记录发电机状态量。

3）温度记录应待温度稳定后进行。

4）机端电压不小于 90% 额定电压，定子电流不大于额定电流。

（5）试验步骤。

1）发电机并网带负荷正常运行后，可以进行试验，试验宜选择 50%、75%、100% 负荷下进行，灵活性改造后机组可增加深度调峰工况。

2）在进相试验过程中，被试机组应置于自动励磁的方式下，运行人员在试验过程中应保持被试机组的有功基本不变，试验过程中不调整发电机冷却系统（内冷水及氢气冷却系统温度自动调节解除）。

3）调节发电机有功为某一试验工况且迟相运行，然后运行人员手动降低励磁，使发电机由迟相至进相过渡，然后继续缓慢降低发电机励磁电流，调整发电机进相吸收无功，进相运行后，每次减无功 10Mvar，稍作停留，观察铁芯端部的温度，保证端部结构件的温度不超过温度限值，发电机的功角不超过 70°，然后继续降低励磁电流，直至 6kV 或 10kV、400V 母线电压低于额定值的 95% 为止，维持发电机的有功、无功不变。

4）此时记录发电机各部分温度及定子电压、定子电流、转子电压、转子电流、厂用电电压、系统电压等电气量。

5）发电机该试验工况下进相深度试验完成后，适当增加无功，调整试验机组励磁调节器低励限制定值，进行该试验工况下励磁低励限制动作特性校核试验，其中静态特性校核通过缓慢减小励磁电流至低励限制器动作，动态特性校核通过给定电压下负阶跃试验，使低励限制器动作，记录试验过程波形。低励限制动作特性校核试验后恢复调节器低励限制定值，恢复发电机迟相运行。

6）其他工况下进相试验步骤与3）、4）、5）相同。

（6）检验标准。

1）进相运行的机组应保留10%及以上的静稳定储备。

2）各容量等级机组最低进相深度要求见表2.6。

表2.6 各容量等级机组最低进相深度要求

机组额定容量	75%额定有功以上最小进相值（Mvar）	75%额定有功以下50%额定有功以上最小进相值（Mvar）	备注
100MW级	5	10	含110、115MW
125MW级	10	15	含135、140、145、150、160 MW
200MW级	15	20	含220、225 MW
300MW级	30	50	含315、330、335、350MW
600MW级	50	80	含660、670、680、700MW
1000MW级	100	150	含1250MW

2.7.4 AVC试验

（1）试验目的。

1）通过开展AVC系统试验，模拟中调下发电压调节指令，验证AVC动作逻辑；

2）验证AVC系统本地控制的精度和速度；

3）验证AVC系统跟踪主站指令的精度和速度，满足电网对本机组自动电压控制的技术要求。

（2）试验应具备的条件。

1）AVC系统已完成型式试验和功能测试，控制逻辑和安全性满足GB/T 31464、DL/T 1707、DL/T 1860等标准规范的要求。

2）AVC子站完成通信参数配置、内部定值设定；已完成与外部系统（升压站监控系统 NCS、远动终端系统或机组 ECS 系统）的通信，且已完成与外部设备的信号接线和回路调试；可正常采集 AVC 所需的升压站、机组、励磁系统等参数，具备控制输出指令送出至励磁调节器的能力。

3）远方 AVC 主站与子站间的通信通道正常；通信传输、数据交换正常，可满足子站上传的信号，主站下发的控制指令正确无误；主站自动电压控制功能正常投入满足与子站闭环控制条件，可执行与子站的闭环控制。

4）机组具备在 95%~105% 机端额定电压范围内连续调节无功的能力。

5）机组处于正常并网运行状态（机组自带厂用电运行）。

6）励磁调节器能够正确接收 AVC 发出的增减磁脉冲，励磁调节器处于自动控制方式。

7）已完成 PSS 试验及进相试验，且已修改 PSS 投入功率，及 AVC 相关定值，AVC 的 P–Q 曲线应与低励限制曲线协调配合，保证正常调节时低励限制不发生动作，PSS 功能已投入。

（3）本地动态试验要求。

1）预设不超出死区范围的控制目标，验证死区设置；

2）改变预设目标使之超调节死区范围，观测各设备是否跟踪预设目标进行调节，并验证预设的无功分配策略；

3）如试验时存在多种控制对象组合方式，宜进行至少两种组合方式下的本地调控试验；

4）预设目标使超出调节死区范围，记录实际母线电压无功达到预设值的时间，计算调节速率；

5）预设目标使之超出调节死区范围，记录调节过程结束后被控母线电压无功的最终值，计算调节精度。

（4）远方联调试验要求。

1）在远方控制模式下完成接收远方 AVC 主站目标指令测试。AVC 子站控制对象闭环，由主站下发控制目标至子站，通过子站完成控制对象的无功调节试验。

2）远方调控性能试验：

a. 远方下发调节指令，使之超出调节死区范围，记录实际母线电压 / 无功功率达到预设值的时间，计算调节速率；

b. 远方下发调节指令，使之超出调节死区范围，记录调节过程结束后被控母线电压 / 无功功率的最终值，计算调节精度。

完成以上试验项目后，将 AVC 恢复到正常运行方式。

（5）数据记录。在试验过程中，做好下列参数的数据记录：机组无功功率、母线电压指令、母线电压、机组有功功率等参数，具体详见表 2.7、表 2.8。

表 2.7　AVC 系统本地试验数据记录表

次数	试验前机组无功功率（Mvar）	试验前母线电压（kV）	母线电压目标值（kV）	试验后机组无功功率（Mvar）	试验后母线电压（kV）	调节时间（s）
1						
2						
3						
4						
5						
6						
试验时间为 20____年____月____日____时____分至 20____年____月____日____时____分。						

表 2.8　AVC 系统联调数据记录表

次数	脉冲宽度（ms）	时间	机组有功功率（MW）	机组无功功率（Mvar）	调整试验	系统电压
第一次升					调整前	
		—	—	—	目标值	
					调整后	
第二次升					调整前	
		—	—	—	目标值	
					调整后	
第三次降					调整前	
		—	—	—	目标值	
					调整后	
第四次降					调整前	
		—	—	—	目标值	
					调整后	
试验时间为 20____年____月____日____时____分至 20____年____月____日____时____分。						

3 继电保护技术监督

继电保护技术监督是指根据国家、行业的有关法律、法规、标准、规范，结合山东省电力行业继电保护技术监督的具体情况，对继电保护设计、设备选型、采购制造、安装调试、运行维护、检验检修、设备退役等各个环节进行的全过程、全方位的监督管理活动，确保继电保护的安全可靠运行，以保障机组和电网的安全稳定运行。

继电保护技术监督工作按照依法监督、分级管理、专业归口的原则，贯彻安全生产“可控、在控”的要求，严格执行有关规程、规定和反事故措施。积极推广新技术、新设备、新材料，依靠科技进步和创新，提高继电保护技术监督水平。

3.1 监督范围

（1）继电保护装置：发电厂的继电保护装置以及与继电保护密切相关的二次装置，包括发电机、变压器、调相机、电动机、母线、母联（分段）、线路（含电缆）、断路器、电容器、电抗器等设备的保护装置，此外还应包括合并单元、智能终端、断路器操作箱、保护用交换机、网络分析记录仪、故障录波器、故障测距装置、保护信息子站、二次设备在线监视与分析子站、保护通信接口装置等相关装置。

（2）电力系统安全自动装置：在电力系统发生故障或异常运行时，作用于断路器分、合闸的自动装置。如自动重合闸、备用电源自动投入、低频（低压）自动切负荷、自动解列、自动准同期、安全稳定等装置，电力系统时间同步装置等。

（3）二次回路及相关设备：以上装置所连接的交流采样回路、分合闸（控制）回路、开入开出回路、保护用通信（含光纤、高频）回路、保护用交直流电源等二次回路，以及回路中所连接的相关设备和元器件，如电压切换（并列）箱以及相关自动开关和继电器等。

（4）继电保护试验仪器：包括继电保护测试仪、万用表等设备。

3.2 监督依据

GB/T 7261 继电保护和安全自动装置基本试验方法

GB/T 14285 继电保护和安全自动装置技术规程

GB/T 14598（所有部分）量度继电器和保护装置

GB/T 15145 输电线路保护装置通用技术条件

GB/T 19638.1 固定型阀控式铅酸蓄电池　第 1 部分：技术条件

GB/T 19638.2 固定型阀控式铅酸蓄电池　第 2 部分：产品品种和规格

GB/T 19826 电力工程直流电源设备通用技术条件及安全要求

GB/T 20840.2 互感器　第 2 部分：电流互感器的补充技术要求

GB 26860 电力安全工作规程　发电厂和变电站电气部分

GB/T 31464 电网运行准则

GB/T 40586 并网电源涉网保护技术要求

GB/T 50062 电力装置的继电保护和自动装置设计规范

GB 50171 电气装置安装工程　盘、柜及二次回路接线施工及验收规范

GB 50172 电气装置安装工程　蓄电池施工及验收规范

GB 50217 电力工程电缆设计标准

GB/T 50976 继电保护及二次回路安装及验收规范

DL/T 242 高压并联电抗器保护装置通用技术条件

DL/T 280 电力系统同步相量测量装置通用技术条件

DL/T 317 继电保护设备标准化设计规范

DL/T 357 输电线路行波故障测距装置技术条件

DL/T 478 继电保护和安全自动装置通用技术条件

DL/T 526 备用电源自动投入装置技术条件

DL/T 527 继电保护及控制装置电源模块（模件）技术条件

DL/T 540 气体继电器检验规程

DL/T 553 电力系统动态记录装置通用技术条件

DL/T 559 220kV~750kV 电网继电保护装置运行整定规程

DL/T 572 电力变压器运行规程

DL/T 584 3kV~110kV 电网继电保护装置运行整定规程

DL/T 587 继电保护和安全自动装置运行管理规程

DL/T 623 电力系统继电保护及安全自动装置运行评价规程

DL/T 624 继电保护微机型试验装置技术条件

DL/T 667 远动设备及系统 第5部分：传输规约 第103篇：继电保护设备信息接口配套标准

DL/T 670 母线保护装置通用技术条件

DL/T 671 发电机变压器组保护装置通用技术条件

DL/T 684 大型发电机变压器继电保护整定计算导则

DL/T 724 电力系统用蓄电池直流电源装置运行与维护技术规程

DL/T 744 电动机保护装置通用技术条件

DL/T 770 变压器保护装置通用技术条件

DL/T 860 电力自动化通信网络和系统

DL/T 866 电流互感器和电压互感器选择及计算规程

DL/T 995 继电保护和电网安全自动装置检验规程

DL/T 1073 发电厂厂用电源快速切换装置通用技术条件

DL/T 1100.1 电力系统的时间同步系统 第1部分：技术规范

DL/T 1153 继电保护测试仪校准规范

DL/T 1309 大型发电机组涉网保护技术规范

DL/T 1348 自动准同期装置通用技术条件

DL/T 1502 厂用电继电保护整定计算导则

DL/T 2253 发电厂继电保护及安全自动装置技术监督导则

DL/T 5044 电力工程直流电源系统设计技术规程

DL/T 5136 火力发电厂、变电站二次接线设计技术规程

DL/T 5153 火力发电厂厂用电设计技术规程

DL/T 5226 发电厂电力网络计算机监控系统设计技术规程

DL/T 5229 电力工程竣工图文件编制规定

DL/T 5294 火力发电建设工程机组调试技术规范

国能发安全〔2023〕22号防止电力生产事故的二十五项重点要求

国能发安全规〔2022〕92号电力二次系统安全管理若干规定

山东省电力行业继电保护技术监督工作规定（2024年修订）

3.3 专业技术监督体系建设

3.3.1 专业技术监督体系

山东省能源局是山东省电力行业技术监督工作的行政主管部门，领导小组是在其领导下的全省电力技术监督工作的领导机构，领导小组下设监督办公室，是全省电力

技术监督工作的归口管理机构，监督办公室设在国网山东电科院，下设继电保护技术监督专责，依托国网山东电科院继电保护专业，实施全省电力行业继电保护技术监督工作的日常管理。

各发电企业是技术监督的主体，应建立健全企业生产负责人领导下的技术监督组织体系、工作机制和流程，落实技术监督岗位责任制，成立技术监督领导小组，企业生产负责人任组长，并在生产技术部门设立继电保护技术监督专责，构建继电保护技术监督工作网，全面落实各项技术监督工作。

3.3.2 职责分工

技术监督领导小组职责、监督办公室职责见本书 1.3 节，各发电企业继电保护技术监督职责分工如下：

3.3.2.1 监督办公室继电保护监督专责职责

（1）贯彻执行国家、行业、山东省有关继电保护技术监督的方针、政策、法规、标准、规程、制度。

（2）督导发电企业落实国家、行业有关继电保护技术监督的标准、规程、制度、反事故措施以及山东省电力技术监督规章制度。

（3）监督发电企业继电保护监督工作计划的制定和实施。

（4）制定或修订《山东省电力行业继电保护技术监督工作规定》，监督发电企业建立健全技术监督体系，完善管理制度和岗位职责。

（5）参加新建、扩建、改建和重大技术改造项目的继电保护技术监督检查、督导工作。

（6）参与重大及以上继电保护缺陷的调查、分析，监督审查反事故措施的制订和落实。

（7）监督发电企业及时上报继电保护不安全事件、运行数据、技改工作等，针对重大、频发性异常问题及时发出监督预（告）警。

（8）组织开展全省继电保护技术监督检查工作。

（9）编写全省继电保护技术监督月报和年度工作总结。

（10）组织开展发电企业继电保护技术培训和交流工作。

3.3.2.2 发电企业技术监督领导小组职责

（1）组织开展本企业技术监督工作。

（2）贯彻执行国家、行业有关技术监督的方针、政策、法规、标准、规程、制度、条例、反事故措施。

（3）组织制定本企业各技术监督工作实施细则、岗位职责、考核办法等管理文件，并监督执行。

（4）组织召开本企业技术监督网工作会议，协调解决监督工作中的具体问题。

（5）组织制订年度监督工作计划，总结全厂监督工作。

（6）协调本企业技术监督网中各专业的技术监督工作，审批有关实施细则、技术措施。

（7）对本企业发生的重大事故，组织并参加事故调查分析，督促专业事故防控措施的制定和落实。

（8）负责监督、检查、督促继电保护专业技术监督专责的工作。

（9）参加全省技术监督工作会议。

3.3.2.3 发电企业继电保护技术监督专责职责

（1）贯彻执行国家及电力行业有关规程和标准，并根据本单位的具体情况制定实施细则。

（2）在本企业技术监督网组长的领导下，负责本单位继电保护全过程技术监督的具体工作。

（3）根据继电保护技术监督标准、规程、实施细则和反事故措施有关要求，结合本企业设备检修计划，制定本企业年度技术监督工作计划，报技术监督办公室备案，并检查计划执行情况。

（4）负责组织继电保护异常动作调查分析，并负责异常动作事件及保护装置缺陷的上报工作。

（5）负责新建、大修、技改工程的继电保护设计审查、调试及验收的监督工作。

（6）组织建立健全继电保护技术监督工作资料档案。

（7）按时报送继电保护技术监督工作的各类报表、总结。

（8）对监督办公室下发的告警或处理意见及时反馈。

（9）参加上级监督部门组织的活动和会议。

（10）负责组织本单位继电保护专业技术培训工作。

（11）负责及时上报继电保护监督网络人员调整情况。

3.3.2.4 发电企业继电保护班组技术监督职责

（1）设备管理。负责继电保护及安全自动装置的日常巡视、维护、检修和试验等，准确记录、分析上述工作中的数据，确保设备正常运行。

（2）技术监督。监督继电保护装置的运行状态、定值整定和连接片投退，确保符合规程要求和设备运行情况。

（3）定值管理。负责继电保护定值的计算并定期校核，确保定值准确合理。并建立定值管理档案。

（4）故障分析。及时分析继电保护动作事件，并准确开展继电保护动作行为评价，编写故障分析报告。

（5）资料管理。建立健全继电保护技术档案，包括设备台账、备品备件台账、图纸、试验报告、定值单、故障分析报告等，确保技术资料完整、准确，便于查阅和追溯。

（6）技术培训。组织班组成员进行技术培训，开展技术交流和案例分析，提升专业技能。

（7）安全管理。监督继电保护工作中安全措施的执行情况，确保符合安全规程，参与安全检查和隐患排查，制定并落实整改措施。

（8）协调配合。与调度、运行等部门协作，提供故障分析、继电保护技术支持。

3.4 日常监督管理

各发电厂应结合本厂管理、设备的实际情况，制定适合本厂的继电保护及安全自动装置技术监督管理办法，依据国家和行业有关标准和规范，编制并执行运行规程、检修规程、检验作业指导书等相关支持性文件，以科学、规范的监督管理，保证技术监督工作目标的实现和持续改进。

3.4.1 定期技术监督报表和报告管理

（1）每月5日前各发电企业继电保护技术监督专责向监督办公室报送上月继电保护技术监督月报和继电保护动作评价月报，报表要求应符合表3.1和表3.2要求。

表 3.1 继电保护技术监督月报

填报单位		填报时间		
填报人员		审核人员		
本月主要继电保护工作				
计划定检保护台数		完成定检台数		
缺陷及处理情况（应含缺陷设备生产厂家、产品型号、投运时间、缺陷及缺陷处理情况描述）				
严重缺陷数量		严重缺陷消除数量		
危急缺陷数量		危急缺陷消除数量		
继电保护反措执行情况				
1				

续表

2				
3				
计划反措项数		执行反措项数		
继电保护评价统计				
220kV 及以上电压等级设备、100MW 及以上容量的发电机组及 100Mvar 及以上容量的调相机组				
保护动作总次数		不正确动作次数		
主保护快速切除次数		故障录波完好次数		
故障录波完好次数		主保护停运小时数		
下月主要工作				

表 3.2 继电保护动作评价月报

<table>
<tr><td colspan="5">填报单位</td><td></td><td>填报时间</td><td colspan="6"></td></tr>
<tr><td colspan="5">填报人员</td><td></td><td>审核人员</td><td colspan="6"></td></tr>
<tr><td rowspan="2">编号</td><td rowspan="2">时间</td><td rowspan="2">厂站名称</td><td rowspan="2">保护电压等级（机组容量）</td><td rowspan="2">保护名称</td><td rowspan="2">保护型号
生产厂家
投运时间</td><td rowspan="2">保护动作简述</td><td colspan="3">装置动作评价</td><td colspan="2">故障录波次数</td><td rowspan="2">责任部门</td></tr>
<tr><td>正确次数</td><td>误动次数</td><td>拒动次数</td><td>录波次数</td><td>完好次数</td></tr>
<tr><td>1</td><td></td><td></td><td></td><td></td><td></td><td></td><td></td><td></td><td></td><td></td><td></td><td></td></tr>
<tr><td>2</td><td></td><td></td><td></td><td></td><td></td><td></td><td></td><td></td><td></td><td></td><td></td><td></td></tr>
<tr><td>3</td><td></td><td></td><td></td><td></td><td></td><td></td><td></td><td></td><td></td><td></td><td></td><td></td></tr>
<tr><td>4</td><td></td><td></td><td></td><td></td><td></td><td></td><td></td><td></td><td></td><td></td><td></td><td></td></tr>
<tr><td>5</td><td></td><td></td><td></td><td></td><td></td><td></td><td></td><td></td><td></td><td></td><td></td><td></td></tr>
<tr><td>6</td><td></td><td></td><td></td><td></td><td></td><td></td><td></td><td></td><td></td><td></td><td></td><td></td></tr>
</table>

注 1. 统计范围：对 220kV 及以上电压等级设备、100MW 及以上容量的发电机组及 100Mvar 及以上容量的调相机组等设备的继电保护动作行为进行统计。

2. 继电保护动作评价应遵照 DL/T 623《电力系统继电保护及安全自动装置运行评价规程》要求，按“事件”进行评价统计。

3. 继电保护动作评价应包含自动重合闸等自动装置动作行为评价。

（2）各发电企业继电保护技术监督专责，应按时向监督办公室报送半年、全年监督总结及全年运行指标统计表，报告内容应符合表3.3第1部分的要求。每年7月15日前报送半年监督总结，每年1月15日前报送上年度监督总结。

表3.3 继电保护技术监督资料

1 继电保护监督总结内容

继电保护年度总结应有但不限于以下内容：

（1）继电保护监督指标情况：应包含保护正确动作率、主保护投入率、快速切除率、定检执行率、反措执行率、录波完好率等指标。

（2）主要监督工作：继电保护监督主要工作。

（3）继电保护监督网活动情况：监督网活动主要内容。

（4）保护动作统计分析：应包含继电保护动作时间、电压等级、保护装置型号和厂家信息、故障简述及故障类型、保护动作评价分析等信息。

（5）缺陷统计分析：继电保护缺陷统计分析、严重和紧急缺陷及处理情况（应包含缺陷装置名称、型号、生产厂家、运行年限等信息，缺陷详细描述，缺陷处理情况）。

（6）反措执行情况：反措计划实施情况。

（7）保护定值计算工作。

（8）技改：继电保护技改实施情况。

（9）存在问题：目前继电保护工作中或设备运行中存在的问题（如：设备超期服役等）。

（10）技术培训：继电保护技术培训开展情况。

（11）下一步工作计划。

2 继电保护故障分析报告

继电保护故障分析报告应包含但不限于以下内容：

（1）故障发现经过：包含天气情况、异常发生时间、异常发展过程、涉及（影响）范围等信息。

（2）故障前运行方式：包含系统主接线、负荷潮流情况，保护配置及相关保护定值，TA、TV变比，保护定值。

（3）现场检查：包含一次设备检查情况、继电保护设备检查情况、其他检查情况。

（4）保护动作分析：包含故障录波、保护装置事项（开入、开出及保护动作情况）、自动化系统SOE等数据信息，并对以上数据进行详细分析。

（5）结论：保护动作行为评价、保护不正确动作原因分析。

（6）存在问题及防范措施。

（7）附件：保护装置录波（纸质版或电子版）、故障录波器录波（comtrade格式）、保护装置动作报告（电子版）、自动化系统相关SOE（电子版）、相关图纸及其他资料。

3 继电保护技术监督资料

继电保护技术监督资料应有但不限于以下内容：

（1）继电保护技术规程。

（2）继电保护技术监督网相关公文。

（3）继电保护技术监督人员岗位职责。

（4）继电保护技术监督小组活动记录。

（5）继电保护及安全自动装置设备台账（含保护软件版本信息）。

（6）继电保护备品备件台账。

（7）继电保护测试仪器、试验设备台账。

（8）继电保护及安全自动装置消缺记录。

（9）继电保护常用规程、标准及反措文件。

（10）厂家说明书（保护及自动装置技术说明书、测试仪器仪表使用说明书等）。

（11）继电保护及安全自动装置动作评价统计（含保护异常动作分析报告）。

（12）电流互感器保护用绕组测试记录（伏安特性、绕组直流电阻、回路交流阻抗、10%误差校核等资料）。

（13）相关图纸（含厂家图纸、设计院竣工图纸等）。

续表

(14)继电保护及安全自动装置的定值单及执行情况。 (15)继电保护定检和反措计划及执行情况。 (16)继电保护检验报告(继电保护现场作业指导书)。 (17)经安监部门备案的继电保护及安全自动装置典型安全措施票。 (18)继电保护技术培训活动记录。 (19)监督办公室下发的监督月报。 (20)近期上级部门下发的继电保护相关文件。

(3)继电保护年度监督工作计划、反事故措施计划应在每年1月15日前报监督办公室,同时报上年度计划执行情况。

3.4.2 不定期技术报告管理

(1)对220kV及以上电压等级设备、100MW及以上容量的发电机组、100Mvar及以上容量的调相机组继电保护不正确动作事件,发电企业继电保护监督专责应在24h内上报监督办公室,待故障调查结束后两个工作日内向监督办公室报送故障分析报告,报告内容应符合表3.3第2部分的要求。

(2)对220kV及以上电压等级设备、100MW及以上容量的发电机组、100Mvar及以上容量的调相机组等继电保护的紧急缺陷,发电企业继电保护监督专责应在24h内上报监督办公室,"继电保护技术监督月报"中应对缺陷及处理情况进行详细叙述,紧急缺陷应24h内处置完毕,因极端特殊原因无法完成的,应采取措施保证机组及电网的安全稳定运行。

(3)当继电保护监督网人员变动时,继电保护监督专责应在监督网文件下发后两个工作日内上报监督办公室,当监督专责人员调整时,新监督专责应在工作交接后48h内电话通知监督办公室,待监督网文件下发后再按要求上报。

3.4.3 技术监督检查管理

(1)应建立定期检查制度,监督办公室负责定期检查的组织工作,各发电企业配合执行,技术监督检查以自查和互查相结合的方式进行,检查周期以一年为宜,监督检查应依据《继电保护技术监督检查细则》(见附录2)开展。

(2)技术监督检查应有完整的检查记录或检查报告,对技术监督检查过程中发现的问题应提出相应的意见或建议,对严重影响安全的隐患或故障应提出预警或告警,并跟踪整改情况。各发电企业对检查发现的问题,应制定整改措施,并将措施及整改情况反馈至监督办公室。

3.4.4 监督信息资料管理

(1)建立健全继电保护技术监督资料档案,档案应符合表3.3第3部分的要求。

(2)监督档案中的继电保护相关标准、规程、制度等应及时更新。

3.4.5 监督预（告）警管理

（1）继电保护监督建立技术监督预（告）警制度，监督办公室在技术监督工作中对违反监督制度、存在重大安全隐患的单位，视情节严重程度，由技术监督办公室发出继电保护专业技术监督预（告）警单（见表 3.4）。对于监督办公室签发的预（告）警单，发电企业应认真组织人员研究有关问题，制订整改计划，整改计划中应明确整改措施、责任部门、责任人和完成日期，整改计划应上报技术监督办公室。

表 3.4 继电保护专业技术监督预（告）警单

预（告）警单编号：

<table>
<tr><td colspan="3">预（告）警项目名称：</td></tr>
<tr><td colspan="2">单位（部门）名称：</td><td>传真或联系方式：</td></tr>
<tr><td colspan="2">拟稿人：</td><td>联系电话：</td></tr>
<tr><td>存在问题</td><td colspan="2"></td></tr>
<tr><td>整改建议</td><td colspan="2"></td></tr>
<tr><td>整改要求</td><td colspan="2"></td></tr>
<tr><td colspan="2">审核：</td><td rowspan="3">签发单位（部门）：
（盖章）
年 月 日</td></tr>
<tr><td colspan="2">复审：</td></tr>
<tr><td colspan="2">签发：</td></tr>
</table>

（2）问题整改完成后，发电企业参照表 3.5 填写继电保护专业技术监督预（告）警回执单，并报送监督办公室备案。

表 3.5　继电保护专业技术监督预（告）警回执单

回执单编号：

单位（部门）名称			
预（告）警项目名称			
预（告）警单编号		预（告）警时间	年　月　日
预（告）警提出单位（部门）		联系电话	
预警内容			
整改计划			
整改结果			
审核：		签发单位（部门）：	
复审：			
签发：		（盖章） 年　月　日	

（3）对整改完成的问题，发电企业应保存问题整改相关的试验报告、现场图片、影像等技术资料，作为问题整改情况及实施效果评估的依据。

3.4.6　继电保护整定计算管理

（1）整定计算应有专人负责，专责人应熟悉本电厂运行方式、设备参数、继电保护图纸等资料，并熟悉 DL/T 684、DL/T 1502 等相关技术标准，整定计算专责人变动时，交接人宜重新核算厂内所有保护定值并履行相关审批程序。

（2）与整定计算有关的资料应齐全，包括一次系统主接线图及设备参数、继电保护图纸、继电保护说明书、省（地）调下发的定值通知单及与继电保护整定相关的各项技术要求及管理要求、本单位的整定技术要求、其他与继电保护整定计算的相关资料等。

（3）因新建、扩建、技改、运行方式变更、保护装置更换、系统参数变化等原因造成定值不适用时，应对原有定值进行校核或对保护定值进行重新计算；厂用电继电保护定值应每年校核一次。

（4）整定计算复核专责人应全面复核一次系统等值电路图、短路电流计算书、整定方案及保护定值等，以保证整定计算的原理合理，定值计算正确。整定计算复核专责人复核后，提交生技部电气专工审核，公司总工程师批准后执行。继电保护及安全自动装置整定工作原则上应由本电厂专业人员具体负责，如需委托外单位，应委托具备相应专业能力的单位承担，且必须对被委托单位出具的短路电流计算书、整定计算书、定值单进行全面审核。

（5）已批准的定值单由设备责任部门按规定执行，执行完毕后需在定值通知单上签字，加盖“已执行”章，并将定值执行情况反馈至整定计算专责人，执行完毕后定值单应归档管理。

（6）定值通知单应按设备逐一下达，每页定值通知单上均注明保护的型号及名称、厂站名称、被保护设备的名称、TV 变比、TA 变比、通知单签发的日期及编号等。定值通知单上任一定值改变，需将该页定值重新下达，并注明改变前的定值，同时原通知单作废处理。定值管理部门应及时更新继电保护定值通知单，保证目前有效定值通知单与现场运行的保护装置定值相一致。

（7）整定计算方案内容应包括系统运行方式、一次系统等值电路图、继电保护配置情况、短路计算书、整定计算书、保护的出口方式等。

（8）各发电企业应按调度机构要求提供继电保护整定计算所需的发电机、变压器等主要设备技术规范、技术参数和实测参数等资料。

3.4.7 会议及培训管理

每年定期召开继电保护技术监督工作会议，要求发电企业技术监督专责及相关负责人参加；会议总结上年度监督情况，讨论本年度监督工作重点，表彰先进，根据现场情况安排专题培训。

发电企业继电保护监督专责定期组织对本专业人员进行技术培训。

3.5 设备监督

3.5.1 总体要求

3.5.1.1 规划可研及工程设计阶段

（1）在系统规划、设计和确定电厂一次接线时，应考虑继电保护装置的技术性能、条件和运行经验，征求继电保护技术监督部门的意见，使系统规划、设计及接线能全面综合地考虑一次和二次的问题，以保证系统安全、合理、经济。

（2）各级继电保护技术监督部门应按照调度管辖范围参加工程各阶段设计审查。新建、扩建、技改工程的继电保护装置的设计、选型、配置方案应依据 GB/T 14285、DL/T 5153、DL/T 5136、DL/T 1309 等相应的国家标准、行业标准、反措和调度的有关继电保护要求开展，设计部门应听取继电保护技术监督部门的意见，对于未执行反措的设计项目，运行单位有权要求进行更改设计直至满足。

（3）继电保护装置及其二次回路设计应由有相应设计资质的单位承担，电厂应组织本单位或邀请外单位继电保护专业人员对设计单位出具的设计资料进行审核。

（4）发电厂交直流电源系统设计应满足 DL/T 5044、DL/T 5153 的要求。

3.5.1.2 设备采购、制造及验收阶段

（1）继电保护装置配置、选型一经确定，设计单位必须严格按设计审查意见进行施工图设计和提供订货清册；设备订货单位必须按设计单位提供订货清册和参数订货，不得擅自更改，电厂监督部门应对施工图、订货清单、设备参数进行核查。

（2）对首次进入系统的继电保护装置，电厂技术监督部门要会同生产单位一同参加出厂试验和验收工作，了解其结构特点，掌握其技术性能和各种技术特性数据。

3.5.1.3 设备安装、调试及竣工验收阶段

（1）发电厂技术监督部门应监督安装单位严格按照 GB 50171、GB/T 50976 等相应的国家标准、行业标准、继电保护反事故措施要求进行设备安装、二次回路接线及施工，保证质量并形成完整的技术资料。

（2）新建、扩建、技改工程中，发电企业技术监督部门应介入继电保护装置调试工作，了解装置的性能、结构和参数，并对重要试验和关键施工环节进行现场监督。

（3）继电保护装置竣工后应按照要求进行项目验收，确保调试没有漏项，试验数据合格，技术资料完整。

（4）设备投运后，技术资料、备品备件、专用仪器应完整移交，设计单位应在竣工后 3 个月内向生产单位提供竣工图纸，如有必要，电厂技术监督部门应再次核对竣工图纸与现场接线一致性。

3.5.1.4 运维检修阶段

（1）运维单位应建立健全继电保护装置运行管理规章制度，建立继电保护装置档案（含图纸资料、调试资料、设备说明书、日常巡视及运行维护资料、检修资料、保护动作统计、事故缺陷等），并采用微机管理。

（2）运维单位应依据 DL/T 587 等相关规定要求对管辖范围内的继电保护装置开展运维检修管理，并结合本单位继电保护装置特点制定运行检修管理制度。

（3）运维单位应依据 DL/T 623 对管辖范围内的继电保护装置的动作情况进行统计分析，并对装置本身进行评价，对异常动作事件应分析原因，提出改进对策，形成分析报告，并及时报技术监督办公室。

（4）运维单位应建立完善的保护定值管理制度，继电保护整定方案应符合 DL/T 684、DL/T 559、DL/T 1502 等技术要求，各整定方案具有完整的整定计算书（含短路电流计算书）。

（5）运维单位应根据 DL/T 995 和有关规程、规范以及设备的实际运行情况制定合理的继电保护检修计划，不得缺项、漏项，检修结果记录完整，检修数据准确无误，检修资料归档完整；检修、检定、调试应符合检修工艺要求；技改项目应有设计图纸和说明，经相关人员论证后，方可列入检修计划；技改完成后，应及时更新图纸资料。

（6）运维单位应根据实际情况按照“轻重缓急”原则制定本单位反措计划，有步骤的开展反措工作，对反措计划及完成情况及时报办公室。

（7）发电厂在运维阶段发现的继电保护普遍性的多发故障、重大事故，应及时汇报技术监督办公室、电网调度部门。

（8）继电保护备品、备件管理应满足设备消缺及反措需要。

（9）继电保护所用仪器、设备应认真登记在案，按照相关制度定期送具备检测资质的单位进行检测，检测周期及检测指标应满足 DL/T 624 要求，检测单位出具的检测报告应存档管理；不符合标准的仪器、仪表，应立即停止使用，同时报本单位主管部门报废、更新。

3.5.1.5 退役报废阶段

（1）发电企业结合本单位继电保护装置健康状况和运行年限合理制定更新改造计划，继电保护设备运行年限应满足有关规程、规范和反事故措施要求。

（2）依据电网实际运行情况，发电企业分层分级开展退役设备技术鉴定工作，提高设备运行水平和完好率。

3.5.2 继电保护运行评价监督

（1）依据 DL/T 623 对继电保护装置进行评价，对评价中发现的继电保护装置质量问题进行记录，并及时与设备生产制造单位共同研究问题解决措施，必要时送第三方单位进行检测，对存在严重质量问题或判定为家族性缺陷的设备，继电保护技术监督人员应及时将问题反馈至技术监督办公室。

（2）继电保护动作行为评价及处置。

1）对运行过程中每次继电保护的动作行为进行评价，准确判断继电保护动作行为是否正确。

2）继电保护装置动作后，立即向主管领导、调度部门汇报，及时通知继电保护专业人员，保存保护动作信息及现场图文资料，未保存资料、记录保护动作数据、打印保护动作报告之前，不得就地或远方复归动作报告、告警信息等。

3）故障发生后如有必要应及时组织故障分析讨论会，可邀请上级部门、其他发电厂继电保护技术人员参会，对保护动作行为进行评价，事故定性后需要有详细的故障分析报告，并报上级主管部门。

4）对继电保护装置的每次不正确动作，生产技术部、继电保护班组应组织有关人员认真分析，并汇报省（地）调，找出原因后制定切实可行的措施加以解决。在故障检查中，二次班要做好记录，保存好所有过程资料，包括保护动作报文报告、保护装置录波、故障录波器录波、二次回路检查图文资料、继电保护校验图文资料等。事故检查完后，保护班或生产技术部门应尽快整理好事故调查报告交由各级部门进行审核，编、审、批后报送上级有关部门。

5）继电保护班组应建立继电保护动作台账，详细记录每次故障导致的保护动作情况、保护误动情况，定期对继电保护装置动作情况进行统计分析和评价。

（3）继电保护班应建立继电保护装置误动、缺陷及消除情况台账。针对可能导致继电保护装置无法正常运行的危急缺陷和严重缺陷，保护人员除向部门和有关领导汇报外，还要向生产技术部继电保护专责反映，以便班组、技术监督专责和公司技术监督组长了解缺陷状况，制定措施，防患于未然。缺陷处理过程中保护班组要做好记录，记录的内容包括缺陷具体描述、检查过程数据及图文资料、采取的应急措施及后续解决方法等。缺陷记录整理好后，报送部门、生产技术部电气技术主管专责。

3.5.3 继电保护测试仪器、试验设备、备品备件监督

（1）各单位应按照实际需要配备合格的试验设备、仪器仪表和备品备件，并建立备品备件管理台账，由专人管理，使其始终处于完好状态。

（2）继电保护测试仪器和设备的各项性能指标必须完全满足继电保护检修规程中的要求，继电保护技术监督专责、继电保护班组对继电保护测试用仪器和设备的选购必须把关。

（3）继电保护测试用仪器和设备必须按规定定期送检并合格，经检验证实不符合标准的仪器、设备及仪表，应立即停止使用，并进行调整和修复，的确不能修复的，应上报本单位主管部门报废、更新。禁止在继电保护测试中使用未经检测或不符合标准的仪器、设备及仪表。

（4）继电保护备品备件的各项性能指标必须符合继电保护有关规程的规定。凡上级有关文件明令停用、根据运行统计及质量评议提出的事故率高且无解决措施、不满足反措要求、未经有关部门鉴定合格的产品均不得选用。

3.5.4 继电保护检验监督

（1）对已运行或准备投运的继电保护装置，必须按 DL/T 995 和本企业及上级单位下发的检验规程进行定检和其他各种检验工作。

（2）各发电企业需根据季节特点、负荷情况、一次设备的运行及检修情况、继电保护运行情况，合理安排继电保护检验计划。继电保护班应严格按计划制定详细检验方案及开展各项检验检修工作，杜绝继电保护装置未按期进行检验而运行的情况。

（3）继电保护班在检验工作中应执行 GB 26860 中的有关规定，并按符合设备实际安装情况的正确图纸进行现场检验工作，复杂的检验工作应事先制订实施方案。

（4）继电保护检验工作必须认真仔细，并严格按有关规程的要求进行，不得遗项、漏项，不得降低检修标准。在检修工作现场应做好认真详细的记录，检验工作结束后应及时整理检验报告并存档。

（5）继电保护检验、检修前应制定“三措一案”，并按要求逐级审批。作业现场应规范参检人员作业行为，防止发生人身伤亡、设备损坏和继电保护“三误”（误碰、误接线、误整定）事故，保证电力系统一次、二次设备的安全运行。

（6）工作人员应逐条核对运行人员做的安全措施，确保符合要求。

（7）运行中的装置需要检验时，应先断开相关保护出口连接片、启动失灵连接片等，再断开装置的工作电源。在相关工作结束，恢复运行时，应先检查相关跳闸连接片在断开位置。投入工作电源后，检查装置正常，用高内阻的电压表检验连接片的每一端对地电位都正确后，才能投入相应出口连接片。

（8）现场工作应以图纸为依据，工作中若发现图纸与实际接线不符，应查线核对。如涉及修改图纸，应在图纸上标明修改原因和修改日期，修改人和审核人应在图纸上签字。

（9）进行现场工作时，应防止交流和直流回路混线，防止直流系统接地。二次回路改造后应开展绝缘电阻测量、回路直流电阻测量工作，并做好记录，在合上交流（直流）电源前，应测量负荷侧是否有直流（交流）电位。

（10）传动或整组试验后不应再在二次回路上进行任何工作，否则应做相应的检验。

（11）工作结束前，应检查检验记录，确认检验无遗漏项目，试验数据完整，检验结论正确后，才能拆除试验接线。并将微机型保护装置打印或显示的整定值与最新定值通知单进行逐项核对，并签字。

（12）工作结束，全部设备和回路应恢复到工作开始前状态，工作票终结后不应再进行任何工作。

3.6 反措落实监督

（1）继电保护监督专责、继电保护班组技术人员应熟悉国能发安全〔2023〕22 号等各项反措文件的要求，严格按照制度的要求对上级下达的反措计划进行贯彻落实。

（2）继电保护技术监督专责每年年初必须组织研究和制定继电保护年度反措计划，反措计划应逐项落实项目负责人和项目完成时间。

（3）各电厂继电保护技术监督组长应定期组织检查公司继电保护落实国能发安全〔2023〕22 号、上级有关部门下发的反措及公司年度反措计划情况。

（4）继电保护技术监督专责、继电保护班技术人员应建立完善的继电保护反措管理台账，通过研究现有的继电保护反措条款了解其设计思路和实施效果，并结合本单位的实际情况，包括系统结构、设备状况、运维人员技能水平等，在分析存在的问题和不足后，制定本单位个性化反措条款，单位内部审批后予以实施。

（5）继电保护班应定期对已执行的反措是否继续完好和有效进行检查，并做好记录。

（6）反措的执行要履行审批手续，重要反措的执行要制定施工方案、安全措施、技术措施，必要时委托上级技术监督部门。

3.7 涉网安全监督

（1）涉网保护定值及关键控制技术参数更改后，需向电网调度机构提供发电企业正式盖章确认的技术分析及说明资料。

（2）发电企业继电保护技术人员应熟悉 GB/T 40586、DL/T 1309、国能发安全规〔2022〕92 号对涉网保护的具体要求。

（3）涉网二次系统规划设计、设备选型及配置应征求调度机构意见，并满足调度机构相关技术规定及电网反事故措施的有关要求。

（4）涉网二次系统安装、试验、验收应满足国家和行业相关标准、规范，及调度机构有关规程和管理制度的要求，涉网二次系统应按照有关规定进行并网安全评价，确保满足并网条件。

（5）二次系统项目建设完成应由项目监理单位出具相关质量评估报告，其中涉网二次系统应经调度机构确认。

（6）各发电厂应加强二次系统网络安全监视，当发生危害网络安全的事件时应立即采取措施，影响涉网二次系统安全的应同时向调度机构及技术监督单位报告。

（7）调度机构将影响涉网二次系统运行和整定的系统阻抗等有关变化情况通知发

电企业后，各发电企业应及时校核定值和参数，在调度机构指导下及时调整二次系统的运行方式和有关定值。

（8）与电网安全稳定运行紧密相关的继电保护及安全自动装置定值由调度机构负责管理，调度机构下达限额或定值后，发电企业按调度机构要求整定，并报调度机构审核和备案；其他与电网安全稳定运行相关的继电保护及安全自动装置定值由发电企业自行管理，并负责整定，定值应报调度机构备案。

（9）大型发电机组涉网保护的备案内容应包括：失磁保护定值、失步保护定值、低频保护定值、过频保护定值、汽轮机超速保护控制定值、发电机和变压器过励磁保护定值、过电压保护定值、低励限制及保护定值、过励限制及保护定值、转子绕组过负荷保护定值、定子电流限制定值、定子过负荷保护定值。

（10）各发电企业应根据相关继电保护整定计算规定、电网运行情况、主设备技术条件、DL/T 1309 中对涉网保护的技术要求，结合定期检验，对所辖设备涉网保护定值进行校核。当电网结构、线路参数和短路电流水平发生变化时，应及时校核涉网保护的配置与整定，避免保护发生不正确动作。

（11）为防止发生网源协调事故，并网电厂机组涉网保护装置的技术性能和参数应满足所接入电网要求，并达到安全性评价和技术监督要求。

（12）各发电厂故障录波器接入的模拟量、开关量应齐全，命名应规范，满足调度部门对配置及命名的要求，便于故障分析。

3.8 隐患排查监督

（1）继电保护应有防“三误”，即防“误接线、误碰、误整定”的措施。

（2）现场运行规程齐全、规范、符合实际、具可操作性、相关描述应采用规范术语及调度命名。严格执行上级颁发的技术监督规程、制度、标准和技术规范等要求。

（3）继电保护主管部门、继电保护班组应有一次系统、厂用电系统的运行方式图及方式变化说明，继电保护班组及网控室应备有符合实际、齐全的并网继电保护原理接线图、展开图和端子排图。

（4）主变压器后备保护跳闸逻辑：出线如果是并联网络线，直接全停；如果母线解列后可以缩小故障范围，非故障母线能够将其余负荷输送出去，则跳母联和分段。

（5）发电机基波定子接地保护。

1）对于发电机定子接地保护基波零序电压定值整定应满足相关要求，防止定子接地保护误动。

2）对于发电机中性点经消弧线圈接地的发电机组，基波零序电压定子接地保护动作延时应参照现场实际状况，按照相关规程要求进行整定。

3）对于中性点经消弧线圈接地的发电机，按照要求上报技术监督办公室，进行备案。

（6）两套保护装置重合闸行为一致且两套合闸连接片均投入。

（7）双重化配置的继电保护装置，两套保护装置的直流电源应取自不同蓄电池组供电的直流母线段，每套保护装置与其相关设备（操作箱、跳闸线圈等）的直流电源均应取自与同一蓄电池组相连的直流母线。

（8）二次回路接线应满足以下要求：

1）继电保护及相关设备的端子排，宜按照功能进行分区、分段布置，正、负电源之间、跳（合）闸引出线之间以及跳（合）闸引出线与正电源之间、交流电源与直流回路之间等至少采用一个空端子隔开；

2）每个接线端子所接线不得超过 2 根，当有 2 根接线必须压在同一个端子上时，要求线径一直。

（9）200MW 及以上容量的发电机定子接地保护宜将基波零序过电压保护与三次谐波电压保护的出口分开，基波零序过电压保护投跳闸。

（10）已在控制室一点接地的电压互感器二次绕组，宜在开关场将二次绕组中性点经放电间隙或氧化锌阀片接地，其击穿电压峰值应大于 $30I_{max}$ V（I_{max} 为电网接地故障时通过变电站的可能最大接地电流有效值，单位为 kA）。

（11）直流电源系统绝缘监测装置的平衡桥和检测桥的接地端以及微机型继电保护装置柜屏内的交流供电电源（照明、打印机和调制解调器）的中性线（零线）不应接入保护专用的等电位接地网。

（12）直流电源要求。

1）发电厂升压站直流系统的馈出网络应采用辐射状供电方式，严禁采用环状供电方式。

2）发电机组直流系统对负荷供电，应按所供电设备所在段配设置分电屏，不应采用直流小母线供电方式。

3）故障录波器应能对各段直流电源母线的对地电压进行监控。

（13）UPS 供电要求。交流母线分段的，每套站用交流不间断电源装置的交流主输入、交流旁路输入电源应取自不同段的站用交流母线。两套配置的站用交流不间断电源装置交流主输入应取自不同段的站用交流母线，直流输入应取自不同段的直流电源母线。

4 励磁技术监督

励磁技术监督指根据国家、行业的有关法律、法规、标准、规范，在励磁系统的设计、设备选型、安装、调试、运行、检修和技术改造过程中实行全过程技术监督，对励磁系统运行状态、涉网试验、定值整定及反措落实等进行监督及检查，提高励磁系统运行可靠性。

励磁技术监督应坚持“安全第一、预防为主、综合治理”的方针，按照依法监督、分级管理、专业归口的原则，贯彻安全生产“可控、在控”的要求，执行有关标准、规程、规定和反事故措施，及时发现和消除设备缺陷，提高设备的可靠性。各相关单位应积极推广应用励磁新技术、新工艺、新设备和新材料，依靠科技进步和创新，提高励磁技术监督水平。

4.1 监督范围

励磁变压器、副励磁机、主励磁机、自动励磁调节器（AVR）、功率整流器、发电机转子过电压保护、灭磁装置、工频手动柜以及相关二次回路。

4.2 监督依据

GB/T 7409 同步电机励磁系统

GB/T 14285 继电保护和安全自动装置技术规程

GB/T 40586 并网电源涉网保护技术要求

GB/T 40589 同步发电机励磁系统建模导则

GB/T 40591 电力系统稳定器整定试验导则

GB/T 40594 电力系统网源协调技术导则

GB 50147 电气装置安装工程　高压电器施工及验收规范

GB 50148 电气装置安装工程 电力变压器、油浸电抗器、互感器施工及验收规范
GB 50150 电气装置安装工程 电气设备交接试验标准
GB 50171 电气装置安装工程 盘、柜及二次回路接线施工及验收规范
GB/T 20626.1 特殊环境条件 高原电工电子产品 第 1 部分：通用技术要求
DL/T 279 发电机励磁系统调度管理规程
DL/T 294.1 发电机灭磁及转子过电压保护装置技术条件 第 1 部分：磁场断路器
DL/T 294.2 发电机灭磁及转子过电压保护装置技术条件 第 2 部分：非线性电阻
DL/T 489 大中型水轮发电机静止整流励磁系统试验规程
DL/T 490 发电机励磁系统及装置安装、验收规程
DL/T 491 大中型水轮发电机自并励励磁系统及装置运行和检修规程
DL/T 583 大中型水轮发电机静止整流励磁系统技术条件
DL/T 596 电力设备预防性试验规程
DL/T 684 大型发电机变压器继电保护整定计算导则
DL/T 843 同步发电机励磁系统技术条件
DL/T 1049 发电机励磁系统技术监督规程
DL/T 1051 电力技术监督导则
DL/T 1166 大型发电机励磁系统现场试验导则
DL/T 1167 同步发电机励磁系统建模导则
DL/T 1231 电力系统稳定器整定试验导则
DL/T 1391 数字式自动电压调节器涉网性能检测导则
DL/T 1870 电力系统网源协调技术规范
Q/GDW 684 发电机组电力系统稳定器（PSS）运行管理规定
Q/GDW 11538 同步发电机组源网动态性能在线监测技术规范
Q/GDW 11891 同步发电机励磁系统控制参数整定计算导则
国能发安全〔2023〕22 号 防止电力生产事故的二十五项重点要求
国家电网设备〔2018〕979 号 国家电网有限公司十八项电网重大反事故措施（修订版）
调运〔2016〕106 号 发电机组励磁调速参数管理工作规定
山东省电力行业励磁技术监督工作规定（2024 年修订）

4.3 专业技术监督体系建设

4.3.1 专业技术监督体系

山东省能源局是全省电力行业技术监督工作的行政主管部门，山东省电力技术监

督领导小组是在其领导下的技术监督工作领导机构；领导小组下设监督办公室，是全省电力技术监督工作的归口管理机构；监督办公室设在国网山东电科院，下设励磁技术监督专责，依托国网山东电科院励磁专业，实施全省电力行业励磁技术监督工作的日常管理。

发电企业是技术监督的主体，应建立健全企业生产负责人领导下的技术监督组织体系，成立技术监督领导小组，企业生产负责人任组长，并在生产技术部门设立励磁技术监督专责，构建厂级、车间级、班组级的三级技术监督网，完善工作机制和流程，落实技术监督岗位责任制。

4.3.2 职责分工

4.3.2.1 监督办公室励磁技术监督专责职责

（1）贯彻执行国家、行业及山东省有关励磁技术监督工作的方针、政策、法律、法规、标准、规程、制度等。

（2）制定、修订山东省电力行业励磁技术监督工作规定，监督发电企业建立健全本单位技术监督体系，完善管理制度和岗位职责。

（3）对发电企业上报的各种监督报表及总结进行综合分析，编写全省励磁技术监督月报和年度工作总结。

（4）掌握全省励磁系统的运行状况，针对重大、频发等异常问题发出监督预（告）警。

（5）参与励磁系统设备重大事故的调查分析，监督发电企业反事故措施、重大技术措施的制订与实施。

（6）组织召开全省励磁专业技术监督年度会议，总结励磁技术监督工作情况，布置下一步励磁技术监督重点工作。

（7）组织全省励磁技术监督工作检查，对在励磁技术监督工作中表现突出的单位和个人进行表彰。

（8）组织开展全省励磁专业技术培训和交流工作。

（9）对励磁系统参数实测建模、PSS 参数整定及调差系数整定等涉网试验项目进行监督指导。

（10）参加有关设备选型、论证、出厂试验、工程质量审查评估等技术监督工作。

（11）及时反映各类产品的质量和运行状况，对新装置运行情况进行评价，对运行设备存在的缺陷提出处理意见。

（12）及时发布励磁技术监督工作信息。

4.3.2.2 发电企业技术监督领导小组职责

（1）贯彻执行国家、行业及山东省有关励磁技术监督的方针、政策、法规、标准、规程、制度、条例、反事故措施等。

（2）组织制定本企业励磁技术监督工作实施细则、岗位职责、考核办法等管理文件，并监督执行。

（3）组织召开本企业技术监督网工作会议，协调解决监督工作中的具体问题。

（4）组织制订本企业年度励磁技术监督工作计划，总结全厂监督工作。

（5）协调本企业技术监督网中励磁技术监督工作，审批有关实施细则、技术措施。

（6）组织并参加本企业发生的重大事故的调查分析，督促专业事故防控措施的制定和落实。

（7）负责监督、检查、督促励磁专业技术监督专责的工作。

（8）参加全省技术监督工作会议。

4.3.2.3 发电企业励磁技术监督专责职责

（1）贯彻国家、行业及山东省有关励磁技术监督工作的法规、标准及各项规章制度，并根据本单位的具体情况，制定实施细则。

（2）在本单位技术监督网组长的领导下，组织开展、协调落实本企业励磁技术监督工作，代表励磁专业参加监督网活动。

（3）制定本单位励磁系统年度定期检验和更改工程工作计划，并检查计划执行情况。

（4）对本单位发生的励磁系统故障、强行切机等事件进行调查分析，参加本单位励磁系统反事故技术措施的制定，并监督实施。

（5）对本单位的励磁系统，从工程设计、选型、安装、调试到运行维护、动作评价、统计分析等各环节实行全过程技术监督。

（6）建立健全励磁技术监督工作档案，包括设备台账、图纸资料、试验记录、检验报告等。

（7）掌握本单位励磁装置的运行情况，对存在的问题提出改进意见，并监督实施。

（8）监督本单位励磁系统装置的定期检验和验收工作。

（9）及时上报本单位励磁系统异常、故障及事故等情况，不得虚报或瞒报。

（10）按时报送励磁技术监督工作的有关报表、总结。

（11）参加全省励磁技术监督工作会议，并将会议要求落实到实际的监督工作中。

（12）负责组织本单位励磁专业技术培训，提高工作人员的专业素质和工作水平。

4.3.2.4 励磁班组技术监督职责

（1）贯彻执行国家和行业及山东省有关励磁技术监督标准、规程、制度等。

（2）在本企业励磁技术监督专责的指导下，根据本监督规定要求开展励磁检修、运行和安全等方面的监督工作。

（3）建立健全班组规章制度和相应的实施细则，明确监督工作责任人和责任范围，科学合理、有序开展监督计划。

（4）建立设备台账，有完全齐整的图纸资料、试验记录、检验报告等资料，并不断完善。

（5）参加本企业励磁设备的事故调查分析及反事故措施的制定。

（6）参加本企业励磁设备的设计、审查、安装、调试的质检验收和交接工作。

（7）协助编制机组大、小修计划、作业指导书或检修文件包、检修总结等，协助完成励磁设备定期试验及切换等监督工作。

（8）负责本班组人员技术培训工作。

4.4 日常管理监督

4.4.1 定期技术监督报表和报告管理

（1）各发电企业励磁技术监督专责应于每月 5 日前向监督办公室报送上月励磁技术监督月报，监督月报内容要包括励磁设备运行检修情况、异常情况分析及处理、技术改造、反措落实、下阶段重点工作等，具体要求见表 4.1~ 表 4.3。

表 4.1 励磁技术监督月报表 1

<table>
<tr><td>填报单位</td><td colspan="3"></td></tr>
<tr><td>设备名称</td><td colspan="3"></td></tr>
<tr><td>发生时间</td><td colspan="3"></td></tr>
<tr><td>设备异常现象、事故过程、原因分析及措施</td><td colspan="3"></td></tr>
<tr><td>监督专工</td><td></td><td rowspan="2">填报时间</td><td rowspan="2"></td></tr>
<tr><td>总工程师</td><td></td></tr>
</table>

表 4.2　励磁技术监督月报表 2

<table>
<tr><td>填报单位</td><td colspan="3"></td></tr>
<tr><td colspan="4">本月励磁系统主要工作</td></tr>
<tr><td colspan="4"></td></tr>
<tr><td colspan="4">励磁系统装置异常、缺陷及处理情况</td></tr>
<tr><td colspan="4"></td></tr>
<tr><td colspan="4">下月主要工作</td></tr>
<tr><td colspan="4"></td></tr>
<tr><td>监督专工</td><td></td><td rowspan="2">填报
时间</td><td rowspan="2"></td></tr>
<tr><td>总工程师</td><td></td></tr>
</table>

表 4.3　励磁技术监督月报表 3

<table>
<tr><td colspan="2">填报单位</td><td colspan="5"></td></tr>
<tr><td>机组
编号</td><td>调节器型号
及程序版本号</td><td>调节器
投运时间</td><td>励磁系统
涉网试验
完成时间</td><td>灭磁开关
厂家及型号</td><td>自动
投入率（%）</td><td>PSS
投运率（%）</td></tr>
<tr><td></td><td></td><td></td><td></td><td></td><td></td><td></td></tr>
<tr><td></td><td></td><td></td><td></td><td></td><td></td><td></td></tr>
<tr><td></td><td></td><td></td><td></td><td></td><td></td><td></td></tr>
<tr><td></td><td></td><td></td><td></td><td></td><td></td><td></td></tr>
<tr><td></td><td></td><td></td><td></td><td></td><td></td><td></td></tr>
<tr><td></td><td></td><td></td><td></td><td></td><td></td><td></td></tr>
<tr><td></td><td></td><td></td><td></td><td></td><td></td><td></td></tr>
<tr><td></td><td></td><td></td><td></td><td></td><td></td><td></td></tr>
<tr><td colspan="2">监督专工</td><td colspan="2"></td><td rowspan="2">填报
时间</td><td colspan="2" rowspan="2"></td></tr>
<tr><td colspan="2">总工程师</td><td colspan="2"></td></tr>
</table>

（2）各发电企业励磁技术监督专责应按时向监督办公室报送半年、全年监督总结及全年运行指标统计表，内容包括：励磁技术监督情况、技术指标完成情况、设备运行及检修情况、技术改造情况等。半年监督总结和年度总结应分别在每年7月15日前、次年1月15日前报送监督办公室。

（3）励磁年度监督工作计划、反事故措施计划应在每年1月15日前报监督办公室，同时报上年度计划执行情况。

4.4.2 不定期技术报告管理

（1）励磁系统改造前的设备选型、设计方案，发电企业应在方案确定后30日内报送监督办公室。

（2）当励磁系统发生影响机组安全稳定运行的故障时，发电企业监督专责应24h内通报故障情况，待故障定性后2日内向监督办公室报送故障经过、原因分析及处理措施。

（3）发电企业励磁系统重大缺陷检修方案应在确定后30日内报送监督办公室。

（4）发电企业在励磁系统大修前30日内，向监督办公室报送工作项目及内容。

（5）发电企业在大修后30日内向监督办公室报送工作总结报告。

4.4.3 技术监督定期检查制度

（1）应建立定期检查制度，监督办公室负责定期检查的组织工作，各发电企业配合执行，技术监督检查以自查和互查相结合的方式进行，检查周期以一年为宜，监督检查应依据《励磁技术监督检查细则》（见附录3）开展 。

（2）技术监督检查应有完整的检查记录或检查报告，对技术监督检查过程中发现的问题应提出相应的意见或建议，对严重影响安全的隐患或故障应提出预警或告警，并跟踪整改情况。各发电企业对检查发现的问题，应制定整改措施，整改措施及完成情况反馈至监督办公室。

4.4.4 监督技术资料档案管理

各发电企业应建立健全下列技术资料档案：

（1）与励磁技术监督相关的最新版本的标准、规程及反事故技术措施。

（2）励磁系统检修计划，励磁技术监督工作总结及监督会议记录。

（3）设备缺陷记录，设备事故、异常分析记录。

（4）岗位培训制度、计划、记录。

（5）图纸及文件资料：

1）一、二次系统电气连接图；

2）端子排图、外部设备接口图；

3）发电机、励磁机、励磁变压器、晶闸管整流器、灭磁设备、过电压保护设备和励磁调节器等的使用维护说明书、用户手册及参数整定计算书等；

4）励磁系统主要设备参数表；

5）试验方案、作业指导书；

6）试验报告；

7）异常告警单。

4.4.5 监督预（告）警管理

（1）励磁技术监督实行预（告）警制度。对违反监督规定、存在重大安全隐患等情况，由监督办公室向相关单位发出励磁专业技术监督预（告）警单（见表4.4）进行技术监督预（告）警。

表 4.4 励磁专业技术监督预（告）警单

预（告）警单编号：

<table>
<tr><td colspan="3">预（告）警项目名称：</td></tr>
<tr><td colspan="2">单位（部门）名称：</td><td>传真或联系方式：</td></tr>
<tr><td colspan="2">拟稿人：</td><td>联系电话：</td></tr>
<tr><td>存在问题</td><td colspan="2"></td></tr>
<tr><td>整改建议</td><td colspan="2"></td></tr>
<tr><td>整改要求</td><td colspan="2"></td></tr>
<tr><td colspan="2">审核：</td><td rowspan="3">签发单位（部门）：
（盖章）
年　月　日</td></tr>
<tr><td colspan="2">复审：</td></tr>
<tr><td colspan="2">签发：</td></tr>
</table>

（2）对于监督办公室签发的励磁专业技术监督预（告）警单，发电企业应制订整改计划，并于3日内上报监督办公室；整改计划中应明确整改措施、责任部门、责任人和完成日期。

（3）问题整改完成后，发电企业应保存整改问题相关的试验报告等技术资料，填写励磁专业技术监督预（告）警回执单（见表4.5），并报送监督办公室备案。

表4.5　励磁专业技术监督预（告）警回执单

预（告）警回执单编号：

<table>
<tr><td colspan="2">单位（部门）名称</td><td colspan="3"></td></tr>
<tr><td colspan="2">预（告）警项目名称</td><td colspan="3"></td></tr>
<tr><td colspan="2">预（告）警单编号</td><td></td><td>预（告）警类别</td><td>一级☐ 二级☐ 三级☐</td></tr>
<tr><td colspan="2">预（告）警提出单位（部门）</td><td></td><td>预（告）警时间</td><td>年　月　日</td></tr>
<tr><td>预警内容</td><td colspan="4"></td></tr>
<tr><td>整改计划</td><td colspan="4"></td></tr>
<tr><td>整改结果</td><td colspan="4">（注：整改支撑材料可另附页）</td></tr>
<tr><td colspan="2">填写：</td><td colspan="3" rowspan="3">整改单位（部门）：
（盖章）
年　月　日</td></tr>
<tr><td colspan="2">审核：</td></tr>
<tr><td colspan="2">签发：</td></tr>
</table>

4.4.6　会议及培训管理

每年定期召开励磁技术监督工作会议，要求发电企业励磁监督专责人及相关负责人参加；会议总结上年度监督情况，讨论今年监督工作重点，表彰先进，根据现场情况安排专题培训。

发电企业励磁监督专责工程师定期组织对本专业人员进行技术培训。

4.5 设备监督

4.5.1 设计选型监督

（1）励磁系统工程项目设计必须符合国家规程、行业标准以及山东电网有关规定和反事故技术措施要求。

（2）励磁系统所属设备应通过国家质检部门的型式试验，不符合专业管理要求及规定的装置严禁进入山东电网。

（3）励磁系统设计选型审查应通知监督办公室参加，并提前将设计文件报送监督办公室。

（4）发电机励磁系统选型应执行 GB/T 7409、DL/T 294.1、DL/T 294.2、DL/T 583、DL/T 843 以及相关部件的技术标准。

（5）供货方提供的励磁系统主回路设备技术资料，应包括以下几个方面：

1）转子绕组、励磁主回路各元件的电流和电压参数的匹配。

2）整流元件的电流裕度和电压裕度。

3）发电机额定运行时出口三相短路和发电机空载误强励两种情况下的可靠灭磁。

4）直流侧短路时磁场断路器和快速熔断器分断能力。

5）自并励励磁系统的励磁变压器额定容量、额定电压和漏抗参数。

（6）有特殊强励要求时设计单位应提供暂态稳定分析计算书，说明强励电压倍数、励磁系统类型、励磁系统电压响应时间或标称电压响应比选择的理由。

（7）电力系统稳定器的类型和功能，如反调、频率范围、结构、与励磁限制的关系、试验用的接口和功能等应满足标准和实际要求。

（8）发电机励磁系统的模型（包括电力系统稳定器模型在内）应符合下述要求：

1）大、中型发电机组应采用 GB/T 7409 规定的励磁系统模型。

2）特殊控制理论和特殊模型应经过专家分析鉴定、动模试验检验、运行考验，并且应由所在电网方面进行仿真计算予以确认。

3）供货方提供的发电机励磁系统模型应符合实际，模型及其算例应公开，可核实。

（9）发电机停机或灭磁的逻辑设计应正确。

（10）发电机励磁系统的限制和保护的配置应符合标准和发电机特性的要求。

（11）励磁调节柜和功率柜允许的使用环境条件应符合实际要求。

（12）对于改扩建及容量变更机组励磁系统的要求与新建机组要求相同。

（13）对于已经运行的但主要技术指标不符合国家有关技术标准和不满足电网安全稳定运行要求的励磁系统，发电企业应按照调度机构要求限期完成整改，并将改造计划上报监督办公室。

4.5.2 安装调试监督

（1）设备安装应符合 GB 50147、GB 50148、GB 50171 以及相关标准。

（2）设备和随机技术资料应符合合同要求，实物与技术资料相符，并做好技术资料建档工作。

（3）设备安装应符合设计要求，尤其注意电气隔离、安全接地和抗干扰措施 。

（4）设备单体调试中应对励磁系统故障直接导致停机的逻辑进行模拟试验。

（5）励磁系统有关定值及参数的设定，在投产前必须经过充分的技术论证并得到批准。

4.5.3 交接验收监督

（1）发电机励磁系统的交接验收应执行 GB 50150 以及相关励磁系统标准。

（2）发电机励磁系统设备交接验收阶段励磁技术监督的主要工作有：

1）检查设备技术文件（包括设备参数、技术资料、出厂试验报告、运行软件和应用软件的备份）。

2）检查交接验收试验项目、试验报告和定值整定单。

3）检查是否存在影响运行的缺陷，是否存在未及时完成的试验项目。

4）检查调差系数、PID、电力系统稳定器、过励限制和低励限制参数以及调节器控制方式。

5）检查发电机励磁系统限制和保护特性与发电机组继电保护特性匹配的分析说明。

6）检查励磁系统故障直接引起跳机的逻辑。

7）对设备是否可以投运提出意见。

4.5.4 试验监督

（1）发电机励磁系统试验应执行 GB 50150、GB/T 7409、DL/T 583、DL/T 596、DL/T 843 以及相关标准。

（2）应按照合同规定进行出厂试验见证，掌握发电机励磁系统出厂试验情况。出厂试验应当符合相关技术标准、产品技术条件和合同的规定，试验项目应完整，结论明确。

（3）励磁系统在机组并网前应进行必要的静态调试和动态试验，其主要性能指标，如励磁系统开环放大倍数、强励顶值倍数、励磁响应速度、电压超调量和上升时间等技术指标，必须符合国家有关技术标准，并满足电网安全稳定运行的需要。

（4）应掌握励磁系统现场试验（包括机组投产试验、大修试验和励磁设备改造试验）情况，试验单位和人员的资质应符合有关规定，试验仪器设备应在定检的有效期之内，试验内容和方法应符合相关技术标准、产品技术条件和合同的规定，大修技术文件应完整，试验报告应齐全、结论明确。重点检查、分析以下内容：

1）电压静差率测定；

2）发电机空载阶跃响应和负载阶跃响应品质测定；

3）调节器通道和控制方式的人工和模拟故障（电压互感器断线、工作电源故障等）的切换试验；

4）灭磁试验；

5）低励限制、低频保护、过励限制、定子过流限制以及伏 / 赫限制等功能和整定值检查试验；

6）调差系数测定；

7）励磁系统参数实测及建模试验；

8）PSS 试验；

9）事故记录功能。

（5）发电机励磁系统建模试验、PSS 试验和标准及文件规定的特殊试验项目，应按照规定确定试验项目和试验时间，由符合规定资质的试验单位和人员进行试验。新建机组励磁系统建模试验、PSS 试验及调差系数整定试验应在机组进入商业化运行前完成。

（6）励磁系统常规试验项目应符合表 4.6 的规定。经过改造的励磁系统，应经出厂试验及交接试验后，才能投入运行。试验结果评判参照 4.5.6.3 内容。

表 4.6 励磁系统常规试验项目

序号	试验项目	型式试验	出厂试验	交接试验	大修试验
1	励磁系统各部件绝缘试验	√	√	√	√
2	环境试验	√		√	
3	交流励磁机带整流装置时空载试验和负载试验	√			
4	交流励磁机励磁绕组时间常数测定	√			
5	副励磁机负载特性试验	√	√		√
6	自动电压调节范围测量	√		√	
7	励磁系统模型参数确认试验	√		√*	
8	电压静差率及电压调差率测定	√		√	

续表

序号	试验项目	型式试验	出厂试验	交接试验	大修试验
9	自动电压调节通道切换及自动 / 手动控制方式切换	√	√	√	√
10	发电机电压 / 频率特性	√			
11	自动电压调节器零起升压试验	√		√	√
12	自动电压调节器各单元特性检查	√	√	√	√
13	操作、保护、限制及信号回路动作试验	√	√	√	√
14	发电机空载阶跃响应试验	√		√	√
15	发电机负载阶跃响应试验	√		√	√
16	电力系统稳定器试验	√		√*	
17	甩无功负荷试验	√			
18	灭磁试验	√		√	√
19	发电机各种工况时的带负荷调节试验	√		√	
20	功率整流装置额定工况下均流试验	√		√	√
21	励磁系统各部件温升试验	√			
22	励磁装置老化试验	√			
23	功率整流装置噪声试验	√			
24	励磁装置的抗扰度试验	√			
25	自动电压调节器涉网性能仿真试验	√			
26	励磁系统顶值电压和顶值电流测定、励磁系统电压响应时间和标称响应测定	√*			
27	发电机轴电压测量			√	√
28	转子过电压保护试验	√	√		

注 “√”表示应开展的试验项目。

* 涉网试验项目，不包括在一般性型式试验和交接试验项目内，有需要时协商进行。

4.5.5 运行检修监督

（1）发电机励磁系统的运行、检修和设备管理应符合 DL/T 491、DL/T 279、Q/GDW 684 以及相关标准。

（2）机组自动励磁调节装置正常应保持投入状态，调度部门要求投入的 PSS 装置应可靠投入运行。自动励磁调节装置、PSS 装置如遇异常退出，应及时向监督办公室汇报。

（3）机组运行中如励磁系统定值或设定参数发生变化，须经调度部门和监督办公室核准方可执行。励磁系统涉网试验（励磁系统参数测试、PSS 试验）及调差系数整定试验后如定值或设定参数发生变化，应说明对已实测参数是否有影响，必要时应重新进行励磁系统涉网试验（励磁系统参数测试、PSS 试验）及调差系数整定试验。

（4）机组励磁系统涉网试验（励磁系统参数测试、PSS 试验）及调差系数整定试验后，其参数及设备不准随意改动，如需改动，须经审批，并重新进行试验。

（5）励磁系统应采用发电机电压恒定控制方式运行，如采用其他控制方式需要经过调度部门和监督办公室批准。

（6）发电企业应对机组励磁系统性能开展定期复核性试验，复核周期应不超过五年。

（7）在开展涉及励磁系统性能变化的检修后，发电企业应对机组励磁系统开展复核性试验，并将复核性试验报告报监督办公室审核。如有必要，应重新开展励磁系统涉网试验（励磁系统参数测试、PSS 试验）及调差系数整定试验等相关试验工作。

（8）发电企业在机组进行高背压改造后，应开展高背压工况下的 PSS 试验，并依据试验报告在工况改变时对 PSS 参数进行调整。

（9）发电企业在机组进行灵活性改造后，应开展深度调峰工况下 PSS 功能检查试验，确保深调工况下 PSS 功能正常。

（10）运行统计资料应齐全。主要有：励磁系统强行切除比、非计划停机情况、自动投运率、电力系统稳定器投运率、障碍和缺陷的处理情况。开展对统计资料的分析工作，并根据分析结果采取相应的措施，以提高励磁系统的可靠性和电力系统稳定性。

（11）励磁系统安全性评价的各项要求应予以落实。

（12）励磁系统调差系数、低励限制、电力系统稳定器和调节器控制方式应按照电网规定投运，监控系统对励磁系统的控制模式应符合电力系统稳定要求。

（13）设备工程阶段遗留的技术监督内容应及时完成，并对监督内容所涉及的励磁系统重要参数、性能、指标进行检测、检查、验证和评价，必要时进行调整试验和改进。

（14）励磁系统电源模块应定期检查，且备有经检测功能完好的备件，发现异常时应及时予以更换。励磁调节器所用的电源模块原则上应在运行 6 年后予以更换。

（15）对于励磁调节器所用的电压互感器和熔断器应定期检查，发现异常及时予以更换。

（16）励磁系统调节器运行 12 年后，应全面检查板件、电子元器件情况，发现异常应及时更换。

（17）励磁系统整流器功率元件运行 15 年后，经评估存在整流异常或无法及时消除的缺陷等运行风险，应及时更换或改造。

4.5.6 主要技术要求

4.5.6.1 运行环境

（1）励磁装置在不同海拔（H）下的最高工作环境温度应满足如下要求：

1）$H \leqslant 1000$ 时，最高环境温度应不超过 40℃；

2）$1000 < H \leqslant 1500$ 时，最高环境温度应不超过 37.5℃；

3）$1500 < H \leqslant 2000$ 时，最高环境温度应不超过 35℃；

4）$2000 < H \leqslant 2500$ 时，最高环境温度应不超过 32.5℃；

5）$H > 2500$ 时，应根据现场环境条件，按 GB/T 20626.1 确定。

（2）室内环境温度应不低于 –5℃。

（3）月平均相对湿度不应大于 90%。

（4）自动电压调节器宜安装在空调室内。周围应无爆炸危险，无腐蚀金属和破坏绝缘的液体、气体及灰尘。

4.5.6.2 技术参数

（1）励磁系统应保证发电机在励磁电流不超过其额定值的 1.1 倍时长期稳定运行。

（2）发电机交流励磁机励磁系统顶值电压倍数应不低于 2.0 倍；在发电机机端电压不低于其额定值的 80% 时，自并励静止励磁系统顶值电压倍数不应低于 1.8 倍。

（3）励磁系统顶值电压倍数不超过 2 倍时，其顶值电流倍数应与顶值电压倍数相同；大于 2 倍时，顶值电流倍数应为 2 倍。

（4）励磁系统允许的顶值电流持续时间应不低于 10s。

（5）励磁自动调节应保证机端电压静差率小于 1%。发电机空载运行时，频率每变化 1%，发电机端电压的变化应不大于额定值的 ±0.25%。

（6）自动电压调节器的调压范围应满足以下要求：

1）自动调节时，机端电压应在额定电压的 70%~110% 内稳定平滑调节。

2）手动调节时，上限不应低于发电机额定励磁电流的 110%，下限不应高于发电机空载额定励磁电流的 20%。

3）自并励励磁系统应能在机端频率 37.5~55Hz 的范围内正常工作。

（7）发电机励磁系统的动态增益应不小于 30 倍。

（8）发电机空载运行时，自动励磁调节的调压速度应不大于发电机额定电压 1%/s，应不小于发电机额定电压 0.3%/s。

（9）励磁系统在发电机变压器高压侧短路（对称或不对称）时，应正常工作。

（10）励磁设备在同步发电机发生任何故障或非正常运行时应不发生损坏。

（11）功率整流装置均流系数，在励磁电流不低于 80% 负载额定值时应不小于 0.9，在励磁电流不低于空载额定值时应不小于 0.85。均流控制不应影响强励性能。其中，均流系数是指功率整流装置并联运行各支路电流的平均值与最大支路电流值之比。

（12）发电机转子过电压保护装置应以吸收转子瞬时过电压为目的，应简单可靠，动作电压应高于灭磁时的电压值，低于转子绕组出厂工频耐压试验电压幅值的 70%，其容量可只考虑瞬时过电压。过电压保护动作应自动复归，不应使发电机跳闸。

4.5.6.3 试验指标

（1）发电机自动电压调节方式下空载阶跃响应应满足以下特性：

1）阶跃量应按阶跃扰动不使励磁系统进入非线性区域确定，宜为 2%~5%。

2）发电机自并励静止励磁系统机端电压上升时间不应大于 0.5s，振荡次数不应超过 3 次，调节时间不应超过 5s，超调量不应大于 30%。交流励磁机自励恒压可控整流器励磁系统发电机空载阶跃响应特性，可参照自并励静止励磁系统。

3）发电机交流励磁机励磁系统机端电压上升时间不应大于 0.6s，振荡次数不应超过 3 次，调节时间不应超过 10s，超调量不应大于 40%。直流励磁机励磁系统发电机空载阶跃响应特性，可参照交流励磁机励磁系统。

（2）发电机负载阶跃响应特性，发电机有功功率大于额定负荷的 60% 运行，阶跃量宜为发电机额定电压的 1%~4%。阻尼比应大于 0.1，有功功率波动次数不应大于 5 次，调节时间不应大于 10s。

（3）发电机零起升压时，机端电压应稳定上升，超调量不应大于额定值的 10%。发电机甩额定无功功率时，机端电压不应大于甩前机端电压的 1.15 倍，振荡不应超过 3 次。

（4）磁场断路器在操作电压额定值的 80% 时应可靠合闸，在 65% 时应可靠分闸，低于 30% 时不应跳闸。

4.6 反措落实监督

（1）各发电企业励磁监督专责、班组技术人员应熟悉国能发安全〔2023〕22 号等各项反措文件的要求，严格按照制度的要求对上级下达的反措计划进行贯彻落实。

（2）各发电企业励磁技术监督专责每年年初必须组织研究和制定励磁年度反措计划，反措计划应逐项落实项目负责人和项目完成时间。

（3）各发电企业励磁技术监督领导小组应定期组织检查公司励磁系统落实国能发安全〔2023〕22 号、上级有关部门下发的反措及公司年度反措计划情况。

（4）各发电企业励磁技术监督专责、班组技术人员应建立完善的励磁系统反措管理台账，通过研究现有的励磁系统反措条款了解其设计思路和实施效果，并结合本单位的实际情况，包括系统结构、设备状况、运维人员技能水平等，在分析存在的问题和不足后，制定本单位个性化反措条款，单位内部审批后予以实施。

（5）各发电企业班组应定期对已执行的反措是否继续完好和有效进行检查，并做好记录。

（6）反措的执行要履行审批手续，重要反措的执行要制定施工方案、安全措施、技术措施，必要时委托上级技术监督部门。

4.7 涉网监督

励磁涉网监督主要包括励磁系统涉网试验、涉网定值管理以及 PMU 数据接入等。

4.7.1 涉网试验

4.7.1.1 励磁建模试验

（1）新投产发电机组励磁系统实测建模试验应在机组正式商业运行前完成。

（2）励磁系统发生设备改造、软件升级、参数修改等变化并影响励磁系统性能的，应重新进行实测建模试验。

（3）空载阶跃试验结果应满足 4.5.6.3（1）的要求。

（4）励磁建模试验报告应经中国电科院审核合格并入库。

4.7.1.2 PSS 试验

（1）以下情况时应进行 PSS 参数整定试验：

1）新建机组或励磁系统整体改造或励磁调节器软件升级；

2）机组接入电网方式发生较大变化；

3）系统阻尼不满足动态稳定要求；

4）发电机参数改变导致励磁系统无补偿频率响应特性发生变化；

5）AVR 主环 PID 参数发生变化；

6）调差系数变化导致有补偿频率响应特性发生较大变化；

7）AVR 主程序修改后，应评估确定。

（2）在机组进行造成转动惯量变化的改造（如高背压改造）后，应对 PSS 增益进行调整，并进行效果验证试验。

（3）投入 PSS 时负载阶跃试验结果应满足 4.5.6.3（2）的要求。

（4）PSS 参数整定试验报告应经中国电科院审核合格并入库。

4.7.1.3 复核试验

（1）运行机组应定期进行励磁系统复核试验，试验应包括励磁系统调节性能和 PSS 阻尼校核试验，复核周期不宜超过 5 年。

（2）如空载阶跃试验或负载阶跃试验测试结果与上次试验结果差异较大，则应进行原因分析和技术评估，必要时重新开展实测建模试验或 PSS 参数整定试验。

4.7.1.4 深调工况试验

（1）机组进行灵活性改造后，应进行深调工况 PSS 功能验证试验。

（2）深调工况下投入 PSS 时负载阶跃试验结果应满足 4.5.6.3（2）的要求。不满足要求时应进行原因分析，必要时重新进行 PSS 参数调整试验。

4.7.2 涉网定值管理

4.7.2.1 励磁系统限制及调差定值整定

励磁系统限制及调差定值应满足如下原则，并留存相应的分析计算资料。

（1）励磁系统的 V/Hz 限制环节特性应与发电机或变压器过励磁能力低者相匹配，应在发电机组对应继电保护装置跳闸动作前进行限制。V/Hz 限制环节在发电机空载和负载工况下都应正确工作。

（2）励磁系统低励限制环节的限制值应根据进相试验结果，并考虑发电机电压影响进行整定，与发电机静态稳定极限和失磁保护相配合，在保护跳闸之前动作。当发电机进相运行受到扰动瞬间进入励磁调节器低励限制环节工作区域时，不允许发电机组进入不稳定工作状态。

（3）励磁系统的过励限制（即过励磁电流反时限限制和顶值电流瞬时限制）环节的特性应与发电机转子的过负荷能力相一致，并与发电机保护中转子负荷保护定值相配合，在保护跳闸之前动作。

（4）励磁系统如设置有定子电流限制环节，则定子电流限制环节的特性应与发电机定子的过电流能力相一致，并与发电机保护中定子过负荷保护定值相配合，在保护跳闸之前动作。

（5）励磁系统应具有无功调差功能，设置合理的无功调差系数并投入运行。接入同一母线的发电机在并列点处（补偿主变压器电抗压降后）的电压调差特性应基本一致。机端并列的发电机无功调差系数应不小于 +5%。

4.7.2.2 励磁系统 AVR 参数整定

励磁系统 AVR 参数整定应与励磁建模试验同步开展，并使空载阶跃试验结果满足 4.5.6.3（1）要求。

4.7.2.3 PSS 参数整定

（1）PSS 参数整定应与 PSS 参数整定试验同步开展，并使负载阶跃试验结果满足 4.5.6.3（2）要求。

（2）在机组转动惯量随运行方式变化时（如供暖机组的抽凝、背压方式切换），PSS 参数应随转动惯量变化进行整定和切换。

（3）PSS 自动投入定值应不大于机组正常运行的最小有功功率，自动退出定值应低于 PSS 自动投入定值。机组进行灵活性改造后，应重新核对该定值是否满足要求，必要时进行修改。

4.7.2.4　定值核对

（1）发电企业应定期对励磁系统相关定值进行核对，避免程序升级、设备重启等情况造成定值变化。

（2）励磁系统 AVR、PSS 参数应与最新试验报告保持一致。

4.7.3　PMU 数据接入

（1）装设有同步相量测量装置（PMU）的发电企业应将所属各发电机组励磁系统的关键信号接入 PMU 装置，接受调控中心实时监测，并确保上传数据准确。关键信号包括：AVR 手动 / 自动信号、PSS 投入 / 退出信号、低励限制动作信号、过励限制动作信号、V/Hz 限制动作信号、定子电流过负荷限制动作信号、AVR 电压给定值、PSS 输出、励磁调节器输出电压、励磁调节器输出电流，并保证数据准确。

（2）当接入机组同步相量测量装置（PMU）等监测系统的励磁电流和励磁电压信号采用变送器输出时，励磁电压输出信号应有一定负值量显示，正向输出信号最大值应不低于额定励磁电压的 2 倍；励磁电流输出信号最大值应不低于额定励磁电流的 2 倍。

5 电测技术监督

电测技术监督在设计审查、设备选型、设备订购、设备监造、安装调试、交接验收、运行维护、周期检验、现场抽检、技术改造等建设和生产过程中实行全过程技术监督，对影响电测仪表或系统的健康水平及安全、质量、经济运行有关的重要参数、性能指标进行监测、调整及评价。

电测技术监督应坚持“安全第一、预防为主、综合治理”的方针，按照依法监督、分级管理、专业归口的原则，建立健全监督体系，贯彻安全生产“可控、在控”的要求，执行有关标准、规程、规定和反事故技术措施，及时发现和消除设备缺陷，提高设备的可靠性。

电测技术监督应以安全和质量为中心，以技术标准为依据，以检测和检查为主要手段，结合新技术、新设备、新工艺的应用情况，动态开展工作。

5.1 监督范围

直流仪器仪表；电测量指示仪器仪表；电测量数字仪器仪表；电测量记录仪器仪表（包括统计型电压表）；电能表（包括最大需量电能表、分时电能表、多费率电能表、多功能电能表、标准电能表等）；电能表检定装置、电能计量装置（包括电力负荷监控装置）；电流互感器、电压互感器（包括测量用互感器、标准互感器、互感器校验仪及检定装置、负载箱）；变换式仪器仪表（包括电量变送器）；交流采样测量装置（包括测控装置、RTU、PMU）；电测量系统二次回路（包括电压互感器二次回路压降测试装置）；电测计量标准装置；电测计量检测人员。

5.2 监督依据

GB/T 3927 直流电位差计

GB/T 3928 直流电阻分压箱

GB/T 3930 测量电阻用直流电桥

GB/T 4703 电容式电压互感器

GB/T 13850 交流电量转换为模拟量或数字信号的电测量变送器

GB/T 20840.2 互感器 第 2 部分：电流互感器的补充技术要求

GB/T 20840.3 互感器 第 3 部分：电磁式电压互感器的补充技术要求

GB/T 20840.5 互感器 第 5 部分：电容式电压互感器的补充技术要求

JJG 126 工频交流电量测量变送器

JJG 1021 电力互感器检定规程

JJF 1033 计量标准考核规范

DL/T 410 电工测量变送器运行管理规程

DL/T 448 电能计量装置技术管理规程

DL/T 630 交流采样远动终端技术条件

DL/T 980 数字多用表检定规程

DL/T 1051 电力技术监督导则

DL/T 1199 电测技术监督规程

DL/T 5136 火力发电厂、变电站二次接线设计技术规程

DL/T 5137 电测量及电能计量装置设计技术规程

山东省电力行业电测技术监督工作规定（2024 年修订）

5.3 专业技术监督体系建设

5.3.1 专业技术监督体系

山东省能源局是全省电力行业技术监督工作的行政主管部门，山东省电力技术监督领导小组是在其领导下的技术监督工作领导机构；领导小组下设监督办公室，是全省电力技术监督工作的归口管理机构；监督办公室设在国网山东电科院，下设电测技术监督专责，依托国网山东电科院电测专业，实施全省电力行业电测技术监督工作的日常管理。

发电企业是技术监督的主体，应建立健全企业生产负责人领导下的技术监督组织体系，成立厂级技术监督领导小组，企业生产负责人任组长，并在生产技术部门设立电测技术监督专责，构建厂级、车间级、班组级的三级技术监督网，完善工作机制和流程，落实技术监督岗位责任制。

5.3.2 职责分工

技术监督领导小组职责、监督办公室职责见本书 1.3 节，电测技术监督相关岗位职

责分工如下：

5.3.2.1 监督办公室电测技术监督专责职责

（1）贯彻执行国家、行业、省有关电测技术监督的方针、政策、法律、法规、标准、规程、制度。

（2）督导发电企业落实国家、行业有关技术监督的标准、规程、制度、反事故措施以及电力技术监督规章制度。

（3）监督发电企业电测监督工作计划的制定和实施。

（4）制定或修订《山东省电力行业电测技术监督工作规定》，监督发电企业建立健全技术监督体系，完善管理制度和岗位职责。

（5）协助发电企业研究解决电测技术监督工作中重大技术关键问题。

（6）参与重大电测仪表及运行事故的调查、分析，监督审查反事故措施的制订和落实。

（7）掌握全省重要电测仪表特性、运行和检修状况，监督发电企业及时上报电测仪表不安全事件、运行数据、技改工作等，针对重大、频发性异常问题，发出监督预（告）警单。

（8）组织开展全省电测技术监督检查工作。

（9）编写全省电测技术监督月报和年度工作总结。

（10）定期组织召开全省电测技术监督工作会议，总结和通报年度工作情况，布置下一步的重点监督工作，对监督工作表现突出的单位和个人进行表彰。

（11）组织开展发电企业电测专业技术培训和交流工作。

5.3.2.2 发电企业技术监督领导小组职责

（1）贯彻执行国家、行业有关电测技术监督的方针、政策、法规、标准、规程、制度、条例、反事故措施。

（2）组织制定本企业电测技术监督实施细则、岗位职责、考核办法等管理文件，并监督执行。

（3）定期组织召开电测技术监督工作会议，协调、解决电测技术监督工作中存在的问题，督促、检查电测技术监督工作的落实。

（4）组织总结本企业电测监督工作，制订年度电测技术监督工作计划。

（5）协调本企业技术监督网中电测技术监督工作，审批有关电测专业的实施细则、技术措施。

（6）对本企业发生的重大事故，组织并参加事故调查分析，督促专业事故防控措施的制定和落实。

（7）负责监督、检查、督促电测专业技术监督专责工程师的工作。

（8）参加全省技术监督工作会议。

5.3.2.3 发电企业电测技术监督专责职责

（1）协助分管负责人组织贯彻执行国家和行业有关电测技术监督工作的标准、规范、规程、导则和反措。

（2）在本企业技术监督网组长的领导下，组织开展、协调落实本企业电测技术监督工作，代表电测专业参加监督网活动。

（3）负责制订电测专业技术监督年度工作计划，包括年度工作要求和工作内容、责任部门及实际节点等方面，并检查计划执行情况。

（4）负责制订电测技术监督实施细则，编制电测监督、技术改造、反事故措施年度工作计划和有关技术措施，并组织实施。

（5）对所辖电测仪表按规定进行监测，对设备的维护和修理进行质量监督，建立健全设备的技术档案。

（6）掌握本企业电测仪表的运行、检修和缺陷消除情况，针对设备存在的问题组织落实反措、技术改进，及时报上级监督主管部门。

（7）组织或参与本企业电测仪表事故的调查分析，提出反事故技术措施，并监督和检查执行情况，及时将分析报告报送上级主管部门和监督办公室。

（8）负责审核本企业电测仪表试验报告，负责本企业电测技术监督指标核实、汇总工作，定期向技术监督主管部门报送电测技术监督报表，报告监督范围内设备异常情况并提出分析报告。

（9）针对监督办公室所发出的电测监督预（告）警单，要及时落实整改，按要求将有关的数据和落实情况及时反馈。

（10）组织召开或参与电测技术监督定期工作会议，对主要电气设备运行状况进行分析评估，总结、交流电测技术监督工作经验，通报电测技术监督工作信息。

（11）根据本企业具体情况，采用新技术、新方法，及时更新和添置必要的检测设备，并监督检查设备的周期送检。

（12）负责组织本企业电测相关专业技术培训，提高技术人员的专业素质和水平。

5.3.2.4 发电企业班组电测技术监督职责

（1）认真贯彻执行国家和行业有关电测技术监督标准、规程、制度等。

（2）在电测仪表监督专责工程师的指导下根据本监督规定要求开展电测仪表安装、运行维护、检测等方面的监督工作。

（3）建立健全各班组的规章制度和相应的实施细则，各项监督工作要明确责任人和责任范围，监督计划要科学合理、有序开展。

（4）定期修订运行规程，建立设备台账、试验档案、事故档案并不断完善。

（5）参加本企业电测仪表设备的事故调查分析，制定反事故措施。

（6）参加本企业新建、扩建项目及技改项目的设计、审查、安装、调试的质检验收和交接工作。

（7）维护好试验及检测设备，按周期进行检验，保证试验结果的准确性。

（8）负责本班组人员技术培训工作。

5.4 日常管理监督

5.4.1 技术监督报表和报告管理

（1）发电企业电测技术监督专责应于每月 5 日前向监督办公室报送上月电测监督月报，监督月报内容要包括电测技术监督管理情况、电测设备监督情况、指标情况、培训学习情况、仪器仪表检定情况、电能计量系统变动、问题分析处理、遗留问题处理、新方法新技术应用等，具体要求和格式见表 5.1。

表 5.1 电测技术监督月报表内容及格式要求

<table>
<tr><td>单位</td><td></td><td>填报人</td><td></td><td>审核</td><td></td><td>填报日期</td><td></td></tr>
<tr><td colspan="8">一、本月技术监督工作情况</td></tr>
<tr><td colspan="8">1. 本月电测技术监督工作简介
填报说明：简介设备的运行情况，是否发生事故。
2. 电测技术监督管理
填报说明：包括年（季）度计划编制、台账整理、档案维护、建标、实验室检查、受控标准清单、质控计划、期间核查、比对试验等各类技术监督管理工作开展情况。
3. 电测设备全过程监督
填报说明：对电测实验室、仪器仪表和计量装置及其一、二次回路的设计审查、设备选型、设备订购、设备监造、安装调试、交接验收、运行维护、周期检验、现场抽查、技术改造等全过程的技术监督工作。具体方法及要求可参考 DL/T 1199《电测技术监督规程》。
4. 指标情况
填报说明：各项技术监督指标本月情况。
5. 培训学习情况
填报说明：内部培训、外部培训、取证、交流学习、标准规范宣贯学习等工作开展情况。</td></tr>
<tr><td colspan="8">二、仪器仪表检定情况</td></tr>
<tr><td colspan="8">包括本月检定表计的名称、型号、准确度等级、检定结果等内容，如本月未取得检定结果，需标明“已送检未取得检定结果”。对于不合格的计量器具还应填写处理方式。</td></tr>
<tr><td colspan="8">三、电能计量系统变动记录</td></tr>
<tr><td colspan="8">包括试验、检修、故障等过程中计量二次回路变动过程中和变动后的操作内容、处理措施、开展的试验及结果。变动过程包括但不限于：更换二次线缆、切换母线、更换计量用互感器、更换电能表、更换配置参数（电能表或互感器变比等参数）、更改线路名称、更换互感器二次回路绕组。</td></tr>
<tr><td colspan="8">四、发现的问题、原因分析及处理情况</td></tr>
<tr><td colspan="8">对包括试验、检修、运行、巡视中发现的一般事故、危急缺陷和严重缺陷等事故（例如：设备异常损坏、设备超期未检、设备超差、监督指标不达标等）的背景、事件过程、问题详情、处理过程及分析总结进行说明，必要时应提供照片、数据和曲线。如只出现问题，本月暂未得到解决，只需要说明事故的背景、事件过程、问题详情，待问题解决补充处理过程及分析总结。</td></tr>
</table>

续表

五、遗留问题处理情况
简述迎峰度夏检查、电测技术监督、试验、检修、运行的工作和设备遗留缺陷的跟踪情况。
六、新方法、新技术应用
填写应用的新方法、新技术，不断提高电测技术监督专业水平。
七、电测下月的工作计划
应包括年（季）度计划编制、年（季）度工作总结编制、技术监督管理、仪器仪表检定、电测设备全过程监督、培训学习、遗留问题处理情况。

（2）发电企业电测技术监督专责，应按时向监督办公室报送半年、全年监督总结及全年运行指标统计表，内容包括：本年技术监督工作概述、监督指标完成情况及分析、仪器仪表检定情况、新技术新设备应用情况、培训学习情况、工作亮点、监督工作中存在的主要问题及改进措施、下年度工作计划及建议等（具体要求见表 5.2）。半年监督总结和年度总结应分别在每年 7 月 15 日前、次年 1 月 15 日前上报监督办公室。

表 5.2 电测技术监督工作总结内容及格式要求

×× 电厂 ×× 年电测技术监督工作总结

×× 年 ×× 电厂根据……。（本段为概述部分，要突出本年度完成的主要工作，比如试验开展、故障处理等情况。）

一、×× 年电测监督管理工作完成情况

包括：电测技术监督体系建设方面；技术监督网活动情况；定期报表、报告、总结完成情况；人员培训情况；新技术、新设备应用情况等几个方面。

二、电测主要技术指标完成情况

包括电测主要技术指标完成情况及技术指标分析等内容。

三、电测运行监督工作情况

（1）仪器仪表检定情况；

（2）运行中发现的主要问题及处理情况。

四、电测技术监督存在的主要问题

（1）监督管理存在的主要问题；

（2）设备监督存在的主要问题。

五、下一年电测监督重点工作

其他要求：

1. 正文仿宋 GB2312、小四，1.25 倍行距，首行缩进 2 字符。

2. 编号格式请参考模版序号。

3. 表格、图片编号请用标准编写。

4. 报送的电测技术监督年度总结应有编制、审核、批准人员签字。

（3）电测年度监督工作计划、反事故措施计划应在每年 1 月 15 日前报监督办公室，同时报上年度计划执行情况。

5.4.2 技术监督检查管理

（1）应建立定期检查制度，监督办公室负责定期检查的组织工作，各发电企业配合执行，技术监督检查以自查和互查相结合的方式进行，检查周期以一年为宜，监督检查应依据《电测技术监督检查细则》开展（见附录 4）。

（2）技术监督检查应有完整的检查记录或检查报告，对技术监督检查过程中发现的问题应提出相应的意见或建议，对严重影响安全的隐患或故障应提出预警或告警，并跟踪整改情况。各发电企业对检查发现的问题，应制定整改措施，整改措施及完成情况反馈至监督办公室。

5.4.3 监督预（告）警管理

（1）电测技术监督实行预（告）警制度。对违反监督规定、存在重大安全隐患等情况，由监督办公室向相关单位发出电测专业技术监督预（告）警单（见表 5.3）进行技术监督预（告）警。

表 5.3 电测专业技术监督预（告）警单

预（告）警单编号：

<table>
<tr><td colspan="3">预（告）警项目名称：</td></tr>
<tr><td colspan="2">单位（部门）名称：</td><td>传真或联系方式：</td></tr>
<tr><td colspan="2">拟稿人：</td><td>联系电话：</td></tr>
<tr><td>存在问题</td><td colspan="2"></td></tr>
<tr><td>整改建议</td><td colspan="2"></td></tr>
<tr><td>整改要求</td><td colspan="2"></td></tr>
<tr><td colspan="2">审核：</td><td rowspan="3">签发单位（部门）：

（盖章）
年　月　日</td></tr>
<tr><td colspan="2">复审：</td></tr>
<tr><td colspan="2">签发：</td></tr>
</table>

（2）对于监督办公室签发的技术监督预（告）警单，发电企业应制订整改计划，并于3日内上报监督办公室；整改计划中应明确整改措施、责任部门、责任人和完成日期。

（3）问题整改完成后，发电企业应保存整改问题相关的试验报告等技术资料，填写电测专业技术监督预（告）警回执单（见表5.4），并报送监督办公室备案。

表5.4 电测专业技术监督预（告）警回执单

回执单编号：

<table>
<tr><td colspan="3">单位（部门）名称</td><td colspan="3"></td></tr>
<tr><td colspan="3">预（告）警项目名称</td><td colspan="3"></td></tr>
<tr><td>预（告）警单编号</td><td colspan="2"></td><td colspan="2">预（告）警类别</td><td>一级□ 二级□ 三级□</td></tr>
<tr><td>预（告）警提出单位（部门）</td><td colspan="2"></td><td colspan="2">预（告）警时间</td><td>年 月 日</td></tr>
<tr><td>预警内容</td><td colspan="5"></td></tr>
<tr><td>整改计划</td><td colspan="5"></td></tr>
<tr><td>整改结果</td><td colspan="5">（注：整改支撑材料可另附页）</td></tr>
<tr><td colspan="2">填写：</td><td colspan="4" rowspan="3">整改单位（部门）：
（盖章）
年 月 日</td></tr>
<tr><td colspan="2">审核：</td></tr>
<tr><td colspan="2">签发：</td></tr>
</table>

5.4.4 会议及培训管理

每年定期召开电测技术监督工作会议，要求发电企业电测监督专责及相关技术负责人必须参加；会议总结上年度监督情况，讨论今年监督工作重点，表彰先进，根据现场情况安排专题培训。

发电企业电测监督专责定期组织对本专业人员进行技术培训。

5.4.5 电测仪表管理

（1）应制订计量器具周期检定计划，并按照有效的检定系统框图开展量值溯源和传递工作。

（2）电力设计、施工、调试、制造、试验检修等单位的新建和在用的电测计量标准装置，须经计量标准考核合格，具有有效期内的周期检定证书，方可投入使用，且检定的项目及内容应与装置证书上标注的内容一致。现场使用的电测计量装置应按相关标准进行定期检定 / 校准。

（3）用于量值传递的电测计量标准器和工作用的电测计量器具均应按相关标准进行定期检定 / 校准（含现场检验）。工作用的电测计量器具（包括关口变送器和交流采样装置等）应按各自规程、规范进行自检验，不能自检应按期向具备资质的检测机构申请第三方检验。

（4）凡检定校准后无证书或超过检定周期而尚未检定 / 校准的电测计量标准器和电测计量器具不得使用。

（5）所有检定校准（含现场检验）的计量器具都需有原始记录，并按规定妥善保存。

（6）现场检验可依据相关标准进行部分项目的检验，但现场检验不能代替实验室的检定。

（7）检定合格的计量器具应有封印或粘贴合格证，未授权人员不得擅自拆封。计量器具的验收检定一般不得开封调整。

（8）长期搁置不用或封存的计量器具，由使用部门事先提出，经上级监督机构同意可不列入周检计划。这类计量器具应标明封存标志，当需要使用时，须对其重新检定校准合格后，方可使用。

（9）对长期不用、封存或淘汰的计量标准装置，须以书面形式报原发证机关备案。

（10）计量器具经检修调试后，确定达不到原来等级要求时，应给予降级、限用处理，降级、限用的计量器具应有明显标志。

（11）计量器具应指定专人保管，放置在清洁干燥的环境中，建立日常清洁维护制度，定期进行清洁，发现缺陷应及时送修。

（12）电测计量标准器和电测计量器具在送检或运输途中应有防振、防潮、防尘措施，防止损坏。作为传递用的标准计量器具不得挪作他用。

（13）运行中关口互感器的周期检验由运行维护单位根据停电计划安排，提前一个月向山东省电力公司计量中心提出现场检验书面申请。

（14）发电上网关口电能计量装置如发生系统变更（包括设备变更、参数变更、配置变更等）、故障、差错、异常、异议申请应提出现场检验书面申请，以避免引起计量纠纷。

5.4.6 电测计量标准装置管理

计量标准装置的使用必须具备下列要求：

（1）计量检定合格，并具有有效的合格证书；

（2）具有符合规定所需的环境条件；

（3）具有符合等级的、有效的检定员证的人员；

（4）具有完善的规章制度。

在计量标准装置有效期满前6个月须向原考核部门提出复查申请，申请的程序应按JJF1033的规定办理。

计量标准器具在送检前后应进行比对，建立数据档案，考核其年稳定性。

计量标准装置须建立技术档案，指定人员负责维护保管，一般应具备如下技术资料：

（1）计量标准考核证书。

（2）计量标准技术报告。

（3）计量标准考核（复查）申请表。

（4）计量标准稳定性考核记录及重复性测试记录。

（5）计量标准更换申请书。

（6）计量标准履历表。

（7）国家计量检定系统表。

（8）计量检定规程或技术规范。

（9）计量标准装置操作程序。

（10）计量标准器具产品说明书。

（11）计量标准器具及主要配套设备历年检定或校准证书。

（12）计量标准装置检定证书或自检报告。

（13）检定或校准人员的资格证明。

（14）实验室的有关规章制度。

5.4.7 电测仪表标准实验室

（1）实验室的环境温度、相对湿度应符合国家、行业相关标准的要求，并应设立与外界隔离的保温防尘缓冲间，温度和相对湿度记录应妥善保存。

（2）实验室应有防尘、防火措施，新风补充量和保护接地网应符合要求，室内应光线充足、噪声低、空气流速缓慢、无外电磁场和振动源、布局整齐并保持清洁。

（3）试验与动力照明电源的应分路设置，电源容量按实际所需容量的3倍设计，室内接地电阻不大于1Ω。

（4）实验室应配备足够数量的专用工作服及鞋帽，并配备防寒服。检定人员进入标准实验室工作，须穿戴专用工作服及鞋帽。专用工作服及鞋帽不得在标准实验室以外使用。

（5）单间面积最小不得小于 30m^2，面积可按如下公式计算

$$S=(5-7)\sum S_b$$

式中：$\sum S_b$ 为标准装置、主设备、辅助设备以及检修调试所需占用面积的总和，m^2。

5.4.8　资质及档案管理

（1）未建立电测仪表标准实验室或不具备相应检测资质（能力）的单位，电测仪表检验工作应委托有相应检测资质的机构开展。设备管理人员应核查检测机构资质、依据规程、检测项目和检测结果。

（2）电测计量器具及装置必须具备完整的符合实际情况的技术档案、图纸资料和仪器仪表设备台账，并建立健全计量器具及装置的计算机电子档案，配合计量器具的相关标准。

（3）从事电测计量检定工作的人员在取得授权机构颁发的资质证书后方可开展检定工作，且从事检定的项目及内容应与人员证书上标注的内容一致。计量检定人员脱离检定工作岗位一年以上者，必须经复核考试通过后，才可恢复其从事检定工作资格。从事电测现场检测的人员应具有相应的资质证书。

5.5 设备监督

5.5.1　电测量指示仪表技术监督

（1）电测量指示仪表是指发电厂和变电站用于监视电压、电流、有功功率、无功功率、相位、频率等电测量的 1.0 级及以下的指示仪表，以及计量用 0.1、0.2、0.5 级电测指示仪表。

（2）指针式测量仪表的测量范围，宜使电力设备额定值指示在仪表标尺的 2/3 左右。对于有可能过负荷运行的电力设备和回路，测量仪表宜选用过负荷仪表。

（3）0.5 级及以上的电测量指示仪表应一年检定校准一次。主要设备、线路的测量用盘表应一年检定一次，其他设备盘表应两年检定 / 校准一次，控制盘和配电盘仪表的定期检定应与该仪表所连接主要设备的大修周期一致。

（4）检定 / 校准合格的电测量指示仪表除盘表外均应出具检定合格证书，对 0.1 级、0.2 级计量用电测量仪表在其检定证书上还应标明各点误差的修正值。对 0.5 级仪表除提出需要误差修正值外，一般出具检验合格证。对每只电测量仪表均应配有检验记录卡或做好记录。

5.5.2　直流仪表技术监督

（1）直流仪器主要包括直流单双电桥、直流电位差计、直流电阻箱、直流分压器、电子式直流电压标准器具、标准电池、标准电阻等。直流仪器一般不作为在线的计量

器具使用。

（2）直流仪器按使用条件可分为实验室型和携带型，实验室型在实验室条件下作为精密测量用，携带型在生产现场做一般测量用。

（3）携带型直流电位差计应符合 GB/T 3927 的要求，直流电桥应符合 GB/T 3930 的要求，直流电阻箱应符合 GB/T 3928 的要求。

（4）所有实验室型和携带型直流仪器都应进行周期检定，检定周期为一年。

（5）直流电桥周期检定的项目一般应包括外观及线路检查、绝缘电阻测量、内附指零仪试验和基本误差测定。

（6）直流电位差计周期检定的项目一般应包括外观及线路检查、绝缘电阻测量、内附指零仪试验、工作电流调节电阻检查、工作电流变化试验和基本误差测定。

（7）直流电阻箱周期检定的项目一般应包括外观及线路检查、绝缘电阻测量、残余电阻工作电流调节电阻检查、工作电流变化试验和基本误差测定。

5.5.3 数字仪表技术监督

（1）数字仪表主要包括数字多用表、标准电压源与电流源、数字频率计等。

（2）数字多用表一般分为两类，即 4 位半及以下数字多用表、5 位半及以上数字多用表。4 位半及以下的数字多用表作为工具表使用，5 位半及以上的数字多用表一般作为标准表使用。

（3）所有作为标准表使用的数字仪表都应进行周期检定，检定周期为一年，其检定证书应给出检定数据。作为工具表使用的低等级数字多用表的检定周期可延长至三年，可以不要求有检定数据，但应有合格证书。

（4）作为标准表使用的数字仪表可根据 DL/T 980 的要求进行定级。

5.5.4 电测量变送器技术监督

（1）电测量变送器一般包括有功功率、无功功率、电流、电压、频率、功率因数和相位角等变送器。

（2）用于电力系统的电测量变送器应符合 GB/T 13850 的要求，还必须取得通过产品定型鉴定的合格证。

（3）所有电测量变送器在安装使用前都应进行检定。

（4）变送器的实验室检定按照 JJG 126 工频交流电量测量变送器检定规程的要求进行。

（5）投入运行的变送器应明确专人负责维护。

（6）对运行中的变送器的核对应包括以下内容：

1）定期巡视、检查和核对遥测值，每半年至少一次，并应有记录。

2）变送器的核对可参考相应固定式的计量表计。

3）在确认变送器故障或异常后，应及时申请退出运行并送归口检定机构检定。

（7）变送器是否超差应以实验室参比条件下进行检定的数据为准。

（8）修理后的变送器在重新安装前应在实验室内进行检定。

（9）使用中的变送器定期检验应与所连接的主设备计划性检修日期同步。一类测点（省际联络线、发电机端及母线电压考核点）的变送器应每年检验一次，二类测点（供电公司间的关口）的变送器应每两年检验一次，三类测点的变送器两至三年检验一次。

5.5.5　交流采样测量装置技术监督

（1）交流采样测量装置是将电流、电压、有功功率、无功功率、频率、相位角和功率因数等工频交流电量经数据采集、转换、计算转变为数字信号传送至本地或远端显示器的测量装置。

（2）运行中的交流采样测量装置应有专人负责。

（3）各级交流采样测量装置的监督机构和专业人员必须认真执行有关各项规程。必须具备完整的符合实际情况的原理图，出厂图纸、说明书、出厂检验记录、安装接线图、外部回路接线图及其他技术档案和图纸资料，应做到图纸、设备相互一致。

（4）应认真记录交流采样测量装置的历史检验、维护保养情况，元器件、零部件更换情况。

（5）安装的交流采样测量装置及修理后的交流采样测量装置应在投入运行前进行虚负荷的检验。

（6）凡检验合格的交流采样测量装置应有标识，并不得任意修改或更换标识。

（7）对因故障而退出运行的交流采样测量装置，应分析故障原因，并提出整改措施。

运行中的交流采样测量装置应进行下列核对工作：

1）定期巡视、检查和核对遥测值，每半年至少一次，并应有记录。

2）在确认交流采样测量装置故障或异常后，应及时申请退出运行并由归口检定机构进行离线检验。

（8）需向主站传送检测数据的交流采样测量装置的检验周期原则上为一年，用于一般监视测量且不向主站传送数据的交流采样测量装置的检验周期原则上为三年。对使用中的交流采样测量装置，定期检验应与所连接主设备的计划性检修同步进行。

5.5.6　互感器技术监督

（1）用于电力系统的互感器应满足 GB/T 20840.2、GB/T 20840.3 和 GB/T 20840.5 的要求。

（2）互感器在投运前应按照 JJG 1021 的要求进行检定。现场检定时一般只对实际使用的变比进行检定。使用中的互感器检定应包括外观及标识检查、基本误差测量、稳定性试验。

（3）电磁式电流、电压互感器的检定周期不得超过十年。电容式电压互感器的检定周期不得超过四年。

（4）当使用中的互感器在检定周期内改用另外变比时，应在检定前向检定机构提出增加受检变比的要求。

（5）应定期对互感器二次回路的负荷进行检测。

（6）电压互感器二次回路的电压降每两年进行一次测量。

（7）电压互感器二次负荷在 2.5VA 到额定负荷之间的误差都应满足规程规定的要求。当电流互感器二次电流为 5A 时，其二次负荷在 3.75VA 到额定负荷之间的误差都应满足规程规定的要求；当电流互感器二次电流为 1A 时，其二次负荷在 1VA 到额定负荷之间的误差都应满足规程规定的要求。

5.5.7 电能计量装置技术监督

（1）电能计量装置的设计必须符合 DL/T 5137、DL/T 5136 及有关规程的要求。

（2）电能计量装置的设计方案应经有关电能计量人员审查通过。装置的准确度和可靠性应满足运行维护的需要。

（3）设计审查的内容应包括：

1）计量点的设置。

2）计量方式和参数的确定。

3）计量设备的型号、规格、准确度等级、功能和性能要求、制造厂家。

4）互感器二次回路负荷特性及附件的选择。

5）电能计量柜的选用。

6）通信规约和安装条件。

（4）订购的电能计量器具应具有制造计量器具许可证（CMC 证）和出厂检验合格证。

（5）凡首次订购的电能计量器具应进行小批量试用，且必须经计量检定机构验收合格。

（6）订购的电能计量器具或装置应根据验收管理办法或合同进行验收，有关功能和技术指标的测试或检定应委托有资质的电能计量技术机构进行。

（7）所有需安装的电能计量器具必须经有资质的电能计量技术机构检定合格。

（8）经验收合格的电能计量器具应办理入库手续，并建立计算资产档案，制定电能计量资产管理制度，内容包括标准装置、标准器具、试验用仪器仪表、计量器等设备的购置、入库、保管领用、转借、调拨、报废、淘汰、封存和清查等制度。

（9）电能计量装置投运前的全面验收应根据 DL/T 448 的要求进行。

（10）验收不合格的电能计量装置应禁止投入使用。

（11）电能计量装置的现场检验、周期检定（轮换）、抽检按照 DL/T 448 的规定执行。

（12）互感器、电能表的周期检定项目按照有关计量检定规程的要求进行。

（13）电能计量检定的环境、人员、标准器具或标准装置、管理制度应按有关计量检定规程、计量标准考核规范、注册计量师考核管理办法的要求进行。

（14）有关单位应制定封印管理制度。经检定合格的电能表应由检定人员实施封印。互感器二次回路的各计量接线端子、电能表接线端子、电能表试验接线盒、计量柜（箱）门等也应实施封印。

（15）有关单位应制定电能计量装置二次回路管理制度。对二次回路负荷应定期进行测试，防止任意接入、改动、拆除、停用电能计量二次回路。

（16）每天应对电能计量装置的厂站端设备进行巡检，并做好相应的记录。

（17）当发生电量装置故障或电量差错时应及时处理，认定、分清责任，提出防范措施。

（18）宜对电能计量装置进行故障分类统计分析，以便制定有针对性的改进措施。

（19）宜对电能计量装置采取必要的技术措施保证电能表历次检验数据、电压互感器二次回路电压降现场测试数据具有可比性，以真实地分析其变化趋势。

6 金属技术监督

金属技术监督是通过对受监部件的检验和诊断，及时了解并掌握设备金属部件的质量状况，防止机组设计、制造、安装中出现的与金属材料相关的问题以及运行中材料劣化、功能失效、缺陷扩展等引起的各类事故，从而减少机组非停，提高设备安全运行的可靠性，延长设备的使用寿命。

金属技术监督贯彻“安全第一、预防为主、综合治理”的方针，按照依法监督、分级管理、专业归口的原则，建立健全监督体系，贯彻安全生产“可控、在控”的要求，执行有关标准、规程、规定和反事故技术措施，及时发现和消除设备缺陷，提高设备的可靠性。

6.1 监督范围

（1）工作温度高于等于400℃的碳钢和高于等于450℃的合金钢承压部件（含主蒸汽管道、再热热段蒸汽管道、过热器管、再热器管、集箱、三通、导汽管和连接管），以及与管道、集箱相连的一次阀门前接管。

（2）工作压力大于等于3.8MPa的锅筒和直流锅炉的汽水分离器、储水罐。

（3）工作压力大于等于5.9MPa的其他承压部件（含水冷壁管、省煤器管、集箱、减温水管道、疏水管道、主给水管道、汽水连接管道和余热锅炉蒸发段等）。

（4）汽轮机大轴、叶轮、叶片、拉筋、轴瓦和发电机大轴、护环、风扇叶、轴瓦。

（5）工作温度高于等于400℃的螺栓。

（6）工作温度高于等于400℃的汽缸、汽室、主汽门、调节汽门、喷嘴、隔板、隔板套和阀门壳体。

（7）300MW及以上机组带纵焊缝的再热冷段蒸汽管道。

（8）锅炉本体主要承重钢结构。

（9）支吊架。

（10）承压类特种设备（锅炉、压力容器、压力管道）管理。

6.2 监督依据

GB/T 150 压力容器

GB/T 713 锅炉和压力容器用钢板

GB/T 5310 高压锅炉用无缝钢管

GB/T 12145 火力发电机组及蒸汽动力设备水汽质量

GB/T 16507 水管锅炉

GB/T 19624 在用含缺陷压力容器安全评定

GB/T 19869.1 钢、镍及镍合金的焊接工艺评定试验

GB/T 20410 涡轮机高温螺栓用钢

GB/T 32563 无损检测 超声检测 相控阵超声检测方法

NB/T 47010 承压设备用不锈钢和耐热钢锻件

NB/T 47013 承压设备无损检测

NB/T 47014 承压设备焊接工艺评定

NB/T 47018 承压设备用焊接材料订货技术条件

NB/T 47044 电站阀门

DL/T 292 火力发电厂汽水管道振动测试与评估技术导则

DL/T 438 火力发电厂金属技术监督规程

DL/T 439 火力发电厂高温紧固件技术导则

DL/T 612 电力行业锅炉压力容器安全监督规程

DL/T 616 火力发电厂汽水管道与支吊架维修调整导则

DL/T 647 电站锅炉压力容器检验规程

DL/T 654 火电机组寿命评估技术导则

DL/T 694 高温紧固螺栓超声检测技术导则

DL/T 712 发电厂凝汽器及辅机冷却器管选材导则

DL/T 715 火力发电厂金属材料选用导则

DL/T 794 火力发电厂锅炉化学清洗导则

DL/T 819 火力发电厂焊接热处理技术规程

DL/T 868 焊接工艺评定规程

DL/T 869 火力发电厂焊接技术规程

DL/T 884 火电厂金相检验与评定技术导则
DL/T 939 火力发电厂锅炉受热面管监督技术导则
DL/T 940 火力发电厂蒸汽管道寿命评估技术导则
DL/T 959 电站锅炉安全阀技术规程
DL/T 991 电力设备金属发射光谱分析技术导则
DL/T 1051 电力技术监督导则
DL/T 1423 在役发电机护环超声波检测技术导则
DL/T 2363 金属材料微型试样室温拉伸试验规程
DL/T 5054 火力发电厂汽水管道设计规范
DL/T 5210.2 电力建设施工质量验收规程 第 2 部分：锅炉机组
DL/T 5210.5 电力建设施工质量验收规程 第 5 部分：焊接
JB/T 3223 焊接材料质量管理规程
JB/T 10326 在役发电机护环超声波检验技术标准
TSG 08 特种设备使用管理规则
TSG 11 锅炉安全技术规程
TSG 21 固定式压力容器安全技术监察规程
TSG D0001 压力管道安全技术监察规程—工业管道
中华人民共和国主席令第四号 中华人民共和国特种设备安全法
国务院令第 549 号 特种设备安全监察条例（2009 年修订版）
国能发安全〔2023〕22 号 防止电力生产事故的二十五项重点要求
能源安保〔1991〕709 号 电站压力式除氧器安全技术规定
山东省电力行业金属技术监督工作规定（2024 年修订）

6.3 专业技术监督体系建设

6.3.1 专业技术监督体系

山东省能源局是山东省电力行业技术监督工作的行政主管部门，山东省电力技术监督领导小组（以下简称领导小组）是在其领导下的全省电力技术监督工作的领导机构。领导小组下设山东省电力技术监督办公室（以下简称监督办公室），是全省电力技术监督工作的归口管理机构。监督办公室设在国网山东电科院，下设金属技术监督专责，依托国网山东电科院金属专业，实施全省电力行业金属技术监督工作的日常管理。

发电企业是技术监督的主体，应建立健全企业生产负责人领导下的技术监督组织体系，成立技术监督领导小组，企业生产负责人任组长，并在生产技术部门设立金属技术监督专责，构建厂级、车间级、班组级的三级技术监督网络，完善工作机制和流程，落实技术监督岗位责任制。

6.3.2 职责分工

有关技术监督领导小组和监督办公室的职责请参见本书 1.3 节，金属技术监督相关岗位职责分工如下：

6.3.2.1 监督办公室金属技术监督专责职责

（1）贯彻执行国家、电力行业和山东省有关金属技术监督的各项方针、政策、法规、标准、规程、制度。

（2）督导发电企业落实国家、行业有关技术监督的标准、规程、制度、反事故措施以及山东省电力技术监督规章制度。

（3）监督发电企业金属技术监督工作计划的制定和实施。

（4）制定或修订《山东省电力行业金属技术监督工作规定》，监督发电企业建立健全技术监督体系，完善管理制度和岗位职责。

（5）参加新建、扩建、改建和重大技术改造项目的金属技术监督检查、督导工作，协助发电企业研究解决金属技术监督工作中重大技术关键问题。

（6）参与金属部件重大事故和设备缺陷的调查、分析，监督审查反事故措施的制订和落实。

（7）对于不符合标准、规程的设备缺陷和有违反各项规章制度的行为，督促及时进行整改，针对重大、频发性异常问题发出监督预（告）警。

（8）编写全省金属技术监督月报和年度工作总结。

（9）组织召开全省电力金属技术监督年度工作会议，总结部署技术监督工作，对技术监督工作表现突出的单位和个人进行表彰。

（10）组织开展全省金属技术监督工作检查，对存在的主要问题提出整改建议。

（11）组织开展全省金属监督技术专业培训和交流工作。

6.3.2.2 发电企业金属技术监督领导小组职责

（1）组织开展本企业金属技术监督工作。

（2）贯彻执行国家、行业有关金属技术监督的方针、政策、法规、标准、规程、制度、条例、反事故措施。

（3）组织制定本企业金属技术监督工作实施细则、岗位职责、考核办法等管理文件，并监督执行。

（4）组织召开本企业金属技术监督网工作会议，协调解决监督工作中的具体问题。

（5）组织制订年度金属监督工作计划，总结全厂金属监督工作。

（6）协调本企业金属技术监督网中各专业的技术监督工作，审批有关实施细则、技术措施。

（7）对本企业发生的重大事故，组织并参加事故调查分析，督促金属专业事故防控措施的制定和落实。

（8）负责监督、检查、督促金属技术监督专责的工作。

（9）参加全省技术监督工作会议。

6.3.2.3 发电企业金属技术监督专责职责

（1）组织贯彻有关金属技术监督标准、规程、条例和制度，制定金属技术监督计划和实施细则，督促检查金属技术监督实施情况。

（2）参与制定本单位的金属技术监督规章制度和实施细则，负责编写金属技术监督工作计划和工作总结。

（3）审定机组安装前、安装过程和检修中金属技术监督检验项目。

（4）及时向厂有关领导和上级主管（公司）呈报金属监督报表、大修工作总结、事故分析报告和其他专题报告。

（5）参与有关金属技术监督部件的事故调查以及反事故措施的制订。

（6）参与机组安装前、安装过程和检修中金属技术监督中出现问题的处理。

（7）建立健全金属技术监督档案。

6.3.2.4 发电企业车间及班组金属监督职责

（1）认真贯彻执行国家和行业有关金属技术监督标准、规程、制度等。

（2）在金属技术监督专责的指导下根据本监督规定要求开展机组检修、运行、节能和安全等方面的金属技术监督工作。

（3）建立健全各班组的规章制度和相应的实施细则，各项监督工作要明确责任人和责任范围，监督计划要科学合理、有序开展。

（4）建立设备台账、检验检测报告档案、事故档案并不断完善。

（5）参加本企业重要金属设备的事故调查分析，制定反事故措施。

（6）参加本企业新建、扩建机组及技改项目的设计、审查、安装、调试的质检验收工作。

（7）协助编制设备大、小修计划，作业指导书或检修文件包、检修总结等。

（8）组织参加技术培训工作。

6.3.3 技术监督检查管理

（1）应建立定期检查制度，监督办公室负责定期检查的组织工作，各发电企业配合执行，技术监督检查以自查和互查相结合的方式进行，检查周期以一年为宜。监督检查应依据《金属技术监督检查细则》（见附录5）开展。

（2）技术监督检查应有完整的检查记录或检查报告，对技术监督过程中发现的问题应提出相应的意见或建议，对严重影响安全的隐患或故障应提出预（告）警，并跟踪整改情况。各发电企业对检查发现的问题，应制定整改措施，整改措施及完成情况反馈至监督办公室。

6.3.4 监督预（告）警管理

（1）金属监督建立技术监督预（告）警制度，监督办公室在技术监督工作中对违反监督制度、存在重大安全隐患的单位，视情节严重程度，由监督办公室发出《金属专业技术监督预（告）警单》（见表 6.1）进行技术监督预（告）警。对于监督办公室签发的通知单，发电企业应认真组织人员研究有关问题，制订整改计划，整改计划中应明确整改措施、责任部门、责任人和完成日期。整改计划应 3 日内上报监督办公室。

表 6.1 金属专业技术监督预（告）警单

预（告）警单编号：

<table>
<tr><td colspan="3">预（告）警项目名称：</td></tr>
<tr><td colspan="2">单位（部门）名称：</td><td>传真或联系方式：</td></tr>
<tr><td colspan="2">拟稿人：</td><td>联系电话：</td></tr>
<tr><td>存在问题</td><td colspan="2"></td></tr>
<tr><td>整改建议</td><td colspan="2"></td></tr>
<tr><td>整改要求</td><td colspan="2"></td></tr>
<tr><td colspan="2">审核：</td><td rowspan="3">签发单位（部门）：

（盖章）
年　月　日</td></tr>
<tr><td colspan="2">复审：</td></tr>
<tr><td colspan="2">签发：</td></tr>
</table>

（2）问题整改完成后，发电企业应将处理情况填入《金属专业技术监督预（告）警回执单》（见表 6.2）相应栏目，并报送监督办公室备案。

（3）对整改完成的问题，发电企业应保存问题整改相关的试验报告、现场图片、影像等技术资料，作为问题整改情况及实施效果评估的依据。

表 6.2 金属专业技术监督预（告）警回执单

回执单编号：

<table>
<tr><td colspan="2">单位（部门）名称</td><td colspan="2"></td></tr>
<tr><td colspan="2">预（告）警项目名称</td><td colspan="2"></td></tr>
<tr><td>预（告）警单编号</td><td></td><td>预（告）警类别</td><td>一级□
二级□
三级□</td></tr>
<tr><td>预（告）警提出
单位（部门）</td><td></td><td>预（告）警时间</td><td>年 月 日</td></tr>
<tr><td>预警内容</td><td colspan="3"></td></tr>
<tr><td>整改计划</td><td colspan="3"></td></tr>
<tr><td>整改结果</td><td colspan="3">（注：整改支撑材料可另附页）</td></tr>
<tr><td>填写：</td><td colspan="3" rowspan="3">整改单位（部门）：

（盖章）
年 月 日</td></tr>
<tr><td>审核：</td></tr>
<tr><td>签发：</td></tr>
</table>

6.4 日常管理监督

6.4.1 金属技术监督档案

6.4.1.1 技术标准和技术规程

工作必需的最新技术标准和规程，主要包括：GB/T 713、GB/T 5310、DL/T 438、DL/T

612、DL/T 616、DL/T 647、DL/T 869、DL/T 884、NB/T 47013、TSG 11、TSG 21、TSG D0001等。

6.4.1.2 设备原始资料档案

（1）受监金属部件的制造资料，包括部件或产品的质量证明书，通常应包括部件材料牌号、化学成分、热加工工艺、力学性能、结构几何尺寸、强度计算书等。

（2）受监金属部件的监造、安装前检验技术报告等技术资料。

（3）主蒸汽管道、再热热段蒸汽管道、再热冷段蒸汽管道、一次再热冷段管道、二次再热冷段管道、高压给水管道等管道设计图、安装技术资料等。

（4）安装、监理单位移交的有关技术报告和资料。

6.4.1.3 运行和检修检验技术档案

（1）运行和检修检验技术档案一般包括：机组投运时间、累计运行小时数；机组或部件的设计、实际运行参数；受监部件超温、超压情况日常监控记录。

（2）检修检验技术档案应按机组号、部件类别建立档案。应包括：部件的运行参数（压力、温度、转速等）、累计运行小时数、维修与更换记录、事故记录和事故分析报告、历次检修的检验记录或报告等。

（3）主要部件的档案有：四大或六大（二次再热机组）管道监督检验档案；受热面管子监督检验档案；锅筒 / 汽水分离器监督检验档案；各类集箱的监督检验档案；汽轮机部件监督检验档案；发电机部件监督检验档案；高温紧固件监督检验档案；大型铸件监督检验档案；锅炉本体主要承重钢结构监督检验档案；支吊架监督检验档案；压力容器、压力管道检验监督档案。

6.4.1.4 技术管理档案

技术管理档案一般包括：不同类别的金属技术监督规程、导则；金属技术监督网的组织机构和职责条例；金属技术监督工作计划、总结等档案；焊工、热处理人员管理档案；检验人员管理档案；专项检验检测报告；仪器设备档案；下发监督预警单及整改落实材料。

6.4.2 试验检测仪器管理

（1）试验检测仪器的种类、数量应满足金属技术监督的工作要求。

（2）试验检测仪器管理制度，对试验检测仪器的使用操作、维保、存放等做出明确规定。

（3）试验检测仪器应按规定进行定期计量并出具计量检定报告。仪器操作人员应经专业技术培训，持证上岗。

6.4.3 技术监督报表和报告

6.4.3.1 金属监督月报

每月5日前，发电企业金属监督专责向监督办公室报送上月金属监督月报，监督月报内容包括机组检修金属技术监督、金属技术监督管理、设备缺陷分析及处理、技术监督检查问题整改、反措落实、下月工作计划、技术经验交流等，具体内容和格式要求参见表 6.3。

表 6.3 金属技术监督月报内容及格式要求

<table>
<tr><td colspan="2">报送单位：</td><td colspan="2">报送时间：　年　月　日</td></tr>
<tr><td colspan="4">一、本月金属技术监督工作完成情况
1. 机组检修金属技术监督工作
（1）
（2）
（3）
2. 金属技术监督管理工作
（1）
（2）
（3）
3. 特种设备定期检验工作
（1）
（2）</td></tr>
<tr><td colspan="4">二、本月发现主要缺陷及处理情况</td></tr>
<tr><td colspan="4">三、技术监督检查问题整改落实、反措落实情况</td></tr>
<tr><td colspan="4">四、下月工作计划</td></tr>
<tr><td colspan="4">五、技术经验交流</td></tr>
<tr><td>审批：</td><td colspan="2">审核：</td><td>编写：</td></tr>
</table>

6.4.3.2 金属监督年度总结

各发电企业金属技术监督专责应按时向技术监督办公室报送全年金属技术监督总结（年报），内容包括上年金属技术监督工作完成情况、面临的形势和问题、下一年度的工作思路和措施等。年度总结应在次年 1 月 15 日前上报监督办公室，具体内容和格式要求参见表 6.4、表 6.5。

表 6.4　金属技术监督年度总结内容及格式要求

<table>
<tr><td>报送单位：</td><td colspan="2">报送时间：　　年　　月　　日</td></tr>
<tr><td colspan="3">一、20××年度工作完成情况
（包括：①三级监督体系建设、监督网络人员调整、监督网络技术人员培训取证等；②监督档案、台账、报告等技术资料管理；③监督月报、年度总结报送情况；④本公司监督管理制度新编、修编完成情况，反措制定情况；⑤迎峰度夏、专业监督检查等迎检问题整改完成情况；⑥焊接全过程管理情况；⑦外委检验检测工作完成及监督管理情况；⑧监督预警单下发及设备隐患排查情况；⑨本年度金属监督工作完成情况，应包含监督指标及工作完成情况统计，参见表 6.5；⑩设备问题治理专项工作开展情况。）</td></tr>
<tr><td colspan="3">二、20××年度获得荣誉、工作亮点
[总结提炼全年监督管理工作取得的成绩、获得荣誉、工作亮点（本年度开展的特色监督管理工作、新制度新方案的制定及执行情况、管理提升措施制定及执行情况等），逐条列出]</td></tr>
<tr><td colspan="3">三、面临形势和存在的问题
（一）面临形势
（面对新型电力系统建设、机组频繁深度调峰、煤质下降、保供等实际情况，金属监督工作在本公司今后改革发展所面临形势的分析）
（二）存在问题
（结合面临形势分析，本公司金属监督工作、金属专业下一步的发展存在哪些具体的问题和影响因素）</td></tr>
<tr><td colspan="3">四、下一年度工作思路和措施
（一）工作思路（下一年度需要重点做好哪些方面的工作）
（二）工作措施（结合下一年度重点工作和存在问题，需要制定哪些措施、确保达到预期目标）</td></tr>
<tr><td>审批：</td><td>审核：</td><td>编写：</td></tr>
</table>

表 6.5　金属技术监督指标及工作完成情况统计表

<table>
<tr><th colspan="2">监督指标</th><th>统计数量</th></tr>
<tr><td colspan="2">完成金属技术监督项目</td><td></td></tr>
<tr><td colspan="2">完成锅炉检验计划项目</td><td></td></tr>
<tr><td colspan="2">完成受监部件检验</td><td></td></tr>
<tr><td colspan="2">开展防磨防爆检查次数</td><td></td></tr>
<tr><td colspan="2">处理受监部件重要缺陷</td><td></td></tr>
<tr><td rowspan="4">完成检修次数</td><td>A 修</td><td></td></tr>
<tr><td>B 修</td><td></td></tr>
<tr><td>C 修</td><td></td></tr>
<tr><td>D 修</td><td></td></tr>
</table>

续表

监督指标		统计数量
锅炉定期检验完成数量	内部检验	
	外部检验	
	检验完成率	
压力容器定期检验完成数量	定期检验	
	年度检查	
	检验完成率	
压力管道定期检验完成数量	全面检验	
	在线检验	
	检验完成率	
“四管”发生泄漏次数		
承压类焊口一次合格率		

6.4.3.3 其他各项总结以及相关技术资料报表

各发电企业应及时向技术监督办公室报送金属技术监督所需的其他各项总结以及相关技术资料报表，如A级检修、B级检修结束后编写的检修总结、重大缺陷事故的专项总结或报告等。

6.4.4 金属技术监督工作计划

（1）依据相关标准规程，结合设备运行情况、技术监督人员培训、技术监督检查问题整改、监督预警项目整改编写金属技术监督工作计划和实施细则，监督项目的制订符合标准要求，审批流程符合要求。

（2）督促检查金属技术监督计划实施情况，监督项目的实施。

6.4.5 金属材料监督

6.4.5.1 受监的钢材、钢管和备品备件的存放要求（钢材库/备品备件库）

（1）受监的钢材、钢管和备品备件的存放应根据存放地区的气候条件、周围环境和存放时间的长短，建立规范的保管制度，防止变形、腐蚀和损伤。

（2）受监的钢材、钢管和备品备件都应挂牌，标明牌号、规格，分类存放。

（3）物资供应部门、各级仓库、车间和工地储存受监范围内的钢材、焊接材料和备品、配件等，应建立质量验收和领用制度。

（4）奥氏体钢钢材、部件保管应满足下列要求：

1）单独存放，严禁与碳钢或其他合金钢混放接触。

2）避免盐、酸及其他化学物质的腐蚀，避免雨淋。对于沿海及有此类介质环境的发电厂应避免露天存放。

3）存放时避免接触地面，管子端部应有堵头。

4）吊运过程不应直接接触钢丝绳，防止表面防护膜损坏。

5）打磨时使用不锈钢专用打磨砂轮片。

6.4.5.2 材料的质量验收（钢材 / 备品备件入库）

（1）受监的金属材料必须符合国家标准和行业有关标准，进口的金属材料必须符合合同规定的有关国家的技术标准。

（2）受监的钢材、备品、配件按质量证明书进行验收（一般包括成分、交货状态、金相、力学性能、无损检测、工艺性能检测结果等，数据不全应补检）。

（3）重要的金属部件，如四大管道、管件、锅筒、联箱、高温螺栓、护环、轴瓦等，必须具有部件的质量证明书。

（4）备用金属材料、部件不是由材料制造商直接提供时，应提供材料质量证明书原件或材料质量证明书（复印件）+ 供货单位公章 + 经办人签章。

（5）备用合金钢，应按 100% 进行光谱、硬度检测。

6.4.5.3 受监合金钢材和部件更换（钢材 / 备品备件出库）

应验证其材料牌号，安装前应进行光谱检验。

6.4.5.4 火电机组设备的选材

参照 DL/T 715 执行。对新机型设备选材或采用 DL/T 715 推荐以外材料，应进行论证，并参照 DL/T 438 进行监督。

6.4.5.5 材料代用原则

（1）选用代用材料时，应保证在使用条件下个性性能指标均不低于设计要求；若代用材料工艺性能不同于设计材料，应经工艺评定验证后方可使用。

（2）机组检修中因部件更换需使用代用材料时，应征得金属技术监督工程师的同意，并经技术主管批准。

（3）合金材料代用前和组装后，应对代用材料进行光谱复查。

（4）采用代用材料，应做好记录，同时应修改相应图纸并在图纸上注明。

6.4.6 焊接质量监督

6.4.6.1 焊接人员资质管理

（1）焊工应持有相应材质及项目的焊工合格证，焊接热处理人员应持有电力工业焊接热处理人员资格证书。

（2）对有特殊要求的部件焊接，焊工应做焊前模拟性练习。

6.4.6.2 焊接材料管理

（1）承压设备用焊接材料应符合 NB/T 47018，应有制造厂家的质量合格证。

（2）焊材应设专库保存，温度和湿度符合规定。

（3）焊材的储存和使用按照 JB/T 3223 执行，焊接前后焊材应进行光谱检验。

（4）焊材的有效期限为焊材质量证明书或说明书推荐的使用期限，无推荐时，焊条一般不超过 5 年。对于过期焊条，应当报废、回收或重新送检。

6.4.6.3 焊接工艺资料管理

（1）焊接受监范围内的各种管道和部件，焊材的选择、焊接工艺，应按照 DL/T 869 执行，焊后热处理按照 DL/T 819 执行。

（2）施焊单位应按 NB/T 47014、DL/T 868（承压部件）、GB/T 19869.1（汽轮机）进行焊接工艺评定，且评定项目能够覆盖承担的焊接工作范围。

（3）施焊单位应有与焊接施工项目对应的、根据焊接工艺评定编制的焊接工艺措施 / 焊接工艺卡以及焊接热处理工艺措施 / 工艺卡，并与焊接工艺评定相一致。

6.4.6.4 焊接质量监督、检查与验收

（1）焊接质量的检验，实行焊前、焊中、焊后三级检查验收制度，按照 DL/T 869 的相关规定执行。

（2）焊后质量检验项目（外观、无损检测、光谱、硬度）、范围和数量，以及质量验收标准按照 DL/T 869 执行。

（3）受监范围内部件在焊缝外观质量检验合格后，才能进行其他项目的检验。

（4）焊接热处理设备应有热处理参数自动记录装置，焊接热处理完成后，应检查热处理曲线。

6.4.6.5 代用焊材

除执行 6.4.5.5 规定外，还应做好材料变更后的用材、焊接工艺及焊接接头位置的变化记录。

6.4.7 外委工作监督

（1）金属技术监督需要进行外委的工作应委托有资质的第三方机构实施，并加强对外委单位的监督管理。

1）资质审查。外委单位应具备合法有效的企业资质，并有能力实施承包项目；外委单位技术人员应按规程要求具备符合相应工作的有效资质证书。资质应留存复印件，建立档案。

2）设备仪器仪表。设备、仪器、仪表应满足工作需要，并在检定或校验有效期内。

3）实施过程。外委工作实施过程应满足相应规程的要求，委托单位对实施过程进行监督。

4）文件管理。应对外委工作中出具的技术方案、检验检测报告等技术文件进行监督。

（2）外委工作中属受监部件和设备的焊接，应遵循如下原则：

1）对承包商施工资质、焊接质量保证体系、焊接技术人员、焊工、热处理工及检验人员的培训合格证书原件进行见证审核，并留复印件归档备查。

2）承担单位应有按照 NB/T 47014 或 DL/T 868 规定完成的焊接工艺评定，且评定项目能够涵盖承担的焊接工作范围。

3）承担单位应具有相应的检验试验能力，或委托有资质的检验单位承担其范围内的检验工作。

4）委托单位应对焊接过程、焊接质量检验和检验检测报告进行监督检查。

5）工程竣工时，承担单位应提供完整的技术报告。

6.4.8 承压类特种设备（锅炉、压力容器、压力管道）管理

（1）锅炉登记注册、定期检验、安全附件校验等日常管理工作应符合相关安全技术规范的要求。

（2）压力容器登记注册、年度检查、定期检验、安全附件校验等日常管理工作应符合相关安全技术规范的要求。

（3）压力管道登记注册、定期检验、安全附件校验等日常管理工作应符合相关安全技术规范的要求。

6.4.9 会议及人员培训

（1）发电企业金属技术监督网应定期开展活动，召开本企业金属技术监督工作会议，检查、落实和协调金属技术监督工作。

（2）全省电力金属技术监督年度工作会议每年定期召开，要求发电企业金属监督专责及相关领导按时参加。会议总结上年度监督情况，讨论当年监督工作重点，表彰先进，根据现场情况安排专题培训。

（3）发电企业金属监督专责定期组织对本专业人员进行技术培训。无损检验、理化检验、焊接热处理等专业人员应持证上岗，所从事的技术工作必须与所持的证书相符。持证人员数量应满足本厂监督工作需求。

6.5 设备监督

6.5.1 设备制造、安装监督

（1）基建安装前，应对金属监督范围内所有部件的材质理化性能（化学成分、机械性能、金相组织、热处理状态）、无损检测及焊接接头检验等制造质量技术文件或质量证明书进行核查，并进行质量复检抽查。

（2）安装前检验分为第三方检验和安装单位检验，检验的项目、比例和质量标准

应依据 GB/T 5310、DL/T 438、DL/T 612、DL/T 647、TSG 11、TSG 21、TSG D0001 等相应的标准、规程执行，检验结果应随工程资料移交建设单位，发现重大问题时应上报主管部门备案，并在设备投产前加以消除。

（3）受热面的制造质量和安装质量检验，参照 DL/T 939 和 DL/T 869 中的相关条款执行。超（超）临界机组锅炉过热系统受热面厚壁小径管对接焊口宜采用超声波相控阵技术进行检验。对 T23 钢制水冷壁定位块焊缝应进行 100% 外观检验和 50% 表面检测。

（4）所有监督范围内的高温紧固螺栓，在安装前应进行无损检测、光谱分析及硬度检查和必要的金相组织抽查，不符合标准要求的螺栓不得进行安装。大于等于 M32 的高温紧固件的质量检验按 DL/T 439、GB/T 20410 相关条款执行。

（5）安装质量检验按照 DL/T 5210.2、DL/T 5210.5 的规定执行，安装焊缝的外观质量、光谱、硬度、金相组织检验和无损检测的比例、质量要求按照 DL/T 869、DL/T 5210.5 的规定执行。

（6）安装单位应提供原材料理化性能检验和无损检测资料、施工技术方案、焊接和热处理工艺措施、安装过程中异常情况及处理等竣工技术资料。监理单位应提供原材料检验、焊接工艺执行监督以及安装质量检验等相应的监理资料。

6.5.2 设备运行监督

6.5.2.1 设备定期检查

设备运行期间应按照 GB/T 150、DL/T 438、DL/T 612、DL/T 647、TSG 11、TSG 21 和 TSG D0001 等标准、规程的要求对受监设备、部件进行定期检查，对发现的问题及时记录并制定整改计划、措施并督促实施。

6.5.2.2 设备运行记录

（1）机组启停次数、累计运行时间、设备运行参数等基础数据。

（2）主蒸汽管道、再热蒸汽管道、受热面管超温情况记录，包括超温日期、超温运行时间、温度数值等。

（3）受监部件异常情况记录、泄漏统计以及故障分析处理记录等。

6.5.2.3 支吊架监督检验

（1）支吊架的监督检验包括主蒸汽管道、再热热段蒸汽管道、再热冷段蒸汽管道、主给水管道、高压旁路管道、低压旁路管道、炉顶承压部件及其他主要汽水管道的支吊架等。支吊架的监督检验按照 DL/T 616 执行。

（2）应定期检查管道支吊架和位移指示器的状况，及时发现支吊架松脱、偏斜、卡死或损坏等问题。建立支吊架检查、维修记录并定期上报金属监督专工。

（3）机组运行期间应检查管系的振动情况，对明显的振动应分析振动原因，对其危害性进行评估。管系振动的治理按 DL/T 292 执行。

6.5.3 设备检修监督

6.5.3.1 主蒸汽管道、再热蒸汽管道和导汽管

（1）监督段检测：每次A级检修应对监督段进行硬度和金相组织检验。

（2）管道及焊缝硬度检测：每次A级检修按直管段、焊缝数量的10%抽检硬度。

（3）管道焊缝无损检测：每次A级检修或B级检修的焊缝检测部位、检测比例按DL/T 438执行，至多3个A级检修完成全部焊缝无损检测（对再热冷段管道，首次A级检修或B级检修按同规格根数抽查20%且最少1根，对抽取管道按焊缝长度10%进行无损检测，同时进行硬度、壁厚检测）。

（4）小管管座角焊缝无损检测：对与管道相连的小管（测温管、压力表管、安全阀、排气阀、充氮等，外径小于89mm）管座角焊缝，每次A级检修或B级检修按不少于20%的比例进行无损检测，至多10万h或3个A级检修完成全部角焊缝检测（问题管座10万h宜割取管座进行管孔检查）。对联络管（旁通管）、高压门杆漏气管道、疏水管等小口径管道的管段、管件和阀壳，运行10万h以后，根据检查情况，宜全部更换。

（5）插套管焊缝检测：每次A级检修或B级检修，对插套管焊缝按不少于20%的比例进行表面检测和超声检测，至10万h（或2个A级检修）完成100%的检验。

（6）对低合金钢及碳钢管道：

1）若高压旁路阀门后的低温再热蒸汽管道为碳钢管，阀门后不少于4m应更换为合金钢管。

2）对服役温度400~450℃的管道，运行8万h后应抽查硬度、金相，同时检测直管段外观、焊缝。

3）工作温度450℃以上的碳钢、钼钢制管道，应检验石墨化和珠光体球化。

4）对工作温度450℃以上锅炉出口、汽轮机进口导汽管，根据不同的机组型号在运行5万~10万h后，应进行外观和无损检验，以后检验周期为5万h。

5）寿命管理：对工作温度450℃以上主蒸汽管道、再热热段管道，运行20万h后宜割管或按照DL/T 2363取样进行评定（评定部位含焊缝）；若12CrMoG、15CrMoG、12Cr1MoVG、12Cr2MoG钢制管道运行20万h后材质状态不超过限值（蠕变应变0.75%、蠕变速率0.35×10^{-5}%/h、组织球化5级、蠕变损伤4级以上），直管段一般可继续运行10万h；若蠕变应变达到0.75%或蠕变速率大于0.35×10^{-5}%/h，应割管进行材质评定和寿命评估。

（7）对管件及阀门：

1）首次A/B级检修主要检查存在缺陷、应力较大以及壁厚较薄的部位，按数量抽查10%，检查项目包括外观、硬度、光谱、超声、壁厚、不圆度和超声检测。主蒸汽管道、再热热段管道主要检查与弯头、阀门、三通等管件及连接焊口，应在第一个A

修期完成。

2）每次A级检修，应对锅炉出口第一个弯头/弯管、汽轮机入口邻近的弯头/弯管进行硬度、金相检验；对不圆度较大、外弧侧壁厚较薄的弯头/弯管进行不圆度和壁厚测量；对热挤压三通肩部进行超声或相控阵检测。

3）服役温度450℃以上的导汽管弯管，参照主蒸汽管道、再热热段蒸汽管道弯管监督检验规定执行。

4）服役温度400~450℃的管件、阀门壳体，运行8万h或10年后应抽查硬度、金相。

5）已运行20万h的铸造弯头、三通，检验周期应缩短到2万h，根据检验结果决定是否更换。

6）铸钢阀壳存在裂纹、铸造缺陷，经打磨消缺后的实际壁厚小于NB/T 47044规定的最小壁厚时，应及时处理或更换。

7）非中频弯制的主蒸汽管道、高温再热蒸汽管道弯管，运行时间大于10万h则应予更换。

（8）对9%~12%Cr系列钢制管道、管件：

1）对安装期间有疑虑的管材，应按DL/T 438要求进行鉴定性检验。

2）对服役温度600℃以上的再热热段蒸汽管道、管件，每次A级检修或B级检修，应对外壁氧化情况进行检查。

3）寿命管理：对主蒸汽管道、再热热段管道，运行3~4个A级检修及发现金相或硬度异常，宜在主蒸汽管道监督段、再热热段蒸汽管取样检测（成分、硬度、常温/高温力学性能、金相），对管道的材质状态和剩余寿命作出评估。对服役温度600℃以上的再热热段蒸汽管道、管件，至多3个A级检修宜割管检测（成分、硬度、常温/高温力学性能、金相、内壁氧化层金相）。

6.5.3.2 高温集箱和连接管

（1）每次A级检修或B级检修，应对450℃以上的集箱及连接管进行以下项目和内容的检验：

1）对环焊缝，每次A级检修每个集箱宜抽检1道焊缝进行外观检验、无损检测、硬度检测、壁厚检测；对管座角焊缝，每次A级检修或B级检修，按20%对集箱管座角焊缝进行外观检验、表面检测或超声、涡流检测。至多3个A级检修完成环焊缝、角焊缝100%检测。

2）对筒节、焊缝，每次A级检修按数量的10%（选温度最高的部位，至少选1个筒节、1道焊缝）抽查金相、硬度，集箱过渡段100%检测硬度。

3）对T23钢制集箱管座角焊缝，表面检测抽查的重点——外侧1、2排管座。

4）对集箱排空管接管座焊缝应进行外观检验和表面检测，对排空管座内壁、管孔进行超声检测。排空一次门和取样用三通间管道内表面应进行超声检测。

5）检查与集箱相连的小管（疏水管、测温管、压力表管、空气管、安全阀、排气阀、充氮、取样、压力信号等）管座角焊缝，至多运行 10 万 h 或 3 个 A 级检修完成 100% 无损检测。

6）每次 A 级检修对集汽集箱的安全门管座角焊缝、吊耳与集箱焊缝进行无损检测。

7）对含内隔板集箱，运行 10 万 h 后进行内窥镜检查。

8）对顶棚过热器集箱，检查下垂部位弯曲度、相连接管道的位移。

（2）对服役温度 400~450℃碳钢集箱，运行 8 万 h 抽查筒体、焊缝的硬度、金相，焊缝无损检测参照 450℃以上集箱。

（3）对工作温度 400℃以上的碳钢、钼钢制集箱，运行 10 万 h 后，应进行石墨化检查，以后的检查周期约为 5 万 h。运行至 20 万 h 时，每次 A 级检修或 B 级检修按 6.5.3.2（1）执行。

（4）对混合式减温器集箱，利用检修机会进行内窥镜检查，对内套筒定位螺钉封口焊缝、喷水管角焊缝进行表面检测；每个集箱抽取 1 道对接焊缝进行无损检测，至多 3 个 A 级检修完成对接焊缝 100% 无损检测。

（5）寿命管理：已运行 20 万 h 的 12CrMoG、15CrMoG、12Cr2MoG、12Cr1MoVG 钢制集箱，若组织球化未达到 5 级、未发现严重的蠕变损伤、筒体未见明显胀粗，筒体一般可继续运行 10 万 h。对于金相组织球化达到 5 级，硬度下降明显的集箱，应进行寿命评估。集箱寿命评估参照 DL/T 654 和 DL/T 940 执行。

（6）9%~12%Cr 钢制集箱监督检验参照 450℃以上高温集箱和 9%~12%Cr 系列钢制管道、管件的有关规定执行。对服役温度高于 600℃的 9%~12%Cr 钢制集箱，每次 A 级检修或 B 级检修，应对外壁氧化情况进行检查，宜对内壁氧化层进行测量。

6.5.3.3 受热面管

（1）在役水冷壁管、省煤器管、过热器管、再热器管的金属监督检验按照 DL/T 939 中的相关条款执行。

（2）每次 A 级检修或 B 级检修时应对超（超）临界机组过热器、再热器的吊板、吊杆、加持板等进行外观检验，主要关注受热面管的间隙、管屏的平整度。

（3）对水冷壁、省煤器、低温段过热器和再热器管，壁厚减薄量不应超过设计壁厚的 30%；对高温段过热器管，壁厚减薄量不应超过设计壁厚的 20%。

（4）冷灰斗区域水冷壁管应无落焦造成的严重碰伤及磨损，水冷壁背火面与刚性梁、限位装置、支吊架等的连接结构应完好。

（5）检修中应对内螺纹垂直管圈膜式水冷壁节流孔圈进行射线检测。对 T23 钢制水冷壁，每次检修尽可能多地对锅炉四角部位和拘束应力较高区域的焊缝进行无损检测；对热负荷较高位置的对接焊缝进行100%射线检测、焊缝上下300mm区域的鳍片焊缝进行100%磁粉检测。

（6）每次检修，对人孔门、燃烧器、三叉管等附近的手工焊缝、鳍片进行外观检验。

（7）过热器、再热器管穿炉顶部位或塔式炉过热器穿膜式壁部位密封焊缝应无裂纹等超标缺陷，宜进行超声检测。

（8）再热器管排主要检查后部弯头、上部管子表面及烟气流速较快部位的管子有无明显磨损，宜进行壁厚测量。

（9）运行中过热器、再热器管子母材发现缺陷，应对该类部件数量的10%参照NB/T 47013.15或GB/T 32563进行检测。

（10）每次A级检修时应对与奥氏体耐热钢相连的异种钢焊缝按10%进行相控阵超声检测。

（11）对直流锅炉水冷壁蒸发段，运行5万h后每次大修应在温度较高的区域分段割管进行硬度、拉伸、金相检验。对壁温450℃以上过热器、再热器管，运行5万h割管取样进行壁厚、管径、硬度、内壁氧化层厚度、拉伸、金相、脱碳层检验；运行10万h后，每次A级检修割管取样。对过热器管、再热器管及与奥氏体耐热钢相连的异种钢焊接接头，运行5万h后应取样检测管子的壁厚、管径、焊缝质量、内壁氧化层厚度、拉伸性能、金相；10万h后每次A级检修取样检验。奥氏体高温过热器、再热热段器管根据运行状况对管子内壁氧化层进行检测，必要时割管检测内壁氧化皮堆积情况。

（12）过热器和再热器管寿命管理：石墨化、珠光体球化、组织老化、碳化物明显聚集长大达到DL/T 438规定的级别或管材的拉伸性能低于标准下限值时，应进行寿命评估。

（13）受热面更换的判据包括：鼓包、裂纹、蠕变应变、晶界氧化、减薄、外表面氧化皮厚度、焊缝缺陷等超过规定的限值。受热面更换后应进行100%无损检测。

6.5.3.4 锅筒和汽水分离器

（1）内表面（含焊缝）检查：每次A级检修进行内表面检查，应注意管孔和预埋件角焊缝，必要时表面探伤。

（2）问题区域及焊缝复查：每次A级检修应复查安装前检验发现存在缺陷的环向焊缝、纵向焊缝、集中下降管管座角焊缝；对偏离硬度异常区域和焊缝应进行表面检测；至少抽检1个纵向、环向焊缝的“T”形接头（若有）进行无损检测。

（3）管座角焊缝无损检测抽查：每次A级检修，锅筒分散下降管、给水管、饱和蒸汽引出管等按 10%、汽水分离器接管座角焊缝按 20% 进行外观检验和无损检测，至多 4 个 A 级检修完成 100% 检测。

（4）环向、纵向焊缝无损检测抽查：每次 A 级检修，锅筒 / 汽水分离器环向、纵向焊缝应最少抽查一条。

（5）检验发现超标缺陷较严重时，按 GB/T 19624 进行安全性评估，若不可接受，则应挖补或降低参数运行，并制定运行监督措施。

（6）对按基本负荷设计的频繁启停的机组，应按照 GB/T 16507.4 对锅筒的低周疲劳寿命进行校核。

6.5.3.5 给水管道和低温集箱

（1）每次 A 级检修对管道、筒体、焊接接头和弯头 / 弯管的外观质量进行检验，首次检验应包括主给水管道调整阀后管段和第一个弯头。

（2）每次 A 级检修或 B 级检修对与集箱相连的小管（疏水管、测温管、压力表管、空气管、安全阀、排气阀、充氮、取样、压力信号等）管座焊缝无损检测抽查，至多 10 万 h 或 3 个 A 级检修完成 100% 的检验。

（3）每次 A 级检修应对集箱筒体、封头环焊缝进行检查（外观 / 无损检测 / 硬度 / 壁厚），至多 3 个 A 级检修完成全部焊缝的检验。

（4）每次 A 级检修或 B 级检修，对低温集箱管座角焊缝进行外观检验和表面检测，必要时进行超声、涡流检测，至多 4 个 A 级检修期完成 100% 的检验。

（5）每次 A 级检修，应对吊耳与低温集箱焊缝进行外观检验和无损检测。

（6）每次 A 级检修，主给水管道焊缝进行无损检测（正常焊缝）或外观 / 无损 / 硬度 / 壁厚检测（质量较差焊缝），至多 4 个 A 级检修期完成全部焊缝的检验。

（7）每次 A 级检修或 B 级检修，对主给水管道的三通、阀门进行外观检验，应注意与三通、阀门相邻的焊缝。

（8）每次 A 级检修或 B 级检修，应对主给水管道、集箱筒体、焊缝在制造、安装中发现的硬度较低或较高的区域进行硬度检验，以与原测量数值比较。

6.5.3.6 汽轮机部件

（1）机组投运后每次 A 级或 B 级检修，应对转子大轴轴颈、高中压转子调速级叶轮根部的变截处和前汽封槽等部位，叶轮、轮缘小角及叶轮平衡孔部位，叶片、叶片拉筋、拉筋孔和围带等部位，喷嘴、隔板、隔板套等部件进行外观检验。

（2）首次 A 级检修，应对高、中压转子大轴进行硬度检验。硬度检验部位为大轴端面和调速级轮盘平面（标记记录检验点位置），此后每次 A 级检修在调速级叶轮侧平面首次检验点邻近区域进行硬度检验。

（3）每次 A 级或 B 级检修，应对低压转子末三级叶片和叶根、高中压转子末一级叶片和叶根进行无损检测；对高、中、低压转子末级套装叶轮轴向键槽部位应进行超声检测。

（4）机组运行 10 万 h 后的第一次 A 级或 B 级检修，视设备状况对转子大轴进行无损检测。下次检验为 2 个 A 级检修期后。

（5）运行 20 万 h 的机组应对转子大轴进行综合评定，后续检验周期根据综合评定结果确定。

（6）“反 T 形”结构的叶根轮缘槽，运行 10 万 h 后的每次 A 级检修，应首选相控阵技术或超声技术对轮缘槽 90° 角等易产生裂纹部位进行检查。

（7）600MW 机组或超临界及以上机组，发现高中压隔板累计变形超过 1mm 时，应对静叶与外环的焊接部位进行相控阵检测，结构条件允许时静叶与内环的焊接部位应进行相控阵检测。

（8）对存在超标缺陷的转子，按照 DL/T 654 用断裂力学的方法进行安全性评定和缺陷扩展寿命估算。

（9）机组运行中出现异常工况，如严重超速、超温、转子水激弯曲等，应视损伤情况对转子进行硬度、无损检测等。

（10）根据设备状况，结合机组 A 级检修或 B 级检修，对各级推力瓦和轴瓦进行外观检验和无损检测。

（11）机组进行超速试验时，转子大轴的温度不应低于转子材料的脆性转变温度。

6.5.3.7 发电机部件

（1）每次 A 级检修，应对转子大轴（应注意变截面位置）、护环、风冷扇叶、轴瓦等部件进行外观检验，有疑问时进行无损检测。

（2）护环拆卸时应对内表面进行渗透检测，应无表面裂纹类缺陷；护环不拆卸时应按照 DL/T 1423 或 JB/T 10326 进行超声检测。

（3）每次 A 级检修，应对转子滑环进行外观检验，应无表面裂纹类缺陷。

（4）机组运行 10 万 h 后的第一次 A 级检修，应视设备状况对转子大轴的可检测部位进行无损检测。以后的检验为 2 个 A 级检修周期。

（5）机组运行 10 万 h 后的第一次 A 级检修，对护环进行无损检测。以后的检验为 2 个 A 级检修周期。

（6）对 Mn18Cr18 系钢制护环，在第 3 次 A 级检修时开始进行无损检测和晶间裂纹检查，此后每次 A 级检修进行无损检测和晶间裂纹检验。

（7）机组超速试验时，转子大轴的温度不应低于材料的脆性转变温度。

6.5.3.8 紧固件

（1）对大于等于 M32 的高温紧固件的质量检验按照 DL/T 439、GB/T 20410 相关条款执行。

（2）紧固件的超声检测按照 DL/T 694 执行。

（3）高温螺栓材料的非金属夹杂物、低倍组织和 δ－铁素体含量按照 GB/T 20410 相关条款执行。

（4）每次 A 级检修，应对 20Cr1Mo1VNbTiB、20Cr1Mo1VTiB 钢制螺栓进行 100% 的硬度检验、20% 的金相组织抽检。硬度值超过规定范围或晶粒度粗于 5 级，应予以更换。

（5）每次 A 级检修，对高温紧固件的螺栓、螺母宜进行 100% 硬度检验，当发现螺母硬度值低于标准下限或螺母与螺栓硬度值不匹配时，应及时更换螺母。对服役温度在 500℃以上的 1Cr5Mo 高温螺母应进行排查并更换。

（6）在安装或拆卸过程中，使用加热棒对螺栓中心孔加热的螺栓，应对其中心孔表面进行外观检验。

（7）对汽轮机 / 发电机大轴联轴器螺栓，机组每次检修应进行外观检验，按数量的 20% 进行无损检测抽检。

（8）对锅筒人孔门、导汽管法兰、主汽门、调节汽门螺栓，机组运行检修期间应进行外观检验，按数量的 20% 进行超声、硬度抽检；导汽管法兰、主汽门和调节阀螺栓宜 100% 超声、硬度检测。

6.5.3.9　大型铸件

（1）每次 A 级检修，应对受监的大型铸件进行外观检验，有疑问时进行无损检测，应注意高压汽缸高温区段的变截面拐角、结合面和螺栓孔部位以及主汽门内表面应力集中区。

（2）大型铸件发现表面裂纹后，应分析原因，进行打磨或打止裂孔处理，若打磨处的实际壁厚小于壁厚的最小值，根据打磨深度由金属监督工程师提出是否挖补。对挖补部位修复前、后应进行无损检测、硬度和金相组织检验。

（3）根据部件的表面质量状况，确定是否对部件进行超声检测。

6.5.3.10　支吊架

（1）管道安装完毕和每次 A 级检修，应对管道支吊架进行检验。根据检查结果，在第一次或第二次 A 级检修期间，对管道支吊架进行调整；此后根据每次 A 级检修检验结果，确定是否再次调整。

（2）主蒸汽、再热热段管道支吊架检验时应检查支吊架对焊接接头应力的影响，必要时进行支吊架调整。

6.5.3.11　深度调峰机组

（1）深度调峰会增大金属部件损伤，应根据机组的调峰情况，适当缩短检验周期及增加检验比例。

（2）热负荷、温度波动较大的易损伤部位应加强外观、超声和相控阵检测等监督检验，主要检查位置包括：减温器集箱筒体及减温水喷嘴、集箱管座、锅筒下降管管座、受热面结构受限部位、管道的弯头、拘束部位、仪表管管座，以及水冷壁集箱、省煤器集箱、顶棚集箱、包墙集箱的管座角焊缝等。

（3）受热面管应增加如下项目检验：

1）对水冷壁及鳍片在燃烧器及其下方3m高度范围内检查汽化区域热疲劳、膨胀受阻拉裂等问题，必要时割管取样检查材料的老化情况；

2）对立式布置的再热器、高温过热器下弯头部位内外表面进行热疲劳裂纹检查；

3）对温度相对较高的再热器，三、四级高温过热器等部件进行内壁氧化层状态测量；

4）对水冷壁管进行高温腐蚀减薄检查。

（4）对低压末级动叶片的进汽、出汽边水蚀状态进行检查，不应有裂纹、划伤、砸伤、蚀坑等影响运行和能效的缺陷。

（5）频繁启停机组应加强汽轮机变截面的检查。对于调节级后存在应力释放槽或热弹性槽结构的汽轮机转子，应在每次A级检修期间对槽根部进行无损检测。

（6）每次A级或B级检修期间应增加针对应力集中部位，如大包内水冷壁管和鳍片焊接部位、水冷壁中间集箱及下集箱宽鳍片部位、水冷壁上集箱接管座角焊缝、水冷壁四角连接位置及其下部水封槽、鳍片焊缝、让出管、吹灰器附近、穿顶棚、密封盒等部位的外观检验，对可疑部位，进行无损检测复查。

6.5.3.12 延寿机组

（1）对在延寿期运行的火电机组的关键部件，应加强监督检验，若个别关键部件不满足延寿运行条件，应尽快更换。

（2）现场金属检验中发现存在超标缺陷的部件，应及时处理或更换，对暂时不具备条件处理的超标缺陷，按照GB/T 19624进行安全性和剩余寿命评估；若评估结果为不允许的缺陷，则应进行挖补或降参数运行，并制定运行监督措施。对于在延寿评估中发现的记录缺陷，应在延寿期的第一年内进行复检。

（3）发电企业应每年对延寿机组关键部件进行自查，并对自查结果做好记录和存档；若发现机组存在影响安全的设备隐患，应及时向能源监管办和地方政府相关部门报告。

（4）对于已更换的关键部件，服役时间未满30年或20万h，应按DL/T 438—2023中的7~17条执行。对于未改造更换的关键部件，应每三年进行一次抽检，六年内完成100%的检验。

（5）发电企业应结合评估机构给出的评估结论和建议，制定机组延寿期间保障安全运行的金属监督计划和金属检验措施。

（6）机组延寿运行期间，应对 A 类关键部件实行寿命管理，通过对部件老化状态与寿命的动态监测与分析，指导发电企业的设备管理决策。

（7）对主蒸汽管道三通、再热热段蒸汽管道三通、高温集箱三通的肩部逢检必查，按照 NB/T 47013.4 进行磁粉检测和 DL/T 718 进行超声检测。必要时采用内窥镜检查主管与支管连通的内表面拐角区域是否存在裂纹。

（8）对主蒸汽管道和再热热段蒸汽管道的弯头进行检测时，宜增加弯头不圆度的监测和记录，若超过标准规定值时应进行寿命评估，若两次监测结果差值超过 2% 时应及时更换。

6.6 隐患排查及反措落实监督

各发电企业应根据国能发安全〔2023〕22 号以及近年来政府有关部门及各集团通报下发的设备事故及问题，有针对性地制定隐患排查计划，对照各机组的实际情况进行全面、逐项对比排查，发现不符合项应及时分析制定整改反措并监督反措落实情况，严防锅炉承压部件超压超温、设备大面积腐蚀、炉外管爆破、锅炉四管爆漏、超（超）临界锅炉高温受热面管内氧化皮大面积脱落、奥氏体不锈钢管与铁素体钢管的异种钢接头泄漏等事故发生。

6.6.1 防止锅炉承压部件失效事故

6.6.1.1 一般要求

（1）各单位应成立防止压力容器和锅炉爆漏工作小组，加强专业管理、技术监督管理和专业人员培训考核，健全各级责任制。

（2）新建锅炉产品的制造、安装过程应由特种设备监检单位实施制造、安装阶段监督检验。锅炉投入使用前或投入使用后 30 日内，使用单位应按照 TSG 08 办理使用登记，申领使用登记证。不按规定检验、办理使用登记的锅炉，严禁投入使用。

（3）电站锅炉范围内管道包括主给水管道、主蒸汽管道、再热蒸汽管道等应符合 TSG 11 的要求。建设单位采购该范围内管道中使用的元件组合装置［减温减压装置、堵阀、流量计（壳体）、工厂化预制管段］时，应在采购合同中注明“要求按照锅炉部件实施制造过程监督检验”的要求。制造单位制造上述元件组合装置时，应向经国家市场监督管理总局核准的具备锅炉或压力管道监检资质的检验机构提出监检申请，由检验机构按照安全技术规范和相关标准实施制造过程监督检验，合格后出具监检报告和证书。未经监督检验合格的管道元件组合装置不得在电站锅炉范围内管道中使用。

（4）严格做好锅炉制造、安装和调试期间的监造和监理工作。新建锅炉承压部件在安装前必须进行安全性能检验，并将该项工作前移至制造厂，与设备监造工作结合进行。在役锅炉结合机组检修开展承压部件、锅炉定期检验。锅炉检验项目和程序按中华人民共和国主席令第四号、国务院令第549号、TSG 11、DL/T647、TSG 21和DL/T 438等相关规定进行。

6.6.1.2 防止超压超温的重点要求

（1）严防锅炉缺水和超温超压运行，严禁在水位表数量不足（指能正确指示水位的水位表数量）、安全阀解列的状况下运行。

（2）参加电网调峰的锅炉，运行规程中应制定相应的技术措施。按调峰设计的锅炉，其调峰性能应与汽轮机性能相匹配；非调峰设计的锅炉，其调峰负荷的下限应由水动力计算、水动力试验及燃烧稳定性试验确定，并在运行规程制定相应的反事故措施。

（3）直流锅炉的蒸发段、分离器、过热器、再热器出口导汽管等应有完整的管壁温度测点，以便监视各导汽管间的温度，并结合直流锅炉蒸发受热面的水动力分配特性，做好直流锅炉燃烧调整工作，防止超温爆管。

（4）锅炉超压水压试验和安全阀整定应严格按DL/T 612、DL/T 647、DL/T 959执行。

（5）装有一、二级或多级旁路系统的机组，机组启停时应投入旁路系统，旁路系统的减温水须正常可靠。

（6）锅炉启停过程中，应严格控制汽温变化速率。在启动中应加强燃烧调整，防止炉膛出口烟温超过规定值。

（7）加强直流锅炉的运行调整，严格按照规程规定的负荷点进行干湿态转换操作。

（8）锅炉承压部件使用的材料应符合GB/T 5310和DL/T 715的规定，材料的允许使用温度应高于计算壁温并留有裕度。应配置必要的炉膛出口或高温受热面两侧烟气温度测点、高温受热面壁温测点，应加强对烟气温度偏差和受热面壁温的监视和调整。现有壁温测点无法满足需要时，及时增加超温管段的壁温测点。

6.6.1.3 防止设备大面积腐蚀的重点要求

（1）应按DL/T 712的规定选用凝汽器及辅机冷却器管材，安装或更新前应进行严格的质量检验和验收，并加强运行维护及检修检查评价。

（2）加强锅炉燃烧调整，改善贴壁气氛，避免高温腐蚀。锅炉改燃非设计煤种时，应全面分析新煤种高温腐蚀特性，采取有针对性的措施。锅炉采用主燃区过量空气系数低于1.0的低氮燃烧技术时应加强贴壁气氛监视和大小修时对锅炉水冷壁管壁高温腐蚀趋势的检查工作。

（3）在大修或大修前的最后一次检修时应割取水冷壁管并测定垢量，按DL/T 794相关规定及时进行机组化学清洗。

6.6.1.4 防止炉外管爆破的重点要求

（1）加强炉外管巡视，对管系振动、水击、膨胀受阻、保温脱落等现象应认真分析原因，及时采取措施。炉外管发生漏汽、漏水现象，必须尽快查明原因并及时采取措施，如不能与系统隔离处理应立即停炉。

（2）按照 DL/T 438，对汽包、直流锅炉汽水分离器及储水罐、集中下降管、联箱、主蒸汽管道、再热蒸汽管道、弯管、弯头、阀门、三通等大口径部件及其焊缝进行检查，及时发现和消除设备缺陷。对于不能及时处理的缺陷，应对缺陷尺寸进行定量检测及监督，并做好相应技术措施。

（3）定期对导汽管、汽水联络管、下降管等炉外管以及联箱封头、接管座等进行外观检查、壁厚测量、圆度测量及无损检测，发现裂纹、冲刷减薄或圆度异常复圆等问题应及时采取打磨、补焊、更换等处理措施。

（4）加强对汽水系统中的高中压疏水、排污、减温水等小径管的管座焊缝、内壁冲刷和外表腐蚀现象的检查，发现问题及时更换。

（5）按照 DL/T 616 的要求，对支吊架进行定期检查和调整。

（6）对于疏水管道、放空气管等存在汽水两相流的管道，应重点检查其与母管相连的角焊缝、母管开孔的内孔周围、弯头等部位的裂纹和冲刷，其管道、弯头、三通和阀门，运行 10 万 h 后，宜结合检修全部更换。

（7）定期对喷水减温器检查，混合式减温器每隔 1.5 万 ~3 万 h 检查一次，应采用内窥镜进行内部检查，喷头应无脱落、喷管无开裂、喷孔无扩大，联箱内衬套应无裂纹、腐蚀和断裂。减温器内衬套长度小于 8m 时，除工艺要求的必须焊缝外，不宜增加拼接焊缝；若必须采用拼接时，焊缝应经 100% 探伤合格后方可使用。防止减温器喷头及套筒断裂造成过热器联箱裂纹，表面式减温器运行 2 万 ~3 万 h 后应抽芯检查管板变形，内壁裂纹、腐蚀情况及芯管水压检查泄漏情况，以后每大修检查一次。

（8）在检修中，应重点检查可能因膨胀和机械原因引起的承压部件爆漏的缺陷。

（9）机组投运的第一年内，应对主蒸汽和再热蒸汽管道的不锈钢温度套管角焊缝进行渗透和超声波检测，并结合每次 A 级检修进行检测。

（10）锅炉水压试验结束后，应严格控制泄压速度，并将炉外蒸汽管道存水完全放净，防止发生水击。

（11）焊接工艺、质量、热处理及焊接检验应符合 DL/T 869 和 DL/T 819 的有关规定。

6.6.1.5 防止锅炉四管爆漏的重点要求

（1）建立锅炉承压部件防磨防爆设备台账，制定和落实防磨防爆定期检查计划、防磨防爆预案，完善防磨防爆检查、考核制度。

（2）在有条件的情况下，应采用漏泄监测装置。水冷壁、过热器、再热器、省煤器管发生爆漏时，应及时停运，防止扩大冲刷损坏其他管段。

（3）定期检查水冷壁刚性梁四角连接及燃烧器悬吊机构，发现问题及时处理。防止因水冷壁晃动或燃烧器与水冷壁鳍片处焊缝受力过载拉裂而造成水冷壁泄漏。

（4）加强蒸汽吹灰设备系统的维护及管理。在蒸汽吹灰系统投入正式运行前，应对各吹灰器蒸汽喷嘴伸入炉膛内的实际位置及角度进行测量、调整，并对吹灰器的吹灰压力进行逐个整定，避免吹灰压力过高。吹灰器投用前应对吹灰管路充分暖管疏水，严禁吹灰蒸汽带水。运行中遇有吹灰器卡涩、进汽门关闭不严等问题，应及时将吹灰器退出并关闭进汽门，避免受热面被吹损，并通知检修人员处理。

（5）锅炉发生四管爆漏后，必须尽快停炉。在对锅炉运行数据和爆口位置、数量、宏观形貌、内外壁情况等信息做全面记录后方可进行割管和检修。应对爆漏原因进行分析，分析手段包括宏观分析、金相组织分析和力学性能试验，必要时对结垢和腐蚀产物进行化学成分分析，根据分析结果采取相应措施。

（6）运行时间接近设计寿命或发生频繁泄漏的锅炉过热器、再热器、省煤器，应对受热面管进行寿命评估，并根据评估结果及时安排更换。

（7）达到设计使用年限的机组和设备，必须按规定对主设备特别是承压管路进行全面检查和试验，组织专家进行全面安全性评估，经主管部门审批后，方可继续投入使用。

（8）对新更换的金属钢管必须进行光谱复核，焊缝100%探伤检查，并按DL/T 869和DL/T 819要求进行热处理。

（9）加强锅炉水冷壁及集箱检查，以防止裂纹导致泄漏。

6.6.1.6 防止超（超）临界锅炉高温受热面管内氧化皮大面积脱落

（1）超（超超）临界锅炉受热面设计必须尽可能减少热偏差，各段受热面必须布置足够的壁温测点，测点应定期检查校验，确保壁温测点的准确性。

（2）高温受热面管材的选取应考虑合理的高温抗氧化裕度。

（3）加强锅炉受热面和联箱监造、安装阶段的监督检查，必须确保用材正确，受热面内部清洁，无杂物。重点检查原材料质量证明书、入厂复检报告和进口材料的商检报告。

（4）必须准确掌握各受热面多种材料拼接情况，合理制定壁温报警定值。

（5）必须重视试运中酸洗、吹管工艺质量，吹管完成过热器高温受热面联箱和节流孔必须进行内部检查、清理工作，确保联箱及节流圈前清洁无异物。

（6）不论是机组启动过程，还是运行中，都必须建立严格的超温管理制度，认真落实，严格执行规程，杜绝超温。

（7）严格执行厂家设计的启动、停止方式和变负荷、变温速率。

（8）机组运行中，尽可能通过燃烧调整，结合平稳使用减温水和吹灰，减少烟温、汽温和受热面壁温偏差，保证各段受热面吸热正常，防止超温和温度突变。

（9）对于存在氧化皮问题的锅炉，不应停炉后强制通风快冷。

（10）加强汽水监督，给水品质达到 GB/T 12145。

（11）新投产的超（超超）临界锅炉，必须在第一次检修时进行高温段受热面的管内氧化情况检查。对于存在氧化皮问题的锅炉，必须利用检修机会对弯头及水平段进行氧化层检查，以及氧化皮分布和运行中壁温指示对应性检查。

（12）加强对超（超超）临界机组锅炉过热器的高温段联箱、管排下部弯管和节流圈的检查，以防止由于异物和氧化皮脱落造成的堵管爆破事故。对弯曲半径较小的弯管应进行重点检查。

（13）加强新型高合金材质管道和锅炉蒸汽连接管使用过程中的监督检验，每次检修均应对焊口、弯头、三通、阀门等进行抽查，尤其应注重对焊接接头中危害性缺陷（如裂纹、未熔合等）的检查和处理，不允许存在超标缺陷的设备投入运行，以防止泄漏事故；对于记录缺陷也应加强监督，掌握缺陷在运行过程中的变化规律及发展趋势，对可能造成的隐患提前做出预判。

（14）加强新型高合金材质管道和锅炉蒸汽连接管运行过程中材质变化规律的分析，定期对 P91、P92、P122 等材质的管道和管件进行硬度和微观金相组织定点跟踪抽查，积累试验数据并与国内外相关的研究成果进行对比，掌握材质老化的规律，一旦发现材质劣化严重应及时进行更换。对于应用于高温蒸汽管道的 P91、P92、P122 等材质的管道，如果发现硬度低于标准值，应及时分析原因，进行金相组织检验，必要时，进行强度计算与寿命评估，并根据评估结果采取相应措施。焊缝硬度超出控制范围，首先在原测点附近两处和原测点 180° 位置再次测量；其次在原测点可适当打磨较深位置，打磨后的管子壁厚不应小于管子的最小计算壁厚。

6.6.1.7 奥氏体不锈钢管监督的重点要求

（1）奥氏体不锈钢管蠕变应变大于 4.5%（T91、T122 类管子外径蠕变应变大于 1.2%），应进行更换。

（2）对于奥氏体不锈钢管要结合大修检查钢管及焊缝是否存在沿晶、穿晶裂纹，一旦发现应及时换管。

（3）锅炉运行 5 万 h 后，检修时应对与奥氏体耐热钢相连的异种钢焊缝按 10% 进行无损检测。

（4）对于奥氏体不锈钢管与铁素体钢管的异种钢接头在 5 万 h 进行割管检查，重点检查铁素体钢一侧的熔合线是否开裂。

6.6.2 防止压力容器超压事故

（1）根据设备特点和系统的实际情况，制定每台压力容器的操作规程。操作规程中应明确异常工况的紧急处理方法，确保在任何工况下压力容器不超压、超温运行。

（2）各种压力容器安全阀应定期进行校验。

（3）运行中的压力容器及其安全附件（如安全阀、排污阀、监视表计、连锁、自动装置等）应处于正常工作状态。设有自动调整和保护装置的压力容器，其保护装置的退出应经单位技术总负责人批准，保护装置退出后，实行远控操作并加强监视，且应限期恢复。

（4）除氧器的运行操作规程应符合能源安保〔1991〕709 号的要求。除氧器两段抽汽之间的切换点，应根据能源安保〔1991〕709 号进行核算后在运行规程中明确规定，并在运行中严格执行，严禁高压汽源直接进入除氧器。

（5）使用中的各种气瓶严禁改变涂色，严防错装、错用；气瓶立放时应采取防止倾倒的措施；液氯钢瓶必须水平放置；放置液氯、液氨钢瓶，溶解乙炔气瓶场所的温度要符合要求。使用溶解乙炔气瓶者必须配置防止回火装置。

（6）压力容器内部有压力时，严禁进行任何修理或紧固工作。

（7）压力容器上使用的压力表，应列为计量强制检定表计，按规定周期进行强检。

（8）压力容器的耐压试验应参考 TSG 21 进行。

（9）检查进入除氧器、扩容器的汽源压力，应采取措施消除除氧器、扩容器超压的可能；应采取滑压运行，取消二段抽汽进入除氧器。

（10）单元制的给水系统，除氧器上应配备不少于两只全启式安全门，并完善除氧器的自动调压和报警装置。

（11）除氧器和其他压力容器安全阀的总排放能力，应能满足其在最大进汽工况下不超压。

（12）高压加热器等换热容器，应防止因水侧换热管泄漏导致的汽侧容器筒体的冲刷减薄。定期检验时应增加对水位附近的筒体减薄的检查内容。

（13）氧气瓶、乙炔气瓶等气瓶在户外使用必须竖直放置并固定，不得放置在阳光下暴晒，必须放在阴凉处。

（14）氧气瓶、乙炔气瓶等气瓶不得混放，不得在一起搬运。

6.6.3 防止氢罐等压力容器爆炸事故

（1）制氢站应采用性能可靠的压力调整器，并加装液位差越限联锁保护装置和氢侧氢气纯度表，在线氢中氧量、在线氧中氢量监测仪表，防止制氢设备系统爆炸。

（2）对制氢系统及氢罐的检修应进行可靠的隔离。

（3）氢罐应按照 TSG 21 的要求进行定期检验。

（4）运行10年及以上的氢罐，应该重点检查氢罐的外形，尤其是上下封头不应出现鼓包和变形现象。

（5）压力容器工作介质为易燃易爆气体的，应根据设计要求，在维护和检验中安排泄漏试验。

6.6.4 防止压力容器脱检漏检

（1）火电厂热力系统压力容器定期检验时，应按照DL/T 647要求，对与压力容器相连的管系进行检查，特别是对蒸汽进口附近的内表面热疲劳和加热器疏水管段冲刷、腐蚀情况的检查。防止爆破汽水喷出伤人。

（2）禁止在压力容器上随意开孔和焊接其他构件。若涉及在压力容器筒壁上开孔或修理等修理改造时，应按照TSG21第5.2条“改造与重大修理”进行。

（3）停用超过一年的压力容器重新启用时，应当进行自行检查。超过定期检验有效期的，应当按照定期检验的有关要求进行检验。

（4）在订购压力容器前，应对设计单位和制造厂商的资格进行审核，其供货产品必须附有“压力容器产品质量证明书”和制造厂所在地锅炉压力容器监检机构签发的“监检证书”。要加强对所购容器的质量验收，特别应参加容器水压试验等重要项目的验收见证。

6.6.5 防止压力容器违规使用

（1）压力容器投入使用必须按照TSG 08办理使用登记手续，申领使用登记证。未进行建设期检验、办理使用登记手续的压力容器，严禁投入运行使用。

（2）对已经投入运行的压力容器中设计资料不全、材质不明及经检验安全性能不良的老旧容器，应安排计划进行更换。

（3）使用单位对压力容器的管理，不仅要满足特种设备的法律法规技术性条款的要求，还要满足有关特种设备在法律法规程序上的要求。定期检验有效期届满1个月以前，应向压力容器检验机构提出定期检验要求。

（4）达到设计使用年限（未规定设计使用年限但使用超过20年）的压力容器，应安排计划进行更换。如确需继续使用，应当依据TSG 08和TSG 21要求，在到期时进行检验或安全评估，办理使用登记变更。

6.6.6 防止汽轮机轴系断裂及损坏事故

（1）新机组投产前、已投产机组每次大修中，应进行转子表面和中心孔探伤检查。按DL/T 438相关规定，对高温段应力集中部位应进行表面检验，有疑问时进行表面探伤。选取不影响转子安全的部位进行硬度检验，若硬度相对前次检验有较明显变化时应进行金相组织检验。

（2）新机组投产前和机组大修中，必须检查平衡块固定螺栓、风扇叶片固定螺栓、定子铁芯支架螺栓、各轴承和轴承座螺栓的紧固情况，保证各联轴器螺栓的紧固和配合间隙完好，并有完善的防松措施。

（3）新机组投产前应对焊接隔板的主焊缝进行检查。大修中应检查隔板变形情况，最大变形量不得超过轴向间隙的 1/3。对于 600MW 以上机组或超临界及以上机组，高中压隔板累计变形超过 1mm，按 DL/T 438 相关规定，应对静叶与外环的焊接部位进行相控阵检查，结构条件允许时静叶与内环的焊接部位也应进行相控阵检查。

（4）运行 10 万 h 以上的机组，每隔 3~5 年应对转子进行一次检查（制造商有返厂检查等特殊要求的，可参照制造商要求执行）。运行时间超过 15 年、转子寿命超过设计使用寿命、低压焊接转子、承担调峰启停频繁或深度调峰运行的转子，应适当缩短检查周期。重点对高中压转子调速级叶轮根部的变截面 *R* 处和前汽封槽，叶轮、轮缘小角及叶轮平衡孔部位，以及高、中、低压转子套装叶轮键槽，焊接转子焊缝等部位进行检查。

6.6.7 防止发电机转子大轴及护环损伤

转子在运输、存放及大修期间应避免受潮和腐蚀。大修时，应对转子护环进行无损探伤和金相检查（对 Mn18Cr18 系钢制护环，从机组第三次 A 级检修起开始进行），检出有裂纹或蚀坑应根据严重程度进行局部处理或更换。

7 汽机技术监督

汽机技术监督是指在汽机规划、设计、建设及发电全过程中，以安全和质量为中心，依据国家、行业有关标准、规程、规定，采用有效的检测、试验和管理手段，对影响汽机设备的健康水平及安全、质量、经济运行有关的重要参数、性能指标进行监测与控制，以确保其安全、经济运行。

汽机技术监督应坚持“安全第一、预防为主、综合治理”的方针，按照依法监督、分级管理、专业归口的原则，建立健全监督体系，贯彻安全生产“可控、在控”的要求，执行有关标准、规程、规定和反事故技术措施，及时发现和消除设备缺陷，提高设备的可靠性。

7.1 监督范围

（1）汽轮机本体、附属设备和系统：汽轮机转动及静止部分、配汽机构、调节保安油系统、润滑油及密封油系统、凝汽器及轴封、本体疏水系统等。

（2）主要辅机设备及系统：除氧器、高压加热器、低压加热器、电动给水泵、汽动给水泵、给水泵汽轮机、引风机汽轮机、循环水泵、凝结水泵、凝结水补水泵、开式水泵、闭冷水泵、定子冷却水泵、真空泵、抽气器、循环水一/二次滤网、冷却塔、凝汽器检漏及胶球清洗装置、油净化装置、管道及阀门等辅机设备及系统，供热（汽）首站设备及系统等。

（3）上述设备及系统的汽、水、电的节能设备和技术。

7.2 监督依据

GB/T 3214 水泵流量的测定方法

GB/T 3216 回转动力泵 水力性能验收试验 1 级、2 级和 3 级

GB/T 5578 固定式发电用汽轮机规范

GB/T 6075.2 机械振动 在非旋转部件上测量评价机器的振动 第2部分：50MW以上，额定转速1500 r/min、1800 r/min、3000 r/min、3600 r/min陆地安装的汽轮机和发电机

GB/T 6557 挠性转子机械平衡的方法和准则

GB/T 8117.1 汽轮机热力性能验收试验规程 第1部分：方法A大型凝汽式汽轮机高准确度试验

GB/T 8117.2 汽轮机热力性能验收试验规程 第2部分：方法B各种类型和容量的汽轮机宽准确度试验

GB/T 8174 设备及管道绝热效果的测试与评价

GB/T 11348.2 机械振动 在旋转轴上测量评价机器的振动 第2部分：功率大于50MW，额定工作转速1500 r/min、1800 r/min、3000 r/min、3600 r/min陆地安装的汽轮机和发电机

GB/T 12145 火力发电机组及蒸汽动力设备水汽质量

GB/T 12452 水平衡测试通则

GB/T 13399 汽轮机安全监视装置 技术条件

GB/T 13929 水环真空泵和水环压缩机 试验方法

GB/T 14541 电厂用矿物涡轮机油维护管理导则

GB/T 15316 节能监测技术通则

GB/T 17116 管道支吊架

GB/T 17189 水力机械（水轮机、蓄能泵和水泵水轮机）振动和脉动现场测试规程

GB/T 18482 可逆式抽水蓄能机组启动试运行规程

GB/T 18916.1 取水定额 第1部分：火力发电

GB 21258 燃煤发电机组单位产品能源消耗限额

GB/T 25329 企业节能规划编制通则

GB/T 26925 节水型企业 火力发电行业

GB/T 28751 企业能量平衡表编制方法

GB/T 36285 火力发电厂汽轮机电液控制系统技术条件

GB/T 40594 电力系统网源协调技术导则

GB/T 50319 建设工程监理规范

GB 50275 风机、压缩机、泵安装工程施工及验收规范

GB 50660 大中型火力发电厂设计规范

DL/T 255 燃煤电厂能耗状况评价技术规范

DL/T 338 并网运行汽轮机调节系统技术监督导则
DL/T 438 火力发电厂金属技术监督规程
DL/T 441 火力发电厂高温高压蒸汽管道蠕变监督规程
DL/T 521 真空净油机验收及使用维护导则
DL/T 561 火力发电厂水汽化学监督导则
DL/T 571 电厂用磷酸酯抗燃油运行与维护导则
DL/T 581 凝汽器胶球清洗装置和循环水二次过滤装置
DL/T 586 电力设备监造技术导则
DL/T 606.1 火力发电厂能量平衡导则 第 1 部分：总则
DL/T 606.3 火力发电厂能量平衡导则 第 3 部分：热平衡
DL/T 606.5 火力发电厂能量平衡导则 第 5 部分：水平衡试验
DL/T 608 300MW~600MW 级汽轮机运行导则
DL/T 616 火力发电厂汽水管道与支吊架维修调整导则
DL/T 711 汽轮机调节保安系统试验导则
DL/T 712 发电厂凝汽器及辅机冷却器管选材导则
DL/T 714 汽轮机叶片超声检验技术导则
DL/T 717 汽轮发电机组转子中心孔检验技术导则
DL/T 742 湿式冷却塔塔芯塑料部件质量标准
DL/T 783 火力发电厂节水导则
DL/T 824 汽轮机电液调节系统性能验收导则
DL/T 834 火力发电厂汽轮机防进水和冷蒸汽导则
DL/T 838 燃煤火力发电企业设备检修导则
DL/T 839 大型锅炉给水泵性能现场试验方法
DL/T 851 联合循环发电机组验收试验
DL/T 855 电力基本建设火电设备维护保管规程
DL/T 863 汽轮机启动调试导则
DL/T 869 火力发电厂焊接技术规程
DL/T 892 电站汽轮机技术条件
DL/T 904 火力发电厂技术经济指标计算方法
DL/T 912 超临界火力发电机组水汽质量标准
DL/T 932 凝汽器与真空系统运行维护导则
DL/T 933 冷却塔淋水填料、除水器、喷溅装置性能试验方法
DL/T 1051 电力技术监督导则

DL/T 1052 电力节能技术监督导则

DL/T 1055 火力发电厂汽轮机技术监督导则

DL/T 1141 火电厂除氧器运行性能试验规程

DL/T 1270 火力发电建设工程机组甩负荷试验导则

DL/T 1290 直接空冷机组真空严密性试验方法

DL/T 1428 直接空冷系统验收导则

DL/T 1870 电力系统网源协调技术规范

DL 5190.3 电力建设施工技术规范 第3部分：汽轮发电机组

DL 5190.5 电力建设施工技术规范 第5部分：管道及系统

DL/T 5210.3 电力建设施工质量验收规程 第3部分：汽轮发电机组

DL/T 5210.5 电力建设施工质量验收规程 第5部分：焊接

DL/T 5210.6 电力建设施工质量验收规程 第6部分：调整试验

DL/T 5277 火电工程达标投产验收规程

DL/T 5294 火力发电建设工程机组调试技术规范

DL/T 5295 火力发电建设工程机组调试质量验收及评价规程

DL/T 5437 火力发电建设工程启动试运及验收规程

JB/T 3344 凝汽器性能试验规程

JB/T 7255 水环真空泵和水环压缩机

JB/T 8097 泵的振动测量与评价方法

JB/T 8184 汽轮机低压给水加热器 技术条件

JB/T 8188 汽轮机随机备品备件供应范围

JB/T 8190 高压加热器 技术条件

中华人民共和国电力工业部 电综〔1998〕179号 火电机组启动验收性能试验导则

国能发安全〔2023〕22号 防止电力生产事故的二十五项重点要求

鲁电调技〔2023〕17号 山东电力调度控制中心关于印发山东电力系统网源协调管理规定的通知

国家电网企管〔2014〕1212号 国家电网公司网源协调管理规定

山东省电力行业汽机技术监督工作规定（2024年修订）

7.3 专业技术监督体系建设

7.3.1 专业技术监督体系

山东省能源局是全省电力行业技术监督工作的行政主管部门，山东省电力技术监

督领导小组是在其领导下的技术监督工作领导机构；领导小组下设监督办公室，是全省电力技术监督工作的归口管理机构；监督办公室设在国网山东电科院，下设汽机技术监督专责，依托国网山东电科院汽机专业，实施全省电力行业汽机技术监督工作的日常管理。

发电企业是技术监督的主体，应建立健全企业生产负责人领导下的技术监督组织体系，成立厂级技术监督领导小组，企业生产负责人任组长，并在生产技术部门设立汽机技术监督专责，构建厂级、车间级、班组级的三级技术监督网，完善工作机制和流程，落实技术监督岗位责任制。

7.3.2 职责分工

技术监督领导小组职责、监督办公室职责见本书 1.3 节，汽机技术监督相关岗位职责分工如下：

7.3.2.1 监督办公室汽机技术监督专责职责

（1）贯彻执行国家、行业、山东省有关汽机技术监督的方针、政策、法律、法规、标准、规程、制度。

（2）督导发电企业落实国家、行业有关技术监督的标准、规程、制度、反事故措施以及山东省电力技术监督规章制度。

（3）监督发电企业汽机监督工作计划的制定和实施。

（4）制定或修订山东省电力行业汽机技术监督工作规定，监督发电企业建立健全技术监督体系，完善管理制度和岗位职责。

（5）开展新建、扩建、改建和重大技术改造项目的汽机技术监督检查、督导工作，协助发电企业研究解决汽机技术监督工作中重大技术关键问题。

（6）参与重大汽机设备及运行事故的调查、分析，监督审查反事故措施的制订和落实。

（7）掌握全省汽机的设备特性、运行、检修状况，监督发电企业及时上报汽机不安全事件、运行数据、技改工作等，针对重大、频发性异常问题发出监督预（告）警。

（8）对发电企业机组容量、机组灵活调整能力核定试验、机组大修后高背压额定出力、供热机组实际带负荷能力、发电机调速系统建模及参数实测等涉网试验进行监督、核查。

（9）编写全省汽机技术监督月报和年度工作总结。

（10）组织召开全省汽机技术监督年度工作会议，总结、部署技术监督工作，表彰先进。

（11）组织开展全省汽机技术监督检查工作。

（12）组织开展发电企业汽机专业技术培训和交流工作。

7.3.2.2 发电企业技术监督领导小组职责

（1）组织开展本企业技术监督工作。

（2）贯彻执行国家、行业有关技术监督的方针、政策、法规、标准、规程、制度、条例、反事故措施。

（3）组织制定本企业各技术监督工作实施细则、岗位职责、考核办法等管理文件，并监督执行。

（4）组织召开本企业技术监督网工作会议，协调解决监督工作中的具体问题。

（5）组织制订年度监督工作计划，总结全厂监督工作。

（6）协调本企业技术监督网中各专业的技术监督工作，审批有关实施细则、技术措施。

（7）对本企业发生的重大事故，组织并参加事故调查分析，督促专业事故防控措施的制定和落实。

（8）负责监督、检查、督促汽机专业技术监督专责的工作。

（9）参加全省技术监督工作会议。

7.3.2.3 发电企业汽机技术监督专责职责

（1）贯彻执行国家、行业有关汽机技术监督的法规、标准及各项规章制度。

（2）在本企业技术监督网组长的领导下，组织开展、协调落实本企业汽机技术监督工作，代表汽机专业参加监督网活动。

（3）负责制定汽机专业技术监督年度工作计划，包括年度工作要求和工作内容、责任部门及实际节点等方面。

（4）负责制订汽机技术监督实施细则，编制汽机监督、技术改造、反事故措施年度工作计划和有关技术措施，并组织实施。

（5）参照 DL/T 1052、DL/T 1055 等标准的要求，执行汽机设备在设计、选型、安装、调试和启动验收等方面的监督。

（6）接到监督办公室下发的技术监督预（告）警单后及时安排相关部门和人员进行处理，并将处理情况及时反馈。

（7）组织开展汽机检修、运行、节能和安全等方面的监督工作。

（8）负责编写汽机技术监督月报表、半年总结和全年总结、技术改造总结、大修计划及大修总结等，并按要求及时报送监督办公室。

（9）组织技术人员对汽机设备重大异常进行分析、评估，整理处理措施、反事故措施，监督实施过程和实施效果，并将事件定性后（二类障碍及以上事件）的完整报告 2 日内上报监督办公室。

（10）定期组织召开汽机监督例会，分析影响汽机安全、经济运行的主要指标完成情况，通报汽机设备异常及处理情况，指出工作存在的问题并制定改进措施，安排下一步工作计划。

（11）参加监督办公室组织的技术监督网活动，配合监督办公室做好对本企业汽机技术监督检查工作，协助开展汽轮机调速系统参数测试、容量核定、机网协调、供热机组实际电负荷调节能力等现场测试工作。

（12）组织本专业开展技术监督网活动，监督各班组完成本指南要求的各项监督工作。

（13）根据汽机设备、系统更新改造和相关技术标准更新情况及时组织相关专业对运行规程、检修规程和系统图进行修订。

（14）及时了解电力行业节能技术的应用情况，积极采用新技术、新工艺、新材料、新设备，研发节能技术、推广节能示范项目。

（15）组织本专业人员开展技术培训工作，不断提高技术人员的专业水平。

7.3.2.4 汽机班组技术监督职责

（1）认真贯彻执行国家、行业有关汽机技术监督的标准、规程、制度等。

（2）在汽机监督专责的指导下根据本监督规定要求开展汽机检修、运行、节能和安全等方面的监督工作。

（3）建立健全各班组的规章制度和实施细则，各项监督工作要明确责任人和责任范围，监督计划要科学合理、有序开展。

（4）定期修订运行规程、检修规程和系统图，建立设备台账、转子技术档案、试验档案、事故档案并不断完善。

（5）参加本企业汽机设备的事故调查分析，参与制定并落实反事故措施。

（6）参加本企业新建、扩建机组及技改项目的设计、审查、安装、调试的质检验收和交接工作。

（7）协助编制机组大、小修计划、作业指导书或检修文件包、检修总结等，协助其他专业或班组完成汽机启停机过程的监督工作，协助完成汽机热力性能试验、振动测试、汽机运行定期试验及设备定期切换等监督工作。

（8）负责本班组人员技术培训工作。

7.4 日常管理监督

7.4.1 定期技术监督信息报送管理

（1）每月 5 日前各发电企业汽机监督专责向监督办公室报送上月汽机监督月报，监督月报内容要包括汽机运行、检修情况、异常情况分析及处理、节能工作、技术改造、反措落实、下阶段重点工作、技术经验交流等，具体要求见表 7.1、表 7.2。

表 7.1 汽机技术监督月报表 1

单位		填报人		审核		填报日期	
机组号	容量（MW）	运行小时数（h）	发电量（万 kWh）	平均负荷（MW）	负荷率（%）	机组可用率（%）	胶球清洗装置
							投入率（%）	收球率（%）
1 号								
2 号								
3 号								
4 号								
机组号	主汽压力（MPa）	主汽温度（℃）	再热汽温度（℃）	给水温度（℃）	高压加热器投入率（%）	真空（kPa）	真空严密性（kPa/min）	凝汽器端差（℃）
1 号								
2 号								
3 号								
4 号								
机组号	排汽温度（℃）	过冷度（℃）	热耗率（kJ/kWh）	补水率（%）	厂用电率（%）	供电煤耗（g/kWh）	凝汽器循环水温度	
							入口（℃）	出口（℃）
1 号								
2 号								
3 号								
4 号								

表 7.2 汽机技术监督月报表 2

单位		填报人		审核		填报日期	
汽轮机轴承振动、轴承温度异常情况及分析							

续表

机组运行、检修、异常处理等情况
1. 机组启停情况 2. 机组检修情况 3. 异常及处理情况 4. 指标异常分析 5. 节能、技术改造及经验交流情况 6. 反措落实情况 7. 下阶段重点工作
定期试验情况

（2）各发电企业汽机技术监督专责应按时向监督办公室报送半年、全年监督总结及全年运行指标统计表，内容包括：汽机技术监督情况、技术指标完成情况、设备运行及检修情况、技术改造情况等（具体要求见表 7.3）。半年监督总结和年度总结应分别在每年 7 月 15 日前、次年 1 月 15 日前上报监督办公室。

表 7.3 汽机技术监督总结内容及格式要求

××电厂××年汽机技术监督工作总结

××年××电厂根据……。（本段为概述部分，要突出本年度完成的主要工作，比如安全运行小时数、全年总发电量、机组大小修等情况。）

一、××年汽机监督管理工作完成情况

包括：汽机技术监督体系建设方面；技术监督网活动情况；定期报表、报告、总结完成情况；反事故措施执行情况；检修规程、运行规程、系统图等修订情况；人员培训情况等几个方面。

二、汽机主要技术指标完成情况

包括汽机主要技术指标完成情况及技术指标分析等内容。

三、汽机运行监督工作情况

（一）汽机运行监督主要完成的工作（包括机组启停情况、汽机定期试验情况等方面）

（二）运行中发现的主要问题及处理情况

四、机组检修监督情况

（一）汽机检修监督主要完成的工作

（二）汽机检修中发现的主要问题及处理情况

五、汽机技术改造情况

六、反事故措施及执行情况

（一）年度反事故措施计划制定和执行情况

（二）定期隐患排查、治理情况

（三）专项隐患排查治理情况

七、汽机技术监督存在的主要问题

（一）监督管理存在的主要问题

（二）运行及检修监督存在的主要问题

（三）机组目前存在的主要问题

八、下一年汽机监督重点工作

其他要求：

1. 正文仿宋 GB2312、小四，1.25 倍行距，首行缩进 2 字符。
2. 编号格式请参考模版序号。
3. 表格、图片编号请用标准编写。
4. 报送的汽机技术监督年度总结应有编制、审核、批准人员签字。

（3）汽机年度监督工作计划、反事故措施计划应在每年 1 月 15 日前报监督办公室，同时报上年度计划执行情况报告。

7.4.2 不定期技术报告管理

（1）汽机主要设备改造前的设备选型、设计方案，包括汽轮机通流部分、调节系统、润滑油系统、给水泵组、凝汽器、循环水泵、凝结水泵、冷却塔等，发电企业应在方案确定后 30 日内报送监督办公室。

（2）当汽机发生二类障碍及以上故障时，发电企业监督专责应 24h 内通报故障情况，待故障定性后 2 日内向监督办公室报送故障经过、原因分析、处理措施及效果。

（3）发电企业汽机主要设备和主要系统重大缺陷检修方案确定后 30 日内报送监督办公室。

（4）发电企业在汽机大修前 30 日内，向监督办公室报送大修工作项目及内容。

（5）大修后 30 日内向监督办公室报送大修工作总结报告。

7.4.3 技术监督检查管理

（1）应建立定期检查制度。监督办公室负责定期检查的组织工作，各发电企业配合执行，技术监督检查以自查和互查相结合的方式进行，监督检查应依据《汽机技术监督检查细则》（见附录 6）开展。

（2）技术监督检查应有完整的检查记录或检查报告，对技术监督过程中发现的问题应提出相应的意见或建议，对严重影响安全的隐患或故障应提出预警或告警，并跟踪整改情况。各发电企业对检查发现的问题，应制定整改措施，并将整改措施及完成情况反馈至监督办公室。

7.4.4 监督信息资料管理

（1）购置国家及行业有关技术监督的法规、标准、规程、制度等并及时更新。

（2）发电企业应建立下列技术资料：

1）设备台账、图纸、说明书，汽轮机转子技术档案、试验档案、事故档案。

2）设备检修台账、大小修文件包、大修总结报告及大修前、后性能试验报告、机组启动过程振动测试报告、汽门关闭时间测试报告、大修后高背压出力试验报告等资料。

3）调试报告、技术改造资料、改造后考核试验报告。

4）阀门内漏管理台账。

5）运行报表、停机记录、月度分析报告。

6）运行规程、检修规程、系统图。

7）提供给监督办公室并经本企业审批的技术监督报告、技术监督总结、年度技术监督计划等。

8）本企业技术监督领导小组要求建立归档的其他资料。

（3）每年应对汽轮机运行规程、图册进行一次复查、修订，并书面通知有关人员。不需要修订的，也应出具经复查人、批准人签名“可以继续执行”的书面文件。

（4）制定年度反事故措施，建立计划执行情况的报告制度，完善机组事故档案。

（5）机组正常启动、运行中应定期测试轴系振动，建立振动技术档案。A 修后实测临界转速值，并编入运行规程。

（6）监督办公室负责对监督信息资料进行核实，督促发电企业及时更新和完善设备台账。

7.4.5 监督预（告）警管理

（1）督办公室在技术监督工作中对违反监督制度、存在重大安全隐患的单位，视情节严重程度，由技术监督办公室发出汽机专业技术监督预（告）警单（见表7.4）进行技术监督预警。对于监督办公室签发的通知单，发电企业应认真组织人员研究有关问题，制订整改计划，明确整改措施、责任部门、责任人和完成日期等，并在3日内将汽机专业技术监督预（告）警回执单（见表7.5）上报监督办公室。

表7.4 汽机专业技术监督预（告）警单

预（告）警单编号：

<table>
<tr><td colspan="2">预（告）警项目名称：</td></tr>
<tr><td>单位（部门）名称：</td><td>传真或联系方式：</td></tr>
<tr><td>拟稿人：</td><td>联系电话：</td></tr>
<tr><td>存在问题</td><td></td></tr>
<tr><td>整改建议</td><td></td></tr>
<tr><td>整改要求</td><td></td></tr>
<tr><td>审核：</td><td rowspan="3">签发单位（部门）：

（盖章）
年　月　日</td></tr>
<tr><td>复审：</td></tr>
<tr><td>签发：</td></tr>
</table>

表 7.5　汽机专业技术监督预（告）警回执单

回执单编号：

<table>
<tr><td colspan="2">单位（部门）名称</td><td colspan="3"></td></tr>
<tr><td colspan="2">预（告）警项目名称</td><td colspan="3"></td></tr>
<tr><td colspan="2">预（告）警单编号</td><td></td><td>预（告）警类别</td><td>一级□ 二级□ 三级□</td></tr>
<tr><td colspan="2">预（告）警提出
单位（部门）</td><td></td><td>预（告）警时间</td><td>年　月　日</td></tr>
<tr><td>预警内容</td><td colspan="4"></td></tr>
<tr><td>整改计划</td><td colspan="4"></td></tr>
<tr><td>整改结果</td><td colspan="4">（注：整改支撑材料可另附页）</td></tr>
<tr><td colspan="2">填写：</td><td colspan="3" rowspan="3">整改单位（部门）：
（盖章）
年　月　日</td></tr>
<tr><td colspan="2">审核：</td></tr>
<tr><td colspan="2">签发：</td></tr>
</table>

（2）问题整改完成后，发电企业应将处理情况填入通知单相应栏目，并报送监督办公室备案。

（3）对整改完成的问题，电厂应保存问题整改相关的试验报告、现场图片、影像等技术资料，作为问题整改情况及实施效果评估的依据。

7.4.6　会议及培训管理

（1）每年定期召开汽机技术监督工作会议，要求发电企业汽机监督专责及相关负责人参加；会议总结上年度监督情况，讨论今年监督工作重点，表彰先进，根据现场情况安排专题培训。

（2）发电企业汽机监督专责定期组织对本专业人员进行技术培训。

7.5 设备监督

7.5.1 建设期监督

机组在设计、选型、监造、安装、调试和启动验收等建设期监督主要为：

（1）机组在设计、选型、监造、安装、调试和启动验收等方面的监督按照 GB/T 5578、DL/T 1052、DL/T 1055 中相关要求执行。

（2）设备选型应经过充分调研，设备的性能指标和参数应与同容量、同参数、同类型设备对比，根据已投运设备的实践经验，选用节能、节水、可靠性能高的设备；机组容量应根据系统规划的容量、负荷增长速度、电网结构等因素进行选择，汽轮机的选型应充分考虑机组深度调峰和灵活性运行需要，新建机组宜选用高效宽负荷汽轮机。

（3）机组初步设计阶段宜提前确定性能试验单位和负责人，在设计联络会期间会同业主、设计、制造等单位，根据试验采用标准确定试验测点的布置、选型、加工、安装方案，并落实安装单位。试验测点应满足 GB/T 8117.1、GB/T 8117.2、DL 5277、DL/T 5437 规定的性能试验项目的要求，以及其他约定试验项目的要求。

（4）汽轮机制造监督应按照 DL/T 586、监造单位出具的监造大纲、制造厂的企业标准和供货协议等进行，主要对监造合同、监造报告、监造人员资质、监造质量评价等进行监督，重点对汽轮机及其附属设备的制造质量见证项目进行监督。

（5）汽轮机和辅助设备及系统安装应符合 GB/T 50319、GB 50275、DL/T 438、DL/T 855、DL/T 869、DL/T 1428、DL 5190.3、DL 5190.5、DL/T 5210.3、DL/T 5210.5 等标准以及设备安装手册（指导书）、图纸、安装标准等技术文件，设备、系统的设计修改签证，附加说明或会谈协议文件的规定。施工质量检验及评定以国家 / 行业标准、技术管理法规和签订的合同为依据。

（6）汽轮机安装质量应按照 DL 5277、DL/T 5210.3 的规定进行验收。安装工程应分阶段由施工单位、监理单位、建设单位进行质量验收。各阶段施工质量验收签证和记录应齐全，并满足 DL 5190.3 的要求。

（7）汽轮机调试监督执行 DL/T 338、DL/T 863、DL/T 1270、DL/T 1428、DL/T 5210.3、DL/T 5210.6、DL 5277、DL/T 5294、DL/T 5437 等标准的规定，结合设备制造厂说明书、有关技术协议和合同，对单体调试、分部调试、整套启动调试过程中调试措施、技术指标、主要质量控制点、重要记录、调试报告进行监督。

（8）汽轮机调试工作完成后，调试单位应在规定时间内完成各项调试报告编写。调试报告应符合 DL/T 5294—2023 中附录 H 的要求。

（9）单机试运、分系统及整套启动的质量验收应符合 DL/T 5210.3、DL/T 5210.6 的要求，还应符合现行国家和行业标准的规定。

（10）汽轮机专业调试完成并全部验收合格后，应按照 DL/T 5210.6 的要求完成汽轮机专业的单项工程调试质量评价。

（11）在性能验收试验阶段，应按 DL 5277 的相关规程规定，根据选定的试验标准完成以下（包括但不限于）性能试验项目：

1）汽轮机性能考核试验；

2）给水泵、凝结水泵、循环水泵等性能考核试验；

3）冷却塔性能试验；

4）凝汽器性能试验；

5）调节系统热态性能动作试验；

6）安全监测保护装置的性能试验；

7）汽轮机在各种状态下的启动和停止试验；

8）带负荷和甩负荷试验；

9）轴系振动的测试；

10）散热测试；

11）噪声测试。

7.5.2 运行监督

（1）汽轮机运行监督应按照国家 / 行业法规、技术管理法规及国能发安全〔2023〕22 号的要求，依据 DL/T 338、DL/T 561、DL/T 834、DL/T 1051、DL/T 1052、DL/T 1055 等标准，根据制造厂说明书、有关技术协议和合同的各项规定等对正常生产运行过程中的技术文件、安全指标、技术指标、定期试验以及相应的运行操作和记录过程进行监督。严防超速、轴系断裂、大轴弯曲、轴瓦烧损等恶性事故发生，在机组运行安全的前提下，提高其经济性。

（2）应编制汽轮机运行规程、汽轮机专业反事故措施，绘制系统图。每年应对汽轮机运行规程、系统图、汽轮机专业反事故措施进行一次复查、修订，并书面通知有关人员。如不需要修订，也应出具“可以继续执行”的书面文件。

（3）汽轮机设备运行工作票和操作票的制订与执行、运行交接班、设备巡回检查、设备定期试验与切换、运行监视操作、运行分析、运行优化、运行技术管理等工作均应实现标准化管理。

（4）系统进行改造、运行规程中尚未作具体规定的重要运行操作或试验，必须预先制定安全技术措施，经主管领导或总工程师批准后再执行。

（5）机组启动前所有保护必须按照运行规程的规定投入，并进行检查确认和签字。

（6）机组启动过程中，因振动异常停机，应全面检查、认真分析、查明原因。当机组已符合启动条件时，连续盘车不少于 4h 才能再次启动，严禁盲目启动。

（7）汽轮机启动应执行运行规程和启动操作票，按照设备技术文件提供的启动曲线控制升温、升压速率以及相关启动参数，发现异常，应立即停止升温、升压，并采取相应措施进行消除。

（8）机组正常运行的操作严格按照运行规程要求执行，出现异常情况应按运行规程和有关反事故技术措施正确处理，并做好记录。

（9）在影响机组运行安全的重要操作前，应对操作人员进行安全交底，安排专人现场监护，现场人员应与集控室盘前人员保持沟通和协作，防止误操作。

（10）运行中应对反映汽轮机安全运行的主要参数和指标，如主蒸汽压力、主蒸汽温度、再热蒸汽温度、排汽压力、轴系振动、轴向位移、胀差、汽缸膨胀、汽缸上下缸温差、轴瓦温度、轴承回油温度、推力瓦温度、润滑油压、抗燃油油压、监视段压力等进行统计分析，将其控制在汽轮机运行规程规定范围内。

（11）依据 GB/T 6075.2、GB/T 11348.2、制造厂技术文件、汽轮机运行规程进行汽轮机和旋转辅机的振动监督。机组正常启动、运行中应定期测试轴系振动，建立振动技术档案。已有振动监测保护装置的机组，振动超限跳机保护应投入运行。机组正常运行瓦振、轴振应在有关标准的范围内，并监视振动变化趋势。

（12）对汽机主要运行参数和经济指标（见表 7.1、表 7.2）进行定期统计和分析，当参数偏离正常值时，应及时进行分析、评估，并采取措施。

（13）机组运行过程中应按照运行规程和制造厂要求控制轴封供汽母管压力，如果制造厂无明确要求时，轴封供汽母管压力上限应按照各汽缸轴端不冒汽，下限按照低压缸轴端不漏空气，且不影响机组真空严密性为原则进行调整。

（14）对影响机组经济运行的参数进行重点监测、分析和调整，不断优化机组的运行方式，提高机组效率。

（15）对设备、运行异常或重大隐患及时进行调查、分析，提出处理措施，制定反事故措施，防止事故扩大或重复发生。

（16）建立备用设备定期切换制度，并监督执行。

（17）严格执行定期试验（见表 7.6）制度。重要的定期试验，如汽门活动试验、充油试验等，应指定专人跟踪，留存试验记录。

表 7.6 汽轮机调节系统 /DEH 重要定期试验周期及内容

试验名称	试验内容	试验周期或条件	备注
主汽阀、调节汽阀活动 / 松动试验	利用就地试验装置或 DEH 试验逻辑活动汽门 10%~20% 行程	每天	白班进行，对于没有设计调节汽门活动试验装置的机组，应定期（一般每天或每周）进行一次幅度较大的负荷变动

续表

试验名称	试验内容	试验周期或条件	备注
主汽门、调节汽门全行程活动试验	利用就地试验装置或DEH试验逻辑对汽门进行全行程活动	每月 / 启停机	汽轮机厂家必须承诺适应单侧进汽，一般主汽门和调节汽门同时单侧进行，且低负荷、低汽压时进行
抽汽止回阀关闭 / 活动试验	利用试验装置部分活动，或直接操作关闭	每月	
供热抽汽快关阀和供热抽汽止回阀活动试验		供热投运前 / 停运前	
高排止回阀活动试验		机组启动前 / 停机前 / 按汽轮机制造厂规定	
给水泵 / 引风机汽轮机的主汽阀、高低压调节汽阀活动试验		每月 / 按汽轮机制造厂规定	仅对设计有活动试验装置的给水泵 / 引风机汽轮机
主汽阀、调节汽阀、抽汽止回阀、供热抽汽快关阀的关闭时间测定		（1）A级检修后； （2）调节保安部套解体检修后	
蒸汽阀门严密性试验	按制造厂 / 行业标准进行	（1）A级检修后； （2）蒸汽阀门解体检修后； （3）正常运行宜每年一次	进口机组建议按我国有关标准进行
注 / 充油试验	利用注 / 充油试验装置在不提升转速的情况下试验危急保安器的动作	运行每2000h	带负荷进行时，须注意确认危急保安器确已复位后，再复位试验装置
超速试验	按制造厂 / 行业标准进行	（1）新建机组或汽轮机大修后； （2）危急保安器解体或调整后； （3）停机一个月后再启动； （4）进行甩负荷试验前； （5）机组运行2000h后	机组运行2000h、油质较好，停机一个月后再启动，可用危急保安器注 / 充油试验代替
液压调节系统遮断阀、转换阀等活动试验	利用设计的试验装置对遮断阀、转换阀等进行部分活动	每天	白班进行
DEH遮断（AST/YV）电磁阀活动试验	利用DEH试验逻辑，对冗余串并联设计的每个电磁阀进行真实动作试验	每周 / 按制造厂规定	白班低负荷进行，仅对DEH冗余的串并联电磁阀设计有效且设计有在线试验功能的机组适用
低润滑油压、低抗燃油压、低真空等危急遮断系统（emergency trip system,ETS）通道试验	利用DEH试验逻辑，对冗余串并联设计的每个电磁阀进行真实动作试验	每周 / 按制造厂规定	白班低负荷进行，仅对DEH冗余的串并联电磁阀设计有效且设计有在线试验功能的机组适用
静态特性试验	按制造厂 / 行业标准要求进行	调节系统部件检修后的初次启动、机组每次A级检修之后	

（18）在机组启、停过程中，应按制造商规定的转速停止、启动顶轴油泵。未设置顶轴油系统的机组，应严密监视润滑油压及轴承金属温度和回油温度，并按照制造商规定投入盘车装置或电动抽吸泵，防止机组启、停低转速时轴瓦损伤事故。

（19）记录机组启停全过程中的主要参数和状态。停机后定时记录汽缸金属温度、大轴弯曲、盘车电流、汽缸膨胀、胀差等重要参数，直到机组下次热态启动或汽缸金属温度低于150℃为止。

（20）录制正常停机、紧急破坏真空停机过程的惰走曲线，以及相应的真空值和顶轴油泵的开启时间，记录惰走时间。

（21）建立、维护并及时更新机组试验档案，包括投产前的安装调试试验、大小修后的调整试验、常规试验和定期试验。

（22）建立、维护并及时更新机组事故档案。无论大小事故均应建立档案，包括事故名称、过程、性质、原因和防范措施。

（23）建立、维护并及时更新转子技术档案，包括制造商提供的转子原始缺陷和材料特性等转子原始资料：转子安装原始弯曲的最大晃动值（双振幅），最大弯曲点的轴向位置及在圆周方向的位置；大轴弯曲表测点安装位置转子的原始晃动值（双振幅），最高点在圆周方向的位置；历次转子检修检查资料；机组主要运行数据、运行累计时间、主要运行方式、冷热态启停次数、启停过程中的蒸汽温度、蒸汽压力和负荷曲线、超温超压运行累计时间、主要事故情况及原因和处理。

7.5.3 检修监督

（1）汽轮机检修应符合 DL/T 438、DL/T 838、DL 5190.3、DL/T 5210.3 及检修规程的规定。

（2）汽轮机检修应以提高汽轮机安全可靠性和经济性为重点，根据 DL/T 838、设备状态评价报告、修前分析、安全性评价、技术监督、耗差分析和可靠性分析、经济性评价等结果，结合对标要求，统筹制定检修项目。

（3）应建立健全检修管理制度，完善检修规程、检修文件包、检修作业指导书等技术文件，实现检修策划与准备、检修实施与控制、检修总结与评价等全过程标准化管理。

（4）汽轮机检修宜采用先进工艺和新技术、新方法，推广应用新材料、新工具，提高工作效率，缩短检修工期。

（5）汽轮机设备及附属系统应按机组分别建立台账，台账的主要内容应包括设备投产前情况，设备规范，检修记录，重大异常记录，设备变更、异动记录等。

（6）对大小修及非计划检修进行监督，根据机组运行状况，完善检修项目、检修方案。

（7）机组大修前应进行设备状态评价，确定大修工作重点，大修后应对大修效果进行评估。

（8）实施检修技改项目质量技术监督，对其中发现的缺陷提供处理建议。

（9）EH 油系统检修后，无论变动范围多大，都必须对系统进行超压试验，确保变动后的整个 EH 油系统承压能力满足要求且无渗漏。

（10）检修过程应按照检修规程和检修文件包中制定的“W”和“H”点进行质量验收。

（11）机组 A 级检修后，必须按规程要求进行汽轮机调节系统静止试验或仿真试验，确认调节系统工作正常。在调节部套有卡涩、调节系统工作不正常的情况下，严禁机组启动。

（12）A 级检修后必须按规程规定进行汽门严密性试验、汽门活动试验、超速试验及规程中规定的其他试验（见表 7.6）。

表 7.7　汽轮机调节系统汽门关闭时间合格值

汽轮机调节系统汽门关闭时间合格值

1 主汽门和调节汽门

1.1 高、中压调节汽门和主汽门总关闭时间 t 为动作延迟时间 t_1 和自身关闭时间 t_2 之和，动作延迟时间的计时起点可以是：

（1）就地手动遮断危急保安器；

（2）就地 / 远方动作电气跳闸装置瞬间；

（3）AST 电磁阀动作（DEH 高压纯电调系统）。

1.2 进行汽门关闭时间的测量时，主汽门处于全开位置，调节汽门的位置可以是：

（1）油动机额定负荷位置 / 全开（液压型）；

（2）汽门全开（DEH 高压纯电调系统）。

1.3 进行汽门关闭时间的测量时，应同时记录相应汽门的开度、控制油压、油温等。

1.4 测试仪器、仪表的动态和静态精度均应满足测试要求。

1.5 汽轮机主汽门、调节汽门关闭时间合格值列于下表。

汽轮机主汽门、调节汽门关闭时间合格值

机组额定功率（MW）	调节汽门关闭时间（s）	主汽门关闭时间（s）
$p_N \leqslant 100$	＜0.6	＜0.5
$100 < p_N \leqslant 200$	＜0.5	＜0.4
$200 < p_N \leqslant 600$	＜0.4	＜0.3
$p_N > 600$	＜0.3	＜0.3

2 抽汽逆止门关闭时间

抽汽逆止门关闭时间应小于 1s。

（13）机组每次A级检修之后，应对主汽阀、调节汽阀、各止回阀（含高压缸排汽止回阀、加热器抽汽止回阀、除氧器进汽管道上的止回阀、抽汽供热止回阀）、补汽阀、供热机组抽汽快关阀的关闭时间、特性进行测试。主汽阀、调节汽阀、抽汽止回阀的关闭时间合格值应符合表7.7的要求，补汽阀关闭时间与调节汽阀关闭时间要求相同，其他阀门关闭时间应符合设备厂家规定。

（14）A级检修停机及检修后启动过程中，应对汽轮机组轴系振动进行监测和分析，实测临界转速值及其振动值，获取波德图。对设备的异常振动应及时测试分析和处理。

（15）汇总、整理大修中的各种检修记录（含工艺卡、检修文件包、验收签证书等），对检修项目、质量、安全问题及机组启动、运行情况进行总结、评价，完成大修总结。

（16）重大技术改造前应进行可行性研究，技术改造过程中应对重要节点进行质量验收，技术改造完成后应进行总结并作出技术经济评价。

（17）机组大修前、后机组热力性能试验应按规定要求进行。

（18）A级检修后根据要求进行高背压出力试验，供热机组进行供热状态下的机组带负荷能力试验。进行增容改造或灵活性改造的机组，还要进行机组额定容量核定试验、机组灵活调节能力核定试验。新投产机组或调速系统进行过重大改造的机组还应进行汽轮机调速系统参数测试与建模试验、甩负荷试验。

（19）检修后及时更新设备检修台账和转子技术档案。

（20）定期修订、完善检修工艺规程及检修管理制度。

7.5.4 节能监督

（1）节能监督应按照DL/T 1052、DL/T 904中的相关规定执行。

（2）机组大修前后或进行重大技术改造前后都应进行热力性能试验，为节能技术监督提供依据。

（3）依据DL/T 932、DL/T 1290定期（至少每月一次）对汽机真空严密性进行测试，对达不到合格水平的机组及时进行分析、处理，消除漏点。

（4）对凝汽器胶球清洗等装置的投入情况及效果进行监督和考核，保持凝汽器管材清洁，确保换热效果。

（5）对影响机组经济特性的参数和指标，如主蒸汽压力、温度、再热蒸汽温度、汽轮机缸效率、给水温度、高加投入率、凝汽器真空、凝汽器端差、凝结水过冷度、真空系统严密性、加热器上下端差、热耗率、发电煤耗、供电煤耗、补水率、厂用电率、辅机单耗、湿式冷却塔的冷却幅高等进行统计、分析。

（6）供热机组（厂）的供热比、热电比、总热效率、供热量、供热煤耗、供电煤耗指标按 DL/T 904 计算方法统计和计算。

（7）每月召开一次节能分析会，对指标完成情况、设备健康状况、运行方式合理性等进行分析，通过环比与同比分析各项参数和指标的变化情况，并与同类型设备先进水平对标，找出差距，提出改进措施和节能潜力，编制能耗分析报告，落实节能措施。

（8）根据设备健康状况、运行方式、机组特性等不断优化汽轮机冷端设备（凝汽器、循环泵、冷却塔、真空泵等）的运行方式。

（9）制定机组参加调峰合理运行方式，应按照各台机组的热力特性、主要辅机的最佳组合，综合考虑经济性和安全性进行调度。

（10）机组参与调峰时，对主要运行参数确定其正常值，作为能耗分析的依据和监视设备故障的辅助手段。

（11）节能技术改造实施前后进行能耗状况测试，评价节能效果和经济效益。对改造前后考核试验方案、试验设备、试验过程、测试结果和结论进行监督。当生产运转正常后，应修订有关技术文件和能耗定额，保持节能效果。

（12）对主要的换热设备（凝汽器、冷油器、开闭式水换热器等）的换热效果进行监督，对滤网或换热器表面定期进行清理。

（13）加强阀门泄漏（内漏、外漏）治理，建立专门的阀门管理台账。

（14）做好设备、管道及阀门的保温工作，按 GB/T 8174 定期开展设备及管道保温效果的测试与评价工作。

（15）在满足电网调度要求的基础上，优化机组运行方式，进行电、热负荷的合理分配和主要辅机的优化组合，实现经济运行。

（16）对影响机组经济性较大，需要通过设备检修解决的缺陷，对于标准项目，按相应标准进行检修及验收；对于非标准项目，应制订验收标准，检修完成后进行经济、安全性能的测试、评估和考核。

7.5.5 安全监督

（1）严格执行国能发安全〔2023〕22 号和国家、行业标准、技术管理法规及有关行业反事故措施，严防超速、轴系断裂、大轴弯曲、轴瓦烧损、叶片断裂等恶性事故发生。

（2）机组在启、停过程中及运行中，交、直流润滑油泵联锁开关应处于投入状态，在任何情况下联锁均能使油泵启动，不应有任何的延时和油泵自身的保护。

（3）润滑油系统低油压联锁除采用常规放油方式对交直流油泵启动及其动作值进行校验外，还应检查、记录并确保油泵间电气联锁时最低的暂态油压不低于低油压报警值，直流油泵全容量启动不应存在过电流跳闸情况。润滑油压低报警、联启油泵、跳闸保护、停止盘车定值及测点安装位置应按照制造商要求整定和安装，整定值应满足直流油泵联启的同时必须跳闸停机。对各压力开关应采用现场试验系统进行校验，润滑油压低时应能正确、可靠地联动交流、直流润滑油泵。

（4）新建机组或汽轮机大修后、危急保安器解体或调整后或动作过、进行甩负荷试验前、机组运行 2000h 后、停机一个月后再启动以及进行任何有可能影响超速保护动作的检修后等情况下，均应进行超速试验。

（5）按 DL/T 441 进行高温、高压蒸汽管道蠕变监督、检验和更换，建立支吊架定期检验制度。

（6）做好汽、水、油的化学监督，润滑油、抗燃油的运行、维护监督。对新抗燃油的验收及运行油的监督、维护，质量标准（驱动给水泵汽轮机、高压旁路等）应按 DL/T 571 的规定进行。运行中的主要指标如酸值、颗粒度、氯含量、微水、电阻率应在标准范围内。

（7）除氧器应按有关标准 / 技术管理法规建立健全有关定期试验和监督制度。

（8）按 GB/T 14541 对润滑 / 调速用油（包括给水泵等）进行定期评价，采取有效维护措施和制度，做好油质监督维护工作。

（9）根据制造厂的要求和 DL/T 834 的规定，对机组各种工况可能发生的汽轮机进水和进冷蒸汽事故进行评估，编制相应的防范措施。

（10）高压加热器应符合防爆要求，确保高压加热器正常投入并维持正常水位运行。

（11）做好汽机及辅助设备停（备）用期间的防护措施。

（12）加强对汽机振动、瓦温、油温、胀差等参数严密监视并做好记录，根据发展趋势进行分析并采取措施。

（13）汽轮机振动监督应依据 GB/T 6075.2、GB/T 11348.2 制造厂标准以及汽轮机运行和检修规程等进行，监督设备是汽轮机主机和汽机专业重要的旋转辅机。

（14）机组主、辅设备的保护装置应正常投入，已有振动监测保护装置的机组，振动超限跳机保护应投入运行。

（15）严格执行运行和维护人员的巡查制度，重点监视管道振动、高温高压工质泄漏、油系统渗漏、高温环境中的热工仪表等。

（16）定期进行压力容器和管道的安全阀校验、水压试验等。

（17）制定防火措施、夏季防洪措施、冬季防冻措施，并严格执行。

7.6 隐患排查监督

7.6.1 一般要求

（1）发电企业应按照国能发安全〔2023〕22 号逐项排查汽机专业是否存在可能导

致汽轮机发生超速、轴系断裂、大轴弯曲、轴瓦烧损、叶片断裂、氢爆炸、火灾等恶性事故的重大隐患，并立查立改或列入整改计划。

（2）发电企业应根据年度反事故措施计划制定全年隐患排查计划和隐患排查清单，并按计划分步实施。

（3）根据上级公司下发的专项反措要求开展专项隐患排查。

（4）发电企业某台机组发生异常事件后，在其他机组上也要进行相应的隐患排查。

（5）要重视日常隐患排查。对于易发生安全隐患的部位进行定期检查或日常巡查，例如 EH 油系统、处于高温环境的传动部件和热工仪表、靠近保温层可能发生渗油漏油的部件等。

（6）加强 EH 油系统的检查和维护。检查 EH 油管道是否存在长期振动、碰磨、膨胀不畅、接头紧固不到位等现象，EH 油系统是否存在渗油、密封圈老化等问题；同时做好对 EH 油系统软管、高低压蓄能器的定期检查和隐患排查工作，对于容易老化的部件，适当缩短更换周期，防止发生管道断裂、系统泄漏等故障。

7.6.2 重点要求

在新型电力系统背景下，新能源发电占比逐步升高，煤电机组加快由主体性电源向基础保障性和系统调节性电源转变，深度调峰、启停调峰成为常态。常规煤电机组的设计并未考虑目前的工况环境和要求，机组频繁的启停操作、快速升降负荷、深度调峰等运行模式导致汽轮机异常振动、汽缸变形或裂纹、叶片冲蚀或断裂、阀门裂纹或卡涩等问题出现频次越来越多，严重影响设备可靠性和运行安全性，应进行重点排查。

（1）汽轮机本体存在的安全隐患。汽轮机为体积大、壁厚、动静间隙小的高速旋转设备，机组长期参与深度调峰、频繁启停和快速升降负荷时，机组要经常承受大幅度的温度变化，汽轮机转子、汽缸等厚壁部件频繁承受剧烈的热冲击产生交变热应力，负荷波动越大，速率越快，对转子、汽缸的影响也就越大，主要表现在以下几个方面：

1）汽轮机寿命损耗加快。煤电机组汽轮机设计寿命一般为 30 年，根据主机厂提供的寿命管理曲线，寿命损耗分配占 80% 左右，其余 20% 以备突发性事故。汽轮机寿命分配取决于汽轮机的结构、启停次数、启停方式、工况变化、甩负荷次数等，机组频繁启停、长时间参与深度调峰和快速升降负荷加速机组的寿命损耗，大幅度降低机组运行年限。

2）低压缸末级、次末级叶片水蚀加剧。深度调峰迫使末级、次末级叶片长时间在低负荷工况下运行，蒸汽流量小湿度大，大幅增加汽轮机低压缸末级、次末级叶片水蚀和叶片颤振风险。近两年汽轮机低压缸末级叶片水蚀面积和腐蚀程度明显加重，部分机组解体后出现末级和次末级叶片松动、拉筋断裂等缺陷，运行中易发生轴向窜动现象，存在叶片断裂风险。

3）汽轮机轴系振动异常攀升，机组非停风险增加。随着机组参与启停调峰、深调和快速升降负荷频次和运行时间的增多，汽轮机轴系出现异常振动的情况在逐步攀升。机组启停调峰时一般是热态启动，汽轮机转子金属温度较高，轴封供汽温度与汽缸壁温相差较大，易导致汽轮机轴封局部受冷变形，进而发生动静碰磨，造成轴振异常升高。另外，机组频繁启停，机组过临界转速次数增加，加剧了振动异常情况的发生；对于启动时过临界转速区容易引发振动保护动作的机组，要满足日间启停的要求只能采取其他措施。

4）高压导汽管、插管裂纹，法兰变形，汽缸结合面变形漏汽等缺陷增多。在交变应力的长期作用下，金属部件出现塑性变形和热疲劳开裂，运行中导汽管法兰、汽缸结合面变形漏汽现象增多，部分机组检修发现高压导汽管裂纹，汽轮机高压缸进汽插管表面开裂甚至断裂，少数机组发现高压内缸贯穿性裂纹等严重缺陷，均与机组频繁启停等因素有关。

5）汽轮机喷嘴或首级静叶侵蚀加重。深度调峰及频繁启停会加剧受热面管道氧化皮的生成及剥落，蒸汽中夹带的细小氧化皮固体颗粒进入到汽轮机，冲击叶片、隔板，产生侵蚀损坏，大修中发现汽轮机中压缸首级静叶侵蚀的情况明显增多。

（2）汽轮机调速系统存在的安全隐患。

1）汽门阀芯、阀座出现裂纹情况越来越突出。汽轮机高温部件寿命的主要影响因素为蒸汽温度的变化幅度和频次。机组启动过程中，高温部件温度偏差与升温速率成正比例关系，相比于汽轮机转子，主汽调节阀升温速率较大，存在温度偏差大、温度偏差陡增现象；随着主汽调节阀温差升高，热应力、低周疲劳寿命损耗率同步升高，汽轮机寿命损耗受温差影响尤为明显。调研发现，汽门阀芯、阀座出现裂纹的情况越来越严重和普遍，多台超临界机组汽轮机所有主汽门、调节阀均发现裂纹等问题，已有部分机组利用大修机会全部进行了更换，还有部分机组也已经将更换新的汽门列入检修计划。

2）汽门卡涩现象增多、严密性下降。机组频繁启停和工况频繁变化，阀门频繁动作容易造成连接件脱落、卡涩，导致阀门无法正常关闭。汽轮机主调节阀门杆、阀芯等部位氧化皮脱落，堆积在调节阀内部易造成配汽机构阀门卡涩无法开关，若卡涩在阀门开启结合面处易造成结合面损伤导致关闭不严，并加速密封面的冲刷使汽门严密性下降，可能导致汽轮机超速等事故发生。据统计，近一年多来机组发生汽门卡涩频次上升、汽门严密性下降的情况增多，甚至有部分机组存在冲转前高导管内蒸汽压力异常升高或停机过程惰走时间增加的现象，均存在超速隐患。

3）调速系统故障率上升。机组频繁启停，调速系统打闸次数增多，对 EH 油系统管道、阀门、油动机等设备的冲击次数增多，导致油动机卸荷阀内漏、EH 油系统泄漏等安全隐患；机组频繁启停加速 EH 油动机油缸、管路拐角扰动，EH 油微小颗粒物增多，发生油动机卡涩情况增加；机组调峰时，高、中压调节阀开始同时参与调节，易引起 EH 油压波动、EH 油管道振动，长期振动增加 EH 油管道及焊口断裂的风险。AGC 投入后，调节阀频繁动作使阀门拉杆及连接件的强度和可靠性下降，对机组运行造成一定的风险。快速升降负荷，影响汽轮机调速系统稳定性和调节精度，导致调速汽门调整幅度大，伺服阀及油动机、油压波动大，设备易损坏，调速系统故障易引发超速等严重设备事故。

（3）汽轮机辅机设备和系统存在的安全隐患。

1）给水、凝水系统设备和阀门故障率增多。深度调峰期间，给水、凝水流量小，需开启最小流量阀，长时间运行会加速阀门冲刷，导致阀门关闭不严，最小流量阀使用寿命大幅度缩短。机组低负荷运行时，给水泵汽轮机正常汽源不足，需要切换高压汽源，汽源切换过程中给水流量波动大，容易触发跳机保护动作；部分机组切换高压汽源时，发生高压调节阀动作不正常导致给水泵汽轮机转速异常升高，引起机组非停。机组启停频繁，给水泵、前置泵启停次数增多，对机械密封、轴承的磨损加速，造成给水泵机械密封装置泄漏。

2）高压旁路阀门卡涩、关闭不严、阀杆断裂等缺陷增多。机组频繁启动，高压旁路阀在主蒸汽温度较高、压差和流量较大的工况下运行，阀杆和阀芯产生严重的高频振动，使阀杆产生疲劳损伤，存在阀杆断裂风险。高压旁路阀前后压差大，开关过程中汽流对阀门冲刷严重，容易造成阀门关闭不严；另外，频繁启停导致管道内杂质挤压至阀芯密封面的几率增大，易造成阀门关闭不到位和阀芯密封面吹损，导致阀门内漏。

3）高压疏水阀冲刷加速，关闭不严问题上升。机组启停频繁，主、再热蒸汽疏水阀、本体疏水阀等高压疏水阀开关操作次数大幅度增加，开关过程中汽液两相流对阀门冲刷严重，在较短时间内就出现关闭不严现象，轻则导致高品质蒸汽内漏影响经济性，严重时可能存在冷水、冷气回流引起汽轮机上下缸温差大导致动静碰摩甚至大轴弯曲等严重事故。

4）高压加热器泄漏、低压加热器疏水不畅问题增多。机组频繁启停，高压加热器受到热冲击的频次增加，加热器端板换热管胀焊处开裂导致高压加热器泄漏退出运行的情况增多，水室出入口挡板开裂造成给水短路情况增多。机组低负荷运行时，低压加热器存在疏水不畅问题，导致疏水困难，频繁开启危机疏水，增加凝汽器负担。

7.6.3 治理措施及建议

（1）针对调峰导致汽门卡涩隐患增加的问题，机组停运后，缸温具备条件时增加汽门活动试验频次，去除氧化皮。同时要根据主机厂检修指导意见，每 2~3 年（以主机厂要求为准）对汽门进行解体大修，彻底清理氧化皮，调整恢复各部件间隙至标准要求。

（2）加强汽轮机振动、瓦温、胀差、轴向位移、低压缸进汽压力等参数监视。结合机组检修检查主机调节阀阀杆销子状况，以及调节阀各部套配合间隙等技术参数，避免调速汽门摆动，发生调节阀销子断裂、阀杆脱落现象。

（3）加强对最小流量阀的检修维护及阀芯阀座等内部易损件的备品储备，利用机组检修或调停时机处理阀门缺陷或更换内漏部件，提高汽轮机运行效率。针对前置泵、汽动给水泵机械密封寿命缩短问题，储备相关的备品备件。

（4）优化给水系统运行措施。深调时提前切换给水泵汽轮机汽源，优化汽动给水泵再循环控制逻辑和参数，使汽动给水泵再循环投入自动时，能根据汽动给水泵入口流量、给水流量变化速率自动调整开启或关闭速率，保证汽动给水泵安全的同时提高机组经济性。

（5）机组频繁启停加速 EH 油动机油缸、管路拐角扰动，EH 油微小颗粒物增多，停机后加强对 EH 油箱的滤油，开机前对油箱油质进行化验，化学监督合格。

（6）机组启动、停机、调峰过程中严格按照规程要求进行操作，特别是保证暖机时间，彻底疏放水、严密监视控制胀差等。

（7）利用机组检修时机加强对低压缸末级叶片的宏观检查和金属监督检测。大修时对汽轮机转子、汽缸等部件进行全面的金属监督检测。

（8）合理开展机组技改。根据当前新型电力系统，积极开展机组可靠性、灵活性改造工作，增加机组在深度调峰、启停机过程中的安全系数。

（9）加强总结分析，持续优化操作措施。一是加强机组调峰及启停过程总结，持续优化系统启停配合，不断完善操作技术措施，减少操作过程对设备的冲击。二是加强技术培训和应急演练，加强人员应急培训、桌面演练、应急实战演练，明确各项应急处置响应流程和操作步骤，提升紧急情况下操作处置能力。三是根据设备暴露问题及时制定切实可行的运行技术措施，严格执行，确保设备运行安全。

7.7 反措落实监督

（1）严格执行国能发安全〔2023〕22 号和国家、行业标准、技术管理法规及有关行业反事故措施，严防超速、轴系断裂、大轴弯曲、轴瓦烧损、叶片断裂等恶性事故发生。

（2）发电企业应根据国能发安全〔2023〕22 号的要求，对比各机组的实际情况进行全面、逐条对比排查，发现不符合项及时进行分析整改或列入整改计划。

（3）严格执行 DL/T 834 和运行、检修操作规程，严防汽轮机进水、进冷汽（气）。若汽轮机因进水或断油等原因造成动静部分摩擦从而无法正常投入盘车运行时，应进行闷缸处理，杜绝强制盘车或对汽轮机强行冲转的情况发生。

（4）加强汽轮机汽门检修管理，按制造厂规定检修周期对汽门进行解体检查和清理修复，汽门密封线、门杆弯曲度、门杆与门套等各部间隙满足制造厂要求，各部套材质、硬度、主要结构尺寸（例如弹簧长度）等指标符合制造厂要求，不存在裂纹、变形等缺陷。

（5）严格执行汽轮机汽门定期试验制度，按规定周期进行汽轮机主汽门、调节阀严密性试验及活动试验（包括全行程和部分行程），抽汽止回门活动试验等，发现阀门卡涩、严密性不合格等问题时，尽快安排停机全面解体检查处理。

（6）新建机组或汽轮机大修后、危急保安器解体或调整后或动作过、进行甩负荷试验前、机组运行 2000h 后、停机一个月后再启动以及进行任何有可能影响超速保护动作的检修后等情况下，均应进行超速试验。

（7）对已投产尚未进行甩负荷试验的机组，应积极创造条件进行甩负荷试验，调节系统经重大改造的机组必须进行甩负荷试验。

（8）EH 油系统安装、改造、更换、检修后，无论变动范围多大，都必须对系统进行超压试验，确保变动后的整个 EH 油系统承压能力满足要求且无渗漏。

（9）运行中应加强对 EH 油系统的检查和维护，避免因管道长期振动、碰磨、膨胀不畅、焊接质量差、接头紧固不到位、腐蚀减薄、管材性能下降等原因导致的管道断裂、泄漏等故障发生。

（10）汽轮机启动前必须符合国能发安全〔2023〕22 号及运行规程规定的条件，否则禁止启动。

（11）汽轮机发生下列情况之一，应立即打闸停机：

1）机组启动过程中，在中速暖机之前，轴承振动超过 0.03mm；或严格按照制造商标准执行。

2）机组启动过程中，通过临界转速时，轴承振动超过 0.1mm 或相对轴振动值超过 0.25mm，应立即打闸停机；或严格按照制造商的标准执行；严禁强行通过临界转速或降速暖机。

3）机组运行中要求轴承振动不超过 0.03mm 或相对轴振动不超过 0.09mm，超过时应设法消除，当相对轴振动大于 0.25mm 应立即打闸停机；当轴承振动或相对轴振动变化量超过报警值的 25%，应查明原因设法消除，当轴承振动或相对轴振动突然增加报警值的 100%，应立即打闸停机；或严格按照制造商的标准执行。

4）高压外缸上、下缸温差超过 50℃，高压内缸上、下缸温差超过 35℃。若制造厂有更严格的规定，应从严执行。

5）机组正常运行时，主、再热蒸汽温度在 10min 内下降 50℃。调峰型单层汽缸机组可根据制造商相关规定执行。

（12）润滑油压低报警、联启油泵、跳闸保护、停止盘车定值及测点安装位置应按照制造商要求安装和整定，低油压联锁启动直流油泵整定值与汽轮机油压低跳闸整定值应相同，直流油泵联启的同时必须跳闸停机。对各压力开关应采用现场试验系统进行校验，润滑油压低时应能正确、可靠的联动交流、直流润滑油泵。

（13）机组启动、停机和运行中要严密监视推力瓦、轴瓦钨金温度和回油温度。当温度超过标准要求时，应按规程规定果断处理。

（14）机组停机时，应先将发电机有功、无功减至零，检查确认有功功率到零，电能表停转或逆转以后，再将发电机与系统解列，或采用汽轮机手动打闸或锅炉手动主燃料跳闸连跳汽轮机，发电机逆功率保护动作解列。严禁带负荷解列。

（15）机组正常启、停及运行中应定期测试汽轮机及辅机振动，建立振动技术档案。A 级检修后实测汽轮机临界转速值，并列入运行规程。

（16）机组在启、停过程及运行中，交、直流润滑油泵联锁开关应处于投入状态。在任何情况下联锁应均能使油泵启动，不应有任何的延时和油泵自身的保护。

（17）润滑油低油压联锁应按有关规定，整定油泵动作值，设置方便操作和读取试验数据的试验装置。

（18）辅助油泵及其自启动装置，应按运行规程要求定期进行试验，保证处于良好的备用状态。机组启动前辅助油泵必须处于联动状态。机组正常停机前，应进行辅助油泵的全容量启动试验。

（19）汽轮机润滑油压力低信号应直接送入事故润滑油泵电气启动回路，确保在没有分散控制系统控制的情况下能自动启动，保证汽轮机的安全。

（20）汽轮机超速、轴向位移、机组振动、低油压、轴瓦温度等重要保护装置在机组运行中严禁退出，当其故障被迫退出运行时，应制订可靠的安全措施，并在 8h 内恢复；其他保护装置被迫退出运行时，应在 24h 内恢复。

（21）参加事故分析，按国家 / 行业标准、技术 / 管理法规协助查找事故原因，总结经验教训，研究事故规律，采取预防措施。

（22）每年末制订下一年度的反事故技术措施计划，建立计划执行情况的报告制度，编写本年度反事故措施执行情况总结。

（23）定期开展安全性评价，按查评依据，贯彻与汽轮机安全生产管理有关的法令、法规等。

（24）机组发生非计划停运、机组出力异常、负荷迫降等情况时，应向电网调度机构汇报，同时抄报电力技术监督办公室。

（25）根据机组运行情况，每年对反事故措施进行补充。

7.8 涉网监督

汽机涉网监督主要是机组发电能力、调节能力、供热管理等方面的技术监督，具体工作包括：汽轮机调速系统参数测试与建模、机组高背压带负荷能力试验、供热机组供热状态下带负荷能力测试、机组容量核定试验、煤电机组灵活调节能力核定试验等。

7.8.1 网源协调试验

新建机组进入商业运行前或在运机组 A 修（含涉及增容改造控制设备及软件升级、修改控制逻辑及参数的其他类检修）后，应进行网源协调试验。

试验项目较多，汽机专业相关试验主要是调速系统参数测试与建模试验、高背压出力试验、供热机组供热状态带负荷能力试验三项。

试验依据主要包括：

（1）国家电网公司文件：国家电网企管〔2014〕1212 号。

（2）山东电力调度控制中心文件：鲁电调技〔2023〕17 号。

（3）试验标准：DL/T 1870、GB/T 40594。

7.8.1.1 汽轮机调速系统参数测试与建模试验

（1）试验目的。通过测试以考核机组及其调节系统的动、静态特性是否满足电网安全、稳定运行的要求，建立和规范电力系统并网机组参与电网一次调频的数学模型，并为区域电网统一开展的电网中长期稳定性仿真分析提供翔实可靠的试验数据。

（2）主要工作内容。

1）收集原动机、调速器、协调控制系统等参数。

2）现场测试，通过现场试验尽可能多地获得该机组原动机及其调节系统的实测参数和特性。

3）利用实测数据和设备厂家提供的原始数据计算出电力系统稳定计算（精确模型）中原动机及其调节系统模型和参数。

4）依据实测的原动机及其调节系统特性，通过仿真计算，最终获得与本机实际特性相符的电力系统稳定计算模型和参数。

（3）试验项目、条件要求及时间。

1）静态试验。

a. 试验项目：电液控制系统（DEH）控制环节参数校核、协调控制系统（CCS）控制逻辑校核、高调节阀动作特性测试。

b. 试验条件：静态试验是在停机状态（锅炉停炉、管道无汽压、机组冷态）下进行；DEH 调试完毕，机组具备挂闸条件，且油温、油压在正常范围内，润滑油、抗燃油系统（包括蓄能器）工作正常，主汽门、调节阀可以自由开启关闭；OPC 功能屏蔽；机组一次调频功能动作合格。

c. 试验时间：试验接线、查点、校对信号、测试、结束，约 2 天。

2）动态试验。

a. 试验项目：DEH 阀控方式总阀位指令阶跃、DEH 功率闭环频率扰动试验、CCS 功率闭环频率扰动试验。

b. 试验条件：静态试验是在并网、机组稳定运行在稳燃负荷以上（80% 额定负荷左右），所有保护均正常投入下进行；DEH 及 CCS 各运行方式可以正常投入、运行稳定及无扰切换，调节品质满足要求；一次调频功能可以正常投入；试验期间尽量维持汽机参数在额定值附近；机组的各项保护正常投入。

c. 试验时间：试验接线、查点、校对信号、测试、结束，约 2 天。

（4）其他事项。

1）测试机组一次调频功能合格；

2）机组参数测试的静态部分和动态部分测试顺序可以调整。

7.8.1.2 高背压出力试验

高背压出力是指在额定的主蒸汽及再热蒸汽参数、汽轮机背压 11.8kPa、补给水率为 3% 及回热系统正常投入条件下，扣除非同轴励磁、润滑及密封油泵等的功耗，供方能保证在寿命周期内任何时间都能安全连续地在额定功率因数、额定氢压（氢冷发电机）下发电机端输出的功率。

（1）试验目的。测试统调发电机组在纯凝、背压 11.8kPa、额定功率因数下连续、稳定的带负荷能力，确定影响机组带出力的因素。

对于抽汽供热机组，增加抽汽状态下的带负荷能力测试。

（2）试验依据。网源协调管理规定、标准，GB/T 8117.2。

（3）注意事项。该试验需要满足三个试验条件，纯凝、背压 11.8kPa、额定功率因数，前两个条件可以由电厂自身来调节，容易满足；而额定功率因数受电网系统的制约，为保证电网经济有效输送电能，电源侧功率因数需往高处调整，正常运行时，发电机功率因数在 0.9 或更高，对于 300MW 级机组而言，发电机设计额定功率因数为 0.85，调整较为困难，如果本厂机组较多，非试验机组可以调高功率因数或进相，以分担出更多的无功功率供试验机组，若本厂机组分担出的无功功率达不到要求，就要诉诸网上机组。

为保证机组高背压出力试验能够高效完成，建议电厂向中调申请试验负荷时，既要申请有功功率，也要申请无功功率。

高背压出力试验未在规定时间内完成或试验不合格，发电企业应在一个月内申请复核，仍不合格，由国网山东电科院建议山东省能源局组织对该机组重新进行容量核定试验。

7.8.1.3 供热机组供热状态带负荷能力试验

（1）试验目的。测试直调热电机组在供热状态下的电负荷调整能力，确定机组在不同热负荷下的电负荷调整能力，为机组采暖期电负荷调整提供依据。

（2）试验依据。网源协调管理规定、标准，山东电力技术监督办公室《关于开展采暖期热电机组现场数据核查和带负荷能力试验工作的通知》要求，GB/T 8117.2 规定。

7.8.2 山东省直调煤电机组额定容量核定试验

机组额定容量核定试验是测试机组在夏季背压、额定功率因数条件下安全连续运行的带负荷能力。试验一般安排在每年 7、8 月份进行，持续时间为 168h。

山东省电力技术监督办公室负责全省直调煤电机组额定容量核定组织实施，山东电力调度控制中心、国网山东电科院、发电企业按照各自职责，做好机组额定容量核定相关工作。

（1）试验目的。规范发电机组额定容量管理，加强机组降出力考核，促进发电企业挖潜增效，提高全网电力供应保障能力。

（2）试验依据。

1）试验标准：中华人民共和国电力工业部 电综〔1998〕179 号、GB/T 10184、GB/T 8117.1、GB/T 8117.2。

2）管理办法：《山东省直调燃煤发电机组额定容量核定管理办法》《山东省直调发电机组额定容量核定试验技术规范》。

（3）试验范围。山东省直调燃煤发电机组新投产机组额定容量确认，技术改造后额定容量核定。

7.8.3 山东省直调煤电机组灵活调节能力核定试验

灵活性改造是指煤电机组通过系统优化、设备改造或加装储能（不独立接受电网调度）等辅助设备提升机组灵活调整能力的技术改造。

发电机组灵活调节能力核定试验项目包括发电机组最小技术出力核定、深调负荷段的一次调频性能试验、深调负荷段的自动发电控制（AGC）性能试验、深调负荷段的进相能力试验、深调负荷段的电力系统稳定器（PSS）性能试验、深调负荷段的自动电压控制（AVC）性能试验。

发电机组最小技术出力是指在保证发电设备运行安全、环保排放合格、满足约定供热量条件下，发电机可持续稳定输出的最小电功率。配备储能（不独立接受电网调度）等灵活性辅助设备的机组，最小电功率为发电机出口电功率扣除其配套灵活性辅助设备吸收的电功率。

（1）试验目的。充分挖掘煤电机组调峰潜力，促进可再生能源消纳，保障电网安全稳定运行。新投产、灵活性改造或运行优化后的山东省直调煤电机组应开展该项试验。

（2）申请条件。通过摸底自评，达到下列要求的机组，可向山东省电力技术监督办公室备案灵活性核定试验计划：

1）存量纯凝机组稳燃情况下最小技术出力不高于30%额定负荷；统计期（采暖季、非采暖季）热电比小于50%的抽凝机组最小技术出力不高于35%额定负荷；统计期热电比大于50%（含）的抽凝机组，最小技术出力不高于40%额定负荷。

2）新投产纯凝、抽凝机组稳燃情况下最小技术出力分别不高于20%和30%额定负荷。

3）机组在深度调峰负荷段（50%额定负荷至机组最小技术出力负荷段）的涉网性能应满足相关技术规范要求。

8 锅炉技术监督

锅炉技术监督是指在设计审查、设备选型、监造验收、安装调试、试生产以及运行、检修、技术改造等电厂建设和生产过程中实行全过程技术监督，对影响锅炉设备或系统健康水平及安全、质量、经济运行有关的重要参数、性能指标进行监测、调整及评价。

锅炉技术监督应坚持“安全第一、预防为主、综合治理”的方针，按照依法监督、分级管理、专业归口的原则，建立健全监督体系，贯彻安全生产“可控、在控”的要求，执行有关标准、规程、规定和反事故技术措施，及时发现和消除设备缺陷，提高设备的可靠性。

锅炉技术监督应以安全和质量为中心，以技术标准为依据，以检测和检查为主要手段，结合新技术、新设备、新工艺的应用情况，动态开展工作。

8.1 监督范围

锅炉本体：包括汽包及其附件、各受热面、联箱及其联系管道、汽水系统管道和附件、炉水循环泵、燃烧设备、炉膛、空气预热器、烟气余热回收利用系统、烟风管道、构架和炉墙等。

主要辅机和附属系统：包括给水系统（主给水管道、给水旁路、电动调节门等）、风烟系统（送风机、引风机、一次风机等）、制粉系统（磨煤机、给煤机、排粉机、密封风机、粗粉分离器、细粉分离器、给粉机、输粉机、煤粉仓、锁气器、防爆门等）、减温水系统、吹灰器系统、炉底渣系统、点火系统、燃油系统、空气压缩机和压缩空气系统等。

上述设备及系统的煤、油、汽、水、电的节能技术。

8.2 监督依据

GB /T 2589 综合能耗计算通则

GB/T 3484 企业能量平衡通则

GB/T 4272 设备及管道绝热技术通则

GB/T 7562 商品煤质量　发电煤粉锅炉用煤

GB/T 8174 设备及管道绝热效果的测试与评价

GB/T 8175 设备及管道绝热设计导则

GB/T 10184 电站锅炉性能试验规程

GB/T 12145 火力发电机组及蒸汽动力设备水汽质量

GB 13223 火电厂大气污染物排放标准

GB/T 15316 节能监测技术通则

GB/T 15910 热力输送系统节能监测

GB/T 15913 风机机组与管网系统节能监测

GB/T 15914 蒸汽加热设备节能监测方法

GB/T 16157 固定污染源排气中颗粒物测定与气态污染物采样方法

GB/T 17116（所有部分）管道支吊架

GB 17167 用能单位能源计量器具配备和管理通则

GB/T 21369 火力发电企业能源计量器具配备和管理要求

GB 25960 动力配煤规范

GB 26164.1 电业安全工作规程　第 1 部分：热力和机械

GB 50275 风机、压缩机、泵安装工程施工及验收规范

GB 50660 大中型火力发电厂设计规范

DL/T 332.1 塔式炉超临界机组运行导则　第 1 部分：锅炉运行导则

DL/T 335 火电厂烟气脱硝（SCR）系统运行技术规范

DL/T 340 循环流化床锅炉启动调试导则

DL/T 367 火力发电厂大型风机的检测与控制系统技术条件

DL/T 435 电站锅炉炉膛防爆规程

DL/T 438 火力发电厂金属技术监督规程

DL/T 455 锅炉暖风器

DL/T 466 电站磨煤机及制粉系统选型导则

DL/T 467 电站磨煤机及制粉系统性能试验

DL/T 468 电站锅炉风机选型和使用导则

DL/T 469 电站锅炉风机现场性能试验

DL 470 电站锅炉过热器和再热器试验导则

DL/T 561 火力发电厂水汽化学监督导则

DL/T 567.3 火力发电厂燃料试验方法　第 3 部分：飞灰和炉渣样品的采取和制备

DL/T 567.5 火力发电厂燃料试验方法　第 5 部分：煤粉细度的测定

DL/T 567.6 火力发电厂燃料试验方法　第 6 部分：飞灰和炉渣可燃物测定方法

DL/T 586 电力设备监造技术导则

DL/T 610 200MW 级锅炉运行导则

DL/T 611 300MW~600MW 级机组煤粉锅炉运行导则

DL/T 612 电力行业锅炉压力容器安全监督规程

DL/T 647 电站锅炉压力容器检验规程

DL/T 748 火力发电厂锅炉机组检修导则　第 1 至第 9 部分

DL/T 793 发电设备可靠性评价规程

DL/T 805 火电厂汽水化学导则

DL/T 831 大容量煤粉燃烧锅炉炉膛选型导则

DL/T 855 电力基本建设火电设备维护保管规程

DL/T 904 火力发电厂技术经济指标计算方法

DL/T 912 超临界火力发电机组水汽质量标准

DL/T 956 火力发电厂停（备）用热力设备防锈蚀导则

DL/T 964 循环流化床锅炉性能试验规程

DL/T 1034 135MW 级循环流化床锅炉运行导则

DL/T 1051 电力技术监督导则

DL/T 1052 电力节能技术监督导则

DL/T 1127 等离子体点火系统设计与运行导则

DL/T 1316 火力发电厂煤粉锅炉少油点火系统设计与运行导则

DL/T 1326 300MW 循环流化床锅炉运行导则

DL/T 1445 电站煤粉锅炉燃煤掺烧技术导则

DL/T 2052 火力发电厂锅炉技术监督规程

DL/T 2167 燃煤锅炉冷态空气动力场试验方法

DL/T 2497 燃煤机组锅炉深度调峰能力评估试验导则

DL/T 5047 电力建设施工及验收技术规程　锅炉机组篇

DL/T 5121 火力发电厂烟风煤粉管道设计规范

DL/T 5142 火力发电厂除灰设计技术规程

DL/T 5145 火力发电厂制粉系统设计计算技术规定

DL 5190.2 电力建设施工技术规范　第 2 部分：锅炉机组

DL/T 5203 火力发电厂煤和制粉系统防爆设计技术规程

DL/T 5210.2 电力建设施工质量验收规程　第 2 部分：锅炉机组

DL/T 5210.5 电力建设施工质量验收规程　第 5 部分：焊接

DL/T 5210.6 电力建设施工质量验收规程　第 6 部分：调整试验

DL/T 5240 火力发电厂燃烧系统设计计算技术规程

DL/T 5257 火电厂烟气脱硝工程施工验收技术规程

DL 5277 火电工程达标投产验收规程

DL/T 5294 火力发电建设工程机组调试技术规范

DL/T 5437 火力发电建设工程启动试运及验收规程

JB/T 1612 锅炉水压试验技术条件

HJ 562 火电厂烟气脱硝工程技术规范　选择性催化还原法

中华人民共和国电力工业部 电综〔1998〕179 号 火电机组启动验收性能试验导则

国能发安全〔2023〕22 号 防止电力生产事故的二十五项重点要求

发改能源〔2018〕364 号 关于提升电力系统调节能力的指导意见

鲁发改能源〔2023〕818 号 山东省煤电机组“三改联动”实施方案

鲁电调技〔2023〕17 号 山东电力调度控制中心关于印发山东电力系统网源协调管理规定的通知

鲁电调技〔2023〕51 号 山东省火电机组深度调峰工况涉网性能试验技术规范及评价体系

山东省直调煤电机组额定容量核定管理办法（2021 版）

山东省直调煤电机组灵活调节能力核定管理办法（2024 年修订版）

山东省直调煤电机组灵活调节能力核定试验技术规范（2024 年修订版）

山东省煤电机组耦合掺烧生物质及低热值燃料掺烧在线监督系统管理办法（征求意见稿）

山东省电力行业锅炉技术监督工作规定（2024 年修订）

山东省煤电机组在线监测暂行管理办法

8.3 专业技术监督体系建设

8.3.1 专业监督体系

山东省能源局是全省电力行业技术监督工作的行政主管部门，山东省电力技术监

督领导小组是在其领导下的技术监督工作领导机构；领导小组下设监督办公室，是全省电力技术监督工作的归口管理机构；监督办公室设在国网山东电科院，下设锅炉技术监督专责，依托国网山东电科院锅炉专业，实施全省电力行业锅炉技术监督工作的日常管理。

发电企业是技术监督的主体，应建立健全企业生产负责人领导下的技术监督组织体系，成立技术监督领导小组，企业生产负责人任组长，并在生产技术部门设立锅炉技术监督专责，构建厂级、车间级、班组级的三级技术监督网，完善工作机制和流程，落实技术监督岗位责任制。

8.3.2 职责分工

技术监督领导小组职责、监督办公室职责见本书 1.3 节，锅炉技术监督相关岗位职责分工如下：

8.3.2.1 监督办公室锅炉技术监督专责职责

（1）贯彻执行国家、行业、山东省有关锅炉技术监督的方针、政策、法律、法规、标准、规程、制度。

（2）督导发电企业落实国家、行业有关技术监督的标准、规程、制度、反事故措施以及山东省电力技术监督规章制度。

（3）监督发电企业锅炉监督工作计划的制定和实施。

（4）制定或修订山东省煤电机组锅炉技术监督工作规定，监督发电企业建立健全锅炉技术监督体系，完善管理制度和岗位职责。

（5）参加新建、扩建、改建和重大技术改造项目的锅炉技术监督检查、督导工作，协助发电企业研究解决锅炉技术监督工作中重大技术关键问题。

（6）参与重大锅炉设备及运行事故的调查、分析，监督审查反事故措施的制订和落实。

（7）掌握全省锅炉的设备特性、运行及检修状况，监督发电企业及时上报锅炉不安全事件、运行数据、技改工作等；针对重大、频发性异常问题，发出锅炉专业技术监督预（告）警。

（8）对发电企业机组的涉网安全、网源协调等工作进行检查、监督。对发电企业机组的容量、能耗、机组最低出力、生物质掺烧等进行监督、核查。

（9）编写全省锅炉技术监督月报和年度工作总结。

（10）组织召开全省锅炉技术监督年度工作会议，总结部署技术监督工作的开展，并对监督工作表现突出的单位和个人进行表彰。

（11）组织开展全省锅炉技术监督检查工作。

（12）组织开展发电企业锅炉专业技术培训和交流工作。

8.3.2.2 发电企业技术监督领导小组职责

（1）组织开展本企业锅炉技术监督工作。

（2）贯彻执行国家、行业有关锅炉技术监督的方针、政策、法规、标准、规程、制度、条例、反事故措施。

（3）组织制定本企业锅炉技术监督工作实施细则、岗位职责、考核办法等管理文件，并监督执行。

（4）组织召开本企业锅炉技术监督网工作会议，协调解决监督工作中的具体问题。

（5）组织制订年度锅炉技术监督工作计划，总结全厂锅炉技术监督工作。

（6）协调本企业锅炉技术监督网中各专业的技术监督工作，审批有关实施细则、技术措施。

（7）对本企业发生的重大锅炉事故，组织并参加事故调查分析，督促锅炉专业事故防控措施的制定和落实。

（8）负责监督、检查、督促锅炉专业技术监督专责的工作。

（9）参加全省技术监督工作会议。

8.3.2.3 发电企业锅炉技术监督专责职责

（1）贯彻执行国家、行业有关锅炉技术监督的法规、标准及各项规章制度。

（2）在本企业技术监督网组长的领导下，组织开展、协调落实本企业锅炉技术监督工作，代表锅炉专业参加监督网活动。

（3）负责制定锅炉专业技术监督年度工作计划，包括年度工作要求和工作内容、责任部门及实际节点等方面。

（4）负责制订锅炉技术监督实施细则，编制锅炉监督、技术改造、反事故措施年度工作计划和有关技术措施，并组织实施。

（5）参照相关标准的要求，执行锅炉设备在设计、选型、安装、调试和启动验收等方面的监督。

（6）组织各班组根据本监督规定开展锅炉检修、运行、节能和安全等方面的监督工作。

（7）负责整理、编写锅炉技术监督月报表、半年总结和全年总结、技术改造总结、大修计划及大检修总结等，并按要求报送监督办公室。

（8）组织技术人员对锅炉设备重大异常进行分析、评估，负责整理处理措施、反事故措施，监督实施过程和实施效果，并将事件定性后的报告上报监督办公室。

（9）接到监督办公室发出的技术监督预（告）警后及时安排相关部门和人员进行处理，并将处理情况及时反馈。

（10）定期组织召开锅炉监督例会，分析影响锅炉安全、经济运行的主要指标完成情况，通报锅炉设备异常及处理情况，指出工作存在的问题并制定改进措施，安排下一步工作计划。

（11）参加监督办公室组织的技术监督网活动，配合监督办公室做好对本企业锅炉技术监督检查工作，协助监督办公室开展容量核定、网源协调、生物质掺烧在线监测等涉网监督工作。

（12）组织本专业开展技术监督网活动，监督各班组完成本监督规定要求的各项监督工作。

（13）根据锅炉设备与系统更新改造和相关技术标准更新情况，及时组织相关专业对运行规程、检修规程和系统图进行修订。

（14）及时了解煤电机组节能技术的应用情况，积极采用新技术、新工艺、新材料、新设备，研发节能技术、推广节能示范项目。

（15）组织本专业人员开展技术培训工作，不断提高技术人员的专业水平。

8.3.2.4 发电企业锅炉班组技术监督职责

（1）认真贯彻执行国家和行业有关锅炉技术监督标准、规程、制度等。

（2）在锅炉监督专责的指导下根据本监督规定要求开展锅炉检修、运行、节能和安全等方面的监督工作。

（3）建立健全各班组的规章制度和相应的实施细则，各项监督工作要明确责任人和责任范围，监督计划要科学合理、有序开展。

（4）定期修订运行规程、检修规程和系统图，建立设备台账、受热面技术档案、试验档案、事故档案，并不断完善。

（5）参加本企业锅炉设备的事故调查分析，制定实施反事故措施。

（6）参加本企业新建、扩建机组及技改项目的设计、审查、安装、调试的质检验收和交接工作。

（7）协助编制机组大、小修计划，作业指导书或检修文件包、检修总结等，协助其他专业或班组完成锅炉启停机过程的监督工作，协助完成锅炉热力性能试验、锅炉运行定期试验及设备定期切换等监督工作。

（8）负责本班组人员技术培训工作。

8.4 日常管理监督

8.4.1 定期技术监督报表和报告管理

（1）每月 5 日前各发电企业锅炉监督专责向监督办公室报送上月锅炉监督月报和上月监督数据报表。监督月报内容要包括锅炉运行、检修情况、异常情况分析及处理、节能工作、技术改造、反措落实、下阶段重点工作、技术经验交流等，具体要求见表 8.1。月度监督数据报表内容包括锅炉安全、经济运行的重要参数指标，具体要求见表 8.2。

表 8.1　锅炉技术监督月（年）报表内容及格式要求

____电厂____月（____年）锅炉技术监督总结 报告人：　　　　审核人：　　　　批准人：
一、锅炉运行情况统计 本月（年）运行时间、备用时间、检修时间、启停次数统计等。 **二、锅炉主要工作** 1. 本月（年）检修工作情况（应包括：检修级别、主要检修工作、发现的主要问题及解决方案措施。） 2. 异常情况分析及处理（应包括：事件过程、原因分析、措施建议三个部分。） 3. 运行及节能监督工作（应包括：原来存在的耗能问题、采取的节能措施、取得的节能效果等。） 4. 技术改造（应包括：改造目的、改造方案、改造实施过程、改造效果。） 5. 反措落实 6. 其他（管理、人员培训等） **三、目前主要存在问题** **四、下阶段重点工作** **五、技术经验交流** 包括案例分析、检修经验、运行经验、改造经验、节能经验、管理经验等。

表 8.2　锅炉技术监督数据报表

____电厂____月（____年）锅炉运行情况统计表

炉号	机组铭牌出力(MW)	锅炉设计负荷(t/h)	本月累计发电量(万kWh)	本月累计运行小时数(h)	平均电负荷(MW)	计划检修次数(次)	计划检修小时数(h)	非计划检修次数(次)	非计划检修小时数(h)	一类障碍次数(次)	受热面爆管次数(次)	锅炉灭火次数(次)	锅炉降出力次数(次)	机组等效可用系数(%)	锅炉平均负荷(t/h)	主汽温度(℃)	主汽压力(MPa)	再热蒸汽温度(℃)	再热蒸汽压力(MPa)	给水温度(℃)	烟气含氧量(%)	入炉煤低位发热量(kJ/kg)	预热器入口风温度(℃)	热风温度(℃)
1号																								
2号																								
3号																								
4号																								

续表

炉号	煤粉细度 R_{90}（%）	空气预热器漏风率（%）	排烟温度（℃）	飞灰可燃物（%）	炉渣可燃物（%）	脱硝入口 NO_x（标况下，mg/m³）	空气预热器烟气侧压差（kPa）	累计喷氨量（t）	实测锅炉效率（%）	发电煤耗（g/kWh）	供电煤耗（g/kWh）	厂用电率（%）	送风机电耗率（%）	引风机电耗率（%）	一次风机电耗率（%）	制粉电耗（kWh/t煤）	脱硫系统电耗率（%）	点火油量（t）	助燃用油量（t）	单炉总用油量（t）	全厂总用油量（t）	备用
1号																						
2号																						
3号																						
4号																						

（2）各发电企业锅炉技术监督专责，应按时向监督办公室报送半年、全年监督总结及全年运行指标统计表，内容包括：锅炉技术监督情况、目标管理情况、设备运行及检修情况、技术改造情况等，具体格式要求见表8.1、表8.2。半年监督总结和年度监督总结应分别在每年7月15日前、次年1月15日前上报监督办公室。

（3）锅炉年度监督工作计划、反事故措施计划应在每年1月15日前报监督办公室，同时上报上年度计划执行情况。

（4）锅炉技术监督主要定期工作见表8.3。

表8.3　锅炉技术监督主要定期工作表

序号	主要定期工作	完成单位及责任人	时间要求或备注
1	每月锅炉技术监督月报	发电厂监督专责	5日前
2	每月锅炉运行情况统计表	发电厂监督专责	5日前
3	锅炉技术监督半年总结	发电厂监督专责	7月15日前
4	年度锅炉运行情况报表	发电厂监督专责	1月15日前
5	锅炉技术监督年度总结报告	发电厂监督专责	1月15日前
6	锅炉年度监督工作计划、反事故措施计划	发电厂监督专责	1月15日前

8.4.2　不定期技术报告管理

（1）锅炉主要设备改造前的设备选型、设计方案，包括主要受热面、燃烧器、磨煤机、分离器、空气预热器、送风机、引风机、一次风机等，发电企业应在方案确定后 30 日内报送监督办公室。

（2）当锅炉发生一类障碍（含“四管”泄漏、结焦、灭火、受热面严重超温、严重降出力、辅机故障等），发电企业锅炉监督专责应 24h 内通报故障情况；待故障定性后 2 日内向监督办公室锅炉技术监督专责报送故障经过、原因分析及处理措施。

（3）发电企业锅炉主要设备和主要系统重大缺陷检修方案确定后 30 日内报送监督办公室。

（4）发电企业在锅炉大修前 30 日内，向监督办公室报送非常规工作项目及内容。

（5）大修后 30 日内向监督办公室报送非常规工作总结报告。

（6）锅炉技术监督主要不定期工作见表 8.4。

表 8.4 锅炉技术监督主要不定期工作表

序号	主要不定期工作	完成单位及责任人	时间要求或备注
1	主要设备更换前的设备选型、设计方案	发电厂监督专责	方案确定后 30 日
2	锅炉一类障碍	发电厂监督专责	24h 内通报故障情况；故障定性后 2 日内报送分析报告
3	重大缺陷检修方案	发电厂监督专责	方案确定后 30 日内
4	非常规检修工作项目方案	发电厂监督专责	大检修前 30 日内
5	非常规检修工作项目总结	发电厂监督专责	大修后 30 日内

8.4.3 监督检查管理

（1）应建立定期检查制度，监督办公室负责定期检查的组织工作，各发电企业配合执行，技术监督检查以自查和互查相结合的方式进行，检查周期以一年为宜。监督检查应依据《锅炉技术监督检查细则》（见附录 7）开展。

（2）技术监督检查应有完整的检查记录或检查报告，对技术监督过程中发现的问题应提出相应的意见或建议，对严重影响安全的隐患或故障应提出预警或告警，并跟踪整改情况。各发电企业对检查发现的问题，应制定整改措施，整改措施及完成情况反馈至监督办公室。

8.4.4 监督信息资料管理

（1）发电单位应购置国家及行业有关技术监督的方针、政策、法规、标准、规程、制度等并及时更新。

（2）发电企业应建立下列技术资料：

1）设备台账、图纸、说明书，试验档案。

2）设备异动资料。

3）调试报告、技术改造报告、考核试验报告、大修前后试验报告。

4）重大运行异常、故障或重大运行事故分析报告。

5）运行报表及监督会议资料。

6）运行规程、检修规程、系统图。

7）提供给监督办公室并经本企业审批的技术监督报告、技术监督总结、年度技术监督计划等。

8）本企业技术监督领导小组要求建立归档的其他资料。

（3）发电企业每年应对锅炉运行规程、图册进行一次复查、修订，并书面通知有关人员。不需要修订的，也应出具经复查人、批准人签名“可以继续执行”的书面文件。

（4）发电企业应制定年度反事故措施，建立计划执行情况的报告制度，完善机组事故档案。

（5）监督办公室负责对监督信息资料进行核实，督促发电企业及时更新和健全设备台账。

8.4.5 监督预（告）警管理

（1）锅炉监督建立技术监督预（告）警制度，监督办公室在技术监督工作中对违反监督制度、存在重大安全隐患的单位，视情节严重程度，由技术监督办公室发出锅炉技术监督预（告）警单（见表8.5）进行技术监督预（告）警。对于监督办公室签发的预（告）警单，发电企业应认真组织人员研究有关问题，制订整改计划，整改计划中应明确整改措施、责任部门、责任人和完成日期。整改计划应3日内上报监督办公室。

表8.5 锅炉技术监督预（告）警单

预（告）警单编号：

预（告）警项目名称：		
单位（部门）名称：		传真或联系方式：
拟稿人：		联系电话：
存在问题		
整改建议		

续表

<table>
<tr><td>整改要求</td><td colspan="2"></td></tr>
<tr><td colspan="2">审核：</td><td rowspan="3">签发单位（部门）：

（盖章）
年　月　日</td></tr>
<tr><td colspan="2">复审：</td></tr>
<tr><td colspan="2">签发：</td></tr>
</table>

（2）问题整改完成后，发电企业应将处理情况填入锅炉技术监督预（告）警回执单（见表 8.6）相应栏目，并报送监督办公室备案。

表 8.6　锅炉技术监督预（告）警回执单

回执单编号：

<table>
<tr><td colspan="2">单位（部门）名称</td><td colspan="3"></td></tr>
<tr><td colspan="2">预（告）警项目名称</td><td colspan="3"></td></tr>
<tr><td colspan="2">预（告）警单编号</td><td></td><td>预（告）警类别</td><td>一级□ 二级□ 三级□</td></tr>
<tr><td colspan="2">预（告）警提出单位（部门）</td><td></td><td>预（告）警时间</td><td>年　月　日</td></tr>
<tr><td>预警内容</td><td colspan="4"></td></tr>
<tr><td>整改计划</td><td colspan="4"></td></tr>
<tr><td>整改结果</td><td colspan="4">（注：整改支撑材料可另附页）</td></tr>
<tr><td colspan="3">填写：</td><td colspan="2">整改单位（部门）：

（盖章）
年　月　日</td></tr>
</table>

（3）对整改完成的问题，发电企业应保存问题整改相关的试验报告、现场图片、影像等技术资料，作为问题整改情况及实施效果评估的依据。

8.4.6 会议及培训管理

（1）监督办公室每年定期召开锅炉技术监督工作会议，发电企业锅炉监督专责及相关技术负责人参加；会议总结上年度监督情况，讨论今年监督工作重点，表彰先进，根据现场情况安排专题培训。

（2）发电企业锅炉监督专责定期组织对本专业人员进行技术培训。

8.5 设备监督

8.5.1 建设阶段监督

8.5.1.1 规划设计阶段

（1）锅炉设计监督包括设计审查、设备选型等监督工作。

（2）初步设计完成后，建设单位应组织建设单位、发电企业、设计单位、调试单位、监理单位、技术监督服务单位等进行设计审查。

（3）设计审查应对锅炉设备及系统的工艺设计是否满足安全生产、经济合理、技术水平和环境保护的要求提出意见和建议，设计单位应根据评审结果对设计内容进行优化。

（4）新建项目应有节能评估文件及审查意见，可行性研究报告应包括节能章节，设计方案应进行节能经济技术对比和优化设计，设备选型应经过充分论证，选用高效设备。

（5）锅炉的设计选型应执行 GB 50660、DL/T 1052、DL/T 831、DL/T 5240、DL/T 2052、国能发安全〔2023〕22 号等规定，确定合理的锅炉设计指标，选用高效设备，落实防止锅炉各类事故的设计要求。

（6）为减少启动和低负荷稳燃用油，应采用锅炉少油点火、等离子点火等技术。少油点火系统设计应执行 DL/T 1316 标准，等离子体点火系统设计应执行 DL/T 1127 标准。

（7）锅炉制粉系统设计应满足 GB 50660、DL/T 5145、DL/T 5203、国能发安全〔2023〕22 号等有关规定。磨煤机及制粉系统选型应符合 DL/T 466、DL/T 5145 等标准要求，根据煤种的特性，结合锅炉燃烧方式，按有利于安全运行、提高燃烧效率、降低 NO_x 排放的原则，经技术经济比较后确定。

（8）锅炉一次风机、送风机、引风机按照 GB 50660、DL/T 468 等标准进行选择，风机选型应选用与烟风系统相匹配的风机及调节方式。风机选型时风量和风压不应选择过大余量。

（9）采用选择性催化还原法（SCR）的锅炉，尾部烟道、空气预热器、引风机的设计选型应参照 HJ 562 的要求。

（10）除灰渣系统的设计应执行 GB 50660、DL/T 5142 等的有关规定。

8.5.1.2 制造和安装阶段

（1）在锅炉设备制造过程中，发电企业应根据签订的设备供货合同和技术协议、国内通用标准、制造厂的企业标准等，按照 DL/T 586、DL/T 612、DL/T 2052 的有关技术标准进行锅炉监造监督，见证合同产品与合同的符合性，保证设备制造质量。

（2）重要设备到厂后，应按照订货合同和相关标准进行验收，形成验收记录，并及时收集与设备性能参数有关的技术资料。设备验收后、安装前，应按照设备技术文件和 DL/T 855 的要求做好保管工作。

（3）电力建设施工应由具有相应施工能力资格的单位承担，按国家和行业规程进行施工，按照厂家设备安装要求、有关设计技术规范、相关标准和工程主要质量控制点，对设备安装实施监督。锅炉安装质量验收执行 DL 5277、DL/T 5047、DL/T 5210.2、DL/T 5210.5、DL/T 5257 等标准要求。各安装工程应分阶段由施工单位、监理单位、建设单位进行质量验收。

（4）锅炉机组安装结束后，各阶段施工质量验收应具备的签证和记录应齐全，符合 DL 5190.2 的要求。

（5）在设计和安装阶段，应确定锅炉性能试验单位。性能试验单位会同设计、制造、建设和业主单位，根据试验标准布置试验测点。试验测点应满足 DL 5277、DL/T 5437、GB/T 16157 规定的性能试验的要求。

8.5.1.3 启动调试阶段

（1）新投产机组的锅炉系统的调试工作，应由有相应资质的调试机构承担。调试单位和监督、监理单位应参与工程前期的设计审定及出厂验收等工作。

（2）新投产机组在调试前，调试单位应针对机组设备的特点及系统配置，编制工程“调试大纲”中规定的锅炉部分的“调试措施（方案）”。调试措施应明确锅炉调试项目、调试步骤、试验的方案及工作职责，并制定相应的调试工作计划与质量、职业健康安全和环境管理措施。

（3）新投产机组锅炉系统的调试应按 DL/T 5294 进行，调试质量验收评价按 DL/T 5210.6 进行。

8.5.1.4 性能验收试验阶段

（1）机组在考核期内，应按照基本建设工程启动及竣工验收相关规程中的规定，完成新投产机组锅炉性能验收试验。试验应由有资质的第三方单位负责完成，设备制造厂、发电企业、设计和安装等单位配合。

（2）锅炉性能验收试验应按照合同签订时指定的国际、国家、行业标准进行，以验证制造商提供的保证值。

（3）机组在考核期内，应进行全面的锅炉运行优化调整试验、制粉系统优化调整试验、SCR 喷氨平衡优化试验等，试验宜委托具备相应资质和经验的单位进行。

（4）锅炉主辅设备性能试验应符合 GB /T 10184、DL/T 467、DL/T 469、DL/T 964、合同规定等标准要求。

（5）在性能验收试验阶段，按 DL/T 5437 的相关规程规定，应包括以下锅炉性能试验项目：

1）锅炉热效率试验；

2）锅炉最大出力试验；

3）锅炉额定出力试验；

4）锅炉不投油最低稳燃出力试验；

5）制粉系统出力试验；

6）磨煤机单耗试验；

7）空气预热器漏风率试验；

8）污染物排放测试；

9）机组散热测试；

10）其他依据合同规定应当开展的锅炉性能试验。

8.5.2 运行监督

（1）锅炉运行监督应按照国家 / 行业法规、技术管理法规及国能发安全〔2023〕22 号的要求，依据 DL/T 561、DL/T 1052、DL/T 2052 等标准，根据制造厂说明书、有关技术协议和合同的各项规定等对正常生产运行过程中的技术文件、安全指标、技术指标、定期试验以及相应的运行操作和记录过程进行监督。

（2）运行中重点监督的安全指标包括锅炉蒸发量、汽包压力、汽包水位、过热蒸汽压力、过热蒸汽温度、再热蒸汽压力、再热蒸汽温度、两侧烟气温度差、受热面金属壁温、汽包壁温差、过热器减温水量、炉膛压力、磨煤机出口温度、空气预热器压差、转动机械振动值及轴承温度等，以上指标应在锅炉运行规程规定范围内。

（3）对锅炉主要运行参数和经济指标实施监督，包括过热蒸汽温度、过热蒸汽压力、再热蒸汽温度、再热蒸汽压力、排烟温度、石子煤量和热值、烟气含氧量、排烟 CO 浓度、飞灰可燃物含量、炉渣可燃物含量、空气预热器阻力、空气预热器漏风率、过热蒸汽减温水量、再热蒸汽减温水量、吹灰器投入率、煤粉细度、辅机电耗、燃油量、锅炉漏风率、锅炉补水率等。以上指标应进行定期统计和分析，当这些参数偏离正常值时，应及时进行分析、评估，并采取措施。

（4）运行安全性监督。

1）应保证锅炉蒸发量满足机组带负荷要求，调节运行参数在正常范围，保持燃烧良好。对各种参数异常或潜在故障隐患进行分析、评估，提出整改、告警处理意见，改进机组安全性、经济性和污染物排放。对重点设备故障、事故进行调查和原因分析，提出意见和反事故措施。

2）应依据国能发安全〔2023〕22号、DL/T 332.1、DL/T 435、DL/T 610、DL/T 611、DL/T 1034、DL/T 1326、DL/T 2052及制造厂技术文件，编制锅炉运行规程、反事故措施，绘制系统图，并在设备有重大改动时进行更新。

3）加强燃煤和配煤管理，配煤规范按照GB 25960及GB/T7562执行。加强燃煤的监督管理，完善混煤设施。加强配煤管理和煤质分析，严格执行燃煤采制化管理制度，并及时将煤质情况通知运行人员。做好调整燃烧的应变措施，防止发生锅炉灭火、结焦、腐蚀积灰等问题。

4）应尽量燃用设计煤种。掺烧不同煤种应遵循DL/T 1445规定：设计燃用无烟煤或贫煤的锅炉，不宜掺烧褐煤；设计燃用烟煤的锅炉，不宜掺烧无烟煤；设计燃用褐煤的锅炉，不宜掺烧无烟煤、贫煤；当掺烧煤种的挥发分（V_{daf}）绝对值相差大于15%时，应通过燃烧调整试验确定掺烧方式和掺烧比例。

5）运行中注意监视锅炉炉膛内是否存在粘灰、结焦现象，及时进行吹灰和打焦处理，防止渣块掉落、塌落引起锅炉灭火或砸坏承压部件的现象出现。

6）启动、停机阶段严格按照锅炉运行规程控制锅炉烟气温度；严控受热面壁温变化率；严控汽温变化率、汽包上下壁温差及内外壁温差；禁止再热器超温干烧。机组投AGC模式或机组负荷快速增减时，应注意风煤比及其变化率，必要时与热控专业联合进行锅炉运行调整优化试验，完善热工控制逻辑，防止出现汽温、受热面壁温的大幅度变化，避免壁温超温。

7）参加电网调峰的锅炉，运行规程中应制订相应的技术措施。按调峰设计的锅炉，其调峰性能应与汽轮机性能相匹配；非调峰设计的锅炉，其调峰负荷的下限应由水动力计算、试验及燃烧稳定性试验确定，并在运行规程制定相应的反事故措施。

8）制粉系统防爆及煤尘防爆、炉膛防爆燃、锅炉尾部防再燃烧的运行措施按照国能发安全〔2023〕22号执行。磨煤机运行中出口温度应符合DL/T 466、DL/T 5145及运行规程等相关要求。

9）运行中加强脱硝系统的运行调整和空气预热器压差的监视。脱硝系统氨逃逸高时，按照DL/T 335的规定要求进行SCR喷氨平衡优化调整试验。

10）机组运行时汽水化学监督应严格按GB/T 12145、DL/T 561、DL/T 805、DL/T 912执行，确保热力设备不腐蚀、结垢、积盐。对润滑油、燃料油等的监督严格按化学技术监督标准等规定进行。

11）应建立、维护并及时更新锅炉超温管理台账、燃油管理台账及运行技术资料管理台账（启停记录和运行日志等）。

12）运行中应按照锅炉设备定期切换相关要求，做好例行切换工作。

13）锅炉停（备）用期间的保养根据设备及实际情况确定保养方案，防止锅炉系统热力设备发生停用腐蚀。保养方案按照 DL/T 956 相关要求执行。锅炉停（备）用防锈蚀保护方法可按照停（备）用时间期限按照 DL/T 956 选取合理的方法。

（5）运行经济性监督。

1）按照 DL/T 1052、DL/T 2052 相关要求，运行中对锅炉主要运行参数及经济技术指标进行监督、检查、分析、调整和考核，不断优化机组的运行方式，保证锅炉高效运行，满足污染物达标排放要求，必要时对重要技术监督指标定期进行测试。

2）建立健全能耗指标分析体系，完善能耗指标分析方法，及时发现问题、消除偏差，不断提高机组的经济性。机组宜开展在线锅炉效率计算，分析能耗指标偏差，为经济运行提供指导建议。

3）制定各种启停炉方式的助燃油耗定额，采用先进工艺，降低锅炉启停用油量。

4）实时分析烟风系统阻力变化情况，优化吹灰系统的运行方式，提高吹灰效果。

5）运行中氧量应按照锅炉燃烧优化调整试验确定的最佳运行氧量曲线控制。煤种发生变化时应修正氧量控制曲线。表盘氧量应定期进行标定。

6）定期检查锅炉本体、制粉系统、尾部烟道漏风情况，分析评价漏风率变化趋势。

7）通过试验确定最佳煤粉细度，定期进行煤粉细度核查。通过调整磨煤机分离器开度、分离器转速、磨辊间隙和加载力等措施，保证煤粉细度在合理数值。

8）应定期对锅炉受热面、空气预热器、暖风器等换热设备进行清洗，以提高传热效果。

8.5.3 检修监督

（1）按照 DL/T 2052 的要求，锅炉大、小修前应进行状态评估，根据锅炉运行状况，对大、小修及非计划检修进行监督，确定检修项目、检修方案。制订检修方案还应根据相关标准、规程以及企业年度检修计划的要求确定检修、试验项目，确保工作不漏项。

（2）实施检修技改项目质量技术监督。按照 DL/T 748 的要求，确定锅炉本体及辅助系统的检修监督重点，强化检修质量目标管理和过程中的质量控制。对其中发现的缺陷提供处理建议，对检修过程关键点、竣工、大修总结等进行把关、验收。

（3）锅炉节能改造项目应进行节能技术可行性研究，在保证设备、系统安全可靠运行的前提下，通过充分调查研究、论证审查，采用先进的节能技术、工艺、设备和材料，依靠科技进步，降低设备和系统的能量消耗。改造后应有经济性验收报告，重大项目应进行项目后评估。

（4）设备台账应按设备分别建立，台账记录的主要内容应包括：设备投产前情况、设备规范表，主要附属设备规范表，检修经历，重大异常记录，设备变更、异动记录等。设备台账应定期进行检查、备份，保证设备台账内容及时更新，实现台账动态维护。

（5）建立锅炉承压部件防磨防爆设备台账，制订和落实防磨防爆定期检查计划、防磨防爆预案，完善防磨防爆检查、考核制度。

（6）对检修期间的联锁及保护试验、水压试验、安全阀整定试验、冷态动力场试验、风门挡板（阀门）传动试验等进行监督。锅炉水压试验和安全阀整定应严格按 JB/T 1612、DL/T 647 等执行。

（7）大小修期间应加强对燃烧器的维护。燃烧器改造后的锅炉投运前应进行冷态炉膛空气动力场试验。加强制粉系统的维护，根据煤质变化情况确定钢球磨煤机的钢球加装。中速磨和风扇磨及时修复和更换耐磨部件。回转式空气预热器应利用检修清除严重积灰（宜进行水洗或碱洗）。空气预热器漏风率高于 8% 时宜进行密封间隙调整或密封系统改造。

（8）检修、技改、验收和试验记录等技术资料应在检修工作结束后及时整理归档。

8.5.4 热力试验监督

（1）发电企业应开展锅炉热力试验工作，承担试验的单位应具备相应的检测资质。

（2）发电企业应设置专职或兼职试验检测人员，配备相关试验检测仪表。试验人员应经过培训考核合格。

（3）新建或扩建机组应在设计和建设阶段完成热力试验测点的安装，满足开展锅炉热效率、磨煤机、风机、空气预热器等测试要求。

（4）按照 DL/T 1052，常规定期锅炉试验项目包括：

1）按照 DL/T 567.3 和 DL/T 567.6，每日进行飞灰可燃物含量测定，每周至少进行一次炉渣可燃物含量测定；

2）每季度或排放异常时进行一次石子煤发热量测试；

3）每季度按照 GB/T10184 进行一次锅炉空气预热器漏风率测试；

4）每月按照 DL/T 567.5 至少进行一次煤粉细度测定，燃用低挥发分等劣质煤种的机组应适当加大测试频率；

5）每月标定一次锅炉表盘氧量；

6）机组大修前后宜按 GB/T 8174 进行保温效果测试；

7）按照 DL/T 335，在电除尘第一电场灰斗下取飞灰样，分析飞灰中氨浓度，间接监测氨逃逸率，每周分析一次；

8）按照 DL/T 335，SCR 反应器出口的氨逃逸浓度分析每季度一次；

9）按照 DL/T 335 ，NH_3/NOX 摩尔比分布（AIG）优化调整试验每年一次。

（5）机组检修前后及专项锅炉试验。

1）按照 DL/T 2052，A 级检修前后或锅炉本体改造前后，应进行锅炉热效率性能试验。结合 B/C 级检修，宜开展锅炉热效率试验。试验应按标准 GB/T 10184 进行。

2）按照 DL/T 2052，风机改造前后应进行性能试验。根据试验结果选择对其是否进行改造以及适宜的改造方式；改造后应再进行风机的效率试验，以评价改造效果。A 级检修前后宜进行重要风机（送风机、一次风机、引风机等）的效率试验，以确定其不同工况下的最优运行方式。风机试验标准采用 DL/T 469。

3）按照 DL/T 2052，磨煤机及制粉系统改造前后应进行性能试验。A 级检修后宜进行磨煤机性能试验。试验标准采用 DL/T 467。

4）按照 DL/T 2052，A 级检修后宜进行机组的负荷优化运行调整试验，寻找不同负荷下的机组最佳运行方式，主要有锅炉燃烧调整试验、制粉系统优化试验、SCR 喷氨平衡优化调整试验、辅机电耗测试等。

8.6 隐患排查监督

8.6.1 一般要求

（1）发电企业应按照国能发安全〔2023〕22 号要求，逐项排查锅炉专业是否存在可能导致锅炉结焦灭火、尾部再燃烧、超温爆管、制粉系统爆燃等事故的重大隐患，并立查立改或列入整改计划。

（2）发电企业应根据年度反事故措施计划，制订全年隐患排查计划和隐患排查清单，并按计划分步实施。

（3）根据上级公司下发的专项反措要求开展专项隐患排查。

（4）发电企业某台机组发生异常事件后，在其他机组上也要进行相应的隐患排查。

（5）日常隐患排查。对于易发生安全隐患的部位进行定期检查或日常巡查。

8.6.2 重点要求

在新型电力系统背景下，新能源发电占比逐步升高，煤电机组加快由主体性电源向基础保障性和系统调节型电源转变，深度调峰、启停调峰成为常态。常规煤电机组的设计并未考虑目前的工况环境和要求，频繁启停操作和快速升降负荷导致锅炉燃烧不稳、水动力安全性下降、部件的热冲击增大等问题，极大影响了锅炉运行的安全性，在锅炉技术监督过程中必须加以重视，是锅炉隐患排查的重点。

（1）调峰导致的氧化皮问题、交变应力裂纹问题等，对受热面安全性产生不利影响。

1）超温氧化皮生成加剧：机组调峰频繁易造成氧化皮脱落堆积风险。每天晚高峰开始与结束时，机组负荷快速拉升或下降，短时间在最低负荷与满负荷之间变化，变化剧烈不亚于一次热态启动。在负荷变动及深度调峰过程中，由于炉内燃烧状况发生变化，锅炉出口烟温偏差大，分隔屏过热器、后屏过热器易发生超温现象，导致氧化皮生成加剧。超低负荷时，锅炉后屏过热器壁温个别测点易超温，控制较困难。

2）交变应力裂纹：机组负荷快速升降，汽温、气压等参数随之快速升降，交变应力影响下易造成锅炉受热面管段薄弱部位产生裂纹泄漏，导致部分锅炉受热面应力拉裂现象增多，如分隔屏吊耳焊缝、托块焊缝、管道鳍片焊缝、联箱管座角焊缝、穿顶棚处焊缝、受热面定位块、高温再热器入口管变径焊口等部位，均易出现交变应力产生的裂纹，也易发生裂纹延伸至管壁现象，锅炉发生爆管、机组发生非停的几率增加。机组频繁启停期间，机组负荷快速升降，易造成锅炉受热面管段薄弱部位产生裂纹，导致泄漏。有高温腐蚀问题的锅炉，其腐蚀区域的硫化氢腐蚀加速裂纹产生，加速水冷壁管失效，最终导致水冷壁泄漏。

3）深度调峰及启停调峰过程中，锅炉负荷大范围波动，炉内烟气温度快速变化，易造成锅炉受热面外壁出现积渣、挂焦大范围脱落，砸伤水冷壁冷灰斗、炉底密封、捞渣机等设备。

4）调峰低负荷运行期间，炉膛火焰充满度差，存在偏烧情况，工质流量低，水动力特性变差。加之炉内受热面结焦影响，机组快速降负荷时，在结焦附近区域管束易发生膜态沸腾现象，导致受热面管束发生短期过热出现四管泄漏隐患。

5）高温腐蚀：调频模式下锅炉氧量波动较大，对受热面高温腐蚀影响较大。

6）阀门冲刷内漏：因机组深调需要，汽水系统阀门开关频繁，导致阀门内外漏缺陷明显增多，继而导致汽水系统管道冲刷减薄。

（2）深度调峰导致锅炉燃烧稳定性下降。

1）调峰低负荷运行期间，炉膛火焰充满度差，存在偏烧情况。机组深度调峰，锅炉负荷偏低，炉内温度、火焰充满度低，整个炉膛的温度偏低，煤粉浓度不够高，着火困难，造成火焰稳定性差，很容易发生灭火。

2）受煤炭市场影响，煤炭采购困难，煤场库存煤种热值偏低、灰分偏大，挥发分指标参差不齐。适合锅炉点火启动的高热值、高挥发分、低灰分的煤种不足。锅炉点火煤粉着火不良存在锅炉爆燃、尾部烟道二次燃烧风险。

3）部分电厂锅炉没有燃油系统，依靠等离子装置起到稳燃作用。深度调峰期间，启停调峰过程中，需频繁投入等离子装置，阴极头损耗较大。

4）深度调峰磨煤机低出力运行，煤粉浓度低，一次风率偏高，二次风率低，二次风速低，不利于稳燃。

5）等离子无点火油，对点火煤质要求水分应低于20%，挥发分应大于40%，否则不易点燃。低负荷运行期间若是频繁断煤，对稳燃是巨大扰动。

（3）调峰对水动力安全性产生一定影响。

超临界机组在35%负荷段运行时，接近锅炉干态运行的边界，一旦辅机出现异常或者一次调频出现负向大幅动作，就会造成锅炉转湿态，威胁机组安全运行。

（4）调调峰对制粉系统的安全性有不利影响。

1）深度调峰和启停调峰期间，磨煤机发生自燃、爆燃的危险性增大。磨煤机出力小，一次风率高，煤粉细度偏粗。

2）调峰模式下机组顶峰出力运行时间较长，部分机组制粉系统设计余量不大，或煤质较差时，顶峰出力运行期间制粉系统无备用，出现问题时无法及时有效处理。调峰期间，负荷波动大，频繁停运上层制粉系统运行，设备频繁启停时，在启动瞬间对设备冲击大，内部紧固件及齿轮传动件频繁受冲击力，影响设备安全稳定运行性能，缩短设备检修周期，增加检修投入成本。

3）调峰模式下对磨煤机出力有一定的影响，给煤量波动较大，磨煤机料位受负荷变化影响无法长时间维持最佳料位。深调时磨煤机易产生振动。

（5）调峰导致风机出力受限、风机失速、空气预热器阻力升高、SCR烟温低等烟风系统问题。

1）深度调峰锅炉送风机动叶开度基本小于20%，因此在深度调峰负荷下，送风机已经基本不具备调节性能。

2）机组频繁深度调峰期间，锅炉负荷变化大，风机出力范围波动大，负荷低到一定限度后风机易处在喘振区运行，风机失速运行风险大。

3）深度调峰期间，低负荷工况下风烟系统烟气流速下降，携带灰尘能力减弱，空气预热器换热元件中灰尘堆积速率增加。机组深度调峰运行时随着负荷的降低，脱硝入口烟温降低，氨逃逸增大，硫酸氢铵生成量增加，增加空气预热器堵塞速率。以上因素导致空气预热器换热能力下降，不仅增加引风机电耗，机组经济性能下降，严重时影响机组带负荷能力。

4）预热器转子产生变形：锅炉空气预热器扇形板变形慢，频繁调峰造成空气预热器间隙密封装置发生碰撞，引起扇形板卡涩，传动装置故障等缺陷增多，空气预热器停转风险增多。机组深调，空气预热器入口烟温反复变化，造成预热器转子产生连续变形，外缘角钢易发生焊缝开裂。机组运行过程中转子膨胀过快、膨胀不匀易导致预热器电流波动甚至卡涩。

5）引风机叶片低温腐蚀、振动大：机组深调、日内启停，烟温长时间在低温区域运行，导致引风机叶片低温腐蚀，积灰附着在叶片上极易造成风机振动大。

（6）频繁启停及深度调峰状态下，八大风机、磨煤机等大型转动设备缺陷发生率升高，风机叶片在长期频繁变工况下运行，易发生裂纹甚至断裂。磨煤机空转或低煤量运行易造成大小齿轮裂纹断裂、衬板磨损等设备损坏。

8.7 反措落实监督

发电企业应结合自身设备情况，将25项反措有关锅炉专业的内容编入运行规程及检修规程；锅炉设备有重大改造的，要修改检修、运行规程。锅炉反事故措施应包括以下内容：承压部件爆漏；承压部件超温超压；汽包满水和缺水；锅炉油系统火灾；制粉系统、煤尘爆炸；锅炉尾部再次燃烧；空气预热器卡涩；锅炉灭火；锅炉严重结焦、高温腐蚀；锅炉内爆；辅机跳闸；蓬煤堵煤；迎峰度夏；冬季防冻；超临界机组氧化皮预防等。

近年来随着超临界大型机组的逐步增多，环保排放压力加大，以及煤电机组调峰调频的操作，锅炉燃烧稳定性恶化，承压部件爆漏增多，水冷壁高温腐蚀加剧，烟气流阻增加等问题较为突出。结合近年来山东煤电机组锅炉出现的异常事故，在反措制订过程中，应注意下列重点方面。

8.7.1 防止锅炉灭火、结焦等燃烧问题

（1）检修后要按规定进行炉内空气动力场试验，并组织验收合格，防止因炉内燃烧组织紊乱而灭火。要重点对燃烧器安装角度、水平度、摆动机构、各风门挡板、可调缩孔等进行验收和试验标定，确保开度指示对应准确并做到“三统一”，燃烧器各层一、二次风要保证均匀，偏差控制在允许范围内。

（2）加强燃料全过程管理，从源头上严格控制入厂煤质，要结合实际明确每台锅炉适烧煤质的指标范围，加强对每个矿点入厂煤挥发分、灰熔点、硫分的化验分析，科学掺配燃煤。必要时，进行专项掺配煤燃烧调整试验。

（3）加强一、二次风速监视与调整，对风粉在线系统进行定期维护和标定，确保测量的准确性，防止一次风速过高或过低。同层燃烧器风粉配合要均匀，避免导致燃烧偏差。

（4）锅炉运行时，应均衡各燃烧器的热负荷，风粉配比适宜，均匀对称燃烧，防止个别燃烧器热负荷过高造成局部结焦。对于旋流燃烧器，应合理确定各燃烧器的旋流强度，防止旋流强度偏大加剧燃烧器区域结焦。

8.7.2 防止锅炉“四管”爆漏

（1）防止锅炉减温器部件失效。低负荷阶段禁止大量投用减温水，过热汽温调整以一级汽温调节为主，再热蒸汽调温主要采用摆动燃烧器喷嘴角度和调整烟气挡板开

度，严禁将事故喷水减温作为主要调节方式。

（2）防止超温超压。做好锅炉“四管”金属壁温测点的维护、定期检查，确保测点显示准确可靠，必要时增加测点数量。确保减温水调节可靠投入，调节效果良好。锅炉运行中严格控制各级减温水量，避免大幅增减，按规程要求控制各级减温器后汽温不得超限。

（3）防止氧化皮生成与脱落。采取措施控制氧化皮的生成。对管材等级确实达不到相应要求的受热面进行改造，未改造之前应采取降低参数运行等必要的措施；严格控制锅炉炉膛出口烟温偏差；应将炉管壁温报警值作为锅炉主汽温、再热汽温运行参数调整的限制条件。

采取措施减缓炉管内壁氧化皮的剥落。氧化皮在启停过程中易剥落，锅炉启、停及升、降负荷过程中，要严格控制升温升压或降温降压速率不能大于锅炉说明书要求，避免参数波动过大；严禁出现减温后蒸汽温度低于饱和温度的情况，防止发生局部水塞；停炉后考虑采取闷炉（不少于24h）措施，除非有其他安全考虑，否则不应强制冷却；锅炉启、停过程中，对存在氧化皮隐患的锅炉受热面，尽量避免投用减温水。

按照“逢停必查”的原则，经常性或定期对存在氧化皮的受热面进行外观宏观检查、取样检查和氧化皮定量检查，及时清除炉管内剥落、沉积的氧化皮。

（4）防止机组频繁启停调峰造成受热面撕裂泄漏。锅炉启、停及升、降负荷过程中，应严格按照相关规程规定进行，严格控制汽温变化速率。检修期间，针对机组频繁启停调峰对受热面的影响，加强承压部件附件（如梳型板、人孔门、看火孔、风道）焊缝、异种钢焊缝检查，发现裂纹等缺陷时，采取打磨、更换、改造等措施消除。

8.7.3 防止水冷壁大面积高温腐蚀

（1）严格控制入炉煤硫分，加强燃煤掺配掺烧管理，根据锅炉设计特点与脱硫装置设计余量，论证合理的配煤掺烧硫份控制值。

（2）对于燃烧器四角切圆布置的锅炉，在检修期间要对燃烧器角度进行检查、测量和适当调整，在兼顾锅炉稳定燃烧的同时，适当减小假想切圆直径。对于燃烧器前后墙对冲布置的锅炉，如两侧墙水冷壁高温腐蚀严重，可考虑增加贴壁风或适当调整层旋流配风来改善壁面的强还原性气氛。

（3）做好氧量精细化调整工作，做好高负荷段锅炉氧量控制，减少因锅炉负荷波动、环保排放超标等各种因素导致的部分时段氧量偏低的问题。做好制粉系统运行调整，将煤粉细度控制在合理范围内。

（4）锅炉检修时，要加强燃烧器烧损情况的检查，对烧损的燃烧器要进行修复或更换。检修期间加强水冷壁高温腐蚀情况检查处理，减薄超标的管子更换；未达到更换标准的水冷壁管，要采取喷涂防腐等防护措施。存在高温腐蚀的锅炉，应建立腐蚀情况详细记录，包括每次测厚记录、更换管范围和喷涂范围等，掌握各区域腐蚀规律。

8.7.4 防止尾部烟道堵灰阻力增加

（1）对于存在空气预热器堵灰的机组，加强入炉煤掺配掺烧管理，防止硫份过高。满足达标排放的前提下，加强喷氨管理，尽可能低地控制氨逃逸，避免超标运行。

（2）机组应定期开展喷氨优化试验。对脱硝入口烟气流场和喷氨均匀性进行检测，确保烟气和喷氨分布均匀。

（3）加强锅炉低氮燃烧器的运行调整工作，尽可能保证脱硝入口 NO_x 在设计范围内，防止过量喷氨。机组负荷快速变化及锅炉重大运行调整时，应做好防止 NO_x 快速剧烈波动的措施，同时提前做好喷氨调整工作。

（4）机组检修时做好对催化剂的取样检测和性能评估，保证催化剂的性能满足脱硝设计运行要求。加强 CEMS 和氨逃逸表计管理，确保显示数据准确，为运行及时调整提供依据。

（5）加强对空气预热器运行和维护管理，做好差压变化跟踪分析，及时查明原因，加强运行清灰管理。检修期间根据空气预热器烟气侧差压情况，定期进行水冲洗。

8.8 涉网监督

8.8.1 直调机组深度调峰工况最小出力试验

8.8.1.1 管理办法

按照鲁电调技〔2023〕17 号的要求，发电企业在完成机组大修后，应进行直调机组深度调峰工况最小出力试验。技术监督办公室按照鲁电调技〔2023〕51 号的要求负责完成机组深度调峰工况最小出力试验的组织、实施及报告编写工作。

8.8.1.2 试验技术规范

（1）试验目的。在深度调峰工况下，验证机组在保证发电设备运行安全、环保排放合格、满足约定的供热量条件下，可持续稳定输出的最小电功率。

（2）主要技术指标及要求。

1）机组最小技术出力：机组深度调峰工况最小技术出力不应高于发电企业与山东电力调度控制中心并网协议中约定的最小值，且不应高于山东省电力技术监督办公室公示的机组最小技术出力核定验收试验的试验值。对于首次进行深度调峰工况最小技术出力验证核定的机组，应满足山东省能源监管部门相关要求。

2）机组负荷响应时间：机组从 50%额定容量调整至深度调峰工况最小技术出力所用时间不超过 1.5h；机组从深度调峰工况最小技术出力恢复至 50%额定容量的时间不超过 1.0h。

（3）试验应具备的条件。

1）试验前，机组持续稳定运行时间大于 72h。

2）机组热力系统按单元制运行。

3）机组及辅助设备运行正常、稳定、无异常泄漏。

4）机组自动控制、联锁、保护等动作可靠并有效投入。

5）锅炉燃用煤质稳定，试验煤种不应与锅炉日常燃用煤种有明显差异。

6）试验前应检查、确认锅炉火焰监测系统和灭火保护装置性能良好，且锅炉燃油系统、点火系统、等离子助燃系统等正常，处于备用状态。

7）试验前发电企业应制定机组深度调峰工况最小技术出力试验的具体操作措施及相应的安全措施，制定相应的锅炉灭火防范措施。

8）热力系统应按照设计热平衡图所规定的热力循环运行并保持稳定。各加热器水位正常、稳定。

9）提高机组运行灵活性的辅助设备正常、可靠。

10）试验前应对有功功率、无功功率、炉膛压力、给水流量、减温水流量、主蒸汽压力、主蒸汽温度、再热蒸汽压力、再热蒸汽温度等主要表计进行检查，相关表计应在有效期内，保证测量数据准确。

11）试验机组现场有功功率、无功功率与山东电力调度控制中心能量管理系统（EMS）数据保持一致。

（4）试验方法及过程。

1）试验工况要求。

a. 纯凝机组及仅带民生采暖的抽凝机组应进行纯凝工况下的最小技术出力核定试验，纯凝工况最小技术出力持续稳定运行时间应不小于 4h 且满足山东省能源监管部门相关要求。

b. 抽凝机组应进行供热工况最小技术出力核定试验，工业暖供热量不得低于该机组在山东省热电机组在线监测系统上年统计平均值，其中采暖供热量采用采暖季平均值，工业供热量采用全年平均值，供热工况最小技术出力持续稳定运行时间应不小于 4h 且满足山东省能源监管部门相关要求。同时，对于全厂存在两台及以上参数相同、设备型号一致、供热方式一致、采暖及工业供汽能力接近的机组，试验期间的采暖供热量、工业供热量应不低于根据年度供热量（或采暖季供热量）在上述机组间平均分配数值。

c. 配套灵活性辅助设备的机组，辅助设备与共享该设备的机组同时运行进行试验，持续稳定运行时间应不小于 4h 且满足山东省能源监管部门相关要求。

2）试验过程。

a. 发电企业按照制定的运行操作措施调整机组负荷至 50% 额定容量。

b. 确认机组运行参数正常后，继续按照运行操作措施以满足本小节（2）要求的变负荷速率降低机组负荷至预定最小技术出力负荷，经试验单位确认后开始计时，记录试验数据。

c. 机组在最小技术出力负荷连续稳定运行时间满足本小节（3）要求后，经试验单位确认，按照运行操作措施以满足本小节（2）要求的变负荷速率升高机组负荷至 50% 额定容量。

d. 机组应按照要求完成所有工况下的最小技术出力试验，且试验结果满足本节（4）1）a.b.c. 要求，机组最小技术出力核定试验结束。

e. 在上述试验过程中，若出现锅炉燃烧不稳、发电设备异常等情况均按照电厂制定的操作措施、运行规程处理及调整，防止发生灭火非停，若在试验过程中发生锅炉灭火或其他停机事件，待故障消除、机组恢复正常运行后方可重新试验，若消缺时间超过 2h，则试验终止。

f. 在上述试验过程中，记录机组的运行状态参数、环保排点火（助燃）系统状态（包括油系统、等离子系统、助燃氧系统等所有点火助燃系统）、机组出现的超温超压等影响安全稳定运行的情况。

g. 在上述试验过程中，机组的有功功率、无功功率等数据应与 EMS 系统保持一致。运行参数均从 DCS 中采集。试验结束后，按指定时间段和时间间隔从 DCS 中读取历史数据，所需 DCS 参数清单由试验人员提供。

h. 在上述试验过程中，发电企业负责入炉煤取样，试验结束后做全水和工业分析。

3）试验过程中还应保证如下条件：

a. 锅炉炉膛压力正常，炉膛出口两侧没有明显的烟温偏差。锅炉燃烧稳定、火焰检测正常。

b. 锅炉各受热面壁温不超过允许值。

c. 锅炉脱硫、脱硝、除尘等环保设施可靠投入，环保排放符合排放要求。

d. 机组振动、胀差、轴向位移、推力瓦温等安全指标不超标。

e. 最小技术出力核定试验期间机组各主、辅机运行参数不超过报警限值，汽水参数稳定，主要参数波动符合表 8.7 要求。

表 8.7 最小出力核定试验参数要求

测量项目		允许波动范围
最小技术出力 $p_{e.min}$	—	±3%
蒸发量 D	$D>2008t/h$ $950t/h<D\leqslant 2008t/h$ $480t/h<D\leqslant 950t/h$ $D<480t/h$	±1% ±2% ±4% ±5%
蒸汽压力 p	$p>18.5MPa$ $9.8MPa\leqslant p\leqslant 18.5MPa$ $p<9.8MPa$	±1% ±2% ±4%
蒸汽温度 t	$t\geqslant 540℃$ $t<540℃$	±5℃ $^{+5}_{-10}$℃

（5）试验记录。机组试验期间运行数据采用 DCS 数据，环保数据采用与环保部门联网的 CEMS 数据。试验记录应当包括：机组深度调峰工况最小技术出力试验过程参数（见表 8.8、表 8.9）。

表 8.8 机组最小技术出力状态运行数据记录表

序号	名称	单位	序号	名称	单位
1	有功功率	MW	16	各高压调节阀开度	%
2	无功功率	MVA	17	采暖抽汽流量	t/h
3	过热器出口蒸汽压力	MPa	18	采暖抽汽压力	MPa
4	过热器出口蒸汽温度	℃	19	采暖抽汽温度	℃
5	过热器出口蒸汽流量	t/h	20	工业抽汽流量	t/h
6	过热器减温水流量	t/h	21	工业抽汽压力	MPa
7	再热器入口蒸汽温度	℃	22	工业抽汽温度	℃
8	再热器出口蒸汽温度	℃	23	热网加热器进汽压力	MPa
9	再热蒸汽压力（炉侧）	MPa	24	热网加热器进汽温度	℃
10	再热器减温水流量	t/h	25	热网加热器疏水温度	℃
11	调节级后压力	MPa	26	热网供水流量	t/h
12	调节级后温度	℃	27	热网供水压力	MPa
13	低压缸排汽压力	kPa	28	热网供水温度	℃
14	给水流量	t/h	29	热网回水流量	t/h
15	给水温度	℃	30	热网回水压力	MPa

续表

序号	名称	单位	序号	名称	单位
31	热网回水温度	℃	61	B 侧送风机电流	A
32	灵活性设备主要运行参数	—	62	A 侧引风机电流	A
33	各支撑轴承轴振	μm	63	B 侧引风机电流	A
34	各支撑轴承金属瓦温	℃	64	A 侧一次风机电流	A
35	各支撑轴承回油温度	℃	65	B 侧一次风机电流	A
36	推力轴承正面金属瓦温	℃	66	水冷壁管和汽包金属温度	℃
37	推力轴承负面金属瓦温	℃	67	过热器管壁温度	℃
38	推力轴承回油温度	℃	68	再热器管壁温度	℃
39	轴向位移	mm	69	汽水品质	—
40	高压胀差	mm	70	煤质分析	—
41	低压胀差	mm	71	发电机定子线圈最高温度	℃
42	循环水进水温度	℃	72	发电机定子线圈温差	℃
43	循环水进水压力	kPa	73	发电机定子铁芯最高温度	℃
44	循环水出水温度	℃	74	发电机定子铁芯温差	℃
45	循环水出水压力	kPa	75	发电机定子线圈出水最高温度	℃
46	循环水进（出）流量	t/h	76	发电机定子线圈出水温差	℃
47	给水压力	MPa	77	定子电压	V
48	炉膛负压	Pa	78	定子电流	A
49	炉膛出口氧量	%	79	各母线电压	V
50	A 侧 SCR 入口烟气 NO_x 浓度	mg/m^3	80	励磁电压	V
51	B 侧 SCR 入口烟气 NO_x 浓度	mg/m^3	81	励磁电流	A
52	A 侧 SCR 入口烟气温度	℃	82	冷氢（风）温度	℃
53	B 侧 SCR 入口烟气温度	℃	83	热氢（风）温度	℃
54	A 侧排烟温度	℃	84	定子进水温度	℃
55	B 侧排烟温度	℃	85	主变压器电压	V
56	各磨煤机给煤量	t/h	86	主变压器电流	A
57	各磨煤机电动机电流	A	87	主变压器油温	℃
58	各磨煤机出口温度	℃	88	NO_x 排放浓度	mg/m^3
59	总入炉煤量	t/h	89	SO_2 排放浓度	mg/m^3
60	A 侧送风机电流	A	90	粉尘排放浓度	mg/m^3

注　若机组配置了灵活性辅助设备，应根据设备情况记录关键运行参数。

表 8.9　机组最小技术出力核定试验关键参数记录表

序号	名　称	单位	数值
1	50% 额定容量	MW	
2	最小技术出力核定值	MW	
3	由 50% 额定容量开始降负荷时刻	—	年　月　日　时：　分
4	负荷降至最小技术出力核定值时刻	—	年　月　日　时：　分
5	由最小技术出力核定值升负荷时刻	—	年　月　日　时：　分
6	负荷升至 50% 额定容量时刻	—	年　月　日　时：　分
7	最小技术出力核定试验时主汽温波动范围	℃	
8	最小技术出力核定试验时主汽压波动范围	MPa	
9	最小技术出力核定试验时有功功率波动范围	MW	

8.8.2　直调煤电机组额定容量核定

8.8.2.1　核定管理办法

为规范发电机组额定容量管理，加强机组降出力考核，提高全网电力供应保障能力，根据中华人民共和国电力工业部 电综〔1998〕179 号、GB/T 10184 和 GB/T 8117 等电力规程、规范，结合山东省实际，制定了《山东省直调煤电机组额定容量核定管理办法》，适用于山东省直调煤电机组的新投产机组额定容量确认，以及在运燃煤机组进行影响机组出力的技术改造后的额定容量确认。

监督办公室负责全省直调煤电机组额定容量核定组织实施，国网山东电科院负责完成机组额定容量核定试验。

机组额定容量核定试验是测试机组在夏季背压、额定功率因数条件下安全连续运行的带负荷能力。试验一般安排在每年 7、8 月份进行，持续时间为 168h。

8.8.2.2　试验方法

（1）试验目的。测试直调煤电机组在夏季工况规定背压、额定功率因数条件下安全连续运行的带负荷能力，为核定机组容量提供依据。

（2）试验应具备的条件。

1）如果存在影响机组带出力的缺陷，应提前进行消缺。

2）机组及辅助设备运行正常、稳定、无异常泄漏。

3）机组自动控制、联锁、保护等动作可靠并有效投入。

4）热力系统应按照设计热平衡图所规定的热力循环运行并保持稳定。

5）锅炉燃用煤质稳定，尽量采用设计煤种。

6）试验前锅炉运行持续时间应大于 72h。

7）试验前保持受热面不超温，主汽温度和压力等参数正常，减温水流量正常。

8）试验前电厂化学专业连续化验汽水品质，保证汽水品质合格。

9）各加热器水位正常、稳定。检查确认各加热器安全阀动作正常。

10）试验期间功率因数的平均值控制在规定值的 ±0.01 以内，背压值的平均值不低于规定值 –0.2kPa。其他参数（如氢压、内冷水流量、风温等）维持制造厂铭牌工况规定的数据。

11）对于常年带工业热负荷且试验期间不能切除的机组，试验期间应保持机组的抽汽流量稳定。

12）试验前应对有功功率、无功功率、给水流量、减温水流量、主蒸汽压力、主蒸汽温度、再热蒸汽压力、再热蒸汽温度等主要表计的测量回路、保护回路及自动化远动装置进行检查，相关表计的校验报告应在有效期内，保证测量数据准确。

13）试验前，电厂热工人员配合试验检测组将现场 2 台以上显示用的真空变送器更换为试验专用的绝压变送器，将变送器的输出信号同时传送至 DCS 和试验专用数据采集系统，严防误动真空表压力开关。

14）试验前，电厂热工人员配合试验检测组将现场热井出水温度的测量元件更换为试验专用的测量元件，并将此信号传送至试验专用数据采集系统。

（3）试验方法和过程。

1）根据机组的实际情况调整背压值，使之维持在试验规定的背压工况，逐渐将机组出力升至目标值。

2）锅炉主蒸汽压力、主蒸汽温度、再热温度维持额定值，各部受热面温度、压力不超过允许值。

3）汽轮机在升负荷过程中注意监视段压力等主辅机安全指标不超过允许值。

4）发电机额定功率因数运行时，发电机定子电压不超额定值的 5%，转子电压、电流不超额定值。

5）调整至试验工况后，运行人员随时调整机组处于良好运行状态，保持稳定运行。

6）试验期间运行人员应严密监视机组各项运行参数和设备运行状态，加强机、炉、电运行的联系协调，试验持续时间 168h。

7）对主要辅机的运行状态进行监视，记录开度、电流等主要运行参数，运行过程中，加强对辅机设备的巡检，监视设备轴承温度、振动情况。

8）如设备或运行工况异常时，应立即按运行有关规程处理，确保机组安全运行。

9）参试机组的主要辅机出现故障时，若消缺时间不超过 4h，剔除相应时段的出力记录，试验结束时间相应顺延。若消缺时间超过 4h 仍不能恢复正常运行，则试验终止，待故障消除、机组恢复正常运行后方可重新试验。非试验机组自身设备问题致使试验中断，可剔除相应时段试验顺延。

10）试验期间，功率因数、背压值连续超出允许值波动范围时间不得超过 2h；超出 2h 且在 12h 之内的，剔除超限时段试验数据，并将试验结束时间相应顺延。一次超出 12h 或累计超出 24h 的，试验终止。

11）试验前，取原煤进行工业分析，取煤粉化验煤粉细度。试验过程中取入炉煤样进行混合缩分，由电厂化学专业做相关工业分析。

12）试验期间由电厂化学专业按相关汽水品质控制标准进行汽水取样分析。

13）锅炉蒸发量通过 DCS 中的给水流量和减温水流量确定。

14）锅炉、汽轮机、发电机及辅机的运行参数从 DCS 中读取。试验结束后，按指定时间段和时间间隔从 DCS 中读取历史数据。

（4）试验结果处理及计算。

1）机组有功功率、无功功率取试验期间山东电力调度控制中心 EMS 数据平均值；功率因数由有功功率、无功功率计算得到。

2）机组背压取试验期间试验专用绝压变送器测量的平均值；其他参数从 DCS 中读取，取平均值。

（5）试验的组织与分工。

1）按照《山东省直调煤电机组额定容量核定管理办法》成立试验检测组与试验监督组。其中，试验检测组负责现场组织检测，监视设备运行状态，记录相关运行参数。试验监督组负责试验全过程的监督，确保各项测试数据记录真实有效，做好与试验检测组和发电企业之间的沟通协调。相关发电企业应给予必要的协助和配合。

2）试验前电厂应提供最新版的运行规程或设备厂家的相关规定。确保试验过程中所需监测的主辅机安全指标有明确的规定。

3）试验前电厂负责制定技术操作措施，做好事故预想和安全组织措施，并对运行人员做好明确交代。

4）运行人员熟悉主、辅机的额定运行参数及各参数的保护值，对机组运行状态监视到位。

5）设备运行操作由当值运行人员完成，工况确认由试验检测组和监督组完成。

6）电厂运行专业负责试验工况的稳定，认真做好运行参数记录。

7）电厂热控专业负责相关运行数据的制表及复制。

8）试验报告由试验检测组完成。

（6）试验记录。机组试验期间运行数据采用 DCS 数据，环保数据采用与环保部门联网的CEMS数据。试验记录应当包括：煤电机组额定容量核定试验相关运行参数（见表8.10）。

表8.10 煤电机组额定容量核定试验相关运行参数

序号	名称	单位	数值
1	发电机有功功率	MW	
2	发电机无功功率	MVA	
3	发电机功率因数	—	
4	机侧主汽压力	MPa	
5	机侧主汽温度	℃	
6	调节级后压力	MPa	
7	调节级后温度	℃	
8	机侧再热压力	MPa	
9	机侧再热温度	℃	
10	背压	kPa	
11	低压缸排汽温度	℃	
12	热井出水温度	℃	
13	轴封加热器出口温度	℃	
14	各加热器进出水温度	℃	
15	给水流量	t/h	
16	主汽流量	t/h	
17	过热器减温水流量	t/h	
18	再热器减温水流量	t/h	
19	各高压调节阀开度	%	
20	一抽压力	MPa	
21	二抽压力	MPa	
22	三抽压力	MPa	
23	四抽压力	MPa	
24	五抽压力	MPa	
25	六抽压力	MPa	
26	七抽压力	MPa	

续表

序号	名称	单位	数值
27	八抽压力	MPa	
28	各支撑轴承轴振	μm	
29	各支撑轴承金属瓦温	℃	
30	各支撑轴承回油温度	℃	
31	推力轴承正面金属瓦温	℃	
32	推力轴承负面金属瓦温	℃	
33	推力轴承回油温度	℃	
34	轴向位移	mm	
35	高压胀差	mm	
36	低压胀差	mm	
37	循环水进水温度	℃	
38	循环水出水温度	℃	
39	主蒸汽温度（炉侧）	℃	
40	主蒸汽压力（炉侧）	MPa	
41	给水温度	℃	
42	给水压力	MPa	
43	再热蒸汽压力（炉侧）	MPa	
44	再热器出口蒸汽温度	℃	
45	再热器入口蒸汽温度	℃	
46	汽包压力	MPa	
47	炉膛负压	Pa	
48	A 侧炉膛出口氧量	%	
49	B 侧炉膛出口氧量	%	
50	A 侧热二次风温度	℃	
51	B 侧热二次风温度	℃	
52	A 侧送风机出口温度	℃	
53	B 侧送风机出口温度	℃	
54	A 侧送风机入口风温度	℃	
55	B 侧送风机入口风温度	℃	

续表

序号	名称	单位	数值
56	A 侧空气预热器前烟气温度	℃	
57	B 侧空气预热器前烟气温度	℃	
58	A 侧空气预热器后烟气温度	℃	
59	B 侧空气预热器后烟气温度	℃	
60	A 侧省煤器前烟气温度	℃	
61	B 侧省煤器前烟气温度	℃	
62	A 侧排烟温度	℃	
63	B 侧排烟温度	℃	
64	各磨煤机给煤量	t/h	
65	各磨煤机电动机电流	A	
66	各磨煤机出口温度	℃	
67	总入炉煤量	t/h	
68	A 侧送风机电流	A	
69	B 侧送风机电流	A	
70	A 侧送风机开度	%	
71	B 侧送风机开度	%	
72	A 侧引风机电流	A	
73	B 侧引风机电流	A	
74	A 侧引风机开度	%	
75	B 侧引风机开度	%	
76	A 侧一次风机电流	A	
77	B 侧一次风机电流	A	
78	A 侧一次风机开度	%	
79	B 侧一次风机开度	%	
80	水冷壁管和汽包金属温度	℃	
81	过热器管壁温度	℃	
82	再热器管壁温度	℃	
83	汽水品质	—	
84	煤质分析	—	

续表

序号	名称	单位	数值
85	发电机定子线圈最高温度	℃	
86	发电机定子线圈温差	℃	
87	发电机定子铁芯最高温度	℃	
88	发电机定子铁芯温差	℃	
89	发电机定子线圈出水最高温度	℃	
90	发电机定子线圈出水温差	℃	
91	定子电压	V	
92	定子电流	A	
93	各母线电压	V	
94	励磁电压	V	
95	励磁电流	A	
96	冷氢（风）温度	℃	
97	热氢（风）温度	℃	
98	定子进水温度	℃	
99	主变压器电压	V	
100	主变压器电流	A	
101	主变压器油温	℃	

8.8.3 直调煤电机组灵活调节能力核定

8.8.3.1 管理办法

为充分挖掘煤电机组调峰潜力，促进可再生能源消纳，保障电网安全稳定运行，根据发改能源〔2018〕364号、鲁发改能源〔2023〕818号和有关产业政策、规定，结合山东省实际，制定了《山东省直调煤电机组灵活调节能力核定办法》。

灵活性改造是指煤电机组通过系统优化、设备改造或加装储能（不独立接受电网调度）等辅助设备提升机组灵活调整能力的技术改造。

发电机组灵活调节能力核定试验项目包括：发电机组最小技术出力核定、深调负荷段的一次调频性能试验、深调负荷段的自动发电控制（AGC）性能试验、深调负荷段的进相能力试验、深调负荷段的电力系统稳定器（PSS）性能试验、深调负荷段的自动电压控制（AVC）性能试验。其中属于锅炉技术监督内容的是发电机组最小技术出力核定试验。

8.8.3.2 发电机组最小技术出力试验

发电机组最小技术出力是指在保证发电设备运行安全、环保排放合格、满足约定供热量条件下，发电机可持续稳定输出的最小电功率。配备储能（不独立接受电网调度）等灵活性辅助设备的机组，最小电功率为发电机出口电功率扣除其配套灵活性辅助设备吸收的电功率。

通过摸底自评，达到下列要求的机组，可向山东省电力技术监督办公室备案灵活性核定试验计划：

（1）存量纯凝机组稳燃情况下最小技术出力不高于30%额定负荷；统计期（采暖季、非采暖季）热电比小于50%的抽凝机组最小技术出力不高于35%额定负荷；统计期热电比大于50%（含）的抽凝机组，最小技术出力不高于40%额定负荷。

（2）新投产纯凝、抽凝机组稳燃情况下最小技术出力分别不高于20%和30%额定负荷。

（3）机组在深度调峰负荷段（50%额定负荷至机组最小技术出力负荷段）的涉网性能应满足相关技术规范要求。

（4）山东省电力技术监督办公室在山东省能源局的领导下负责组织全省直调煤电机组灵活调整能力核定工作。

8.8.3.3 试验技术规范

（1）机组最小技术出力达标要求如下：

1）存量纯凝机组稳燃情况下最小技术出力不高于30%额定负荷；统计期内（采暖季、非采暖季，下同）热电比小于50%的抽凝机组最小技术出力不高于35%额定负荷；统计期内热电比大于50%（含）的抽凝机组，最小技术出力不高于40%额定负荷。

2）新投产纯凝和抽凝机组最小技术出力应分别不高于20%和30%额定负荷。

3）机组负荷响应时间：机组从50%额定容量调整至最小技术出力所用时间不超过1.5h；机组从最小技术出力恢复至50%额定容量的时间不超过1.0h。

（2）试验条件：

1）试验前，机组持续稳定运行时间大于72h。

2）机组热力系统按单元制运行。

3）锅炉燃用煤质稳定，试验煤种不应与锅炉日常燃用煤种有明显差异。

4）试验前应对有功功率、无功功率、炉膛压力、给水流量、减温水流量、主蒸汽压力、主蒸汽温度、再热蒸汽压力、再热蒸汽温度等主要表计进行检查，相关表计应在有效期内，保证测量数据准确。

5）试验机组现场有功功率、无功功率与山东电力调度控制中心能量管理系统

（EMS）数据保持一致。

（3）试验工况要求：

1）纯凝机组应进行纯凝工况下的最小技术出力核定试验，纯凝工况最小技术出力持续稳定运行时间应不小于6h。

2）抽凝机组应进行采暖季、非采暖季工况最小技术出力核定试验，工业和采暖供热量原则上不低于该机组在山东省热电机组在线监测系统的统计平均值，其中采暖供热量采用上一个采暖季的平均值，工业供热量采用上一年度平均值，最小技术出力持续稳定运行时间应不小于6h。同时，对于全厂存在两台及以上参数相同、设备型号一致、供热方式一致、采暖及工业供汽能力接近的机组，试验期间的采暖供热量、工业供热量应不低于根据年度供热量（或采暖季供热量）在上述机组间平均分配数值。

3）配套灵活性辅助设备的机组，辅助设备与共享该设备的机组同时运行进行试验，持续稳定运行时间应不小于6h。

（4）试验过程：

1）发电企业按照制定的运行操作措施调整机组负荷至50%额定容量，确认机组运行参数正常后，从50%额定容量调整至最小技术出力所用时间不超过1.5h。低机组负荷至预定最小技术出力负荷，经试验单位、发电企业、技术监督部门确认后开始计时，记录试验数据。

2）机组在最小技术出力负荷连续稳定运行时间满足6h要求后，经试验检测组确认，按照运行操作措施机组从最小技术出力恢复至50%额定容量的时间不超过1.0h。

3）机组应按照试验工况要求完成所有工况下的最小技术出力核定试验，且试验结果满足核定负荷等条件要求，机组最小技术出力核定试验结束。

4）在上述试验过程中，若出现锅炉燃烧不稳、发电设备异常等情况均按照电厂制定的操作措施、运行规程处理及调整，防止发生灭火非停。若在试验过程中发生锅炉灭火或其他停机事件，待故障消除、机组恢复正常运行后方可重新试验，若消缺时间超过4h，则试验终止。

5）在上述试验过程中，记录机组的运行状态参数、环保排放情况、点火（助燃）系统状态（包括：油系统、等离子系统、助燃氧系统等所有点火助燃系统）、机组出现的超温超压等影响安全稳定运行的情况。

6）在上述试验过程中，机组的有功功率、无功功率等数据同时在EMS和DCS中采集，其余运行参数从DCS中采集。试验结束后，按指定时间段和时间间隔从EMS和DCS中读取历史数据，所需DCS参数清单由试验人员提供。

7）在上述试验过程中，发电企业负责入炉煤取样，试验结束后做全水和工业分析。

8）汽水参数稳定，主要参数波动符合表 8.7 要求。

9）试验过程中还应保证如下条件：

a. 锅炉炉膛压力正常，炉膛出口两侧没有明显的烟温偏差。

b. 锅炉燃烧稳定、火焰检测正常。

c. 锅炉各受热面壁温不超过允许值。

d. 锅炉脱硫、脱硝、除尘等环保设施可靠投入，环保排放符合排放要求。

e. 最小技术出力核定试验期间机组各主、辅机运行参数不超过报警限值。

（5）试验组织与分工：

1）试验前成立试验组织机构。发电企业安排专人担任试验总指挥，全面负责试验的组织、协调；试验单位按照《山东省直调公用煤电机组灵活性改造后最小技术出力核定管理办法》成立试验检测组，安排专人担任试验技术负责人；山东省电力技术监督办公室依据试验安排委派技术人员到厂监督。

2）发电企业于试验前完成负荷申请，并制定操作措施，做好事故预想和安全组织措施；运行专业负责试验工况的稳定和调整，做好有关参数记录；化学专业负责完成原煤取样和化验；热控专业负责试验过程中的仪表缺陷处理以及试验数据读取。

3）山东电力调度控制中心负责试验机组的负荷审批，读取 EMS 中有功功率、无功功率等数据。试验数据经山东电力调度控制中心签字、审核并加盖公章后编入试验报告。

4）试验检测组负责试验工况的确认、试验报告的编写及出版，技术监督部门负责试验过程的监督。

（6）试验记录：机组试验期间运行数据采用 DCS 数据，环保数据采用与环保部门联网的 CEMS 数据，机组有功功率、无功功率以山东电力调度控制中心 EMS 数据为准。

试验记录参数见表 8.8、表 8.9。

8.8.4 煤电机组耦合掺烧生物质及低热值燃料在线监督

在山东省能源局的指导下，监督办公室制定了《山东省煤电机组耦合掺烧生物质及低热值燃料掺烧在线监督系统管理办法（征求意见稿）》，充分利用物联网、信息化技术，建设完成了山东省煤电机组智慧管理服务平台，实现了全省非煤燃料掺烧在线监督和技术性能在线跟踪等系统功能。

服务平台系统由主站、通信通道、发电企业厂站及相应软件和数据等部分构成，其中直调煤电机组非煤燃料掺烧在线监督系统（简称综合利用在线监督系统）主站设在国网山东电科院。该系统的作用是加强生物质及低热值燃料掺烧机组的运行管理，做好掺烧机组在线监督，实现了实时采集现场视频图像，监测掺烧机组的煤泥、市政污泥或生物质掺烧量、入炉燃料低位发热量等参数。

依据管理办法，监督办公室每月按时统计综合利用机组运行数据并进行数据分析，形成监督月报。对于新申请接入机组，依据相关管理办法进行资料审查和现场勘查，评定是否具备接入资格。针对综合利用机组全年运行情况进行统计分析，形成年度报告，上报省能源局。

8.8.4.1 职责分工

各单位按照山东省能源局《山东省煤电机组在线监测暂行管理办法》中关于综合利用机组在线监督的相关规定承担各自的职责。

（1）监督办公室在山东省能源局的领导下开展在线监督系统的日常运行管理，履行以下职责：

1）负责煤电机组耦合掺烧生物质及低热值燃料在线监督系统的运行管理工作；

2）负责编制掺烧机组在线监测系统月报、年报，按要求对掺烧机组的生物质或低热值燃料发电量进行折算；

3）负责系统主站功能模块的设计，指导系统厂站建设，确认厂站采集的数据测点和视频传输情况；

4）负责检查系统运行情况，协调系统运行中出现的异常情况的处理。

（2）掺烧机组所在单位履行以下职责：

1）负责提供机组技术资料和资质证书等；

2）负责厂站的建设、运行和维护，包括监测数据和视频信号的采集和上传等工作；

3）负责建立健全厂站管理制度，设置兼职或专职的厂站管理专工，建立正常的数据分析、维护、人工报送程序，定期通过山东省电力技术监督服务平台报送入炉生物质及低热值燃料和常规燃料的工业分析数据等相关参数和统计数据；

4）保证生物质及低热值燃料掺烧比例和入炉燃料的低位发热量符合相关要求；

5）负责定期进行相关计量器具的校验，定期委托具有资质的单位开展掺烧机组的锅炉性能试验和泵送设备出力试验，并通过山东省电力技术监督服务平台报送校验报告和试验结果；

6）负责确保监测数据的可靠性、真实性，严禁对采集的数据进行人工干预；

7）负责检查自身监测数据和视频信号的采集和上传情况，出现异常应于24h内报告平台运维单位，每月10日前通过山东省电力技术监督服务平台报送上月生物质及低热值燃料掺烧数据和视频信号传输情况；

8）负责掺烧机组间的相互监督，发现异常及时通过山东省电力技术监督服务平台进行反馈；

9）厂站因维护需要停运时，须提前报山东省电力技术监督办公室；

10）因通信故障导致数据丢失或异常时，24h内的可依据厂站保存数据及时补充上传；

11）承担因接入本单位所属生物质及低热值燃料掺烧机组视频和数据而产生的通信费用，及视频监控、数据处理、主站运行维护等活动产生的费用。

（3）平台运维单位履行以下职责：

1）负责掺烧机组在线监督系统主站的开发、运行管理和维护工作；

2）负责接收各机组运行数据，对异常数据进行校核、处理；

3）负责在山东省电力技术监督服务平台维护各机组的视频信号；

4）负责统计掺烧机组在线监督数据，每月 8 日前汇总上月月度统计数据；

5）负责定期对数据进行备份，并做好备份记录；

6）负责向掺烧机组所在单位提供主站侧的视频和数据接入、视频监控、数据计算、数据统计等服务，服务模式由双方签订协议确定。

8.8.4.2 实施在线监督的掺烧机组必须具备的条件

（1）建设项目审批手续齐全，并按照批准内容建设、验收，符合国家产业政策、技术规范以及山东省相关规定，经有关部门认定为低热值燃料或生物质掺烧机组，完成了低热值燃料或生物质掺烧的职能且机组设备未超期服役或淘汰。

（2）完成低热值燃料的无害化处理职能，在低热值燃料处理过程中不允许附带危害环境的环节，对废弃物采取低热值燃料掺烧措施，污染物实现达标排放。

（3）入炉燃料分类计量、供热量、供电量、主要污染物等在线监测装置完善，单台机组的入炉燃料量（普通燃煤、低热值燃料或生物质）能分别独立在线计量，给煤机具备计量装置且能实现给煤量信号的实时在线传输，能源计量器具配备达到 GB 17167—2006 要求。

（4）实现生物质或低热值燃料的入厂、存放、掺配、入炉的全过程视频监控。

（5）配备专用的生物质或低热值燃料处理设备，相应设备的运行状态能够实现在线监测。

（6）视频信号、机组及专用处理设备的运行参数和相关的机组运行参数具备实时上传至掺烧机组在线监督系统的条件。

（7）利用煤泥发电的，原则上应为坑口电站，必须以燃用煤泥为主，其使用量、入炉燃料平均低位发热量应符合相关要求；必须配备常规燃料、煤泥在线计量装置，可在线计量常规燃料量、煤泥入炉量。

（8）使用污泥发电应当符合以下条件：使用的数量及品质需有地（市）级环卫主管部门出具的证明材料；每月的实际使用量符合相关要求；必须配备常规燃料与污泥在线计量装置，可在线计量常规燃料量、污泥入炉量。

8.8.4.3 掺烧机组应提供的材料

（1）低热值燃料或生物质掺烧机组认定文件（如有）。

（2）掺烧机组简介，主要包括：企业概况、生产经营情况、资源低热值燃料掺烧情况等（工艺流程、低热值燃料或生物质掺烧燃料消耗量、掺烧比、低位发热量）。

（3）资源低热值燃料或生物质掺烧掺配燃料汇总表。

（4）县级以上环保行政主管部门出具的环保达标排放证明或环境监测报告复印件。

（5）有资质的检测机构提供的近 1 年内锅炉效率试验报告（需包含掺烧前后至少 2 个对比工况）。

（6）有资质的单位出具的入炉燃料检验分析报告（必须包含原煤、掺烧燃料和混合燃料）。

（7）低热值燃料供货合同及燃料来源证明。

（8）污泥由县级以上环卫主管部门出具数量及品质的证明材料（限于利用污泥的低热值燃料掺烧机组）。

（9）企业对所提交的申报材料真实性负责的承诺书。

（10）其他需要说明的情况和问题。

8.8.4.4 平台接入申请程序

（1）满足 8.7.4.3 要求，并已连续掺烧生物质或低热值燃料 1 个月以上，掺烧比例满足要求，且目前正在掺烧的机组可申请接入系统。

（2）机组所在单位可随时登录山东省电力技术监督服务平台，提报接入系统技术审核申请，并同时上报技术监督办公室申报材料，所需材料见 8.8.4.3。

（3）山东省电力技术监督办公室收到接入申请后 15 个工作日内，对申请材料的完整性进行审核，将满足系统技术条件的机组上报山东省能源局，审批结果在山东省电力技术监督服务平台上公布。

（4）经批准的机组按要求开展厂站建设。

（5）厂站建设完成后，机组所在单位联系平台运维单位进行视频和运行数据上传的调试，对于数据不符合要求的情况，相关单位应进行整改，直至调试完成。

（6）所有数据满足要求后，平台运维单位将低热值燃料掺烧数据在平台上发布。

8.8.4.5 运行管理

（1）各机组掺烧指标根据系统记录数据进行统计，数据中断视为机组设备停运。

（2）已接入平台的机组如果出现无法在线计量入炉燃料量（常规燃料、低热值燃料或生物质燃料）或无法分炉计量的机组应于一年内完成整改，实现入炉燃料的在线计量，整改期内暂通过人工录入报送数据，未录入视为掺烧量为 0。

（3）已接入平台的机组如果出现以下情况，相应机组应于三个月内完成整改（停运报备机组除外）：

1）月报统计掺烧比例不符合能源主管部门政策要求的机组；

2）连续一个月数据中断或异常的机组；

3）未按要求报送相关数据（数据传输情况、计量器具检定证书、锅炉及掺烧设备性能试验报告等）的机组。

（4）对于无法通过视频区分掺烧燃料和常规燃料的机组应于三个月内完成整改，确保掺烧燃料和常规燃料固有视频特征明显、视频信号清晰可辨。

（5）对于系统在线监督的机组，存在以下情况的，如继续掺烧应在次年重新办理接入申请手续：

1）按 8.8.4.5（3）规定应进行整改的机组，未在规定时间内完成整改或整改后仍不能满足要求的；

2）连续三个月掺烧比例不满足能源主管部门政策要求的机组；

3）除停机检修外，数据无故连续中断三个月以上的机组（包含录入报送数据）；

4）人工干预在线监测数据或有其他情况被举报经核实存在上报虚假数据的机组；

5）未在规定时间内进行计量器具校验、未在规定时间内进行锅炉效率试验和泵送设备出力试验的机组；

6）由于机组自身原因导致视频监控信号连续中断超过七天的机组；

7）其他不满足 8.8.4.2 规定要求的机组。

8.8.4.6 监督考核

（1）山东省电力技术监督办公室依据机组生物质或低热值燃料掺烧量及其他技术性能指标，按照相关国家及行业标准对生物质或低热值燃料发电量进行折算。

（2）山东省电力技术监督办公室不定期现场检查或远程核查系统厂站和掺烧机组运行情况，并根据在线监督系统运行情况组织发电企业开展互查工作。

（3）发电企业应保证监测数据上传的准确性，山东省电力技术监督办公室应严格执行国家相关监测技术标准，如实出具监测报告，不得泄露被监测单位的商业秘密。

（4）发电企业未按照国家有关规定和本办法实施监测或者统计数据不准确，且经三次书面通知仍未按相关要求整改的，山东省电力技术监督办公室将视为机组不再掺烧生物质或低热值燃料，并向山东省能源局报备。

9 热工技术监督

热工技术监督是在热工规划、设计、建设及发电全过程中，以安全和质量为中心，依据国家、行业有关标准、规程，采用有效的测试和管理手段，对影响热工设备的健康水平及安全、质量、经济运行有关的重要参数、性能指标进行监测与控制，以确保其安全、经济运行。

热工技术监督应坚持“安全第一、预防为主、综合治理”的方针，按照依法监督、分级管理、专业归口的原则，建立健全监督体系，贯彻安全生产“可控、在控”的要求，执行有关标准、规程、规定和反事故技术措施，及时发现和消除设备缺陷，提高设备的可靠性。

9.1 监督范围

热工专业技术监督重点开展对发电企业热工系统设计、设备选型、安装调试、运行维护、技术改造、生产检修等工作的全过程监督，对影响机组安全、经济、稳定运行的热工重要参数、性能指标进行监测、调整和评价。监督范围包括：热工设备的可行性研究、可靠性评价，热工设备的设计、选型、监造、安装、调试、性能试验和竣工验收阶段的监督，热工设备在日常运行、停运及检修阶段的监督。

（1）热控系统，包括：数据采集系统（DAS）、顺序控制系统（SCS）、模拟量控制系统（MCS）、锅炉炉膛安全监控系统（FSSS）、汽轮机紧急跳闸系统（ETS）、汽轮机电液控制系统（DEH/MEH）、汽轮机安全监视仪表（TSI/MTSI）、辅助控制系统（化水、输煤、除渣等）、燃气轮机控制系统（TCS）。

（2）热工仪表及设备，包括：热工参数检测元件（检测温度、压力、流量、转速、振动、物位、位移、火焰、煤量、氧量、SO_2、NO_x、颗粒物等一次传感器及配套的前置放大器、转换器、变送器、信号开关等），一次阀后的热工仪表取样管路及阀门、二次仪表及控制设备（指示仪表、数据采集装置、执行机构、热控线缆、热控电源和气源等），保护、联锁及工艺信号设备（保护或联锁设备、信号灯及音响装置等），顺序控制装置（顺序控制器、顺序控制用电磁阀、气动装置及开关信号装置等），分散控制系统（DCS），现场总线控制系统（FCS），可编程控制器（PLC）等控制系统硬件，在线监视分析装置（如炉膛火焰监视、炉管泄漏监视、汽轮机安全监测、涉网数据子站、调频装置等），热工计量标准器具及装置。

9.2 监督依据

GB/T 28566 发电机组并网安全条件及评价

GB/T 30372 火力发电厂分散控制系统验收导则

GB/T 31461 火力发电机组快速减负荷控制技术导则

GB/T 31464 电网运行准则

GB/T 35745 柔性直流输电控制与保护设备技术要求

GB 38755 电力系统安全稳定导则

GB/T 38969 电力系统技术导则

GB/T 40594 电力系统网源协调技术导则

GB/T 40595 并网电源一次调频技术规定及试验导则

GB 50660 大中型火力发电厂设计规范

DL/T 261 火力发电厂热工自动化系统可靠性评估技术导则

DL/T 655 火力发电厂锅炉炉膛安全监控系统验收测试规程

DL/T 656 火力发电厂汽轮机控制及保护系统验收测试规程

DL/T 657 火力发电厂模拟量控制系统验收测试规程

DL/T 658 火力发电厂开关量控制系统验收测试规程

DL/T 659 火力发电厂分散控制系统验收测试规程

DL/T 774 火力发电厂热工自动化系统检修运行维护规程

DL/T 838 燃煤火力发电企业设备检修导则

DL/T 855 电力基本建设火电设备维护保管规程

DL/T 1051 电力技术监督导则

DL/T 1056 发电厂热工仪表及控制系统技术监督导则

DL/T 1083 火力发电厂分散控制系统技术条件

DL/T 1210 火力发电厂自动发电控制性能测试验收规程

DL/T 1340 火力发电厂分散控制系统故障应急处理导则

DL/T 1870 电力系统网源协调技术规范

DL/T 5004 火力发电厂试验、修配设备及建筑面积配置导则

DL/T 5175 火力发电厂热工开关量和模拟量控制系统设计规程

DL/T 5182 火力发电厂仪表与控制就地设备安装、管路、电缆设计规程

DL 5190.4 电力建设施工技术规范　第 4 部分：热工仪表及控制装置

DL/T 5210.4 电力建设施工质量验收规程　第 4 部分：热工仪表及控制装置

DL/T 5227 火力发电厂辅助车间系统仪表与控制设计规程

DL/T 5246 火力发电厂分散控制系统技术条件

DL/T 5428 火力发电厂热工保护系统设计规程

DL/T 5437 火力发电建设工程启动试运及验收规程

DL/T 5455 火力发电厂热工电源及气源系统设计技术规程

DL/T 5620 火力发电厂汽水系统设计规程

国能发安全〔2023〕22 号 防止电力生产事故二十五项重点要求

华北区域并网发电厂辅助服务管理实施细则

华北区域发电厂并网运行管理实施细则

山东电力系统网源协调管理规定（2025 版）

鲁电调技〔2018〕4 号 山东电力调度控制中心关于规范直调机组涉网性能试验管理工作的通知

山东省电力行业热工技术监督工作规定（2024 年修订）

9.3 专业技术监督体系建设

9.3.1 专业技术监督体系

山东省能源局是山东省电力行业技术监督工作的行政主管部门，山东省电力技术监督领导小组（以下简称领导小组）是在其领导下的全省电力技术监督工作的领导机构；领导小组下设山东省电力技术监督办公室（以下简称监督办公室），是全省电力技术监督工作的归口管理机构；监督办公室设在国网山东省电力公司电力科学研究院（以下简称国网山东电科院），下设热工技术监督专责，依托国网山东电科院热工专业，实施全省电力行业热工技术监督工作的日常管理。

发电企业是技术监督的主体，应建立健全企业生产负责人领导下的技术监督组织体系，成立技术监督领导小组，企业生产负责人任组长，并在生产技术部门设立热工技术监督专责，构建厂级、车间级、班组级的三级技术监督网，完善工作机制和流程，落实技术监督岗位责任制。

9.3.2 职责分工

技术监督领导小组职责、监督办公室职责见本书 1.3 节，热工技术监督相关岗位职责分工如下：

9.3.2.1 监督办公室热工技术监督专责职责

（1）宣贯国家、电力行业和地方的热工法律、法规和规定，以及有关的规章制度、技术措施和标准。

（2）制定或修订《山东省电力行业热工技术监督工作规定》，监督发电企业建立、健全技术监督体系，完善管理制度和岗位职责。

（3）监督发电企业热工监督工作计划的制定和实施，对发电企业上报的各种监督报表及总结进行综合分析，编写全省热工技术监督月报和年度工作总结。

（4）参加新建、扩建、改建和重大技术改造项目的热工技术监督检查、督导工作，协助发电企业研究解决热工技术监督工作中重大技术关键问题。

（5）掌握全省电力行业热工生产状况，参与典型的重大热工设备事故调查分析，对全省电力行业重大热工事故的调查、分析、处理措施、事故反措进行监督。

（6）编写全省热工技术监督月报和年度工作总结。

（7）掌握全省重要热工设备特性、运行和检修状况，监督发电企业及时上报热工设备不安全事件、运行数据、技改工作等，针对重大、频发性异常问题及时发出监督预（告）警。

（8）定期组织开展全省热工技术监督工作的检查评比工作。

（9）定期组织召开全省电力行业热工技术监督工作会议，总结部署技术监督工作情况，并对监督工作表现突出的单位和个人进行表彰。

（10）组织开展发电企业热工技术监督的技术培训和技术交流，提高行业热工技术监督技术水平。

9.3.2.2 发电企业技术监督领导小组职责

（1）组织开展本企业技术监督工作。

（2）贯彻执行国家、行业有关技术监督的方针、政策、法规、标准、规程、制度、条例、反事故措施。

（3）组织制定本企业各技术监督工作实施细则、岗位职责、考核办法等管理文件，并监督执行。

（4）组织召开本企业技术监督网工作会议，协调解决监督工作中的具体问题。

（5）组织制订年度监督工作计划，总结全企业监督工作。

（6）协调本企业技术监督网中各专业的技术监督工作，审批有关实施细则、技术措施。

（7）对本企业发生的重大事故，组织并参加事故调查分析，督促专业事故防控措施的制定和落实。

（8）负责监督、检查、督促热工专业技术监督专责的工作。

（9）参加全省技术监督工作会议。

9.3.2.3 发电企业热工技术监督专责职责

（1）贯彻执行国家、行业有关技术监督的方针、政策、法规、标准、规程、制度、条例、反事故措施。

（2）在本企业技术监督网组长的领导下，组织开展、协调落实本企业各项热工技术监督工作，代表热工专业参加监督网活动。

（3）负责制定热工专业技术监督年度工作计划，包括年度工作要求和工作内容、责任部门及实际节点等方面。

（4）负责制订热工技术监督实施细则，编制热工监督、技术改造、反事故措施年度工作计划和有关技术措施，并组织实施。

（5）参照行业标准的要求，执行热工设备在设计、选型、安装、调试和启动验收等方面的监督。

（6）接到监督办公室下发的技术监督预（告）警单后及时安排相关部门和人员进行处理，并将处理情况及时反馈。

（7）组织开展热工检修、运行、安全和涉网等方面的监督工作。

（8）负责编写热工技术监督月报表、半年总结和全年总结、技术改造总结、大修计划及大修总结等，并按要求报送监督办公室。

（9）组织技术人员对热工设备重大异常进行分析、评估，负责整理处理措施、反事故措施，监督实施过程和实施效果，并将事件定性后（二类障碍及以上事件）的完整报告2日内上报监督办公室。

（10）定期组织召开热工监督例会，分析影响热工安全、经济运行的主要指标完成情况，通报热工设备异常及处理情况，指出工作存在的问题并制定改进措施，安排下一步工作计划。

（11）参加监督办公室组织的技术监督网活动，配合监督办公室做好对本企业热工技术监督检查工作，协助开展网源协调、DCS性能、RB、负荷摆动等热工专业相关现场测试工作。

（12）组织本专业开展技术监督网活动，监督各班组完成本监督规定要求的各项监督工作。

（13）根据热工设备与系统更新改造和相关技术标准更新情况及时组织相关专业对运行规程、检修规程和系统图进行修订。

（14）及时了解电力行业热工技术的应用情况，积极采用新技术、新工艺、新材料、新设备。

（15）组织本专业人员开展技术培训工作，不断提高技术人员的专业水平。

9.3.2.4 发电企业班组热工技术监督职责

（1）认真贯彻执行国家和行业有关热工技术监督标准、规程、制度等。

（2）在热工监督专责的指导下根据本监督规定要求开展热工检修、运行、安全和涉网等方面的监督工作。

（3）建立健全各班组的规章制度和相应的实施细则，各项监督工作要明确责任人和责任范围，监督计划要科学合理、有序开展。

（4）定期修订运行规程、检修规程和系统图，建立设备台账、转子技术档案、试验档案、事故档案并不断完善。

（5）参加本企业热工设备的事故调查分析，参与制定并落实反事故措施。

（6）参加本企业新建、扩建机组及技改项目的设计、审查、安装、调试的质检验收和交接工作。

（7）协助编制机组大、小修计划，作业指导书或检修文件包、检修总结等，协助其他专业或班组完成启停机过程的监督工作，协助完成热工系统性能试验、热工定期试验及涉网试验等监督工作。

（8）负责本班组人员技术培训工作。

9.4 日常管理监督

9.4.1 定期技术监督报表和报告管理

（1）每月5日前各发电企业热工监督专责向监督办公室报送上月热工监督月报，监督月报内容要包括热工运行、检修情况、异常情况分析及处理、技术改造、反措落实、下阶段重点工作、技术经验交流等，具体要求见表9.1。

表9.1 热工技术监督月报表内容及格式要求

1 内容与格式 1.1 技术监督情况综述 介绍当月本单位进行的技术监督工作，包括大小修、技术改造、安全生产情况、反措落实等内容。 1.2 技术监督指标完成情况 重点进行三率统计，包括自动投入率、保护投入率、保护动作正确率、仪表投入率、各项设备完好率及仪表抽检情况等，其中自动投入率和保护投入率要求严格按照机组备案的自动和保护套数进行计算，未投入运行的系统应列出，并说明原因。 如果本月发生热工保护动作、热工专业责任造成的不安全事件，无论是否正确动作，均应予以列出。保护动作应有发生时间、机组编号、首出原因、动作是否正确等内容，详细的动作过程、原因分析和防范措施在1.3的典型事故分析与处理中进行介绍；不安全事件应说明发生时间、机组编号和事件类别（一类障碍、二类障碍或异常），具体的内容与保护动作的介绍相同。该项内容要求简明、扼要，主要用于全年的热工设备健康状况分析。

续表

1.3 典型事故分析与处理 主要是汇报本单位发生的具有典型意义的事故分析处理过程及防范措施，以便总结经验教训，完善反措，防止同类事故的发生。 1.3.1 主要内容为造成机组降出力、辅机停运和具有一定影响的较大系统或设备故障，以及具有一定代表性和特殊性的事故，正常损坏或老化需要的维修更换等工作可以不汇报。 1.3.2 事件描述应该详细、完整，应包括事件过程、原因分析、处理过程和防范措施。其中： （1）事件过程应包括时间、机组编号、现象，涉及的设备系统最好将设备型号、生产厂家进行明确，如果涉及控制系统需说明软件版本号。 （2）原因分析中应介绍分析过程、结论及相关数据（可以是图表、照片、数据等格式）。 （3）处理过程要求对处理过程及处理结果进行较为详细的说明。 （4）相应的防范措施应予以介绍。 1.4 技术改造 技术改造是各单位进行技术交流、信息共享的重要内容，可以为其他单位进行技术改造提供重要的借鉴作用。内容应包括改造原因和目的、改造过程及应用情况。 1.4.1 改造原因、目的主要介绍改造前设备、系统的运行情况、存在问题及产生的影响，以及原设备、系统的设备型号、生产厂家。 1.4.2 改造过程介绍项目实施过程、技术关键点、新设备情况（产品型号、生产厂家）和完整技术方案。 1.4.3 应用情况主要介绍改造后的运行情况以及与原系统相比的优点所在。 1.5 反措落实 反措落实部分介绍执行各项技术监督规定、规程、标准的情况，以及各单位根据管理公司要求、兄弟单位的经验教训或本厂实际情况制定的反措及其落实情况。主要内容应包括反措制定的目的、依据以及反措实施方案。 1.6 本月设备缺陷情况分析 结合本厂生产实际情况，总结当月本单位热工专业的缺陷发生情况，分析故障高发的设备或系统，与上月缺陷情况对比结果，并分析原因、总结经验，指出下一步技术监督的重点，实现技术监督的动态化。 1.7 信息交流内容 1.7.1 本厂在技术监督管理、技术改造、反措实施等方面比较典型的先进经验。 1.7.2 省外单位的先进经验、典型事故等。 1.7.3 新的技术标准、规程、规定颁布以及专业会议等信息。 1.8 技术监督建议 对技术监督管理、标准修改、反措补充等工作的建议或意见，旨在进一步提高我省的技术监督水平，实现共同进步。 2 学习与落实 技术监督月报汇总了全省各发电单位的技术监督工作经验、教训，以及相关的技术监督最新信息，凝聚了大部分热工技术监督人员的心血和工作，为了实现互相学习、共同进步的目的，建议各单位在学习培训工作中增加技术监督月报内容的学习，时间以一个月为宜。 3 报表与考评 认真编写技术监督月报，是各位技术监督专责人的任务和义务，也是评选技术监督工作先进个人的主要条件。技术监督月报的数量和质量体现了月报编写人员对监督网络的贡献大小，因此技术监督先进个人的评选将重点参考月报的编写情况，主要包括： 3.1 报表数量。报表（月报、年报）上报数量不足 80% 的单位，不能评选当年度技术监督先进个人，各类报表数据统计以本规定要求时间为准，如月报统计以不晚于下月 10 日为准，10 日以后上报的月报不再统计入内。 3.2 月报质量。主要以本厂月报内容在《山东电力技术监督月报》中体现的内容多少为准进行衡量，上一年度在通信中出现次数少于两次的单位不能评选先进个人。 3.3 任何单位不得对保护动作、不安全事件进行瞒报、漏报，否则将在年度综合评比中给予适当减分。

（2）各发电企业热工技术监督专责，应按时向监督办公室报送半年、全年监督总结及全年运行指标统计表，内容包括：热工技术监督情况、技术指标完成情况、设备运行及检修情况、技术改造情况等。半年监督总结和年度总结应分别在每年 7 月 15 日前、次年 1 月 15 日前上报监督办公室。

（3）热工年度监督工作计划、反事故措施计划应在每年 1 月 15 日前报监督办公室，同时报上年度计划执行情况。

9.4.2 不定期技术报告管理

（1）当热工发生二类障碍及以上故障时，发电企业监督专责应 24h 内通报故障情况，待故障定性后 2 日内向监督办公室报送故障经过、原因分析及处理措施。

（2）发电企业热工主要设备和主要系统重大缺陷检修方案确定后 30 日内报送监督办公室。

（3）发电企业在热工大修前 30 日内、小修前 15 日内，向监督办公室报送非常规工作项目及内容。

（4）大修后 30 日、小修后 7 日内向监督办公室报送非常规工作总结报告。

9.4.3 技术监督定期检查

（1）应建立定期检查制度，监督办公室负责定期检查的组织工作，各发电企业配合执行，技术监督检查以自查和互查相结合的方式进行，检查周期以一年为宜，监督检查应依据《热工技术监督检查细则》（见附录 8）开展。

（2）技术监督检查应有完整的检查记录或检查报告，对技术监督过程中发现的问题应提出相应的意见或建议，对严重影响安全的隐患或故障应提出预警或告警，并跟踪整改情况。各发电企业对检查发现的问题，应制定整改措施，整改措施及完成情况反馈至监督办公室。

9.4.4 监督信息资料管理

（1）应购置国家及行业有关技术监督的方针、政策、法规、标准、规程、制度等并及时更新。

（2）发电企业应建立下列技术资料：

1）设备台账、图纸、说明书，热工设备技术档案、试验档案；

2）设备异动资料；

3）调试报告，技术改造报告，考核试验报告，大修前、后试验报告；

4）重大运行异常、故障或重大运行事故分析报告；

5）运行报表及监督会议资料；

6）运行规程、检修规程、系统图；

7）提供给监督办公室并经本企业审批的技术监督报告、技术监督总结、年度技术监督计划等；

8）热控专业人员清册；

9）热控系统“三率”情况及存在问题；

10）主要热控系统事故记录、分析及改进措施；

11）本企业技术监督领导小组要求建立归档的其他资料。

9.4.5 监督预警管理

（1）热工监督建立技术监督预警制度，监督办公室在技术监督工作中对违反监督制度、存在重大安全隐患的单位，视情节严重程度，由技术监督办公室发出热工专业技术监督预（告）警单（见表9.2）进行技术监督预警。对于监督办公室签发的通知单，发电企业应认真组织人员研究有关问题，制订整改计划，整改计划中应明确整改措施、责任部门、责任人和完成日期等，并在3日内将热工专业技术监督预（告）警回执单（见表9.3）上报监督办公室。

表9.2 热工专业技术监督预（告）警单

预（告）警单编号：

<table>
<tr><td colspan="3">预（告）警项目名称：</td></tr>
<tr><td colspan="2">单位（部门）名称：</td><td>传真或联系方式：</td></tr>
<tr><td colspan="2">拟稿人：</td><td>联系电话：</td></tr>
<tr><td>存在问题</td><td colspan="2"></td></tr>
<tr><td>整改建议</td><td colspan="2"></td></tr>
<tr><td>整改要求</td><td colspan="2"></td></tr>
<tr><td colspan="2">审核：</td><td rowspan="3">签发单位（部门）：
（盖章）
年　月　日</td></tr>
<tr><td colspan="2">复审：</td></tr>
<tr><td colspan="2">签发：</td></tr>
</table>

表 9.3 热工专业技术监督预（告）警回执单

回执单编号：

<table>
<tr><td colspan="2">单位（部门）名称</td><td colspan="3"></td></tr>
<tr><td colspan="2">预（告）警项目名称</td><td colspan="3"></td></tr>
<tr><td colspan="2">预（告）警单编号</td><td></td><td>预（告）警类别</td><td>一级□ 二级□ 三级□</td></tr>
<tr><td colspan="2">预（告）警提出单位（部门）</td><td></td><td>预（告）警时间</td><td>年 月 日</td></tr>
<tr><td>预警内容</td><td colspan="4"></td></tr>
<tr><td>整改计划</td><td colspan="4"></td></tr>
<tr><td>整改结果</td><td colspan="4">（注：整改支撑材料可另附页）</td></tr>
<tr><td colspan="2">填写：</td><td colspan="3" rowspan="2">整改单位（部门）：
（盖章）
年 月 日</td></tr>
<tr><td colspan="2">审核：</td></tr>
</table>

（2）问题整改完成后，发电企业应将处理情况填入通知单相应栏目，并报送监督办公室备案。

（3）对整改完成的问题，电厂应保存问题整改相关的试验报告、现场图片、影像等技术资料，作为问题整改情况及实施效果评估的依据。

9.4.6 会议及培训管理

（1）每年定期召开热工技术监督工作会议，要求发电企业热工监督专责及相关领导必须参加；会议总结上年度监督情况，讨论今年监督工作重点，表彰先进，根据现场情况安排专题培训。

（2）发电企业热工监督专责定期组织对本专业人员进行技术培训。

9.5 设备监督

9.5.1 基建监督

（1）新建机组热控系统的设计应符合 GB 50660、DL/T 5175、DL/T 5182、DL/T 5227、DL/T 5428、DL/T 5455 的要求，热工自动化实验室的设计应满足 DL/T 5004 的要求。

（2）新建机组热控系统技术监督应实行全过程的技术监督，设计、安装、调试、监理、生产单位的相关技术监督负责人应各负其责，调试、生产、监理单位的技术监督专责人应对设计、安装、调试、试验的全过程进行监督。

（3）分散控制系统的选型、设计、安装、调试和测试等应满足 GB/T 30372、DL/T 659、DL/T 774、DL/T 1083 的相关技术要求，其他过程控制计算机系统可参照执行。

（4）计算机机房、电子设备间及工程师站应配备相应的温度、湿度监测与控制装置，并具有可靠的防尘、防水措施。

（5）施工前应组织基建、设计、生产、监理、调试等相关单位对热控系统施工图纸进行审查，如发现差错或不当处，应及时提出修改意见并做好记录。

（6）待装的热控系统应按 DL/T 855 及其他有关规定妥善保管，防止破损、受潮、受冻、过热及灰尘浸污。施工单位质量检查负责人和热工安装技术负责人应对保管情况进行检查监督，凡因保管不善或其他失误造成严重损伤的热控系统，应上报有关领导并及时通知业主单位代表，确定处理办法。

（7）安装单位技术专责施工前应对施工人员进行技术交底。

（8）热控系统施工中若发现有关设计问题，且设计代表又不在现场时，对于非原则性的设计变更，可经施工单位热工技术负责人同意并做记录后进行施工，同时通知设计单位复核，追补设计变更手续；对于较大的设计变更，应在设计变更通知下达后方可进行施工。

（9）热控系统的施工质量管理和验收，应贯彻 DL/T 5210.4、DL 5190.4 相关规定。

（10）待安装的热工仪表应经由具备有效资质的检定机构检验合格后方可进行安装。

（11）新建机组的热控系统启动、调试，应按照 DL/T 5437 相关要求执行。

（12）检定和调试校验用的标准仪器、仪表应经上级检定机构检验合格方可使用。

（13）新建机组热控系统的调试工作应由有资质的调试单位承担。

（14）在新建机组的试运行阶段和试生产期，调试、生产、施工和电网调度等单位应相互协作，做好机组在各种工况下热控系统的调试与投入工作，并按照相关规程要求进行验收。

（15）新建机组试运行前，施工、调试单位应编制热控系统的调试大纲、调试措施以及试运计划，由生产单位审查通过后组织实施。

（16）新建机组在投入正常生产前，热控系统应满足下列考核指标要求：

1）热控保护投入率为100%，保护动作正确率为100%。

2）DCS机组模拟量控制系统自动投入率不小于95%（协调控制系统投入），循环流化床机组自动投入率不低于85%（协调控制系统投入，主要自动应投入）。

3）热控测点投入率不小于99%。

4）顺序控制系统自动投入率不小于90%。

5）全年热控标准仪器送检率为100%。

（17）新建机组应进行由有资质试验单位或技术监督部门完成的一次调频、AGC等涉网验收试验，合格后方可投入正常生产。

（18）200MW及以上机组应设计RB功能，并经试验合格。

（19）在试生产期结束后，施工、调试单位应按DL/T 5437的规定，将设计单位、设备制造厂家和供货单位为工程提供的热控技术资料、专用工具、备品备件等移交业主单位。

9.5.2 运行监督

（1）运行中的热控系统应符合下列要求：

1）保持整洁、完好，标志和铭牌应正确、清晰、齐全，跳闸保护的接线端子应有明显标志。

2）显示（或指示）误差应符合准确度等级要求，反应灵敏，记录清晰。

3）信号光字牌应书写正确、清晰、规范，灯光和音响报警应正确、可靠。

4）操作开关、按钮、操作器及执行机构手轮等操作装置，应有明显的开、关方向标志，并保持操作灵活、可靠。重要设备的开关、按钮应加防误操作的保护罩。

5）热工电源自动开关及熔断器应与使用设备及系统的容量要求相符，标明其电压、容量与用途，并不得作照明电源、动力电源及其他电源使用。

6）热控系统盘柜内、外应有良好的照明，并保持整洁。盘内电缆、仪表取样管路出入口要封堵严密。

7）控制系统的电缆、脉冲管路和一次设备，应有明显的名称和走向的标志牌，并采取防火、防冻、防潮措施。

（2）电子设备间应配备消防器具并定期检查，确保可靠备用。

（3）发电企业应建立热控系统定期巡检制度，并将巡检情况进行记录。

（4）热控系统应随主设备准确、可靠地投入运行。

（5）建立并严格执行热工保护投切管理制度，若发生热工保护装置（系统，包括一次检测设备）故障，应开具工作票经批准后方可处理。锅炉炉膛压力、全炉膛灭火、汽包水位（直流锅炉的给水流量）和汽轮机超速、轴向位移、低油压、振动等机组重要保护装置在机组运行中严禁退出，当其故障被迫退出运行时，应制定可靠的安全措施，并在8h内恢复；其他保护装置被迫退出运行时，应在24h内恢复。

（6）应建立完善的定值管理制度，定值如需更改，应由有关部门提出书面申请，经企业技术监督负责人批准，由热控专业人员执行，经验收确认后方可投入运行，同时作好记录。

（7）建立计算机软件管理制度，变更申请应经审核批准，由热控专业人员执行，并指定专人监护，修改结束后应经有关人员验收，并做好变更记录。

（8）建立热工信号强制管理制度，运行中的热工信号根据工作需要暂时强制的，应开具工作票，并经热工技术监督专责人和运行人员确认，由热控专业人员执行，指定专人监护，并做好记录。

（9）分散控制系统应建立并保存故障及维护记录，定期对系统故障和缺陷进行统计与分析工作，掌握分散系统的健康状况水平。

（10）对运行中的热控系统进行试验、检修或消缺时，应做好安全措施，并严格执行工作票制度。

（11）热控系统的电源不得作照明电源、检修电源及动力设备电源使用。

（12）主要热工参数应定期进行现场抽检，其数量为300MW及以上每台机组每季度宜抽检五点，300MW以下每台机组每季度宜抽检三点，并做好记录。

（13）为提高模拟量控制系统控制品质，应按主要系统与次要系统进行管理，并定期进行试验。

（14）在机组大、小修后应进行相关扰动试验，调节品质应符合DL/T 774和DL/T 657要求。

（15）主要系统的定值扰动试验周期不宜超过半年，在出现控制策略变动、调节参数有较大修改及系统异常等情况时应做扰动试验。

（16）试验结束后应编写完整的试验报告并归档，至少保存三个周期备查。

（17）为防止热工保护拒动造成的事故，重要的热工保护应严格按照国能发安全〔2023〕22号的规定进行监督管理。热工保护系统试验规定如下：

1）检修机组启动前或机组停运15天以上，应对机、炉主保护及其他重要热工保护装置进行静态模拟试验，检查跳闸逻辑、报警及保护定值。热工保护联锁试验中，尽量采用物理方法进行实际传动，如条件不具备，可在现场信号源处模拟试验，但禁止在控制柜内通过开路或短路输入端子的方法进行试验。

2）机组遇临修或调停等停机机会，停机期间进行了有关热工保护系统的检修工作，则机组启动前应进行有关系统的保护试验。

3）在机组大、小修前后进行锅炉安全监控系统的动态试验，间隔不得超过三年。

4）保护传动试验报告中应将试验项目、试验方法、试验日期、试验人员、审核人及试验数据填写完整、规范，并保存两个大修及其之间的所有记录备查。

5）对于设计在线保护试验功能的机组，在确保安全可靠的原则下，定期进行在线试验。

（18）热控系统考核指标应达到 9.5.1（16）项的要求。

9.5.3 检修监督

（1）热控系统的检修宜随机组检修同时进行，检修周期按 DL/T 838 的规定进行。

（2）热控系统的检修项目，应按 DL/T 774 的规定进行，并制定检修计划，不得缺项、漏项，检修、检定、调试应符合检修工艺要求，新建、改建和改造项目应有设计图纸和说明，经相关人员论证后，方可列入检修计划。

（3）对隐蔽安装的热工检测元件，应在机组大修中进行检查并作好记录。

（4）检修工作结束后，热工控制盘（台）的底部电缆孔洞应严密封闭、防火、防尘，必要时应覆盖绝缘胶皮。

（5）检修中分散控制系统应根据 DL/T 774、DL/T 659、DL/T 792 的要求进行测试，并做好记录，其他过程控制计算机系统可参照执行。

（6）检修中分散控制系统应建立信号通道精度抽检制度，具体抽检比例应根据系统故障情况、运行时间进行调整，但不应少于机组同类型信号配置数量的 10%，最低不少于一个信号通道。

（7）热控系统检修后，应按 DL/T 774、DL/T 792 规定的检修项目和检修质量进行分级验收，并对检修质量作出评定，重要的保护系统、模拟量控制系统及热工仪表应由生产管理部门组织验收。

（8）检修后的热工主要监测参数在主设备投入运行前，应进行系统综合误差测试，且综合误差应符合要求。

（9）检修后的模拟量控制系统，在主设备稳定运行后应及时投入运行，并进行扰动试验，其性能指标应符合 DL/T 774 和 DL/T 657 的要求。

（10）检修后的顺序控制系统、信号、保护和联锁装置，应进行系统检查和功能试验，经有关人员确认后，方可投入运行。重要热工保护系统应根据相关规程、反措要求进行实际传动试验。

（11）煤电机组完成大修或调频相关的系统改造后，其一次调频、AGC 功能应根据 GB/T 40594、GB/T 40595、DL/T1870、DL/T 1210 及电网要求进行验收试验，经验收合格后方可报竣工，具体参考 8.6.1 及 8.6.2。

（12）热控系统的检修、改造、校验和试验的技术资料应在检修工作结束后一个月内整理完毕并归档。

9.5.4 量值传递

（1）各发电企业应按各有关计量方面的法律法规规定，建立本企业生产需要的热工计量标准，同种计量标准器具宜配备两套以上。热工标准试验室的标准计量仪器和设备，应根据相关计量检定规程的要求配置且具备有效的检定合格证书。计量标准器及配套设备配置科学合理、完整齐全，满足对发电企业相关控制设备和仪表进行检定、校准和校验、调试与维修的需要，并建立完整的标准仪器设备台账，做到账、卡、物相符。

（2）各企业热工计量的最高标准接受上一级计量机构的量值传递，其他的标准计量器具应按照有关规定建立本企业管理制度。

（3）企业最高热工计量标准应经上一级计量机构考核认证合格后方可进行使用，依据相关规定执行复查。

（4）从事热工计量检定工作的人员应具有相应能力，并满足有关计量法规要求。

（5）最高热工计量标准应制定周检计划，并按计划严格执行。

（6）各企业在线仪表应制定周检、抽检计划，并按期完成。

（7）用于热工计量工作的电测计量器具，如电位差计、电桥、电阻箱等统一归本企业进行检定，本企业不能检定的，须报送上级检定机构检定。

9.6 隐患排查及反措监督

（1）严格执行国能发安全〔2023〕22 号和国家、行业标准、技术管理法规及有关行业反事故措施，对比各机组的实际情况进行全面、逐条对比排查，发现不符合项及时进行分析整改或列入整改计划，严防分散控制系统失灵等恶性事故发生。

（2）发电企业应根据年度反事故措施计划制定全年隐患排查计划和隐患排查清单，并按计划分步实施。

（3）根据上级部门下发的专项反措要求开展专项隐患排查。

（4）发电企业某台机组发生异常事件后，在其他机组上也要进行相应的隐患排查。

（5）热工保护投退应执行 9.5.2.5 或 DL/T 774 等相关标准及反事故措施的要求。机组正常运行时，热工保护应随主设备准确可靠地投入运行。当热工保护因故障被迫退出运行经处理后需要重新投入时，须经运行值长许可。热工人员执行保护投退操作时应有专人监护，防止引发保护误动、拒动。

（6）所有重要的主、辅机保护都应采用“三取二”“四取二”等可靠的逻辑判断方式，保护信号应遵循从取样点到输入模件全程相对独立的原则，确因系统原因测点数量不够，应有防保护误动及拒动措施，保护信号供电亦应采用分路独立供电回路。

（7）热工保护系统输出的指令应优先于其他任何类型指令。控制系统的控制器发出的机、炉跳闸信号及相应的动作回路应冗余配置，且应设计机组硬接线跳闸回路。机、炉主保护回路中不应设置供运行人员切（投）保护的任何操作手段。

（8）汽轮机紧急跳闸系统应设计为失电动作，硬手操设备本身要有防止误操作、动作不可靠的措施。手动停炉、停机保护应具有独立于分散控制系统 [或可编程逻辑控制器（PLC）] 装置的硬跳闸控制回路，配置有双通道四跳闸线圈汽轮机紧急跳闸系统的机组，应定期进行汽轮机紧急跳闸系统在线试验。

（9）运行机组应至少每两年修订一次热工报警及保护、联锁定值，并按照 DCS 逻辑修改验收制度要求，把核查热工定值工作纳入机组热工标准化检修项目中。新建机组试运行结束后 30 天内，应由运行和机务人员结合实际运行情况完成对热工定值的重新确认，由热工专业人员对新的热工定值的执行结果进行全面核对确认。

（10）DCS、DEH 运行时间超过 8 年应进行系统诊断，开展针对性系统维护；运行时间超过 10 年，应按照 DL/T 659 的要求测试 DCS 性能，若性能明显劣化、存在系统性严重故障、备品备件不易购买，或者运行时间超过 13 年，应进行 DCS 改造。未改造前加强事故预控及失灵应急演练。

（11）热工保护传动试验应遵循 DL/T 774、DL/T 655、DL/T 656 等相关标准及反事故措施的要求。

（12）热工专业每月应进行缺陷统计，热工专业应汇总班组统计的缺陷，对重要的、典型的、反复的、多发的缺陷进行分析总结，提出防范措施，形成月度缺陷分析报告。

（13）应对 DCS、DEH 重要故障及维护工作情况进行记录，每季度对系统故障和缺陷进行统计与分析，掌握系统的健康状况，采取防范措施。

（14）加强对机炉主机和重要辅机热工保护系统检测元器件的巡检和维护，防止因检测元器件故障引起保护系统误动或拒动。

（15）冬季应加强伴热系统巡检，关注电伴热电源和汽伴热汽源是否正常投运，防止测量取样管路或控制气源管路冻结。如机组备用一周以上，汽水系统仪表取样管路宜采取放水防冻措施。

9.7 涉网监督

热工涉网监督主要是并网机组参与电网的调频、控制等方面的技术监督，具体工作包括机组的一次调频试验、AGC 试验，涉及的热工设备主要包括机组主控系统、汽机调速系统、调频功能相关的信号采集运算及控制装置或系统等。

9.7.1 一次调频试验及监督

（1）煤电机组应具备并投入一次调频功能，并保证机组在所有运行方式下一次调频性能指标满足要求。一次调频应与 AGC 协调配合，且优先级高于 AGC。

（2）机组一次调频功能（含深度调峰工况）的设置、试验的开展、验收及管理应符合 GB/T 40595、GB/T 31464、《山东电力系统网源协调管理规定》（2025 版）等有关标准、规程和规定的要求。发电机组大修、调节系统（含 DEH、DCS）改造、软件升级及参数修改、调节阀流量特性变化、原动机通流改造后应重新开展一次调频试验。

（3）发电企业应按照调控中心要求实现机组的一次调频远程在线监测且具备一次调频远程扰动测试功能，并配合调控中心开展一次调频远程扰动测试工作。

（4）发电机组投运后应定期进行调节系统复核性试验，包括调速系统动态复核试验与一次调频试验，复核周期应不超过 5 年，发电企业应委托有资质的单位进行复核性试验，复核性试验完成后应向调控中心提供试验报告，如测试结果与上次试验结果差异较大，应进行原因分析和技术评估，调整参数或对设备进行全面检查，必要时重新试验。

9.7.2 AGC 试验及监督

（1）煤电机组（200MW 及以上）应具备 AGC 功能，调节性能满足国家、行业有关标准。

（2）机组 AGC 功能（含深度调峰工况）的设置、试验的开展、验收及运行管理应符合 GB/T 31464、DL/T 1210、鲁电调技〔2018〕4 号等有关标准、规程和规定的要求。发电机组大修、调节系统（含 DEH、DCS）改造、调节阀流量特性变化、原动机通流改造、AGC 调节范围产生变化时应重新开展 AGC 试验，并重新向电网调度机构提交试验结论。

（3）发电企业日常 ACG 管理应满足电网运行要求，发电企业应委托有资质的试验单位进行发电机组的 AGC 试验。试验单位所出具的试验报告应满足相关技术标准的规定，并通过电网调度机构的确认。

（4）发电企业应持续提升机组 AGC 调节性能。

10 化学技术监督

化学技术监督是保证火力发电厂设备安全、经济、稳定、环保运行的重要基础工作，应坚持“安全第一、预防为主”的方针。按照依法监督、分级管理的原则，建立健全监督体系，贯彻安全生产“可控、在控”的要求，严格执行有关规程、规定和反事故措施，及时发现消除设备缺陷，提高设备可靠性。化学技术监督在设计审查、设备选型、建造验收、安装调试、试生产以及运行、检修、技术改造等发电企业建设和生产过程中实行全过程技术监督，对影响设备安全、经济运行的重要参数、性能指标进行监测、调整和评价。

化学技术监督工作应与变压器及充油电气设备、六氟化硫气体绝缘设备、汽机、锅炉等设备技术监督工作相结合。各单位应积极推广应用化学监督新技术、新工艺、新设备和新材料，依靠科技进步和创新，提高化学技术监督水平。

10.1 监督范围

化学技术监督工作专业范围包括制水、制（储）氢、制氯、制（储）氨，及水、汽、气（氢气、六氟化硫等）、油及燃料等和影响化学指标的设备、影响监测指标的仪表的质量监督；防止和减缓热力设备腐蚀、结垢、积集沉积物及油质劣化；及时发现变压器等充油（气）电气设备潜伏性故障及影响化学指标的设计、制造、监造、基建、调试、试运、运行、检修、技术改造等全过程监督。

10.2 监督依据

GB/T 209 工业用氢氧化钠

GB/T 211 煤中全水分的测定方法

GB/T 212 煤的工业分析方法

GB/T 213 煤的发热量测定方法

GB/T 214 煤中全硫的测定方法

GB/T 219 煤灰熔融性的测定方法

GB/T 320 工业用合成盐酸

GB/T 476 煤中碳和氢的测定方法

GB 474 煤样的制备方法

GB 475 商品煤样人工采取方法

GB/T 483 煤炭分析试验方法一般规定

GB/T 534 工业硫酸

GB/T 631 化学试剂　氨水

GB/T 1574 煤灰成分分析方法

GB 2536 电工流体　变压器和开关用的未使用过的矿物绝缘油

GB/T 2565 煤的可磨性指数测定方法　哈德格罗夫法

GB 4962 氢气使用安全技术规程

GB/T 7595 运行中变压器油质量

GB/T 7596 电厂运行中矿物涡轮机油质量

GB/T 7597 电力用油（变压器油、汽轮机油）取样方法

GB/T 8905 六氟化硫电气设备中气体管理和检测导则

GB 11120 涡轮机油

GB/T 11199 高纯氢氧化钠

GB/T 12022 工业六氟化硫

GB/T 12145 火力发电机组及蒸汽动力设备水汽质量

GB/T 14541 电厂用矿物涡轮机油维护管理导则

GB/T 14542 变压器油维护管理导则

GB/T 14591 水处理剂　聚合硫酸铁

GB 15892 生活饮用水用聚氯化铝

GB/T 17623 绝缘油中溶解气体组分含量的气相色谱测定法

GB/T 19494 煤炭机械化采样

GB/T 19774 水电解制氢系统技术要求

GB/T 25214 煤中全硫测定　红外光谱法

GB 50013 室外给水设计标准

GB/T 50050 工业循环冷却水处理设计规范

GB 50177 氢气站设计规范

GB 50335 城镇污水再生利用工程设计规范

GB/T 50619 火力发电厂海水淡化工程设计规范

GB 50660 大中型火力发电厂设计规范

DL/T 246 化学监督导则

DL/T 258 煤中游离二氧化硅的测定方法

DL/T 290 电厂辅机用油运行及维护管理导则

DL/T 300 火电厂凝汽器及辅机冷却器管防腐防垢导则

DL/T 333.1 火电厂凝结水精处理系统技术要求　第 1 部分：湿冷机组

DL/T 333.2 火电厂凝结水精处理系统技术要求　第 2 部分：空冷机组

DL/T 506 六氟化硫电气设备中绝缘气体湿度测量方法

DL/T 519 发电厂水处理用离子交换树脂验收标准

DL/T 561 火力发电厂水汽化学监督导则

DL/T 567 火力发电厂燃料试验方法

DL/T 568 燃料元素的快速分析方法

DL/T 569 汽车、船舶运输煤样的人工采取方法

DL/T 571 电厂用磷酸酯抗燃油运行与维护导则

DL/T 582 发电厂水处理用活性炭使用导则

DL/T 595 六氟化硫电气设备气体监督导则

DL/T 596 电力设备预防性试验规程

DL/T 651 氢冷发电机氢气湿度的技术要求

DL/T 665 水汽集中取样分析装置验收导则

DL/T 677 发电厂在线化学仪表检验规程

DL/T 705 运行中氢冷发电机用密封油质量

DL/T 712 发电厂凝汽器及辅机冷却器管选材导则

DL/T 722 变压器油中溶解气体分析和判断导则

DL/T 747 发电用煤机械采制样装置性能验收导则

DL/T 771 发电厂水处理用离子交换树脂选用导则

DL/T 794 火力发电厂锅炉化学清洗导则

DL/T 801 大型发电机内冷却水质及系统技术要求

DL/T 805.1 火电厂汽水化学导则　第 1 部分：锅炉给水加氧处理导则

DL/T 805.2 火电厂汽水化学导则　第 2 部分：锅炉炉水磷酸盐处理

DL/T 805.3 火电厂汽水化学导则　第 3 部分：汽包锅炉炉水氢氧化钠处理

DL/T 805.4 火电厂汽水化学导则　第 4 部分：锅炉给水处理

DL/T 806 火力发电厂循环水用阻垢缓蚀剂

DL/T 855 电力基本建设火电设备维护保管规程

DL/T 889 电力基本建设热力设备化学监督导则

DL/T 912 超临界火力发电机组水汽质量标准

DL/T 913 发电厂水质分析仪器质量验收导则

DL/T 941 运行中变压器用六氟化硫质量标准

DL/T 951 火电厂反渗透水处理装置验收导则

DL/T 952 火力发电厂超滤水处理装置验收导则

DL/T 956 火力发电厂停（备）用热力设备防锈蚀导则

DL/T 957 火力发电厂凝汽器化学清洗及成膜导则

DL/T 977 发电厂热力设备化学清洗单位管理规定

DL/T 1051 电力技术监督导则

DL/T 1076 火力发电厂化学调试导则

DL/T 1094 电力变压器用绝缘油选用导则

DL/T 1096 变压器油中颗粒度限值

DL/T 1115 火力发电厂机组大修化学检查导则

DL/T 1151（所有部分）火力发电厂垢和腐蚀产物分析方法

DL/T 1201 发电厂低电导率水 pH 在线测量方法

DL/T 1202 火力发电厂水汽中铜离子、铁离子的测定　溶出伏安极谱法

DL/T 1203 火力发电厂水汽中氯离子含量测定方法　硫氰酸汞分光光度法

DL/T 1207 发电厂纯水电导率在线测量方法

DL/T 1260 火力发电厂电除盐水处理装置验收导则

DL/T 1359 六氟化硫电气设备故障气体分析和判断方法

DL/T 1461 风力发电机组用齿轮油维护管理导则

DL/T 2756 电气设备用六氟化硫及其混合气体检测及回收导则

DL/T 5004 火力发电厂试验、修配设备及建筑面积配置导则

DL 5068 发电厂化学设计规范

DL 5190.3 电力建设施工技术规范　第 3 部分：汽轮发电机组

DL 5190.4 电力建设施工技术规范　第 4 部分：热工仪表及控制装置

DL/T 5190.6 电力建设施工技术规范　第 6 部分：水处理及制氢设备和系统

DL/T 5210.6 电力建设施工质量验收规程　第 6 部分：调整试验

DL/T 5437 火力发电建设工程启动试运及验收规程

HG/T 2517 工业磷酸三钠

T/CEC 144 过热器和再热器化学清洗导则

TSG 21 固定式压力容器安全技术监察规程

国能发安全〔2023〕22 号 防止电力生产事故的二十五项重点要求

山东省电力行业化学技术监督工作规定（2024 年修订）

10.3 专业技术监督体系建设

10.3.1 化学专业监督体系

山东省能源局是全省电力行业技术监督工作的行政主管部门，山东省电力技术监督领导小组是在其领导下的技术监督工作领导机构；领导小组下设监督办公室，是全省电力技术监督工作的归口管理机构；监督办公室设在国网山东电科院，下设化学技术监督专责，依托国网山东电科院化学专业，实施全省电力行业化学技术监督工作的日常管理。

各发电企业应建立健全由企业主管生产领导、车间（部门）、班组组成的三级技术监督组织体系、工作机制和流程，落实技术监督岗位责任制，成立技术监督领导小组。企业主管生产领导任组长，明确化学监督的归口管理部门，并设立化学技术监督专责，建立化学技术监督网。在技术监督领导小组组长的领导下，具体协调、落实汽机、锅炉、电气、燃料、热控、环保等专业与化学监督有关的各项工作。

10.3.2 专业监督职责分工

10.3.2.1 监督办公室化学技术监督专责职责

（1）贯彻执行国家、行业、山东省有关化学技术监督的方针、政策、法律、法规、标准、规程、制度及要求，监督化学反事故措施落实情况；定期组织化学技术监督评比、现场监督检查。督导发电企业落实国家、行业有关技术监督的标准、规程、制度、反事故措施以及山东省电力技术监督规章制度。

（2）监督发、供电企业化学监督工作计划的制定和实施。

（3）制定或修订山东省电力行业化学技术监督工作规定，监督指导发电企业建立健全技术监督体系，完善管理制度和岗位职责。

（4）参加新建、扩建、改建和重大技术改造项目的化学技术监督检查、督导工作，协助发电企业研究解决化学技术监督工作中重大技术关键问题。

（5）参与重大化学设备及运行事故的调查、分析，监督审查反事故措施的制定和落实。

（6）掌握发电企业化学专业的设备特性、运行、检修状况和化学监督情况，监督发电企业及时上报化学不安全事件、运行数据、技改工作等，针对重大、频发性异常问题发出监督预（告）警，并跟踪整改落实情况。

（7）组织召开全省化学技术监督工作会议，总结部署技术监督工作，表彰监督工作先进单位和个人。

（8）组织开展全省化学技术监督检查工作。

（9）组织开展发电企业化学专业技术培训、专业取证和专业交流。

（10）开展大修机组化学技术监督检查工作。

（11）统计发电企业化学指标完成情况，编写化学监督月报、年度工作总结。

10.3.2.2 发电企业化学技术监督职责

（1）发电企业技术监督领导小组职责。

1）贯彻执行国家、电力行业、地方各项化学技术监督的政策、法规、标准及有关化学管理制度、规定及要求，全面负责本企业化学技术监督工作。

2）组织制定本企业的化学技术监督实施细则和考核办法，建立健全本企业化学技术监督组织体系、标准体系以及各项规章制度，建立健全化学设施技术档案；组织落实各级监督部门和人员责任及考核制度。

3）组织建立化学技术监督网，贯彻上级有关的各项规章制度和要求，定期召开化学技术监督网会，落实化学技术监督责任制，审批企业有关化学标准、规程、制度。

4）组织落实各项化学监督工作、处理重大化学事故、制定应急处理预案等。

5）组织与化学监督有关重大设备事故和缺陷分析，查明原因，采取对策，并将处理情况报送监督办公室。

（2）发电企业化学技术监督专责职责。

1）协助企业主管生产领导落实执行有关化学监督的各项技术标准、规章制度，制定本企业的化学监督实施细则及相关技术措施。

2）按时向上级主管部门、监督办公室报送各类化学监督报表、报告，定期分析、汇总化学监督数据。组织或参加与化学相关的事故、障碍、异常等的分析，负责或参与制定与化学相关的预案，并及时上报企业主管领导，同时上报上级主管部门、监督办公室，并采取措施杜绝类似事故的发生。

3）负责制订本企业化学技术监督年度计划，负责或参与化学专业技术改造等项目的可行性评价及项目管理工作。

4）按照国家和电力行业颁布的有关标准建立健全化学监测手段，开展化学监测工作。

5）监督有关部门做好防止热力系统设备腐蚀、结垢、积盐和油质劣化等工作。

6）主设备大修和化学设备检修中，与相关专业一同进行监督检查及检修后的验收工作。

7）组织开展本企业的专业技术培训、新技术推广应用等活动，定期组织召开本企业化学监督工作分析会。

（3）化学专业职责。

1）负责或参加锅炉水汽优化调整试验、停（备）用设备防腐保护及热力设备化学清洗等工作。

2）负责热力设备检修化学监督检查，参与相关设备的修后验收，编制机组检修化学监督检查报告。

3）负责对水、汽、氢气、油品、六氟化硫气体、燃料质量进行定期监督及异常处理。

4）负责在线化学仪表的监督管理，监督数据的真实准确性。

5）负责化学实验室仪器仪表的定期校验及送检工作。

6）负责化学系统设备技术改造和工艺优化。

7）协助做好全厂水质水量平衡，实现水资源分级使用，提高水的重复利用率，节约水资源。

8）负责与化学专业有关的大宗材料质量验收监督工作。

9）负责入炉煤的采制化工作。

（4）运行人员职责。

1）值长应负责领导和组织当值人员落实有关化学监督的各项工作，处理当值化学监督中存在的问题，使水、汽、油、气（氢气、六氟化硫）、燃料等各项化学监督指标符合标准要求。

2）化学运行人员负责锅炉补给水处理系统、凝结水精处理系统、循环水处理系统、内冷水处理系统、制（供）氢系统、炉内加药处理及化学在线监控系统等的运行工作，负责机组运行中水、汽各项化学监督指标的质量监督与调整；负责油、气（氢气、六氟化硫）质量监督，负责向值长汇报设备或监督指标出现的异常，必要时应向化学监督专业工程师、主管生产领导以至上级技术部门汇报。

3）主机运行人员负责根据水、汽、油、气（氢气、六氟化硫）、燃料等的运行参数及其变化情况，按照化学监督要求及有关规程规定对有关设备进行相应调整。

10.4 日常管理

发电企业应建立并严格遵守监督报告制度，按规定格式和时间如实报送化学技术监督项目及指标完成情况，重要问题应及时进行专题报告。

10.4.1 监督信息报送管理

10.4.1.1 填写与报送要求

（1）各发电企业应定期向技术监督执行部门报送报表及总结，技术监督执行部门汇总分析后向技术监督办公室报送有关报告，报送时间及要求。

1）每月 5 日前报送上月技术监督报告，具体格式见表 10.1。

表 10.1　化学技术监督月报及指标统计表内容及格式要求

化学技术监督月报
（× 月份）

×× 发电厂 ×× 年 × 月 × 日

一、当月的工作重点小结

1. 机组停（备）用情况
2. 影响汽水品质的主要因素
3. 氢气质量监督情况
4. 在线仪表监督情况
5. 油质监督情况

监督指标	完成率（%）	考核或标杆值（%）
水汽品质合格率		≥ 98
在线仪表投入率		≥ 98
主要在线仪表准确率		≥ 96
油品合格率		≥ 98
氢气湿度合格率		≥ 98
氢气纯度合格率		≥ 98
入炉煤取样装置投运率		≥ 98
煤质检率		100

二、异常问题分析及处理

三、技改 / 大修进度情况

四、本月其他工作

五、下月工作计划

六、具体分析检测数据（化学监督水汽、油质、煤质指标月报等报表按照 DL/T 246《化学监督导则》的附表要求填报）

2）7 月 15 日前报上半年监督工作总结。

3）1 月 15 日前报送上一年度结果及总结报告，总结报告应有编制、审核、批准人员签字。

4）1 月 15 日前报送年度监督计划及检修计划。

5）大修总结与报告均在其工作完成之后 30 日内报送。

6）监督办公室将各单位月、年报表汇总进行数据分析，写出分析报告，报备上级公司。

7）异常事故分析报告于事故定性并处理完 2 日内报送。

（2）各发电企业还应向监督办公室报送以下专业报表：

1）发电厂水汽质量统计月报、水汽平衡、水处理药剂消耗统计月报。

2）运行中水处理主要设备故障及处理情况报告。

3）运行机组化学监督中发现的异常以及分析数据、持续时间及采取的措施；检修机组检查时发现的异常情况；与化学有关的事故分析报告及防止措施。

4）在线化学仪表投入率、准确率季报表。

5）高压以上机组冷态启动水汽监督报表。

6）油质合格率及油耗情况（汽轮机油、绝缘油、抗燃油）统计半年、全年报表。

7）六氟化硫运行设备的监督检测年报。

8）油及六氟化硫监督中发现异常情况的分析数据、持续时间及采取的措施报告。

9）电气设备色谱分析数据异常需做样品校核时的设备情况及分析数据。

10）220kV 及以上变压器和异常充油电气设备油质检验年报表。

11）入厂、入炉煤质月报、年报表。

12）燃料监督中发现异常情况的分析数据、持续时间，采取的措施。

13）热力设备停（备）用保护及检修检查报告。

14）热力设备化学清洗措施及清洗工作总结。

15）水处理设备及热力设备调整试验情况总结。

10.4.1.2 年报内容要求

发电企业的化学技术监督年度（半年度）总结应有但不限于以下内容：

（1）工作开展情况：专业技术监督体系运转、年度技术监督计划执行、检修监督/技改执行、技术监督检查、技术监督通知单、异常问题及分析处理、隐患排查及反措落实、人员培训、工作亮点。

（2）主要监督指标完成情况：除盐水水质情况统计、水汽指标情况的综合统计、循环水监督情况的综合统计、中水运行及水质情况、在线化学仪表监督、氢气质量监督、燃料质量监督、汽轮机油、变压器油、抗燃油、助燃油油质监督。

（3）下年度（下半年）化学技术监督工作中需要解决的问题及工作计划。

10.4.1.2 各类化学技术监督监测统计报表格式参见表 10.2~ 表 10.14。

表 10.2　水汽质量统计月报表（1/4）

××电厂

填表日期：　　年　　月　　日

水样名称		给水									炉水				
项目		pH（25℃）	氢电导率（25℃）	铜	铁	溶解氧	二氧化硅	氯离子	钠	TOC_i	pH（25℃）	电导率（25℃）	磷酸根	二氧化硅	氯离子
单位		—	μS/cm	μg/L	μg/L	μg/L	μg/L	μg/L	μg/L	μg/L	—	μS/cm	mg/L	mg/L	mg/L
水汽标准															
1号	最大值														
	最小值														
	平均值														
	合格率（%）														
	异常数据累计时长														
2号	最大值														
	最小值														
	平均值														
	合格率（%）														
	异常数据累计时长														

批准：　　　　审核：　　　　填报：

表 10.3　水汽质量统计月报表（2/4）

××电厂

填表日期：　年　月　日

水样名称		饱和蒸汽					过热蒸汽				
项目		氢电导率（25℃）	钠	铜	铁	二氧化硅	氢电导率（25℃）	钠	铜	铁	二氧化硅
单位		μS/cm	μg/kg	μg/kg	μg/kg	μg/kg	μS/cm	μg/kg	μg/kg	μg/kg	μg/kg
水汽标准											
1号	最大值										
	最小值										
	平均值										
	合格率（%）										
	异常数据累计时长										
2号	最大值										
	最小值										
	平均值										
	合格率（%）										
	异常数据累计时长										

批准：　　审核：　　填报：

表 10.4　水汽质量统计月报表（3/4）

××电厂

填表日期：　　年　　月　　日

水样名称		精处理出水					凝结水				内冷水		
项目		氢电导率（25℃）	钠	铜	铁	二氧化硅	氢电导率（25℃）	钠	硬度	溶解氧	pH（25℃）	电导率（25℃）	铜
单位		μS/cm	μg/L	μg/L	μg/L	μg/L	μS/cm	μg/L	μmol/L	μg/L	—	μS/cm	μg/L
水汽标准													
1号	最大值												
	最小值												
	平均值												
	合格率（%）												
	异常数据 累计时长												
2号	最大值												
	最小值												
	平均值												
	合格率（%）												
	异常数据 累计时长												
批准：						审核：					填报：		

表 10.5　水汽质量统计月报表（4/4）

××电厂

填表日期：　　年　　月　　日

水样名称		锅炉补给水				闭式循环水		热网疏水				
项目		除盐水箱进水电导率（25℃）	除盐水箱出水电导率（25℃）	二氧化硅	TOC_i	pH（25℃）	电导率 25℃	氢电导率（25℃）	硬度	铁	二氧化硅	钠
单位		μS/cm	μS/cm	μg/L	μg/L	—	μS/cm	μS/cm	μmol/L	μg/L	μg/L	μg/L
水汽标准												
1号	最大值											
	最小值											
	平均值											
	合格率（%）											
	异常数据累计时长											
2号	最大值											
	最小值											
	平均值											
	合格率（%）											
	异常数据累计时长											

批准：　　　　审核：　　　　填报：

表 10.6　水汽平衡月度报表

× × 电厂

填表日期：　　年　　月　　日

机组	机组负荷率（%）	机组利用小时数（h）	机组额定蒸发量（t/h）	锅炉蒸发量（万 t）	补水量（万 t）	供汽量（万 t）	其他用水用汽量（万 t）	排污量（万 t）	补水率（%）	锅炉排污率（%）	汽水损失率（%）
1 号											
2 号											
3 号											
4 号											
5 号											
6 号											
7 号											
8 号											
300MW 机组平均											
600MW 机组平均											
1000MW 机组平均											
全厂统计											
说明：①“补水量”与水处理月度报表中供水量之和相一致。②没有单台机组的补水流量表，按照本期机组进行统计，需要统计到能够统计到的最详细数据。③按照机组压力等级进行平均，没有改等级的机组删除该行的平均值；注意对其中公式的编辑。④供气量为机组的对外供气量（蒸汽不再回收）。⑤其他用水用汽量，没有则不填写。⑥排污量 = 连排量 + 定排量。											
批准：				审核：					填报：		

表 10.7　循环水指标月度报表

× × 电厂

填表日期：　　年　　月　　日

项目		补充水检测指标					循环水检测指标							循环水的控制指标					
		pH（25℃）	碱度	总硬	钙硬	Cl^-	pH（25℃）	电导率	碱度	硬度	钙硬	SO_4^{2-}	Cl^-	总磷	浓缩倍率	ΔB	总硬	钙硬	碱度
单位		—	mmol/L	mmol/L	mmol/L	mg/L	—	μS/cm	mmol/L	mmol/L	mmol/L	mg/L	mg/L	mg/L	—	—	mmol/L	mmol/L	mmol/L
控制标准																			
1 号	最大值																		
	最小值																		
	平均值																		
	合格率（%）																		
2 号	最大值																		
	最小值																		
	平均值																		
	合格率（%）																		

备注：

说明：①根据厂里实际情况，可以对循环水分析指标进行删减。②采用一路补水水源的机组，对浓缩倍率和ΔB合格率进行统计；采用两路补水水源的机组，浓缩倍率和ΔB合格率仅供参考。③对于循环水补水为两种以上的水源，有补水计量表的，对每种水源的指标与水量加权计算补水的钙离子含量和补水的氯离子含量；没有计量表的，根据补水量大体确定每路水源的补水量，同时控制循环水的碱度、钙硬等。④合格率为不合格的指标次数占总检测指标次数。

批准：　　　　审核：　　　　填报：

表 10.8 燃煤质量月报

××电厂

填表日期： 年 月 日

项目		弹筒发热量 $Q_{b,\ ad}$（MJ/kg）	收到基低位发热量 $Q_{net,\ ar}$（MJ/kg）	全水分 M_t（%）	空干燥基水分 M_{ad}（%）	空干燥基灰分 A_{ad}（%）	空干燥基挥发分 V_{ad}（%）	空干燥基固定碳 $F_{C,\ ad}$（%）	空干燥基全硫 $S_{t,ad}$（%）
产地	数量								
批准：				审核：				填报：	

表 10.9 汽论机油监督报表

××电厂

填表日期： 年 月 日

项目/时间/机组		油质检测项目								油质合格率（%）	油耗			防劣措施	备注
		外状	黏度（40℃，mm^2/s）	闪点（℃）	酸值（mgKOH/g）	液相锈蚀	破乳化度	水分（mg/L）	颗粒度（SAE4059）级		机组油量（t）	补油量（t）	油耗（%）		
标准值															

续表

全厂上半年平均油耗（%）：	全年油耗（%）：	全厂上半年平均合格率（%）：	全年平均合格率（%）：100
全厂下半年平均油耗（%）：		全厂下半年平均合格率（%）：	
注：1. 按单机统计油耗，计算方法：（补油量 / 机组油量）×100%，全厂平均油耗为各单机油耗平均值。 2. 按单机统计油质合格率，计算方法：（合格项目数 / 8）×100%，全厂平均油质合格率为各单机油质合格率的平均值。 3. 按监督制度要求，汽轮机油每年检测不少于两次，超过两次的只报两次，每年 1 月 5 日、7 月 5 日前报至集团公司和技术监控管理服务单位。 4. 防劣措施包括：①添加抗氧化剂、防锈剂。②投入连续再生装置、油净化器。③定期滤油等。			
批准：	审核：		填报：

表 10.10　抗燃油监督报表

××电厂

填表日期：　年　月　日

项目/机组/时间		外观	密度（20℃，g/cm^3）	运动黏度（40℃，mm^2/s）	闪点（℃）	颗粒度（SAE4059）级	水分（mg/L）	酸值（mgKOH/g）	电阻率（20℃，$\times 10^9\Omega\cdot cm$）	破乳化度（54℃，min）	油牌号	机组油量（kg）
标准值												

批准：　　审核：　　填报：

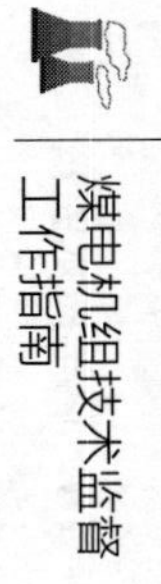

表 10.11　变压器油油质合格率、油耗及异常情况

× × 电厂

填表日期：　　年　　月　　日

设备台数	油质合格率（%）	油耗（%）	色谱检测率（%）	微水检测率（%）	色谱或微水异常情况
注：合格率统计 110kV 及以上等级的变压器。					
批准：		审核：		填报：	

表 10.12　异常充油电气设备油中溶解气体含量报表

× × 电厂

填表日期：　　年　　月　　日

试验日期	设备名称	气体组分含量（μL/L）						
		CH_4	C_2H_6	C_2H_4	C_2H_2	H_2	CO	CO_2
批准：				审核：			填报：	

表 10.13 氢气质量监督表

××电厂

填表日期： 年 月 日

设备名称		氢站	1 号机	2 号机	全厂平均
氢气纯度（%）	最高				
	最低				
	合格率（%）				
氢气湿度（露点，℃）	最高				
	最低				
	合格率（%）				
补氢量（m^3）					
运行天数（d）					
平均日补氢量（m^3/d）					
氢气湿度超标记录					
批准：		审核：			填报：

表 10.14 在线化学仪表配备率、投入率、准确率监督报表

× × 电厂

填表日期： 年 月 日

机组序号	测点及名称	机组运行小时数	在线化学仪表状况	pH 表	溶氧表	电导率表	硅表	钠表	磷表	其他仪表	合计
			应配备台数								
			实配备台数								
			配备率（%）								
			检修因素停用时间（h）								
			运行因素停用时间（h）								
			仪表因素停用时间（h）								
			投入率（%）								
			检修因素不准确时间（h）								
			运行因素不准确时间（h）								
			仪表因素不准确时间（h）								
			准确率（%）								
批准：				审核：					填报：		

10.4.2 技术监督定期检查管理

（1）化学技术监督工作实行定期检查制度，监督办公室负责定期检查的组织工作，各发电企业配合执行，技术监督检查以自查和互查相结合的方式进行，检查周期以一年为宜，监督检查应依据《化学技术监督检查细则》（见附录 9）开展。

（2）技术监督检查应有完整的检查记录或检查报告，对技术监督过程中发现的问题应提出相应的意见或建议，对严重影响安全的隐患或故障应提出预警或告警。对严重违反化学技术监督工作规定、因技术监督不当或自行减少监督项目、降低监督指标标准而造成严重后果的单位可以采取警告、通报等措施，要求在限期改正。

10.4.3 监督预（告）警管理

化学监督建立技术监督预（告）警和整改跟踪制度，监督办公室在技术监督工作中对违反监督制度、存在重大安全隐患的单位，视情节严重程度，由技术监督办公室发出化学专业技术监督预（告）警单（见表 10.15）进行技术监督预警。监督办公室结合设备的运行指标分析、评估、评价，针对技术监督工作过程中发现的有趋势性、突发性的问题及时发布技术监督预警报告。

表 10.15 化学专业技术监督预（告）警单

预（告）警单编号：

<table>
<tr><td colspan="3">预（告）警项目名称：</td></tr>
<tr><td colspan="2">单位（部门）名称：</td><td>传真或联系方式：</td></tr>
<tr><td colspan="2">拟稿人：</td><td>联系电话：</td></tr>
<tr><td>存在问题</td><td colspan="2"></td></tr>
<tr><td>整改建议</td><td colspan="2"></td></tr>
<tr><td>整改要求</td><td colspan="2"></td></tr>
<tr><td colspan="2">审核：</td><td rowspan="3">签发单位（部门）：
（盖章）
年 月 日</td></tr>
<tr><td colspan="2">复审：</td></tr>
<tr><td colspan="2">签发：</td></tr>
</table>

对发生下列情况应向设备运行维护单位发布告警报告：

（1）水汽质量异常，未能按“三级处理”原则规定的时间内使之恢复正常。

（2）水汽监督不到位，延误水汽异常的处理时间。

（3）未按规定购置水处理材料、油品、仪器设备等，造成严重后果，影响安全生产。

（4）汽轮机油、抗燃油颗粒度检测连续两次以上不合格，机组大修后油中颗粒度不合格擅自开机。

（5）不按规定对燃料进行采、制、化处理和分析。

（6）不按规定对电气设备的绝缘油取样分析。

（7）不按规定对六氟化硫绝缘设备进行定期气体检测。

对于监督办公室签发的通知单，发电企业应认真组织人员研究有关问题，制订整改计划，整改计划中应明确整改措施、责任部门、责任人和完成日期。整改计划应上报技术监督办公室。

问题整改完成后，发电企业应将处理情况填入化学专业技术监督反馈单（见表10.16），并报送监督办公室备案。

表 10.16　化学专业技术监督反馈单

（资料性附录）

回执单编号：

<table>
<tr><td colspan="2">单位（部门）名称</td><td colspan="2"></td></tr>
<tr><td colspan="2">预（告）警项目名称</td><td colspan="2"></td></tr>
<tr><td>预（告）警单编号</td><td></td><td>预（告）警所属系统</td><td></td></tr>
<tr><td>预（告）警提出单位（部门）</td><td></td><td>预（告）警时间</td><td>年　月　日</td></tr>
<tr><td>预警内容</td><td colspan="3"></td></tr>
<tr><td>整改计划</td><td colspan="3"></td></tr>
<tr><td>整改结果</td><td colspan="3">（注：整改支撑材料可另附页）</td></tr>
<tr><td colspan="2">填写：</td><td colspan="2" rowspan="3">整改单位（部门）：
（盖章）
年　月　日</td></tr>
<tr><td colspan="2">审核：</td></tr>
<tr><td colspan="2">签发：</td></tr>
</table>

对整改完成的问题，发电企业应保存问题整改相关的试验报告、现场图片及影像等技术资料，作为问题整改情况及实施效果评估的依据。

10.4.4 监督资料管理

10.4.4.1 规章制度管理

发电企业根据本企业具体情况，应建立以下规章制度：

（1）化学专业人员岗位责任制。

（2）化学设备运行操作规程，其中应包括：补给水、给水、炉水、凝结水、循环水和发电机冷却水处理设备运行规程等。

（3）化学监督规程，监督对象应包括：补给水、给水、炉水、凝结水、循环水和发电机冷却水等运行中的质量监督及其调整。

（4）运行设备巡回检查及交接班制度。

（5）化学设备检修规程。

（6）制氢、制氯设备的运行、检修规程。

（7）化学仪表检验规程。

（8）化学仪器、仪表的使用、校验及管理制度。

（9）白班化验室工作制度。

（10）垢、水、汽、油、燃料及气体的取样与化验规程。

（11）化学药品、水处理材料验收及保管制度。

（12）热力设备检修中的化学监督检查制度。

（13）停（备）用热力设备防锈蚀保护制度。

（14）油务管理制度，绝缘油及气体的取样与化验规程。

（15）安全工作规程。

（16）生产人员培训考核制度。

（17）燃料质量管理制度。

以上规章与制度，应根据具体情况的变化及时修订或补充。

10.4.4.2 图表及技术资料管理

各发电企业应根据设备系统情况备齐与化学监督有关的图表。

（1）全厂各台机组的水汽系统图，包括取样点、测点、加药点及排污点。

（2）化学水处理设备系统图及电源系统图。

（3）凝水处理系统图与控制电源系统图。

（4）给水及炉水加药系统图与电源系统图。

（5）炉内水汽分离装置布置图及锅炉纵剖面示意图。

（6）锅炉定期排污及连续排污系统图。

（7）水内冷发电机冷却水系统图。

（8）循环水处理系统图与电源系统图。

（9）化学废水处理系统图。

（10）尿素制氨系统图。

（11）制氢设备、用氢设备系统图及电源系统图。

（12）制氯设备、用氯设备系统图及电源系统图。

（13）汽论机油系统图。

（14）抗燃油系统图。

（15）变压器和主要用油、气开关的名称、容量、电压、油量、油种等图表。

（16）燃料及灰取样点布置图，包括煤粉、飞灰、灰渣等。

各发电企业还应建立健全各种技术资料，包括汽轮机、锅炉、电气等主设备说明书或本企业根据说明书编写的培训教材；化学设备说明书及其培训教材；有关仪器、设备的说明书；相关专业技术资料等。

10.4.4.3 原始记录及试验报告

各发电企业应建立健全下列原始记录和试验报告：

（1）各种水、汽、油、燃料、制氢、制氯运行日报及值班操作记录。

（2）水、汽、油、燃料、垢及腐蚀产物、沉积量、化学药品分析记录，热力系统水汽质量定期查定记录及有关试验数据与报告。

（3）热力设备、水处理设备调整试验记录及总结。

（4）热力设备、水处理设备台账、检修检查记录及总结。

（5）热力设备的化学清洗和停（备）用防锈蚀记录及总结。

（6）各用油设备的台账、新油验收记录及检修检查记录。

（7）各种化学药品及材料的验收分析报告。

（8）化学仪器及在线化学仪表的台账及检修、校验记录；

（9）凝汽器管的泄漏记录和处理结果（应含泄漏时堵管的具体位置、堵管数量）报告。

（10）凝汽器管腐蚀、结垢、换管后的记录、图表。

（11）化学监督的各种月报表，包括水汽质量、油质、燃料、仪表，年度报表及总结。

（12）炉内、炉外水处理药品用量、树脂补充量、补水量、补油量等经济指标的统计分析记录。

（13）安全及培训考核记录。

（14）贵重仪器使用记录及异常记录。

（15）各检测分析项目的原始记录、分析数据台账。

10.4.5 会议及培训管理

电力技术监督办公室每年不定期召开化学技术监督工作会议，各发电企业应安排化学专业监督专责及相关负责人参加。会议宣贯技术监督相关制度、方针等文件；传达技术监督会议精神；总结上年度监督情况；讨论本年度监督工作重点；表彰上年度优秀技术监督企业及人员；根据现场情况安排专题培训；对各发电企业技术监督工作存在的典型问题和经验进行交流。

各发电企业应至少半年由技术监督领导小组组长召集有关专业召开一次化学监督网会议。根据水汽品质、油质、热力设备结垢腐蚀、积盐情况，讨论提高水汽品质、油质及防腐防垢措施。在发生与化学监督有关的异常情况时，应及时召集相关专业，分析原因，讨论措施，并组织各专业贯彻执行。活动情况及时报监督办公室。

技术监督办公室不定期开展化学专业技术培训，发电企业应安排相关技术监督人员参加。

各发电企业应根据工作需要安排技术监督专责和特殊技能岗位人员参加外部取证培训，提高专业技能水平。

各发电企业应建立健全人员培训制度，定期对技术监督人员和特殊技能岗位人员进行专业培训，提高安全责任意识和专业技能水平。

10.5 设备监督

10.5.1 建设期

机组在设计、选型、安装、调试和启动验收等建设期监督主要有：

（1）化学工艺系统、设备的设计和选型审查应依据 GB 50013、GB/T 50050、GB 50177、GB 50335、GB 50660、GB/T 12145、GB/T 50619、DL5068、DL/T 333.1、DL/T 333.2、DL/T 712 等国家标准、电力行业标准等相关标准和规定进行。

（2）根据工程的规划情况及特点，监督工程设计做到合理选用水源、节约用水、降低能耗、保护环境，并便于安装、运行和维护。设备选型应经过充分调研，设备的性能指标和参数应与同容量、同参数、同类型设备对比，根据已投运设备的实践经验，采用节能型、节水型、可靠性能高的设备，宜采用大容量、高参数设备。

（3）对供热、空冷机组凝结水精处理系统的设备选型、树脂选型和配比优化提出建议，并监督阴树脂的耐温试验。当城市中水、海水或其他再生水用作循环水补水时，循环水系统材料应能适应补水水质要求，并开展循环水优化处理模拟试验。

（4）对设计与设备选型阶段的技术文件、工作过程做好监督审核。依据 DL/T 794、

DL/T 855、DL/T 889、DL/T1076、DL5190.6、DL/T5210.6、DL/T 5437 等标准，以及厂家运行维护说明书、有关技术规程等，对主要化学设备系统安装过程、分步调试、整套启动调试过程中所有试验方案、技术指标、主要质量控制点、重要记录进行监督。

（5）设备安装、调试工作应由具有相应调试资质的单位承担，由具备相应资质的人员负责。试运阶段的各种水处理材料、树脂、油品以及化学药品等物资应做好入厂检查、验收工作。监督并参加重要热力设备到货、保管、安装过程中内、外表面的腐蚀情况的检查，监督和检查系统设备内部二次污染的防护过程。

（6）在性能验收试验阶段，应按相关规程规定开展性能试验方案、措施、过程及效果评价监督。审核锅炉水压试验及保养的方案和措施，对水压试验用药品和水质进行分析化验，严禁使用不合格药品和水质进行锅炉水压试验。审核锅炉化学清洗方案和措施，参加化学清洗全过程质量检测和监督工作，参加清洗质量检查验收过程，并签署质量检查评价表。审核锅炉吹管方案和措施，对吹管过程热力系统净化冲洗和水汽品质进行化验监督，监督吹管结束后清扫凝汽器、除氧器和汽包内铁锈和杂物。审核机组整套试运热力系统净化方案和措施；对各阶段水汽品质进行检测化验；监督启动过程中，若给水品质不合格，则锅炉不点火，若蒸汽品质不合格，则汽轮机不冲转。

（7）依据 GB/T 7597、GB/T 7595、GB/T 7596、GB/T 14541、GB/T 14542、DL/T 571、GB/T 8905 等标准和本标准技术部分的规定，监督并做好机组整套试运阶段油、气的质量监督检测化验工作，特别是充油电气设备到厂后、热油循环后、投用后的油、气质量的分析检测，汽轮机和抗燃油严格遵守油质颗粒度不合格机组不能启动的规定。

10.5.2 运行期

（1）运行监督应按照国家 / 行业法规、技术管理法规、国能发安全〔2023〕22 号以及国家、行业标准等要求，根据设备说明书、有关技术协议和合同的各项规定等对正常生产运行过程中的技术文件、安全指标、技术指标、定期试验以及相应的运行操作和记录过程进行监督。

（2）根据机组的参数、型式、运行方式及热力系统材质，选择合适的给水、炉水处理方式，以降低系统的腐蚀及腐蚀产物的转移，避免锅炉受热面的结垢和腐蚀，汽轮机通流部件的积盐和腐蚀。必要时，进行水汽品质优化试验，以确定最佳的给水、炉水处理方式，加药方式，控制指标和锅炉运行方式。

（3）按照国家、行业标准要求的水汽监督项目和检测周期，对水、汽质量进行检测和监督，保证机组的水汽质量处于可控状态。

（4）当水汽质量出现异常、劣化时，应迅速检查取样的代表性，化验结果的准确性，并综合分析系统中水汽质量的变化规律，确认水汽质量劣化无误后，应严格按水汽品质劣化三级处理原则进行处理。

（5）电厂应结合本厂实际制定凝汽器泄漏紧急处理措施，在凝汽器泄漏时严格按紧急处理措施执行，避免凝汽器大量泄漏导致水汽品质恶化，锅炉受热面结垢、腐蚀，汽轮机积盐。凝结水精处理宜采用氢型方式运行，严格控制运行终点，以防止铵型运行时出水漏氯离子，而对后续给水、炉水、蒸汽品质造成影响，并造成锅炉水冷壁和汽轮机中、低压缸通流部件的腐蚀。

（6）根据原水水质、水温变化情况及时对原水预处理系统的运行展开 / 进行调整，确保出水水质满足后续设备、系统的安全、稳定运行。加强对超滤、反渗透设备的运行管理和维护，定期对超滤、反渗透膜进行化学清洗。加强对循环水系统防腐、防垢、杀菌处理方式监督，当循环水补水水源改变、药剂改变时，应及时进行循环水动、静态模拟试验，确定最佳的循环水处理方案，以确保循环水系统设备结垢和腐蚀得到抑制，并达到节水的目的。供热机组应开展热网疏水质量监督和热网循环水处理监督，尤其应加强加热器投运时，供热蒸汽管道和疏水管道的冲洗监督工作。

（7）按 DL/T 677 要求开展在线化学仪表的运行维护工作，定期对在线仪表进行校验，确保在线化学仪表的投入率和准确率。定期对实验室水、煤、油、气的分析仪器进行校验和检定。

（8）根据国家、行业标准要求对进行入厂煤、入炉煤的采、制、化全过程管理作出规定，并根据有关标准的更新及时修订。加强对燃煤自动取样装置的维护工作，并按规定进行定期检定，使之处于良好的状态。开展入厂煤、入炉煤的采、制、化工作，及时提交入炉煤的分析结果，以指导锅炉燃烧。

（9）按国家、行业标准要求制定电厂各种油质量监督和管理规定，对电力用油的取样、验收，定期检测、运行监督，异常处理以及补油、混油等做出明确规定，并根据有关标准的更新情况定期进行修订。按国家、行业标准规定的监督项目和检测周期，对汽轮机油、抗燃油、绝缘油、六氟化硫进行检测，发现不合格的指标应进行分析和及时处理。

（10）按国家、行业标准要求对发电机氢气纯度、湿度的监督检测，发现指标超标应及时通知相关专业人员进行处理，监督氢气纯度、湿度的在线检测仪表按规定进行定期检定和校验。对入厂大宗化学药品、材料、树脂、油品化验、验收监督。

10.5.3 停用和检修期

（1）按 DL/T 246、DL/T 561、GB/T 12145、DL/T 956 等标准的规定，结合机组的特点及停（备）用时间、停用性质等，制定符合切实可行的机组热力设备停（备）用保护措施，并明确相关专业的职责，将相关措施纳入机组运行规程之中。

（2）对系统经济性和安全性有重要影响的关键检修项目、工艺、工序、作业指导书或文件包、检修总结等内容进行监督，促进电厂检修工作标准化，形成一套最优检修模式。监督机组停用保护措施的实施过程，结合机组启动期间水汽质量，机组检修热力设备化学检查情况，对停用保护措施的效果进行总结评价，并提出改进方案。

（3）机组热力设备停（备）用防腐保护采用新工艺、新药剂时，应经过科学试验，并确定对机组水汽品质、凝结水精处理树脂没有危害，履行电厂审批手续后方可实施。

（4）根据 DL/T 1115 规定制定机组检修热力设备化学检查方案，开展化学监督。热力系统解体检修时，首先应通知化学专业人员进行检查。未检查前，不得清除热力系统内的沉积物，不得进行检修操作。检查得到的腐蚀、结垢、积盐情况和数据应有详细书面或影像记录。

（5）热力系统大修时，应割管检查分析省煤器、水冷壁、过热器、再热器的腐蚀、结垢、积盐情况，并写入机组检修化学监督检查报告。热力系统检修时，应对换热器管进行淤泥沉积、结垢和腐蚀情况检查，据此确定循环水处理调整方案和系统酸洗方案。

（6）若锅炉、凝汽器、换热器达到 DL/T 794、DL/T 957 规定的结垢沉积量或运行年限，应进行化学清洗，并由具备 DL/T 977 化学清洗资质的单位实施。热力设备停（备）用期间，应按 DL/T 956 的规定进行防锈蚀保护。

（7）检修或停（备）用机组启动前，应按 GB/T 12145、DL/T 561 的规定，对锅炉及给水系统进行冷、热态冲洗。

（8）根据 DL/T 794、DL/T 957、DL/T 977 等标准规定，根据锅炉受热面结垢量，凝汽器结垢量和运行端差，高压加热器结垢情况和运行端差，热网加热器及其他换热器结垢情况，确定是否进行这些热力设备的化学清洗。负责化学清洗的单位应取得电力行业颁发的化学清洗相应级别的资质证书，参加清洗的人员应取得相应的资格证书；电厂开展此项工作时，化学清洗技术方案应经由相关技术监督部门审查，厂内主管领导批准，并报上级公司生产管理部门审批、备案；应开展化学清洗现场监督，技术安全交底记录、化学清洗记录应齐全；化学清洗结果达到 DL/T 794、DL/T 957 的相关要求；化学清洗后所涉及的系统设备（上下联箱、汽包等容器）部位内的残液、残渣应清除干净，并应有照片记录。对化学清洗后的废液处理方案进行审查，废液排放应符合国家及地方的环保要求。

（9）监督化学设备的检修工作，检查化学处理设备内部配件，并根据检修工艺要求做好维修或更换工作；确定检修期间是否需要进行离子交换树脂的复苏、补充或更换，超滤、反渗透、EDI 否需要进行离线清洗或更换等。

（10）油、气设备特殊检修或技改前，应监督相关专业编制相应的检修、技改方案，落实化学监督的具体要求，并履行审批手续。检修前、中、后应按相关标准开展油、气质量的检验工作，如果检验中发现异常应及时反馈给相关专业制定净化处理措施，监督净化处理的落实并确保净化处理到符合相关标准要求，严格执行汽轮机油、抗燃油洁净度不合格不得启机规定。如果需要补油，应补充相同牌号、厂家的油品，并做好油品质量的验收工作；如果补充不同牌号的油，应开展混油试验，符合要求后才能进行补油工作。参与机组热力设备，化学设备，用油、气电气设备检修后的质量的验收和检查，监督或编写质量验收记录、报告。

（11）根据 GB/T 12145、DL/T 246、DL/T 561 等标准规定，编写机组启动时热力系统水汽净化详细措施、监督指标和专用报表。监督并指导机组热力系统冷、热态水冲洗过程，做到给水品质不合格，锅炉不点火；炉水或分离器排水质量不合格，热态冲洗不结束；蒸汽品质不合格，汽轮机不冲转、并网。

（12）监督有关专业定期对氢系统中储氢罐、电解装置、干燥装置、充（补）氢汇流排的安全阀、压力表、减压阀等进行检验。

（13）机组热力设备检修化学检查记录和报告、化学设备检修记录和报告，汽轮机油、抗燃油和各种辅机换油、补油记录和报告，用油、气电气设备换油（气）、补油（气）记录和报告，化学清洗记录和报告，机组停用保护报告，启机启动水汽净化记录等应按发电厂资料管理规定归档保管。

10.6 分析化验监督

10.6.1 水汽化验管理监督

10.6.1.1 实验室设备及人员

（1）化验室及生产现场所用仪器、仪表的配备，应达到 DL 5068 标准的要求。

（2）化验室仪器、仪表的精度等级应满足现场分析仪器、仪表校验的精度要求和等级要求。

（3）分析化验人员应持有资质机构颁发的资格证书。

（4）实验室（化验站）设备应制定操作规程、设备维护规程、仪器校验规程。

（5）设备使用说明书齐全。

（6）实验室（化验站）设备、仪器应有备用，内容包括仪器设备记录卡、仪器检修记录、维护记录、校验记录、使用记录。

（7）分析仪器、仪表应按照相关规定进行定期计量或校准。电导率仪、pH 计、pNa 表、分光光度计、天平等每年检定一次，计量部门无法检定的仪器按自编的校验规程进行校定。

10.6.1.2 实验室环境

（1）化验室、化验站应采取有效的防护措施避免受震动、噪声等影响。

（2）化验室、化验站在靠近煤场和有污染的药品库，应采取有效隔离措施。

（3）化验室、化验站设施满足对照明、水源、电源、温度和通风的特殊要求。

（4）精密仪器室、仪表校验室、天平室、热量计室、气相色谱室应满足试验规程中规定的温湿度要求。

（5）化验室及化验站的化验台、地面能满足耐酸、碱要求。

10.6.1.3 在线仪表

（1）对于连续监督的水汽项目，应根据表 10.17、表 10.18 配备在线化学监督仪表，该类仪表应具有自动采集、实时显示、数据存储、异常报警、报表生成等功能。

表 10.17　补给水处理应配备的在线化学仪表

水样名称	机组应配备的化学仪表
阳床出水（并联式系统）	钠表（没有条件可暂不配备）
阴床出水	电导率表（有条件可以装硅表）
混床出水	电导率表（硅表）
补给水母管	电导率表
阳床再生酸喷射器出口	酸浓度计
阴床再生碱喷射器出口	碱浓度计
混床再生酸喷射器出口	酸浓度计
混床再生碱喷射器出口	碱浓度计

注　源水水质变化大的应配备生水电导率表。

表 10.18　热力系统汽水监测应配备的在线化学仪表

项目	取样点位置	高压机组	超高压及以上机组	直流炉机组
凝结水	凝结水泵出口	CC、O_2、M	CC、O_2、Na、M	CC、O_2、Na、M
给水	除氧器入口	SC、M	SC、M	SC、O_2、M
	除氧器出口	M	M	O_2
	省煤器入口	CC、O_2、pH、M	CC、O_2、pH、SC、M	CC、SC、pH、O_2、SiO_2、M
炉水	锅炉左右侧	SC、pH、PO_4^{3-}、M	SC、pH、PO_4^{3-}、SiO_2、M	

续表

项目	取样点位置	高压机组	超高压及以上机组	直流炉机组
饱和蒸汽	饱和蒸汽左右侧	CC、M	CC、Na、M	
过热蒸汽	过热蒸汽左右侧	CC、SiO_2、M	CC、SiO_2、M	
主蒸汽	主蒸汽左右侧			CC、SC、pH、Na、SiO_2、M
再热蒸汽	再热蒸汽左右侧	M	CC、M	CC、M
疏水	高压加热器	M	M	CC、M
	低压加热器	M	M	SC、M
	热网加热器	M	CC、pH、M	CC、pH、M
冷却水	发电机内冷水	SC、pH	SC、pH、M	SC、pH、M
	装置（闭式）冷却水			
高速混床	高速混床出口		SC、SiO_2	SC、SiO_2

注 1.CC—阳离子交换电导率表；O_2—溶氧表；pH—pH 表；SiO_2—硅表；Na—钠表；PO_4^{3-}—磷表；SC—电导率表；M—人工取样；每个监测项目的样品流量为 300~500mL/min，或根据仪表制造商要求。

2. 海水、苦咸水含盐量大而硬度小的水作为汽轮机凝汽器的冷却水时，监督凝水含钠量。

3. 当饱和蒸汽水样流量达不到要求时在过热蒸汽处装钠表。

4. 热力系统采用加氧处理方式的应增加溶氧表的配置点（如除氧器入口、汽包锅炉的下降管）。

5. 对于超超临界机组，主蒸汽样点可设置氢表。

6. 蒸汽、给水硅表可选择多通道仪表，炉水硅表可多台机组选择多通道仪表。

（2）机组宜配备给水在线 TOC 分析仪、过热蒸汽在线溶解氢表，以监督给水品质和热力系统腐蚀状况。

（3）在线化学仪表应按照 DL/T 677 的规定进行校验，仪表投入率应不低于 98%、准确率应不低于 96%。

（4）在线化学仪表应按相关规定进行定期计量检定或校准。

10.6.1.4 人工检测

（1）人工检测项目周期应为每班 1 次。

（2）水汽系统铜、铁的测定周期应每周一次，无铜系统铜的测定宜每月一次。

（3）原水、循环水的全分析每季度一次，每年不少于 4 次。

（4）如发现水质异常或工况发生变化（如机组启动、水源变化等情况），应根据具体情况，增加测定次数和项目。

10.6.2 油务化验管理监督

10.6.2.1 实验室设备及人员

（1）化验室及生产现场所用仪器、仪表的配备，应达到 DL 5068 的要求。

（2）化验室仪器、仪表的精度等级应满足现场分析仪器、仪表校验的精度要求和等级要求。

（3）从事油务（气）监督，包括汽轮机油、磷酸酯抗燃油、变压器油、密封油、齿轮油、电厂辅机用油及六氟化硫（六氟化硫）气体监督的人员，应持有省级部门颁发的培训合格证书。

（4）实验室（化验站）设备应制定操作规程、设备维护规程、仪器校验规程。

（5）设备使用说明书齐全。

（6）实验室（化验站）设备、仪器应备有资料，内容包括仪器设备记录卡、仪器检修记录、维护记录、校验记录、使用记录。

（7）分析仪器、仪表应按照相关规定进行定期检定或校准。气相色谱仪、泡沫测定仪等每年检定一次，计量部门无法检定的仪器按自编的校验规程进行校定。

10.6.2.2 实验室环境

（1）化验室、化验站应采取有效的防护措施避免受震动、噪声等影响。

（2）化验室、化验站在靠近煤场和有污染的药品库，应采取有效隔离措施。

（3）化验室、化验站设施满足对照明、水源、电源、温度和通风的特殊要求。

（4）精密仪器室、仪表校验室、天平室、热量计室、气相色谱室应满足试验规程中规定的温湿度要求。

（5）化验室及化验站的化验台、地面能满足耐酸、碱要求。

10.6.3 燃料化验管理监督

10.6.3.1 实验室设备及人员

（1）发电厂应建立和健全燃煤检质设备管理制度，明确管理分工、职责，确保检质工作的“公平、公正、公开”。设备归口管理部门应负责检质设备的维护和管理，对设备检质结果的正确性和数据的可靠性负责。检质设备在投运前应检定其精度是否合格，使用过程中应按国标要求定期进行校验，确保设备在检定合格证书有效期内使用。

（2）入厂、入炉煤应实现机械化采样。新安装的机械化采样设备必须经过权威第三方试验合格后方可使用，机械化采样设备整机精密度应满足 GB/T 19494.1 和 DL/T747 的要求，且无实质性偏倚，机械化采样设备运行 2 年后应重新检验其精密度和偏倚情况，精密度和偏倚试验合格后方可继续使用。

（3）制样间配备的破碎缩分联合制样机、各级破碎机以及缩分器投入使用之前必须经过验收并满足DL/T 747的要求，所制备的煤样水分整体损失率小于0.5%，设备整机精密度为 ±1%，无实质性偏倚。联合制样机使用两年后应重新检验精密度和偏倚情况，精密度和偏倚试验合格后方可继续使用。人工制样所用的缩分器在投入使用前，必须进行精密度检验，精密度合格后方可投入使用。人工制样所用的筛子，必须经有资质单位检验合格后方可使用，使用后也应定期检验。

（4）整个煤化验室应具备如下能力并配置设备：全水分测定、工业分析、元素分析、发热量测定、灰融溶特性测定，确保设备在检定合格证书有效期内使用并进行定期标定。

（5）燃煤采、制、化岗位人员应经过专门的技术培训，并持有有效的操作证书或岗位资格证书，持证上岗率达到100%。

10.6.3.2 实验室环境

（1）实验室的环境温度、相对湿度应符合国家、行业相关标准的要求，并应设立与外界隔离的保温防尘缓冲间，温度和相对湿度记录应妥善保存。

（2）实验室应有防尘、防火措施，新风补充量和保护接地网应符合要求，室内应光线充足、噪声低、空气流速缓慢、无外电磁场和振动源、布局整齐并保持清洁。

（3）应设置：天平室、工业分析室、发热量测定室、元素分析室、煤样存放室。

（4）存样间应设置“一门两锁”制度，并有专人保管。

10.6.3.3 人工化验

（1）入厂煤检测项目及周期。

1）入厂煤煤样应按批次进行工业分析，全水分、发热量、全硫及氢值的化验。

2）对新煤种，应增加煤灰熔融性、可磨性系数、煤灰成分及其元素等项目的分析化验，以确认该煤种是否适用于本厂锅炉的燃烧。

3）必要时可根据生产需求进行非常规项目的分析。

（2）入炉煤检测项目及周期。

1）入炉煤应以每天的上煤量作为一个采样单元进行分析化验。有条件的电厂宜以每班（值）、单元（炉）的上煤量作为一个采样单元，并以当天每班（值）加权平均值（以每班上煤量进行加权）作为当天的化验值。

2）全水分煤样宜每班（值）采制并及时分析化验，以当天每班（值）加权平均值（以每班上煤量进行加权）作为当天全水分值。

3）飞灰可燃物、煤粉细度至少每天进行一次测定，炉渣可燃物可根据需要进行测定。

4）应定期对入炉煤进行全分析，分析项目应包括常规分析项目和根据需要测定的非常规分析项目。

10.7 指标监督

10.7.1 水处理及水汽系统运行监督

10.7.1.1 水汽运行

（1）水汽监督应按照 GB/T 12145 的规定执行，并结合机组型式、参数等级、水处理工艺等情况，确定水汽监督项目、指标，必要时也可通过水汽优化调整试验确定，对关键水汽监督指标应设定运行期望值。

（2）循环冷却水、闭式冷却水，应根据水质及相应的处理方式，确定控制指标。

（3）当水汽质量劣化时，应按照 GB/T 12145 中三级处理的原则进行处理。

（4）给水加药系统宜采用自动控制方式，参照 DL/T 805.4 的规定进行处理。

（5）对于循环排污水、工业废水及市政中水等高污染原水的膜处理系统，应设置混凝澄清过滤处理单元。

10.7.1.2 异常处理

（1）重要监督指标的修订或大宗药剂、水处理工艺的变更，应通过专项试验确认或经技术监督单位审定，在确认无危害的前提下，经主管化学监督领导批准后，方可实施。

（2）当发生下列情况之一时，应进行水汽优化调整试验：

1）发生不明原因的蒸汽质量恶化或汽轮机通流部分积盐加重。

2）改变锅内装置、改变锅炉热力循环系统或燃烧方式。

3）提高额定蒸发量。

10.7.1.3 排污与水汽损失率

（1）汽包炉应根据加药方式、炉水水质确定排污方式及排污量，并按水质变化进行调整。

（2）机组的水汽损失率应符合下列要求：

100MW 以下机组，不大于额定蒸发量的 3.0%；

100~200MW 机组，不大于额定蒸发量的 2.0%；

200~300MW 机组，不大于额定蒸发量的 1.5%；

600MW 及以上机组，不大于额定蒸发量的 1.0%。

10.7.1.4 循环水

（1）化学、冲灰、输煤、脱硫及含油废水经处理合格后，方可进入循环水系统。

（2）循环水处理工艺及参数应根据动态模拟试验确定。

（3）凝汽器胶球清洗系统运行每天应不少于 4h，投球数量应不低于凝汽器单流程管道根数的 10%，收球率应不低于 90%。凝汽器管的选择应执行 DL/T 712 标准，应按

DL/T 712 标准或订货合同的技术要求，进行质量验收。

（4）海水冷却的机组应参照 GB/T 12145 中规定的三级处理原则，制定凝汽器泄漏紧急处理预案。当发生凝汽器泄漏时，应及时处理，防止海水进入热力系统。

10.7.1.5 疏水

外供蒸汽的疏水回水，应根据潜在污染物的情况，配置必要的水处理设施及在线化学监测仪表，疏水不合格，不得进入热力系统。

10.7.1.6 发电机内冷水

发电机内冷水质量应按 DL/T 801 规定执行，过滤器宜选择不锈钢激光打孔制品，不应选用含添加剂或再生滤料的制品。

10.7.1.7 凝结水

对直流机组启动冲洗时，凝结水系统应 100% 投入精处理设备。精处理树脂再生用盐酸应选用 GB/T 320 规定的优等品，碱液应选用 GB/T 11199 规定的优等品。

10.7.1.8 给水加氧处理工艺条件

（1）给水加氧机组应参照 DL/T 805.1 的规定处理。

（2）当汽包炉具备连续稳定运行，给水电导率低于 0.15μS/cm 时，宜采用给水氧化性全挥发处理工艺，停止给水加联氨。

（3）当直流炉具备连续稳定运行，给水电导率低于 0.10μS/cm 时，宜采用给水加氧处理工艺。

10.7.1.9 大宗化学药品

发电企业应制定《大宗化学药品管理制度》以规范水处理药剂的管理。大宗化学药品及材料质量验收应按照国家和行业有关标准，逐批进行。

循环冷却水处理药剂（硫酸、阻垢缓蚀剂）等大宗药剂依据 GB/T 534、DL/T 806 进行验收，过滤器滤料验收应满足 DL/T 5190.4 要求，水处理用活性炭按照 DL/T 582 要求验收，离子交换树脂依据 DL/T 771、DL/T 519 进行验收，水处理用聚合硫酸铁应满足 GB/T 14591，水处理用聚合氯化铝应满足 GB 15892，直接向锅炉机组投加的药剂（磷酸三钠、氢氧化钠、氨水）分别依据 HG/T 2517、GB/T 11199、GB/T 631 进行验收，保证化学药品及材料含量合格，杂质含量在标准范围内。

药品贮存设施的有效容积，应能满足 DL 5068 一般规定要求；酸碱贮存设备应考虑安全、检修及清洗措施；各种加药系统的管道和管件应有防腐措施。

10.7.2 油务系统运行监督

10.7.2.1 汽轮机油的监督

（1）汽轮机油的新油验收，应按照 GB 11120 的规定执行。

（2）运行中汽轮机油的质量标准，应按照 GB/T 7596 的规定执行。

（3）运行中汽轮机油的维护管理，应按照 GB/T 14541 的规定执行。

（4）新机组投运前或油系统检修后，汽轮机油颗粒度要求达到小于等于 SAE AS4059 标准 7 级。

（5）运行汽轮机油颗粒度要求达到小于等于 SAE AS4059 标准 8 级，该项目运行“期望值”为 SAE AS4059 标准 7 级。

10.7.2.2 磷酸酯抗燃油的监督

（1）磷酸酯抗燃油新油质量验收、运行维护应按照 DL/T 571 的规定执行。

（2）运行磷酸酯抗燃油酸值项目执行“期望值”≤ 0.08mgKOH/g 控制标准。

（3）运行中磷酸酯抗燃油颗粒度每季（月）检测一次，执行 SAE AS4059 标准≤ 6 级，运行“期望值”≤ 5 级。

（4）合成磷酸酯抗燃油与矿物汽轮机油有着本质上的区别，严禁混合使用。

（5）磷酸酯抗燃油系统在检修及使用维护时，应注意其所用材料的相容性。

（6）新机组投前或油系统检修后，磷酸酯抗燃油的颗粒度应不大于 SAE AS4059 标准 5 级。

（7）运行磷酸酯抗燃油应不间断地投入旁路再生系统，根据测试其出、入口的酸值变化情况，及时更换吸附剂。

（8）检查系统中精密过滤器的压差，根据压差变化大小，更换和冲洗精密过滤器。

10.7.2.3 变压器油的监督

（1）变压器油新油验收，应按照 GB 2536 的规定执行。

（2）运行变压器油的质量标准，应按照 GB/T 7595 的规定执行。

（3）变压器油的维护管理，应按照 GB/T 14542 的规定执行。

（4）变压器油中溶解气体组分含量的分析应按照 GB/T 17623 的规定执行。

（5）充油电气设备的故障诊断，按照 DL/T 722 中确定的原则和方法执行。

（6）变压器、电抗器、互感器及套管在投运前、新投运时、运行中定期、特殊情况下的油中溶解气体组分含量的检测周期，应按 DL/T 722 的规定执行。

（7）当变压器发生气体继电器动作、变压器受大电流冲击、内部有异常声响、油温明显增高等异常情况时，都应立即从设备中采集油样，进行油中溶解气体分析。

（8）对于确认有产气故障的变压器或电抗器，应做出立即停电或进行跟踪分析的具体处理措施。

（9）对于互感器、套管等少油设备，其油中若含有乙炔，应查明原因，并采取适当的措施。

10.7.2.4 密封油的监督

（1）氢冷发电机用新密封油的验收应按照 GB 11120 的质量规定执行。

（2）运行中氢冷发电机用密封油的质量标准、检测项目和检测周期，应按照 DL/T 705 的规定执行。

10.7.2.5 齿轮油的监督

风力发电机组用齿轮油的新油验收、运行监督及维护管理应按照 DL/T 1461 的规定执行。

10.7.2.6 电厂辅机用油的监督

（1）电厂辅机用油设备是指水泵、风机、磨煤机、湿磨机、空气预热器及空气压缩机。

（2）电厂辅机用油的新油验收、运行监督及维护管理应按照 DL/T 290 的规定执行。

10.7.2.7 变压器油中溶解气体在线监测装置监督

220kV 及以上和位置特别重要或存在绝缘缺陷的 110（66）kV 油浸式变压器（高抗），应配置多组分油中溶解气体在线监测装置。变压器油中溶解气体在线监测装置的新装置验收，选用的装置型号应具有省级及以上电科院入网检测报告或第三方型式试验报告，禁止选用检测不合格的产品。

10.7.2.8 六氟化硫（六氟化硫）气体监督

六氟化硫新气质量验收，应按照 GB/T 12022 的规定执行。

六氟化硫气体监督，应按照 DL/T 595 的规定执行。

（1）六氟化硫运行气体的质量监督。

1）六氟化硫电气设备中气体，应按照 DL/T 596、GB/T 8905、DL/T 1359 规定进行检验。各发电企业应开展六氟化硫设备中气体的检漏、湿度、分解产物测定三项工作。

2）六氟化硫运行设备的检漏，根据其设备压力的变化情况来确定检漏次数。正常情况下每年检漏一次，设备的年漏气率应不大于总气量的 0.5%。

3）六氟化硫新安装设备中湿度的交接试验值见表 10.19，六氟化硫运行设备的湿度控制标准见表 10.20。

表 10.19 新安装六氟化硫设备湿度交接试验值

气隔	无电弧分解气体的气隔	有电弧分解气体的气隔
含水量（μL/L）	250	150

表 10.20 六氟化硫运行设备中湿度控制标准

设备气室的额定绝对压力（MPa）	无电弧分解气体的气隔（μL/L）	有电弧分解气体的气隔（μL/L）
≤ 0.35	1000	300
＞ 0.35	500	300

4）六氟化硫气体湿度的控制数值是环境温度为20℃的测定值。严禁在零度以下的环境温度条件下测试，在环境温度10~40℃范围内测得的数值，应按DL/T506规定的方法进行校正。

5）对于充气压力低于0.35MPa，且用气量较小的设备（如35kV以下的断路器），只要不漏气，交接时其湿度含量合格，运行中可不测湿度，在发生异常时再测试。

6）湿度的检测周期应执行：设备投运第一年，半年测定一次。运行一年如无异常，电压等级330kV及以上设备，可1年测定1次；电压等级220kV及以下设备，可两年测定一次。

7）运行设备中六氟化硫气体分解产物的检测组分、检测指标及评价结果，见表10.21。

表10.21　六氟化硫气体分解产物检测组分、检测指标和评价结果

检测组分	检测指标（μL/L）		评价结果
SO_2	≤1	正常值	正常
	1~5	注意值	缩短检测周期
	5~10	警示值	跟踪检测，综合诊断
	＞10	警示值	综合诊断
H_2S	＜1	正常值	正常
	1~2	注意值	缩短检测周期
	2~5	警示值	跟踪检测，综合诊断
	>5	警示值	综合诊断

注　灭弧气室的检测时间应在设备正常开断额定电流及以下电流48h后。

8）对不同电压等级系统中的设备，建议按表10.22给出的检测周期进行六氟化硫气体分解产物现场检测。

表10.22　不同电压等级设备的六氟化硫气体分解产物检测周期

标称电压（kV）	检测周期	备注
1000	（1）新安装和解体检修后投运3个月内检测1次； （2）正常运行每1年检测1次； （3）诊断检测	诊断检测： （1）发生短路故障、断路器跳闸时； （2）设备遭受过电压严重冲击时，如雷击等； （3）设备有异常声响、强烈电磁振动响声时
110、220、330、500、750	（1）新安装和解体检修后投运1年内检测1次； （2）正常运行每3年检测1次； （3）诊断检测	
≤66	诊断检测	

（2）设备检修、解体时的六氟化硫气体的质量监督。

1）设备检修或解体前，应按照GB/T 8905和DL/T 596规定对气体进行全面分析，确定其有害物质含量，制定安全防护措施。

2）设备解体检修前，应对设备内的六氟化硫气体进行回收，不得直接向大气排放，应将气体全部回收装入有明显标记的容器内，以便于处理。

3）六氟化硫电气设备补气时，应参照 DL/T 596 中有关混合气的规定执行。

（3）回收再用六氟化硫气体质量监督。

1）对回收的六氟化硫气体，应经净化处理达到新气质量标准后使用。

2）回收净化再用六氟化硫气体，应执行新气质量标准 GB/T 12022 的要求。

（4）六氟化硫 / 氮气混合气体的质量监督。六氟化硫 / 氮气混合气体的检测项目、质量指标、检测方法及气体回收再利用按照 DL/T 2756 规定执行。

10.7.3 燃料运行监督

10.7.3.1 入厂煤、入炉煤采、制样

（1）入厂、入炉煤检验应采用机械化采、制样，采、制样设备（机械采、制样装置，联合制样机组，破碎设备，缩分设备）应按 GB/T 19494.1 和 DL/T747 的规定进行验收；机械化采、制样设备应进行定期检验（通常为两年一次），并经权威机构检验合格后方可投入运行。

（2）发电企业应按 GB475 或 GB/T19494.3 的规定进行采样精密度核对，当采样涉及的煤种和煤源比较多时，应选取品质最不均匀（或灰分最高）的煤进行精密度核验。

（3）样品煤的制取，应按 GB 474 或 GB/T 19494.2 的要求进行操作。

（4）机械采、制样设备投运率不应低于 95%。

10.7.3.2 入厂煤检测项目及周期

（1）入厂煤煤样应按批次进行工业分析、全水分、发热量、全硫及氢值的化验。

（2）对新煤种，应增加煤灰熔融性、可磨性系数、煤灰成分及其元素等项目的分析化验，以确认该煤种是否适用于本厂锅炉的燃烧。

（3）检测项目及周期见表 10.23。

表 10.23 入厂煤检测项目及周期

<table>
<tr><td>检测项目</td><td>采、制样</td><td>全水分</td><td>固有水分</td><td>灰分[a]</td><td>挥发分</td><td>热值</td><td>非常规项目[b]</td></tr>
<tr><td>检测周期</td><td>车车采样、批批制样</td><td colspan="5">批批化验</td><td>生产需要时测定</td></tr>
<tr><td>检测项目</td><td>硫</td><td>氢</td><td>碳、氮</td><td>灰熔点</td><td>样品贮存</td><td colspan="2">审核及数据处理</td></tr>
<tr><td>检测周期</td><td colspan="2">批批化验</td><td>每半年</td><td>根据需要随时测定</td><td>每个样品保留两个月以上</td><td colspan="2">每次检测结束进行</td></tr>
</table>

[a] 如测定浮煤挥发分时，应增加浮煤检测项目。

[b] 非常规项目：灰熔点、可磨系数、灰比电阻、煤着火温度、煤燃烧分布曲线、煤燃尽特性、煤着火稳定性和煤冲刷磨损性试验。

（4）必要时可根据生产需求进行非常规项目的分析。

10.7.3.3 入炉煤检测项目及周期

（1）入炉煤应以每天的上煤量作为一个采样单元进行分析化验。有条件的电厂宜以每班（值）、单元（炉）的上煤量作为一个采样单元，并以当天每班（值）加权平均值（以每班上煤量进行加权）作为当天的化验值。

（2）全水分煤样宜每班（值）采制并及时分析化验，以当天每班（值）加权平均值（以每班上煤量进行加权）作为当天全水分值。

（3）飞灰可燃物、煤粉细度至少每天进行一次测定，炉渣可燃物可根据需要进行测定。

（4）应定期对入炉煤进行全分析，分析项目应包括常规分析项目和根据需要测定的非常规分析项目。

（5）检测项目及周期见表10.24。

表10.24 入炉煤、飞灰可燃物检测项目及周期

检测项目	全水分	工业分析	发热量	硫、氢	飞灰可燃物	炉渣	煤粉细度	非常规项目[a]
检测周期	每天或每班（值）	一天（24h）	一天（24h）	一天（24h）	一天（24h）	根据需要测定	一天（24h）或依燃烧、磨煤机工况确定	定期及生产需要
数据处理	一天加权平均值							

[a] 非常规项目：元素分析、灰成分、灰熔点、可磨系数、灰比电阻、煤着火温度、煤燃烧分布曲线、煤燃尽特性、煤着火稳定性和煤冲刷磨损性试验。

10.8 反措落实监督

10.8.1 防止人身伤亡事故

10.8.1.1 防止灼烫伤害事故

作业人员应避免靠近或长时间地停留在可能受到灼烫危及人身安全的地方。化学作业人员配置化学溶液、装卸酸（碱）等，必须穿好耐酸（碱）服，戴好橡胶耐酸（碱）手套和防护眼镜（面罩）。

10.8.1.2 防止中毒窒息事故

（1）有限空间作业必须遵守“先通风、再检测、后作业”原则，对隧洞作业或者有害因素可能发生变化的作业，还必须做到“持续通风、持续检测”原则。必须执行有限空间作业审批许可制度、有限空间出入登记制度，必须设专人监护。

（2）有限空间作业必须对其危险有害因素进行辨识，进入前30min内必须检测有

害气体浓度不得超过规定限值，氧气浓度在 19.5%~21.0% 范围内，并保持良好通风；作业中至少每 2h 检测一次有害气体含量，对可能释放有害物质的有限空间应连续监测；作业中断时间超过 30min 必须重新检测。

（3）盛装化学药品和溶剂的容器必须标识正确，严禁容器上无标签。剧毒危化品必须储藏在隔离房间或保险柜内，保险柜应装设双锁，并双人、双账管理，装设电子监控设备，并挂“当心中毒”警示牌。

（4）进入尿素溶解罐前，必须将罐内浆液全部清空，充分通风，并检测罐内氨气残存量的气体浓度值不得大于 $30mg/m^3$，方准作业。

（5）配制有毒性、致癌或有挥发性等药品时，室内必须在通风柜橱内进行，室外必须站在上风口进行。露天装卸化学药品（溶液）时，人必须站在上风口作业。

（6）化学室内作业时，应每隔 1~2h 到室外换气。若感到头痛、恶心、胸闷、心悸等不适症状，立即停止作业，并到室外换气。

（7）化学实验时，严禁一边作业一边饮食（水）；工作中断或结束后，工作人员必须及时换衣洗手。化学实验用过的有毒有害废弃物严禁随意抛弃，必须集中保管，妥善处理。

（8）危险化学品专用仓库必须装设机械通风装置、冲洗水源及排水设施，必须设专人管理，应进行出入库登记。从事危险化学品的人员必须熟悉所用药品的毒性、腐蚀、爆炸、燃烧等特性，掌握操作要点及安全注意事项，掌握现场急救方法和程序。

（9）化学实验室必须装设通风、自来水、消防设施，应在明显处放置急救药箱、酸（碱）伤害急救中和用药、毛巾、肥皂等。从事化验人员必须穿专用工作服并做好安全防护。

（10）盛装化学药品和溶剂的容器必须标识正确，严禁容器上无标签。剧毒危化品必须储藏在隔离房间或保险柜内，保险柜应装设双锁，并双人、双账管理，装设电子监控设备，并挂“当心中毒”警示牌。

（11）配制有毒性、致癌或有挥发性等药品时，室内必须在通风柜橱内进行，室外必须站在上风口进行。露天装卸化学药品（溶液）时，人必须站在上风口作业。

（12）化学室内作业时，应每隔 1~2h 到室外换气。若感到头痛、恶心、胸闷、心悸等不适症状，立即停止作业，并到室外换气。

（13）化学实验时，严禁一边作业一边饮食（水）；工作中断或结束后，工作人员必须及时换衣洗手。化学实验用过的有毒有害废弃物严禁随意抛弃，必须集中保管，妥善处理。

10.8.2 防止火灾事故

（1）进入氢站、油库、氨区和天然气站前进行静电释放，严禁携带手机、火种，严禁穿带钉子的鞋和易产生静电的衣服，运行和维护应使用铜质的专用工具。

（2）当发电机为氢气冷却运行时，置换空气的管路必须隔绝，并加严密的堵板。制氢和供氢的管道、阀门或其他设备发生冻结时，应用蒸汽或热水解冻，禁止用火烤。

（3）氢冷系统中氢气纯度须不低于 96%，含氧量不应大于 1.2%；制氢设备中，气体含氢量不应低于 99.5%，含氧量不应超过 0.5%。如不能达到标准，应立即进行处理，直到合格为止。

（4）在氢站或氢气系统附近进行明火作业或做能产生火花的工作时，应测定工作区域内氢气含量合格，执行动火工作制度，并应办理一级动火工作票。作业时必须使用不产生火花的工具。

（5）氢站应按严重危险级的场所管理，应设推车式灭火器。

（6）首次使用和检修、改造后的氢气系统应进行耐压、清洗（吹扫）和气密性试验，符合要求后方可投入使用。

10.8.3 防止锅炉事故

10.8.3.1 防止锅炉大面积腐蚀

（1）严格执行 GB/T 12145、DL/T 246、DL/T 561、DL/T 889、DL/T 712、DL/T 956、DL/T 794、DL/T 300 等有关规定，加强化学监督工作。

（2）机组运行时凝结水精处理设备严禁全部退出。机组启动时应及时投入凝结水精处理设备，直流锅炉机组在启动冲洗达到规程规定铁、硅等指标时即应投入精处理设备，精处理运行设备应采取氢型运行方式防止漏氯漏钠，以保证精处理出水质量。

（3）凝结水精处理系统再生时要保证阴阳离子交换树脂的分离度和再生度，防止再生过程发生交叉污染，阴树脂的再生剂应满足 GB/T 209 中离子膜碱一等品要求，阳树脂的再生剂应满足 GB 320 中优等品的要求。精处理树脂投运前应充分正洗，应控制阴树脂正洗出水电导率小于 1μS/cm、阳树脂正洗出水电导率小于 2μS/cm、混合树脂正洗出水电导率小于 0.1μS/cm；串联阳床 + 阴床系统，控制阴、阳树脂在再生设备中单独正洗至电导率小于 1μS/cm，投运前设备串联正洗至末级出水电导率小于 0.1μS/cm，防止树脂中的残留再生酸液被带入水汽系统而造成炉水 pH 值大幅降低。

（4）应定期检查凝结水精处理混床和树脂捕捉器的完好性，防止凝结水精处理混床树脂在运行过程中漏入热力系统，其分解产物影响水汽品质，造成热力设备腐蚀。

（5）加强循环冷却水处理系统的监督和管理，严格按照动态模拟试验结果控制循环水的各项指标，防止凝汽器管材腐蚀、结垢及泄漏。当凝结器管材发生泄漏造成凝结水品质超标时，应及时查（找）漏、堵漏。

（6）当运行机组发生水汽质量劣化时，严格按 GB/T 12145—2016 中的第 15 条、DL/T 561—2013 中的第 6 条、DL/T 805.4—2016 中的第 9 条处理，严格执行“三级处理”制度。

（7）按照 DL/T 956 进行机组停用保护，防止锅炉、汽轮机、凝汽器（包括空冷岛）、热网换热器等热力设备发生停用腐蚀。

（8）应按 DL/T 712 的规定选用凝汽器及辅机冷却器管材，安装或更新前应进行严格的质量检验和验收，并加强运行维护及检修检查评价。

（9）在大修或大修前的最后一次检修时应割取水冷壁管并测定垢量，按 DL/T 794 相关规定及时进行机组化学清洗。

（10）热网疏水等各类温度较高的工质禁止直接进入给水系统，应降温后接入凝汽器，并经精处理设备处理后进入给水系统，以免造成给水水质劣化。

（11）必须重视试运中酸洗、吹管工艺质量，吹管完成过热器高温受热面联箱和节流孔必须进行内部检查、清理工作，确保联箱及节流圈前清洁无异物。

10.8.3.2 防止超（超超）临界锅炉高温受热面管内氧化皮大面积脱落

（1）对于存在氧化皮问题的锅炉，不应停炉后强制通风快冷。

（2）加强汽水监督，给水品质达到 GB/T 12145 要求。

10.8.4 防止氢罐等压力容器爆炸事故

10.8.4.1 防止承压设备超压事故

使用中的各种气瓶严禁改变涂色，严防错装、错用；气瓶立放时应采取防止倾倒的措施；液氯钢瓶必须水平放置；放置液氯、液氨钢瓶，溶解乙炔气瓶场所的温度要符合要求。使用溶解乙炔气瓶者必须配置防止回火装置。

10.8.4.2 防止氢罐等压力容器爆炸事故

（1）制氢站应采用性能可靠的压力调整器，并加装液位差越限联锁保护装置和氢侧氢气纯度表，在线氢中氧量、在线氧中氢量监测仪表，防止制氢设备系统爆炸。

（2）对制氢系统及氢罐的检修应进行可靠的隔离。

（3）氢罐应按照 TSG 21 的要求进行定期检验。

（4）运行 10 年及以上的氢罐，应该重点检查氢罐的外形，尤其是上下头不应出现鼓包和变形现象。

（5）压力容器工作介质为易燃易爆气体的，应根据设计要求，在维护和检验中安排泄漏试验。

10.8.5 防止汽轮机、燃气轮机事故

10.8.5.1 防止汽轮机超速事故

汽轮机油和抗燃油的油质应合格。油质不合格的情况下，严禁机组启动。

10.8.5.2 防止汽轮机轴系断裂及损坏事故

加强汽水品质的监督和管理。大修时应检查汽轮机转子叶片、隔板上沉积物，并取样分析，针对分析结果制定有效的防范措施，防止转子及叶片表面及间隙积盐、腐蚀。

10.8.5.3 防止汽轮机、燃气轮机轴瓦损坏事故

润滑油系统油质应按规程要求定期进行化验，油质劣化应及时处理。在油质不合格的情况下，严禁机组启动。

10.8.5.4 防止燃气轮机超速事故

汽轮机油和液压油品质应按规程要求定期化验。燃气轮机组投产初期，燃气轮机本体和油系统检修后，以及燃气轮机组油质劣化时，应缩短化验周期。

汽轮机油和液压油的油质应合格，在油质不合格的情况下，严禁燃气轮机组启动。

10.8.6 防止发电机及调相机损坏事故

10.8.6.1 防止定子绕组故障

（1）氢冷发电机应配置具有强制氢气循环功能的氢气干燥器，干燥塔宜采用循环再生结构，吸湿和再生环节应能自动循环切换保证连续对氢气进行干燥，吸附剂宜选用活性氧化铝，氢气干燥器应配备精度合格、具备防爆和防油污等基本功能的湿度检测仪表。

（2）氢冷发电机运行中，应严格控制机内氢气湿度。保证氢气干燥器始终处于良好工作状态，并定期进行在线监测和手工检测比对，防止单一指示误差造成误导。机组停机状态下，处于空气环境中的绕组应根据环境湿度采取驱潮措施；充氢状态下，应根据氢气湿度情况启动氢气干燥器强制除湿功能。

（3）密封油系统回油管路应保证回油畅通并加强监视，防止密封油进入发电机内部影响氢气湿度。密封油系统油净化装置和自动补油装置应随发电机组投入运行，并定期检测密封油含水量等指标，密封油质量应符合相关标准要求。

10.8.6.2 防止内冷水系统故障

（1）绕组线棒在制造、安装、检修过程中，若放置时间较长，应将线棒内的水放净并及时吹干，防止空心导线内表面产生氧化腐蚀。有条件时可进行充氮保护。

（2）定期对定子线棒进行反冲洗（线棒出水端安装节流孔板的发电机除外），反冲洗回路不锈钢滤网应达到 200 目（75μm），并定期检查和清洗滤网。机组运行期间发电机水路反冲洗门应关闭严密并上锁。反冲洗时应按照相关标准要求进行，反冲洗的流量、流速应大于正常运行中的流量、流速（或按制造厂规定），冲洗直到排水清澈、无可见杂质，进、出水的 pH 值、电导率基本一致且达到要求时终止。

（3）水内冷机组的内冷水质应按照相关标准进行优化控制，长期不能达标的发电机应选择适用的内冷水处理方法进行设备改造。机组运行过程中，应在线连续测量内冷水的电导率和 pH 值，定期测定含铜量、溶氧量等参数。

（4）严格按规范安装温度测点，做好防止感应电影响温度测量的措施，防止温度跳变、显示误差。运行中实时监测发电机各部位温度，当发电机（绕组、铁芯、冷却介质）的温度、温升、温差与正常值有较大的偏差时，应立即分析查找原因。温差控

制值应按制造厂规定，制造厂未明确规定的，应按照以下限额执行：

对于水内冷定子线棒层间测温元件的温差达 8℃或定子线棒引水管同层出水温差达 8℃应报警，并及时查明原因，必要时降低负荷或停机；当定子线棒层间温差达 14℃，或定子引水管出水温差达 12℃，或任一定子槽内层间测温元件温度超过 90℃，或出水温度超过 85℃时，应立即降低负荷，在确认测温元件无误后应立即停机，进行反冲洗及有关检查处理。经反冲洗无明显效果时，应依据相关标准综合分析内冷水系统结垢的可能性，并委托专业机构进行化学清洗。

10.8.6.3 防止氢冷发电机漏氢

（1）水氢氢冷发电机内冷水箱应加装氢气含量检测装置，量程范围应满足 0%~20%（体积浓度）测量要求，定期进行巡视检查，做好记录。氢气含量检测装置的探头应结合机组检修进行定期校验。

（2）内冷水箱漏氢监测数据应以未进行补排水、水箱液位稳定时为准。当含氢量（体积含量）超过 2% 应报警，并加强对发电机的监视，超过 10% 应立即停机消缺。对于闭式水箱，氢气浓度应在排气阀开启状态下，水箱上部气体达到动态稳定时测量。

（3）加装气体流量表的机组，应定期记录流量表的示数，并对单位时间内增量进行趋势分析。当单位时间内增量明显增大时，应首先排除保护气体、水温或水位变化等因素的影响，实际增量超出制造厂规定值时，应安排消缺或停机，制造厂未做规定时按照以下标准执行：漏氢量达到 0.3 m^3/d 时应在计划停机时安排消缺，漏氢量大于 5m^3/d 时应立即停机处理。

（4）有条件时开展水内溶解氢量检测（或监测），通过与同类机组及历史数据比较或计算等效漏氢量，判断是否存在漏氢缺陷。

（5）运行中内冷水质明显变化时（如 pH 值减小、电导率上升），应结合以上分析判断是否存在漏氢。

10.8.7 防止重大环境污染事故

（1）电厂内部应做到废水集中处理，提高水的重复利用率，减少废水和污染物排放量。禁止无排污许可证或者违反排污许可证的规定排放废水、污水。禁止利用渗井、渗坑、暗管、雨水管、裂隙、溶洞等排放废水、污水。

（2）应对废（污）水处理设施制订严格的运行维护和检修制度，加强对污水处理设备的维护、管理，确保废（污）水处理运转正常。

（3）做好电厂废（污）水处理设施运行记录，并定期监督废水处理设施的投运率、处理效率和废水排放达标率。

（4）锅炉进行化学清洗时，必须制订废液处理方案，并经审批后执行，属于危险废物的应按危险废物有关要求进行处置。

11 环境保护技术监督

环境保护技术监督是指依据国家法律、法规，按照国家和行业的标准，利用先进的测量手段及管理方法，在发电项目的可研、环评、设计、设备选型、监造验收、安装调试、竣工验收以及运行、检修、技术改造等过程中实行全过程技术监督，对环保设施健康水平及安全、稳定、经济运行有关的重要参数、性能、指标进行监督、检查、调整、评价，对生产过程中污染物排放进行监督及检查。

环境保护技术监督应坚持“预防为主、防治结合”的方针，按照依法监督、分级管理的原则，建立健全监督体系，贯彻安全生产“可控、在控”的要求，严格执行有关规程、规定和反事故措施，及时发现和消除设备缺陷，提高环保设施可靠性。各单位应积极推广应用环境保护新技术、新工艺、新设备和新材料，依靠科技进步和创新，提高污染治理和技术监督水平。

11.1 监督范围

煤电机组基建期环境保护重点监督电力建设项目对环境、水土保持等的影响，监督范围包括：可行性研究、环境影响评价、设计的符合性，环保设施选型、监造、安装、调试、性能试验和竣工验收阶段的监督。

煤电机组运营期环境保护重点监督运营过程中产生的环境影响因子及环保治理设施，监督范围主要包括：燃料、水源、脱硫吸收剂、脱硝还原剂等，废水排放及处理设施、烟气排放及治理设施、噪声及治理设施、固废贮存处置及综合利用设施，在线监测仪表，工频电场、工频磁场、无组织排放、六氟化硫的监督，环境保护统计、环境监测及污染事件的调查等。

11.2 监督依据

GB 8978 污水综合排放标准

GB 12348 工业企业厂界环境噪声排放标准

GB 13223 火电厂大气污染物排放标准

GB 16297 大气污染物综合排放标准

GB 18598 危险废物填埋污染控制标准

GB 20426 煤炭工业污染物排放标准

DL/T 334 输变电工程电磁环境监测技术规范

DL/T 414 火电厂环境监测技术规范

DL/T 639 六氟化硫电气设备、试验及检修人员安全防护导则

DL/T 794 火力发电厂锅炉化学清洗导则

DL/T 799.3 电力行业劳动环境监测技术规范　第 3 部分：生产性噪声监测

DL/T 1089 直流换流站与线路合成场强、离子流密度测试方法

DL/T 1477 火力发电厂脱硫装置技术监督导则

DL/T 1655 火电厂烟气脱硝装置技术监督导则

DL/T 2644 火电厂环境保护监督管理指标

HJ 24 环境影响评价技术导则　输变电工程

HJ 75 固定污染源烟气（SO_2、NO_x、颗粒物）排放连续监测技术规范

HJ76 固定污染源烟气（SO_2、NO_x、颗粒物）排放连续监测系统技术要求及检测方法

HJ 164 地下水环境监测技术规范

HJ353 水污染源在线监测系统（CODCr、NH3–N 等）安装技术规范

HJ354 水污染源在线监测系统（CODCr、NH3–N 等）验收技术规范

HJ355 水污染源在线监测系统（CODCr、NH3–N 等）运行技术规范

HJ 356 水污染源在线监测系统（CODCr、NH3–N 等）数据有效性判别技术规范

HJ 681 交流输变电工程电磁环境监测方法

HJ 819 排污单位自行监测技术指南　总则

HJ 820 排污单位自行监测技术指南　火力发电及锅炉

DB37/ 664 火电厂大气污染物排放标准

DB37/3416 流域水污染物综合排放标准

国规划环评〔2017〕4 号 建设项目竣工环境保护验收暂行办法

生态环境部公告 2018 年 第 9 号 建设项目竣工环境保护验收技术指南 污染影响类

环境保护部令〔2017〕 第 44 号 建设项目环境影响评价分类管理名录

环境保护部令〔2016〕 第 39 号 国家危险废物名录

环境保护部 环水体〔2016〕189号 火电行业排污许可证申请与核发技术规范

国能发安全〔2023〕22号 防止电力生产事故的二十五项重点要求

山东省电力行业环保技术监督工作规定（2024年修订）

11.3 专业技术监督体系建设

11.3.1 专业技术监督体系

山东省能源局是全省电力行业技术监督工作的行政主管部门，山东省电力技术监督领导小组是在其领导下的技术监督工作领导机构；领导小组下设监督办公室，是全省电力技术监督工作的归口管理机构；监督办公室设在国网山东电科院，设环境保护技术监督专责，依托国网山东电科院环保专业，实施全省电力行业环境保护技术监督工作的日常管理。

发电企业成立企业负责人为组长的环境保护领导小组，贯彻执行国家、电力行业、地方各项环境保护技术监督的政策、法规、标准及有关环境保护管理制度、规定及要求，结合本单位实际情况制定相应的规章制度。

发电企业装机容量在100MW（或年燃煤量在20万t）及以上的发（热）电企业应设立环境保护技术监督专责，成立企业分管负责人为组长的环境保护技术监督领导小组，并建立涵盖厂级、车间、班组的三级环境保护技术监督网，宜建立环境监测站。

11.3.2 专业技术监督职责分工

技术监督领导小组职责、监督办公室职责见本书1.3节，环保技术监督相关岗位职责分工如下：

（1）监督办公室环境保护技术监督专责职责如下：

1）宣贯国家、行业和地方的环境保护法律、法规和规定，以及有关的规章制度、技术措施和标准。

2）制定或修订山东省电力行业环保技术监督工作规定，监督发电企业建立健全技术监督体系，完善管理制度和岗位职责。

3）监督发电企业环保监督工作计划的制定和实施，对发电企业上报的各种监督报表及总结进行综合分析，编写全省环境保护技术监督月报和年度工作总结。

4）参加新建、扩建、改建和重大技术改造项目的环境保护技术监督检查、督导工作，协助发电企业研究解决环境保护技术监督工作中重大技术关键问题。

5）掌握全省电力行业环境污染状况，参与典型的重大环保设备事故调查分析，对全省电力行业重大环境污染事故的调查、分析、处理措施、事故反措进行监督。

6）定期组织开展全省环境保护技术监督工作的检查评比工作。

7）组织召开全省电力行业环境保护技术监督工作会议，总结部署技术监督工作情况，并对监督工作表现突出的单位和个人进行表彰。

8）组织开展发电企业环境保护技术监督的技术培训和技术交流，提高行业环境保护技术监督、监测和污染治理技术水平。

（2）发电企业负责本企业的环境保护技术监督工作，职责分工如下：

1）发电企业环保技术监督领导小组职责。

a. 贯彻执行国家、电力行业、地方环境保护的法律、法规及上级有关规定，负责完成本企业环保指标。

b. 组织制订本企业的环境保护技术监督实施细则和考核办法，建立健全本企业环境保护技术监督组织体系、标准体系以及各项规章制度，建立健全环保设施技术档案，落实各级监督部门和人员责任及考核制度。

c. 组织制订本企业环境保护技术监督年度计划、环境保护工作长远规划和年度计划。

d. 建立环境保护技术监督网，每季度至少组织一次监督网会议。

e. 按环保“三同时”政策组织开展本企业新建、扩建、改建工程的设计审查、设备选型、监造、安装、调试、试生产阶段的环境保护技术监督工作。

f. 按环保政策要求做好污染治理和污染物达标排放工作，负责组织完善污染治理设施，保证环保设施投用及各项技术性能达到要求，防止污染事故的发生。

g. 按环保法律法规要求组织开展环境监测工作。

h. 协调解决本企业环境保护工作中重大问题，审批有关技术措施和污染治理方案，审批本企业环保相关的文件及各类报表。

i. 当发生重大环保设施事故和缺陷、污染物排放超标时，组织查明事故原因，采取措施，同时上报上级主管部门、监督办公室，并采取措施杜绝类似事故的发生。

j. 组织落实本企业资源回收及综合利用措施，促进资源再利用。

k. 组织开展环境保护的宣传教育、培训工作，推广应用有利于环境保护的新技术、新方法。

2）发电企业环保技术监督专责职责。

a. 在企业分管负责人领导下，组织开展、协调落实本企业各项环境保护技术监督工作，并监督执行情况。

b. 制订本企业的环境保护技术监督实施细则和考核办法，制定本企业环境保护技术监督相关各项规章制度。

c. 按环保“三同时”政策落实本企业新建、扩建、改建工程的设计审查、设备选型、监造、安装、调试、试生产阶段的环境保护技术监督工作。

d. 监督、检查本企业环保设施投运及污染物排放情况，发现问题及时提出，督促有关部门及时处理。

e. 监督环保设施的运行、检修、停运执行情况，监督建立健全环保设施技术档案。

f. 组织本企业环境污染物排放、环保设施运行和环境监测等相关环保监督数据统计汇总；按要求向上级主管部门、监督办公室报送环境保护技术监督工作的有关报表、总结，环境保护技术监督信息应真实、可靠。

g. 按照排污许可证及国家、行业标准要求建立健全环保监测手段，组织开展环境自行监测工作，监督、检查和指导本企业环境监测站的日常工作。

h. 组织编制本企业环境污染事故应急预案；负责组织污染事故的调查分析，编写事故调查报告；建立污染事故快报制度，发生重大环境污染事故及时向上级主管部门、技术监督部门和地方环保部门汇报。

i. 组织修订固废及危废管理制度，完善台账管理，监督危险废物处置和废水、粉煤灰（渣）及脱硫副产品等的综合利用情况。

j. 监督检查环境保护专项经费的使用情况，研究推广有利于环境保护的新技术、新方法。

11.4 环保技术监督管理

11.4.1 监督制度管理

（1）发电企业应建立并严格遵守监督报告制度，按规定格式和时间如实报送环境保护技术监督项目及指标完成情况，重要问题应及时进行专题报告。

（2）发电企业应建立并严格执行环境保护技术监督责任处理制度，由于技术监督不当或自行减少监督项目、降低监督指标标准而造成严重后果的，应追究相应责任。

（3）发电企业应建立健全环境污染事故应急管理制度，建立污染事故快报制度，发生重大环境污染事故及时向上级主管部门、监督办公室和地方环保部门汇报。

（4）各单位应建立技术监督预警、告警和整改制度，对重大技术监督问题，及时发出预警、告警及整改通知单，督促责任单位尽快整改。

（5）发电企业根据本企业具体情况，应建立以下规章制度：

1）环保设施运行、维护和检修操作规程。

2）环保设施考核和管理制度。

3）环境保护技术监督实施细则。

4）安全操作规程。

5）实验室管理制度。

6）环境突发事件应急制度。

7）设备台账、原始记录、试验报告、技术资料和档案管理制度。

11.4.2 监督信息报送管理

11.4.2.1 填写与报送要求

监测报表、统计报表和工作总结的填写与报送要求如下：

（1）发电企业应规范化填写环境监测、统计报表，并经主管部门审核、批准，单位盖章后按时报送。

（2）发电企业应按时向监督办公室报送以下报表和报告：

1）每月 5 日前报上月度监督报表。

2）7 月 15 日前报上半年监督工作总结。

3）1 月 15 日前报本年度监督工作计划。

4）1 月 15 日前报上年度监督工作总结和环境统计年报表。

5）大修结束后 30 日内报环保设施大修总结报告。

6）设备大修或改造后的性能试验完成后 30 日内报性能试验报告。

7）异常事故分析报告（故障定性后 2 日内）。

（3）各企业应按监督信息管理的要求及时报送环境保护技术监督年度（半年度）总结。报送的环保技术监督年度（半年度）总结应有编制、审核、批准人员签字。

11.4.2.2 年报内容要求

发电企业的环境保护技术监督年度（半年度）总结应有但不限于以下内容：

（1）本年度（半年度）环境保护技术监督完成的主要工作，包括：①环境保护技术监督网活动、规程制度修订及人员培训等。②环保设施竣工验收、检修、技术改造、性能试验及比对试验、污染物排放及新技术应用等。

（2）本年度（半年度）主要环保指标及分析，包括：①本年度（半年度）主要环保指标数据，包括但不限于：本年度（半年度）发电量、入炉煤硫分值和灰分值、烟尘排放浓度及排放量、二氧化硫排放浓度及排放量、氮氧化物排放浓度及排放量、各污染因子排放绩效及排放达标率、除尘设施除尘效率及投运率、脱硫设施脱硫效率及投运率、脱硝设施投运率、CEMS 投运率、工业废水排放达标率、厂界敏感点噪声达标率、废水项目监测完成率、灰渣及脱硫副产品的综合利用率等。②主要环保指标简要分析（燃煤煤质，环保设施投入率、效率，排放量升高、降低、超标的原因简述）。

（3）本年度（半年度）环境保护技术监督报表。

（4）存在问题：年度（半年度）环境保护技术监督发现的问题、原因分析以及处理情况，按设备分类填写，包括但不限于：①脱硫设备；②烟气排放连续监测系统（CEMS）；③除尘设备；④脱硝设备；⑤废水处理设施及废水排放；⑥其他环保设施。

（5）环境保护技术监督工作总结应对工作计划的完成情况进行逐项统计。

（6）环境保护技术监督工作中新技术的应用。

（7）环保事故及重大环保设施故障分析总结。

（8）本单位下年度（下半年）环境保护技术监督工作中需要解决的问题及工作计划。

11.4.2.3 监督报表格式

各类环境保护技术监督监测统计报表格式参见表 11.1~ 表 11.11。

表 11.1 火力发电厂燃煤情况统计年报

燃原煤总量（t/a）	平均灰分（%）	平均硫分（%）	平均低位发热量（kJ/kg）	平均挥发分（%）

表 11.2 火力发电厂污染物排放情况统计年报

烟尘		二氧化硫		氮氧化物		废水	
排放浓度（mg/m^3）	排放量（t）	排放浓度（mg/m^3）	排放量（t）	排放浓度（mg/m^3）	排放量（t）	排放总量（t）	回收量（t）

表 11.3 火力发电厂用水、耗水情况统计年报

工业新鲜水用量（t）	循环冷却机组耗水量（t）	直流冷却机组耗水量（t）	直流冷却机组冷却水用量（t）	中水用量（t）

表 11.4 火力发电厂灰渣综合利用情况统计年报

灰渣排放总量（t）	干排量（t）	湿排量（t）	排至灰场净量（t）	综合利用总量（t）	建材用量（t）	筑路用量（t）	建工用量（t）	回填用量（t）	脱硫副产品产生量（t）	脱硫副产品利用量（t）

表 11.5 火力发电厂绩效指标情况统计年报

单位发电量烟尘排放量（g/kWh）	单位发电量二氧化硫排放量（g/kWh）	单位发电量氮氧化物排放量（g/kWh）	循环冷却机组耗水率（kg/kWh）	直流冷却机组耗水率（kg/kWh）

表 11.6　火力发电厂烟气处理设备运行情况统计年报

烟气脱硫设施	机组编号	机组容量（MW）	处理烟气量（m^3/h）	SO_2去除量（t/a）	脱硫效率（%）	有效投运率（%）	故障小时数（h）	系统电耗率（%）
除尘设施	机组编号	机组容量（MW）	处理烟气量（m^3/h）	烟尘去除量（t/a）	除尘效率（%）	有效投运率（%）	故障小时数（h）	系统电耗率（%）
烟气脱硝设施	机组编号	机组容量（MW）	处理烟气量（m^3/h）	NO_x去除量（t/a）	脱硝效率（%）	有效投运率（%）	故障小时数（h）	系统电耗率（%）

表 11.7　火力发电厂废水处理设备运行情况统计年报

废水处理设施名称*	应处理水量（t）	实际处理水量（t）	处理率（%）	处理合格率（%）	故障小时数（h）	有效投运率（%）
工业废水处理设施						
生活废水处理设施						
含煤废水处理设施						
含油废水处理设施						
脱硫废水处理设施						
其他废水处理设施						

* 按本企业实际的各类废水处理设施类型填写。

表 11.8 火力发电厂环境保护技术监督月报简表

火力发电厂环境保护技术监督____年____月月报简表

单位名称：　　　　　　　　　　　　　　　　填报日期：

发电量（kWh）	燃原煤总量（t）	燃煤平均灰分（%）	燃煤平均硫分（%）	低位发热量（kJ/kg）

烟尘		二氧化硫		氮氧化物		排放废水		
排放浓度（mg/m^3）	排放量（t）	排放浓度（mg/m^3）	排放量（t）	排放浓度（mg/m^3）	排放量（t）	pH 值	悬浮物（mg/L）	COD_{Cr}（mg/L）

工业新鲜水用量（t）	循环冷却机组耗水量（t）	中水用量（t）	废水回收量（t）	废水排放总量（t）

灰渣产生总量（t）	综合利用总量（t）	脱硫剂用量（t）	脱硫副产物产量（t）	脱硫副产物利用量（t）

CEMS 投运率（%）	厂界噪声达标率（%）	废水排放达标率（%）	废水回收利用率（%）	灰渣综合利用率（%）

单位发电量烟尘排放量（g/kWh）	单位发电量二氧化硫排放量（g/kWh）	单位发电量氮氧化物排放量（g/kWh）	循环冷却机组耗水率（kg/kWh）	直流冷却机组耗水率（kg/kWh）

机组编号	除尘器（%）		脱硫设施（%）		脱硝设施（%）	
	除尘效率	电场投运率	脱硫效率	有效投运率	脱硝效率	有效投运率
平均						

本月环境保护技术监督完成的主要工作：

（环境保护技术监督管理、环境监测，环保设施的竣工验收、检修、技术改造、性能试验，污染物排放及新技术应用等监督开展情况）

本月环境保护技术监督发现的问题、各类环保设施停运情况、原因分析以及处理情况：

环境保护技术监督工作中需要解决的问题及下月环保监督工作计划：

表 11.9 火力发电厂环境保护设备运行月报表

电厂____年____月环境保护设备运行月报表

<table>
<tr><td rowspan="4">烟气监测系统</td><td>机组编号</td><td>烟尘排放浓度（mg/m^3）</td><td>SO_2 排放浓度（mg/m^3）</td><td>NO_x 排放浓度（mg/m^3）</td><td colspan="2">烟气量（m^3/h）</td><td colspan="2">排烟温度（℃）</td><td>应投运时间（h）</td><td>故障停运时间（h）</td><td>有效投运时间（h）</td><td>有效投运率（%）</td><td>备注</td></tr>
<tr><td></td><td></td><td></td><td></td><td colspan="2"></td><td colspan="2"></td><td></td><td></td><td></td><td></td><td></td></tr>
<tr><td></td><td></td><td></td><td></td><td colspan="2"></td><td colspan="2"></td><td></td><td></td><td></td><td></td><td></td></tr>
<tr><td>全厂平均</td><td></td><td></td><td></td><td colspan="2"></td><td colspan="2"></td><td></td><td></td><td></td><td></td><td></td></tr>
<tr><td rowspan="4">脱硫设备</td><td>机组编号</td><td>脱硫效率（%）</td><td>应投运小时数（h）</td><td>停运小时数（h）</td><td colspan="2">有效投小时数（h）</td><td colspan="2">设备有效投运率（%）</td><td>吸收剂种类</td><td>吸收剂耗量（t）</td><td>SO_2 去除量（t）</td><td colspan="2">故障停运原因说明</td></tr>
<tr><td></td><td></td><td></td><td></td><td colspan="2"></td><td colspan="2"></td><td></td><td></td><td></td><td colspan="2"></td></tr>
<tr><td></td><td></td><td></td><td></td><td colspan="2"></td><td colspan="2"></td><td></td><td></td><td></td><td colspan="2"></td></tr>
<tr><td>全厂平均</td><td></td><td></td><td></td><td colspan="2"></td><td colspan="2"></td><td></td><td></td><td></td><td colspan="2"></td></tr>
<tr><td rowspan="4">脱硝设备</td><td>机组编号</td><td>脱硝效率（%）</td><td>应投运小时数（h）</td><td>停运小时数（h）</td><td colspan="2">有效投运小时数（h）</td><td colspan="2">设备有效投运率（%）</td><td>吸收剂种类</td><td>吸收剂耗量（t）</td><td>NO_x 去除量（t）</td><td colspan="2">故障停运原因说明</td></tr>
<tr><td></td><td></td><td></td><td></td><td colspan="2"></td><td colspan="2"></td><td></td><td></td><td></td><td colspan="2"></td></tr>
<tr><td></td><td></td><td></td><td></td><td colspan="2"></td><td colspan="2"></td><td></td><td></td><td></td><td colspan="2"></td></tr>
<tr><td>全厂平均</td><td></td><td></td><td></td><td colspan="2"></td><td colspan="2"></td><td></td><td></td><td></td><td colspan="2"></td></tr>
<tr><td rowspan="4">除尘器</td><td>机组编号</td><td>除尘器类型</td><td>除尘效率（%）</td><td>电场应投小时数（h）</td><td colspan="2">电场故障停运小时数（h）</td><td colspan="2">电场有效投运小时数（h）</td><td>电场有效投运率（%）</td><td>本体阻力（Pa）</td><td>漏风率（%）</td><td colspan="2">故障停运原因说明</td></tr>
<tr><td></td><td></td><td></td><td></td><td colspan="2"></td><td colspan="2"></td><td></td><td></td><td></td><td colspan="2"></td></tr>
<tr><td></td><td></td><td></td><td></td><td colspan="2"></td><td colspan="2"></td><td></td><td></td><td></td><td colspan="2"></td></tr>
<tr><td>全厂平均</td><td></td><td></td><td></td><td colspan="2"></td><td colspan="2"></td><td></td><td></td><td></td><td colspan="2"></td></tr>
<tr><td rowspan="5">废水治理设备</td><td rowspan="2">废水处理设备名称</td><td rowspan="2">应处理水量（t）</td><td rowspan="2">实际处理水量（t）</td><td rowspan="2">废水处理率（%）</td><td colspan="4">设备出口排放浓度（mg/L）</td><td rowspan="2">处理合格率（%）</td><td rowspan="2">应投运时间（h）</td><td rowspan="2">故障停运时间（h）</td><td rowspan="2">有效投运时间（h）</td><td rowspan="2">有效投运率（%）</td></tr>
<tr><td>pH</td><td>COD</td><td>SS</td><td>油</td></tr>
<tr><td></td><td></td><td></td><td></td><td></td><td></td><td></td><td></td><td></td><td></td><td></td><td></td><td></td></tr>
<tr><td></td><td></td><td></td><td></td><td></td><td></td><td></td><td></td><td></td><td></td><td></td><td></td><td></td></tr>
<tr><td></td><td></td><td></td><td></td><td></td><td></td><td></td><td></td><td></td><td></td><td></td><td></td><td></td></tr>
</table>

批准：　　　　审核：　　　　填报人：　　　　填报日期：

表 11.10　火力发电企业废水排放监测月报表

________发电企业____年____月废水排放监测月报表

单位：mg/L

排水种类	监测项目[a]	pH 值	悬浮物	COD_{Cr}	石油类	氟化物	挥发酚	总砷（As）	硫化物	水温（℃）	排水量（t）
	排放口	1 次 / 旬	1 次 / 旬	1 次 / 旬	>2 次 / 月	1 次 / 月	1 次 / 年	1 次 / 月	1 次 / 月	1 次 / 月	1 次 / 月
灰场排水											
厂区工业废水											
各类水处理装置处理后的外排水[b]											
其他排水											
厂区生活污水					BOD_5（1 次 / 季）		动植物油（1 次 / 月）				
超标次数											
全厂超标项次				全厂本月实际监测项次			废水排放达标率（%）				
全厂本月应监测项次				全厂本月实际监测项次			废水监测完成率（%）				

a 监测项目可根据当地环境保护管理部门的要求增减。
b 监测项目根据排水的性质决定。

批准：　　　　审核：　　　　填报人：　　　　填报日期：

表 11.11　石灰石石膏法脱硫设施监督监测月报表

______发电企业____年____月石灰石石膏法脱硫设施监督监测月报表

机组编号	入口 SO_2（mg/m^3）	出口 SO_2（mg/m^3）	脱硫效率（%）	SO_2 浓度超标时间（h）	吸收塔浆液（1 次 / 周）			石膏成分（1 次 / 周）			
					pH 值	密度（kg/m^3）	Cl^-（mg/L）	含水率（%）	$CaSO_4 \cdot 2H_2O$（%）	$CaSO_3 \cdot 1/2H_2O$（%）	$CaCO_3$（%）

样品名称	取样时间	石灰石成分		取样位置	石灰石浆液密度（kg/m^3）	取样位置	脱硫废水		
		$CaCO_3$（%）	细度（%）				pH	COD（mg/L）	SS（mg/L）

批准：　　　　审核：　　　　填报人：　　　　填报日期：

11.4.3 技术监督检查管理

（1）应建立定期监督检查制度，监督办公室负责定期检查的组织工作，各发电企业配合执行，技术监督检查以自查和互查相结合的方式进行，检查周期以一年为宜，监督检查应依据《环境保护技术监督检查细则》（见附录 10）开展。

（2）技术监督检查应有完整的检查记录或检查报告，对技术监督检查过程中发现的问题应提出相应的意见或建议，对严重影响安全的隐患或故障应提出预警或告警，并跟踪整改情况。各发电企业对检查发现的问题，应制定整改措施，整改措施及完成情况反馈至监督办公室。

11.4.4 会议及培训管理

（1）监督办公室每年定期召开环境保护技术监督工作会议，发电企业环境保护监督专责及相关负责人、环保设备管理技术负责人参加；会议总结上年度监督情况，讨论本年度监督工作重点，表彰先进，根据现场情况安排专题培训。

（2）技术监督办公室不定期开展环保监督与环境监测专业技术培训，发电企业应安排相关技术监督人员参加。

（3）各发电企业应建立健全人员培训制度，定期对技术监督人员和特殊技能岗位人员进行专业培训，提高安全责任意识和专业技能水平。

11.4.5 环境监测管理

（1）发电企业装机容量在 100MW（或年燃煤量在 20 万 t）及以上的发（热）电企业宜建立环境监测站。未建立环境监测站的企业，应按国家排污许可证等管理要求委托第三方机构完成相关环境监测工作。

（2）发电企业应按 HJ 819、HJ 820、DL/T 414 要求开展环境监测工作，整理、分析污染监测数据资料。当监测结果异常时，应查找原因，并及时上报。

（3）建立环境监测站的企业，环境监测站宜配备两人及以上经过环境监测专业培训合格的环境监测人员，负责本企业生产过程中产生污染物的排放监测，以及环保设施运行的环保指标监督工作。

（4）环境监测站要建立健全各项环境监测规章制度，做好环境监测仪器设备的定期维护和校验工作，参加环境污染事故调查和污染治理工作。

（5）环境监测技术质量控制应满足下列要求：

1）所有监测仪器均需按规定定期送计量部门进行检定。

2）环境监测工作人员应持有资质机构颁发的环保检测培训合格证上岗，并定期参加技术培训和考核。

3）监测技术的质量控制应按 DL/T 414 规定进行。

4）监测数据应及时进行分析、汇总和审核，当外排污染物监测数据出现超标等异常时，应尽快查找原因，并处理。

11.4.6 基建期环保监督管理

（1）基建期应监督建设项目严格执行环境保护“三同时”制度，做到环保设施与主体工程同时设计、同时施工、同时投产使用。

（2）应对可行性研究报告中的污染防治方案进行审核，应符合国家、地方环境保护标准或限值的要求。重点对拟采用的大气污染物超低排放和废水零排放等新技术方案、对煤场等无组织排放源所采取的抑尘措施进行审核，对环境管理和环境监测计划等进行审核。

（3）应监督建设项目执行国家环境影响评价制度，严格遵守建设项目环境保护申报审批程序。涉及水土保持的项目，应按照国家水行政主管部门的规定执行。火电建设项目（除燃气发电工程外）应编制环境影响报告书，燃气发电工程应编制环境影响报告表。其余建设项目按环境保护部令〔2017〕第44号要求执行。建设项目进行环境影响评价，应预测拟建工程项目对环境的影响，确定采取有效的达标排放、防治污染措施，并通过生态环境行政主管部门的审查和批准。

（4）建设项目的设计应严格按照环境影响报告书（表）及有关批复要求进行。设计单位设计前应对现场环境进行调研，提出符合国家、地方环保排放标准的污染治理设施和措施。

（5）各级环境保护技术监督职能部门应参与建设项目的可行性研究和初步设计的审查，以及环保设施的设备选型、材料选择等技术讨论和审核工作。

（6）建设项目的施工单位应严格按照环境影响报告书（表）及有关批复要求进行施工。设备制造厂家应提供符合技术协议和设计要求的环保设备。建设管理单位应做好设备监造、抽样检验、质量验收等环节中环保相关的技术监督工作，并做好记录。

（7）调试单位应负责编制环保设施的调试大纲以及安全、技术措施，并做好调试记录。调试结束后，应向建设管理单位提交试验记录、调试报告和有关技术资料。建设管理单位应监督检查环保设施调试方案的实施，保证各项指标达到设计值，确保环保设施与生产设施同时投产。施工现场应设置危险废物暂存库，并做好危险废物进出库记录，危险废物应委托有资质的单位进行处置。锅炉进行化学清洗时，应按照DL/T 794的要求制订清洗废液处理方案，清洗废液的排放应符合GB 8978、DB37/3416排放标准的要求。

（8）发电企业应建立健全基建期环境保护技术监督的技术档案管理，设备技术档案、系统图表、运行记录、监测记录、试验报告、工作总结等按要求存档。技术档案管理工作应符合有关规定要求。

（9）建设项目的环保设施应与主体工程同时投产。建设管理单位应监督、监测污染物排放情况，执行国家、地方排放标准，符合排放要求。

（10）编制环境影响报告书（表）的建设项目竣工后，建设管理单位应依据国务院生态环境行政主管部门规定的标准和程序，按照国规划环评〔2017〕4号、生态环境部公告2018年　第9号等要求，对配套建设的环保设施进行验收。

11.4.7　环保技术监督预（告）警

11.4.7.1　环保技术监督预（告）警管理

（1）各单位根据技术监督预警、告警和整改制度，对发现的重大技术监督问题，及时发出预警、告警及整改通知单。

（2）生产过程中发生下列情况时应预（告）警：

1）技术监督范围内的环保设施处于严重异常状态，但仍在运行。

2）机组排放污染物浓度超标或重要参数达不到设计值。

3）技术监督范围内的环保设施存在安全隐患，经技术监督指导后，仍没有改进。

4）环保设施（包括CEMS）的运行数据、技术数据、试验数据异常或弄虚作假。

5）环保设施检修维护单位违反技术监督工作制度要求。

6）在环保设施检修及技改中安排的技术监督项目有漏项，并且隐瞒不报。

7）环境保护技术监督体系不能正常运转。

8）环保设施发生异常情况，不按技术监督制度规定按时上报。

9）发生环境污染事故的。

10）被县级及以上环保部门通报批评或处罚的。

（3）在基建工程和环保相关设备改造过程中，出现下列情况时应预（告）警：

1）环保技改工程设计或设备制造存在重大问题，违反设计规程和设备监造大纲。

2）在安装施工中，未按照标准要求进行检查验收、评定及签证。

3）在机组分部试运、整套启动试运期间，由于设备或系统调整原因，环保设施各项指标未达设计要求或发生环保事件，未及时进行整改。

4）在机组整套启动试运期间，不按规定擅自退出环保设施运行。

5）未按“三同时”要求与机组同步投运环保设施的。

（4）环境保护技术监督预（告）警宜分为三级。预（告）警项目应根据上述原则进行确定，预（告）警项目参见11.4.7.2~11.4.7.4的一级、二级、三级预（告）警项目。

（5）当发生触发环境保护技术监督预（告）警条件，技术监督管理部门或技术监督单位应根据技术监督预（告）警制度进行响应，发出技术监督预（告）警单。

（6）环境保护技术监督预（告）警单参见表 11.12，应由技术监督管理部门或技术监督单位签发。一级和二级监督预（告）警单应报送上级监督管理单位。

表 11.12 环境保护技术监督预（告）警单

预（告）警单编号：　　　　预（告）警类别：一级 ☐ 二级 ☐ 三级 ☐

<table>
<tr><td colspan="3">预（告）警项目名称：</td></tr>
<tr><td colspan="2">单位（部门）名称：</td><td>传真或联系方式：</td></tr>
<tr><td colspan="2">拟稿人：</td><td>联系电话：</td></tr>
<tr><td>存在问题</td><td colspan="2"></td></tr>
<tr><td>整改建议</td><td colspan="2"></td></tr>
<tr><td>整改要求</td><td colspan="2"></td></tr>
<tr><td colspan="2">审核：</td><td rowspan="3">签发单位（部门）：
（盖章）
年 月 日</td></tr>
<tr><td colspan="2">复审：</td></tr>
<tr><td colspan="2">签发：</td></tr>
</table>

通知单编号：T- 类别编号 - 顺序号 - 年度。类别编号：一级预（告）警为 1，二级预（告）警为 2，三级预（告）警为 3。

（7）根据预（告）警级别，接到预（告）警单的企业或部门应组织相关人员制定整改措施，并在规定的时间内处理解决。

（8）技术监督预（告）警项目整改完成后应参照表 11.13 填写环境保护技术监督预（告）警回执单，由技术监督管理部门或单位负责验收。

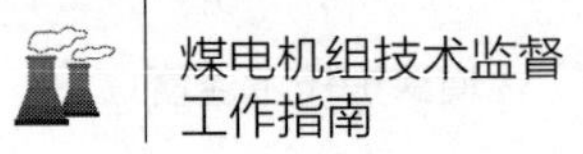

表 11.13 环境保护技术监督预（告）警回执单

回执单编号：

单位（部门）名称			
预（告）警项目名称			
预（告）警单编号		预（告）警类别	一级□ 二级□ 三级□
预（告）警提出单位（部门）		预（告）警时间	年 月 日
预警内容			
整改计划			
整改结果	（注：整改支撑材料可另附页）		
填写：		整改单位（部门）：	
审核：			
签发：		（盖章） 年 月 日	

注 回执单编号：T- 类别编号 - 顺序号 - 年度。类别编号：一级预（告）警为 1，二级预（告）警为 2，三级预（告）警为 3。

（9）一级和二级环境保护技术监督预（告）警回执单应报送上级监督管理单位。一级监督预（告）警回执单应由企业负责人签发。

11.4.7.2 环保技术监督预警一级预（告）警项目

环保技术监督预警一级预（告）警项目包括但不限于以下项目：

（1）环保基础管理非常薄弱，未建立环保组织机构、规章制度，未开展环保监督管理。

（2）未开展环境监测工作，或连续出现 4 次以上未按要求向上级管理单位报送重要环保报表、总结及其他环保材料情况；或多数 CEMS 有效性数据审核严重不符合环保要求。

（3）环保部门重要核查过程中，存在严重环保事件风险。

（4）无应对气候变化、煤质异常、环保设施及其他异常情况下的环境应急处置预案，或在环境保护突发事件发生时，不及时采取有效控制措施，导致严重后果。

（5）除尘器、脱硫装置、脱硝装置、烟气排放连续监测系统及其他重要环保设施非计划停运月累计时间 72h 以上，或连续时间超过 36h，或单台机组出现 2 次及以上因环保装置故障导致机组非计划停运的。

（6）烟尘、二氧化硫、氮氧化物等重要指标任一项排放浓度小时均值超标一倍以内的日累计时间 8h 以上、月累计时间 48h 以上，或超标一倍的日累计时间 4h 以上、月累计时间 12h 以上。

（7）烟尘、二氧化硫、氮氧化物等重要指标任一项排放浓度日均值超标月累计出现 3 次及以上。

（8）除尘、脱硫、脱硝装置入口烟尘、二氧化硫、氮氧化物浓度月均值超过设计要求值，在 50% 及以上。

（9）脱硫装置、脱硝装置、CEMS 系统月投运率低于规定值相差 10 个百分点以上，或除尘、脱硫、脱硝装置性能测试效率小于环保要求或设计值的 10% 以上（绝对误差）。

（10）燃煤月平均硫分、灰分等任一项指标超出现有脱硫、除尘系统设计值的 100% 以上（相对误差）。

（11）SCR 脱硝装置出口氨逃逸浓度大于 2.5 mg/m^3 的，月累计或连续时间 168h 以上，或大于 7.5 mg/m^3 的，月累计或连续时间 72h 以上；SNCR 脱硝装置出口氨逃逸浓度大于 8 mg/m^3 的，月累计或连续时间 168h 以上，或大于 24 mg/m^3 的，月累计或连续时间 72h 以上。

（12）SCR 脱硝装置的反应区温度低于保护温度导致脱硝退出的月累计或连续时间 48~168h。

（13）SCR 脱硝装置的反应区温度高于最高设计温度的月累计或连续时间 48h 以上，或高于催化剂最高承受温度连续运行 4h 以上。

（14）脱硫装置在线仪表不能正常工作，且 7 天以上未按规定定期分析吸收剂、副产品、系统浆液、废水品质。

（15）脱硫、脱硝装置用标准计量装置、重要计量仪表漏检，或超期、带故障运行一年以上。

（16）静电除尘器或湿式电除尘器存在总数 50% 以上数量的因故障停运一周以上的电场，或存在总数 50% 以上数量的二次电流运行参数小于 50mA 时间达一周以上的电场。

（17）废水直接排放，重要指标已连续超标 7 天以上，造成一定程度的环境污染，存在环保处罚巨大风险。

（18）燃煤、燃油、灰渣、吸收剂、石膏及其他原材料、废弃物、危险物品等装卸、运输、使用、堆放、加工、储存的场地、管路发生对外界环境造成影响的泄漏、溢流、扬尘等情况，已出现职业病危害迹象，引起较多职工或居民投诉，存在严重环保处罚隐患。

（19）厂界及附近有 2~5 个敏感点噪声、辐射及其他环保指标超标，已出现职业病危害迹象，引起较多职工或居民投诉，存在严重环保处罚隐患。

（20）防尘、降噪、防辐射、水土保持和生态环境保护及其他环保措施不到位，或基本失去应有功能，引起水土流失、发生生态环境破坏，存在严重环保处罚隐患。

（21）新、改、扩建项目环保“三同时”或竣工验收工作滞后主体工程进度超过 6 个月，或虽开展但多数内容不符合要求，存在明显的环保违规风险。

（22）不能按期完成节能减排目标责任书、重点污染防治或者限期治理任务。

（23）被依法责令停业、关闭后仍继续生产，存在造成环境污染或生态破坏严重隐患。

（24）其他违反环境保护、水土保持等法律、法规进行建设、生产和经营，存在被当地环保督察中心或环境保护部处以通报、罚款等处罚的严重隐患。

（25）发生被省级及以上环保部门通报或处罚事件。

（26）连续两次未消除二级预（告）警的项目。

11.4.7.3 环保技术监督预警二级预（告）警项目

环保技术监督预警二级预（告）警项目包括但不限于以下项目：

（1）环保基础管理较薄弱，未健全环保组织机构、规章制度，未认真开展环保监督管理。

（2）未按规定开展环境监测工作，或连续出现 2 次以上、4 次以下未按要求向上级管理单位报送重要环保报表、总结及其他环保材料情况；或少数 CEMS 有效性数据审核不符合环保要求。

（3）环保部门重要核查过程中，不能有效消除检查组对环保工作的质疑，存在较大环保事件风险。

（4）有应对气候变化、煤质异常、环保设施及其他异常情况下的环境应急处置预案，但基本不具有操作性；或在环境保护突发事件发生时，不及时采取有效控制措施，导致一般后果。

（5）除尘器、脱硫装置、脱硝装置、烟气排放连续监测系统及其他重要环保设施非计划停运月累计时间 24~72h，或连续时间超过 12~36h，或单台机组出现 1 次因环保装置故障导致机组非计划停运的。

（6）烟尘、二氧化硫、氮氧化物等重要指标任一项排放浓度小时均值超标一倍以内的日累计时间 4~8h、月累计时间 24~48h，或超标一倍的日累计时间 1~4h、月累计时间 6~12h。

（7）烟尘、二氧化硫、氮氧化物等重要指标任一项排放浓度日均值超标月累计出现 1~2 次。

（8）除尘、脱硫、脱硝装置入口烟尘、二氧化硫、氮氧化物浓度月均值超过设计要求值在 20%~50%。

（9）脱硫装置、脱硝装置、CEMS 系统月投运率低于规定值相差 5~10 个百分点，或除尘、脱硫、脱硝装置性能测试效率小于环保要求或设计值的 5%~10%（绝对误差）。

（10）燃煤月平均硫分、灰分等任一项指标超出现有脱硫、除尘系统设计值的 50%~100%（相对误差）。

（11）SCR 脱硝装置出口氨逃逸浓度大于 2.5 mg/m^3 的，月累计或连续时间 72~168h，或大于 7.5 mg/m^3 的，月累计或连续时间 24~72h；SNCR 脱硝装置出口氨逃逸浓度大于 8 mg/m^3 的，月累计或连续时间 72~168h，或大于 24 mg/m^3 的，月累计或连续时间 24~72h。

（12）SCR 脱硝装置的反应区温度低于保护温度导致脱硝退出的月累计或连续时间 48~168h。

（13）SCR 脱硝装置的反应区温度高于最高设计温度的月累计或连续时间 24~48h，或高于催化剂最高承受温度连续运行 2~4h。

（14）脱硫装置在线仪表不能正常工作，且 3~7 天内未按规定定期分析吸收剂、副产品、系统浆液、废水品质。

（15）脱硫、脱硝装置用标准计量装置、重要计量仪表漏检，或超期、带故障运行一季度以上。

（16）静电除尘器或湿式电除尘器存在 2 个到总数 50% 以内数量的因故障停运一周以上的电场，或存在 3 个到总数 50% 以内数量的二次电流运行参数小于 50mA 时间达一周以上的电场。

（17）工业废水处理设施、生活污水处理设施、脱硫废水及其他废水处理设施较长时间（按环保要求或月累计超过 3 天且 7 天以内）无故停运，导致水污染物重要指标短时间（按环保部门规定，连续 3 天以上或月累计 7 天以内）超标排放。

（18）工业废水经处理后，某一项重要指标连续两次超标，每次连续超标时间超过 3 天且 7 天以内（或按环保要求）。

（19）厂界及附近有 2~5 个敏感点噪声、辐射及其他环保指标超标，尚未发生职业病危害，但已引起个别居民投诉。

（20）防尘、降噪、防辐射、保护水土流失和生态环境及其他环保措施不到位，失去部分应有功能，造成轻微环境污染、水土流失或生态环境破坏。

（21）燃煤、燃油、灰渣、吸收剂、石膏及其他原材料、废弃物、危险物品等装卸、运输、使用、堆放、加工、储存的场地、管路发生对外界环境造成影响的泄漏、溢流、扬尘等情况，尚未发生职业病危害，但已引起个别居民投诉。

（22）新、改、扩建项目环保“三同时”或竣工验收工作滞后主体工程进度 4~6 个月之间，发生环保违规事件的风险较大。

（23）发生被市级环保部门通报或处罚事件。

（24）连续两次未消除一级预（告）警的项目。

11.4.7.4 环保技术监督预警三级预（告）警项目

环保技术监督预警三级预（告）警项目包括但不限于以下项目：

（1）环保基础管理薄弱，未建立健全有效的环保组织机构、规章制度，未形成完整、规范的环保监督管理体系。

（2）未按规定开展环保监测工作，或连续出现 2 次未按要求向上级管理单位报送重要环保报表、总结及其他环保材料情况；或个别 CEMS 有效性数据审核不符合环保要求。

（3）环保部门重要核查过程中，不能有效消除检查组对环保工作的质疑，存在轻微环保事件风险。

（4）有应对气候变化、煤质异常、环保设施及其他异常情况下的环境应急处置预案，但操作性不强；或在环境保护突发事件发生时，不及时采取有效控制措施，导致轻微后果。

（5）除尘器、脱硫装置、脱硝装置、烟气排放连续监测系统及其他重要环保设施非计划停运月累计时间 24h 以内，或连续时间未超过 12h。

（6）烟尘、二氧化硫、氮氧化物等重要指标任一项排放浓度小时均值超标一倍以内的日累计时间 1~4h、月累计时间 12~24h。

（7）烟尘、二氧化硫、氮氧化物等重要指标任一项排放浓度日均值达到标准值的 95% 及以上但未超标。

（8）除尘、脱硫、脱硝装置入口烟尘、二氧化硫、氮氧化物浓度月均值超过设计要求值 20% 以内。

（9）脱硫装置、脱硝装置、CEMS 系统月投运率低于规定值相差 5 个百分点以内，除尘、脱硫、脱硝装置性能测试效率小于环保要求或设计值的 5%（绝对误差）以内。

（10）燃煤月平均硫分、灰分等任一项指标超出现有脱硫、除尘系统设计值的 50%（相对误差）以内。

（11）SCR 脱硝装置出口氨逃逸浓度大于 2.5mg/m^3 的，月累计或连续时间 24~72h，或大于 7.5mg/m^3 的，月累计或连续时间 8~24h；SNCR 脱硝装置出口氨逃逸浓度大于 8mg/m^3 的，月累计或连续时间 24~72h，或大于 24mg/m^3 的，月累计或连续时间 8~24h。

（12）SCR 脱硝装置的反应区温度低于保护温度导致脱硝装置退出的，月累计或连续时间 12~48h。

（13）SCR 脱硝装置的反应区温度高于最高设计温度的月累计或连续时间 12~24h，或高于催化剂最高承受温度连续运行 1~2h。

（14）脱硫装置在线仪表不能正常工作，且不超过 3 天未按规定定期分析吸收剂、副产品、系统浆液、废水品质。

（15）脱硫、脱硝装置用标准计量装置、重要计量仪表漏检，或超期、带故障运行一个月以上。

（16）静电除尘器或湿式电除尘器存在 1 个因故障停运一周以上的电场，或存在 2 个二次电流运行参数小于 50mA 时间达一周以上的电场。

（17）工业废水处理设施、生活污水处理设施、脱硫废水及其他废水处理设施短时间无故停运（按环保要求或月累计不超过 3 天），未导致水污染物重要指标超标排放。

（18）工业废水经处理后，某一项重要指标短时间超标排放（按环保要求、月累计或连续时间不超过 3 天）。

（19）厂界及附近 2 个以内的敏感点噪声、辐射及其他环保指标超标，未发生职业病危害，且无职工或居民投诉。

（20）防尘、降噪、防辐射、保护水土流失和生态环境及其他环保措施轻微减弱应有功能。

（21）燃煤、燃油、灰渣、吸收剂、石膏及其他原材料、废弃物、危险物品等装卸、运输、使用、堆放、加工、储存的工器具、场地、管路发生对外界环境造成影响的泄漏、溢流、扬尘等情况，未发生职业病危害，且无职工或居民投诉。

（22）新、改、扩建项目环保“三同时”或竣工验收工作滞后主体工程进度 3 个月内，发生环保违规事件的风险较小。

（23）发生被县级以下环保部门通报或处罚事件。

11.4.7.5 环保技术监督预（告）警单格式

环保技术监督预（告）警单格式见表 11.12，环保技术监督预（告）警回执单格式见表 11.13。

11.5 日常管理监督

11.5.1 技术监督专责管理

11.5.1.1 制度管理

环保监督专责应监督各相关部门制定环保监督管理制度，按 11.4.1 要求建立健全环保监督管理制度，包括但不限于：环保技术监督管理细则、环保设施达标运行考核和管理制度、环境污染应急制度及突发环境污染事件应急预案、安全操作规程、实验室管理制度、技术资料及档案管理制度等，制度应带正式文件编号并及时更新。

11.5.1.2 法律法规标准

环保监督专责应收集整理环保监督相关法律法规、环保政策文件以及相关的标准，编制环保法律法规文件清单和环保监督标准清单，并跟踪环保政策的变化和标准的变化，及时更新两个清单。

11.5.1.3 专业监督体系管理

（1）环保领导小组。应监督环保领导小组相关事宜：①环保领导小组的组长应为企业负责人；②应有成立领导小组的红头文件；③企业负责人及领导小组成员发生职务调整时，应及时更新领导小组成员，并颁发调整成员的红头文件；④领导小组应定期召开会议，每季度至少 1 次，并将会议记录存档。

（2）三级环保技术监督网络。应监督环保技术监督网络相关事宜：①建立环保技术监督网应有正式的红头文件，三级环保技术监督网应包括厂级、部门级、班组级。②环保监督网厂级为企业生产负责人，环保监督专责工程师在企业生产负责人领导下开展厂级技术监督工作；环保设施及环保监督管理相关部门和班组为部门级、班组级监督网成员，环境监测站为班组级监督网的重要成员。③环保技术监督网成员应覆盖全面，不应有遗漏，当技术监督网主要成员调整时，应重新颁发红头文件。④环保技术监督网应定期召开会议，每季度至少 1 次，并将会议记录存档。

（3）环境监测站。应监督环境监测站相关事宜：①设置环境监测站的，应明确环境监测站的职责和分工；②环境监测站的人员配备情况，是否有专职的环境监测人员，环境监测人员是否进行过专业的环境监测培训，是否持证上岗；③未设置环境监测站的，是否委托有资质的第三方监测机构，按排污许可证等环保要求开展的环境监测工作。

11.5.1.4 环保监督计划

环保监督专责应制定本单位的年度环保技术监督工作计划，编制年度环保技术监督总结，按时上报上级监督管理部门；应滚动制定环保长期规划（一般为5年规划），环保规划制定内容完善，环保长期规划到期前应重新编制下一期环保规划。

11.5.1.5 环保三同时监督

环保监督专责应监督本单位新、扩、改建项目环保三同时的落实情况，监督重点环保设施改造项目的环评文件和环评批复文件的合规性，按环保“三同时”政策落实本企业新建、扩建、改建工程的设计审查、设备选型、监造、安装、调试、试生产阶段的环境保护技术监督工作，监督新、扩、改建项目的建设项目竣工环保验收落实情况。

11.5.1.6 环保监督报送信息

环保监督专责应组织本单位环境污染物排放、环保设施运行和环境监测等相关环保监督数据统计汇总，制定质量控制措施，保障环境保护技术监督信息真实、可靠；按要求向上级主管部门、监督办公室报送环境保护技术监督工作的有关报表、总结。

11.5.1.7 污染事件管理

环保监督专责应监督本单位污染事件的管理，出现污染事件应及时上报对应的生态环保部门及上级主管部门、监督办公室，禁止隐瞒不报。出现污染事件后应监督相关部门依法保存污染事件过程记录、编制调查报告和整改方案。应监督污染赔罚款的依法合规处置。

11.5.1.8 环保档案管理

环保监督专责应制定环保档案管理制度，落实各类环保档案的收集、管理职责和要求，监督各类污染物排放、环保监测（含自行监测）、环保超标及污染事件处理、综合利用、应急演练等环保档案的管理归档，监督相关部门完善和及时更新废水、除尘、脱硫、脱硝、CEMS、降噪、灰渣场等各类环保设备的设备台账，监督各类环保设施的运行记录归档保存。

11.5.1.9 环保宣传培训管理

环保监督专责应制定年度环保宣传和培训的计划，编制年度环保宣传培训工作总结，环保宣传培训要有活动过程记录，监督环保新技术推广应用情况。

11.5.2 排污许可监督管理

（1）企业应制定排污许可管理制度，制定排污许可证的申领、执行以及与排污许可相关的监督管理等内容，明确相关部门及人员的管理职责和任务。

（2）企业应依法申请取得排污许可证，并按照排污许可证的规定排放污染物。发生下列情况的应依法申请变更排污许可证：①单位名称、法定代表人等基本信息发生变更的；②适用的污染物排放标准、重点污染物排放总量控制要求发生变化的。

（3）企业应当建设规范化排放口，依法安装、使用、维护污染物排放自动监测设备，并与生态环境主管部门的监控设备联网。

（4）企业应当建立环境管理台账，包括：①与污染物排放相关的主要生产设施运行情况；发生异常情况的，应当记录原因和采取的措施。②污染防治设施运行情况及管理信息；发生异常情况的，应当记录原因和采取的措施。③污染物实际排放浓度和排放量；发生超标排放情况的，应当记录超标原因和采取的措施。④其他按照相关技术规范应当记录的信息。环境管理台账记录保存期限不得少于5年。

（5）企业应当按照排污许可证规定的执行报告内容、频次和时间要求，在全国排污许可证管理信息平台上填报、提交排污许可证执行报告。排污许可证执行报告包括年度执行报告、季度执行报告和月执行报告。

季度执行报告和月执行报告应当包括以下内容：①根据自行监测结果说明污染物实际排放浓度和排放量及达标判定分析；②排污单位超标排放或者污染防治设施异常情况的说明。

年度执行报告可以替代当季度或者当月的执行报告，并增加以下内容：①排污单位基本生产信息；②污染防治设施运行情况；③自行监测执行情况；④环境管理台账记录执行情况；⑤信息公开情况；⑥排污单位内部环境管理体系建设与运行情况；⑦其他排污许可证规定的内容执行情况。

（6）应当按照排污许可证规定，如实在全国排污许可证管理信息平台上公开污染物排放信息。污染物排放信息应当包括污染物排放种类、排放浓度和排放量，以及污染防治设施的建设运行情况、排污许可证执行报告、自行监测数据等；水污染物排入市政排水管网的，还应当包括污水接入市政排水管网位置、排放方式等信息。

11.5.3 自行监测监督管理

（1）应制定自行监测管理制度，制定年度自行监测方案及计划，设置和维护监测设施，按照监测方案开展自行监测，做好质量保证和质量控制，记录和保存监测数据，依法向社会公开监测结果。

（2）应制定包含主要污染源及主要监测指标的自行监测方案。自行监测方案内容包括：单位基本情况、监测点位及示意图、监测指标、执行标准及其限值、监测频次、采样和样品保存方法、监测分析方法和仪器、质量保证与质量控制等。

（3）应按照规定设置满足开展监测所需要的监测设施。在废水排放口，废气（采样）监测平台、监测断面和监测孔的设置应符合监测规范要求。

（4）应按照最新的监测方案开展监测活动，可根据自身条件和能力，利用自有人员、场所和设备自行监测；也可委托其他有资质的检（监）测机构代其开展自行监测。持有排污许可证的企业自行监测年度报告内容，可以在排污许可证年度执行报告中体现。

（5）应按 HJ 819、HJ 820 要求开展废气排放、废水排放、厂界噪声、无组织排放等的环境监测，监测项目和监测频次应符合 HJ 820 的规定，采样方法和监测分析方法应符合 HJ 819 的规定。

（6）环境影响评价文件及其批复或其他环境管理有明确要求的，应按照要求对周边环境质量开展监测。设置有灰（渣）场的，可按照 HJ 164 和相关要求开展地下水监测，监测项目和监测频次按 HJ 820 的规定，采样方法和监测分析方法应符合 HJ 819 的规定。

（7）监测结果出现超标的，应加密监测并检查超标原因。短期内无法实现稳定达标排放的，应向环境保护主管部门提交应急分析报告，说明事故发生的原因，采取减轻或防止污染的措施，以及今后的预防及改进措施等。

（8）应建立自行监测质量管理制度，按照相关技术规范要求做好监测质量保证与质量控制。委托其他有资质的检测机构代其开展自行监测的，可不用建立监测质量体系，但应对检测机构的资质进行确认。

（9）应做好与监测相关的数据记录，按照规定进行保存，并依据相关法规向社会公开监测结果。自行监测原始监测记录保存期限不得少于 5 年。

（10）应编写自行监测年度报告，年度报告至少应包含以下内容：①监测方案的调整变化情况及变更原因；②企业及各主要生产设施运行情况，各监测点、各监测指标全年监测次数、超标情况、浓度分布情况；③按要求开展的周边环境质量影响状况监测结果；④自行监测开展的其他情况说明；⑤企业实现达标排放所采取的主要措施。

（11）应按信息公开的要求，将自行监测方案和自行监测年度报告上传全国排污许可证管理信息平台；自行监测方案发生变化时应及时更新。

11.5.4 环境监测管理

（1）应按 HJ819、DL/T 414 要求制定质量控制措施，保证环境监测质量，对监测结果负责。委托其他有资质的监测机构开展监测的，应对监测机构的资质进行确认。

（2）环境监测机构应配备与其监测任务相匹配的监测人员，建立监测人员技术档案。监测人员应按监管部门要求进行培训、考核合格后持证上岗，按 HJ819 要求对监测人员进行监测能力评价。

（3）监测仪器设备和实验试剂的技术指标应符合监测方法要求。监测仪器、实验试剂的购买和使用情况应建立台账。

（4）监测仪器应按要求进行检定或校准、运行和维护、定期检查。监测环境应满足监测仪器设备的使用条件和监测方法的要求。

（5）烟气排放连续监测系统应满足 HJ75、HJ76 的要求。水污染源在线监测系统应满足 HJ353、HJ354、HJ355 的要求。

（6）根据实验方法对监测全过程的原始记录等关键信息进行记录并存档。

（7）根据 HJ 819、DL/T 414 中质量控制措施要求，建立质量控制方法。定期对监测结果的准确性进行评估，对存在的问题及时采取纠正措施。

11.5.5 危险废物及其他固体废物监督

（1）建立危险废物、固体废物管理制度，建立固体废物、危险废物档案。

（2）对于本单位产生的废弃物应按《国家危险废物名录》进行判别。属于危险废物的，应按危险废物进行管理。

（3）固体废物应当根据经济技术条件加以利用，对暂时不利用或不能利用的应按照国务院生态环境行政主管部门的规定建设贮存设施、场所，安全分类存放，或者采取无害化处置措施。

（4）失效脱硝催化剂的收集、贮存、评估、再生、利用处置应由具备相应资质的单位进行。

（5）不能满足脱硝效率要求需更换的脱硝催化剂应按以下原则处置：

1）更换下来的催化剂应进行测试评估，优先再生利用。

2）经过测试评估可再生的催化剂，应通过物理和化学手段使活性得以部分或完全恢复。

3）经过测试评估不可再生的催化剂，应优先考虑回收再利用处理，不能回收利用的再按照 GB 18598 进行填埋处置。

4）属于危险废物的废催化剂应严格执行危险废物相关管理制度，并依法向相关环境保护主管部门申报废催化剂产生、贮存、转移和利用处置等情况，并定期向社会公布。

11.5.6 六氟化硫（SF_6）监督

（1）SF_6 设备大修或解体时，应将清出的吸附剂、金属粉末等废物按 DL/T 639 的规定进行处理。

（2）SF_6 充气设备检修和退役时，应对 SF_6 气体进行回收利用，严禁随意排放。应加强 SF_6 回收再生设施的监督管理，防止回收过程中 SF_6 外泄。

（3）补充 SF_6 气体时应优先使用 SF_6 再生合格气体。

11.6 环保指标管理监督

11.6.1 大气污染物排放监督管理指标

（1）大气污染物排放监督管理应包括下列指标：

1）大气污染物排放浓度：火电厂经过有组织排放口排放到大气的烟气污染物浓度，

包括二氧化硫、氮氧化物、烟尘、汞及其化合物等。除特别标注外，本书中大气污染物排放浓度为污染物在标准状态、干基、6%O_2下的折算浓度，计算方法按 GB 13223 执行。

2）大气污染物排放均值：单位时间内，大气污染物排放浓度有效监测数据的算术平均值，包括小时均值、日均值、月均值、年均值等。有效监测数据判别按 HJ 75 要求执行。

3）大气污染物排放量：单位时间内锅炉排放的某类大气污染物量。按烟气中二氧化硫、氮氧化物、烟尘、汞及其化合物等污染物分类统计。

4）大气污染物产生量：单位时间内锅炉燃烧产生某类大气污染物的量。可通过实测法、物料衡算法或产污系数法核算。

5）大气污染物减排量：单位时间内锅炉环境保护设施去除的某类大气污染物的量，按大气污染物产生量减去排放量计算。

6）大气污染物排放速率：单位时间内锅炉向大气中排放的某类大气污染物的量。一般计算单位小时的大气污染物排放速率。

7）大气污染物排放达标率：监督周期内锅炉某类大气污染物排放浓度小时均值符合 GB 13223 或地方标准规定排放限值要求的时间占锅炉应运行时间的百分比，按烟气中二氧化硫、氮氧化物、烟尘、汞及其化合物等污染物分类统计。

8）大气污染物排放绩效值：监督周期内锅炉产生的某类大气污染物排放量与对应机组折合发电量的比值。一般分类统计二氧化硫、氮氧化物、烟尘的大气污染物排放绩效值。

9）燃煤量：监督周期内，对应锅炉燃烧入炉煤的总量。

10）煤质：入炉煤收到基指标的加权平均值，包括煤的灰分、硫分、水分、挥发分、低位发热量等指标。

（2）监督项目、监测周期和监测方法参照 DL/T 414、HJ 820 执行，采用的监测方法应符合 HJ 819 要求。

（3）指标计算方法按 DL/T 2644，排放浓度应符合 GB13223、DB37/664 的规定。

11.6.2 废水排放监督管理指标

（1）废水排放监督管理应包括下列指标：

1）废水污染物排放浓度：火电厂外排废水中的污染物浓度，包括 pH、氨氮、COD、脱硫废水中的重金属等。

2）废水污染物排放均值：单位时间内，外排废水中污染物排放折算浓度有效监测数据的算术平均值，同时监测废水流量的按加权平均值计算。常规监督指标包括小时均值、日均值、月均值、年均值。有效监测数据判别按 HJ 356 要求执行。有效日均值是以流量为权的某个污染物的有效监测数据的加权平均值（没有监测废水流量的按小时均值算术平均值），有效月均值是对应于以每月为一个监测周期内获得的某个污染物的所有有效日均值的算术平均值。

3）废水排放量：单位时间内外排废水量之和。一般分类统计工业废水排放量、灰场外排水量、厂区生活废水排放量、其他废水排放量。

4）循环冷却水排放量：单位时间内厂区内循环冷却排污水排入外环境的水量。

5）超标废水外排量：单位时间内有任何一项污染物超过 GB 8978 及地方废水排放标准的各种废水排入外环境的总量。

6）废水污染物排放量：单位时间内各种外排废水某种污染物的排放量，按污染物类别分类统计。

7）废水污染物减排量：单位时间内废水处理设施去除的某类废水污染物的量，按废水处理设施入口的污染物总量减去废水污染物排放量计算。一般统计 COD、氨氮的减排量。

8）废水排放达标率：监督周期内，火电厂废水排放达标的水量与废水排放总量的百分比。其中，废水排放达标量是指所有污染物达到国家与地方排放标准的外排废水量。

9）废水污染物排放绩效值：火电厂向外环境中排放的某类废水污染物量与对应机组折合发电量的比值。一般分类统计 COD、氨氮的废水污染物排放绩效值。

（2）监督项目、监测周期和分析方法参照 DL/T 414、HJ 820 执行。

（3）指标计算方法按 DL/T 2644，废水排放应符合 GB8978、DB37/3416 的规定。

11.6.3 其他污染物排放监督管理指标

（1）其他污染物排放监督管理应包括下列指标：

1）厂界噪声：在火电厂厂界处进行测量和控制的干扰周围生活环境的噪声，以等效 A 声级（LAeq）表示。

2）厂界电磁环境：在火电厂厂界处进行测量和控制的工频电场和工频磁场强度。

3）无组织排放浓度：火电厂生产区域中不经过排气筒的无规则排放的大气污染物浓度。主要监督指标有：颗粒物、非甲烷总烃、甲烷烃、氨的排放浓度。

（2）厂界工频电场和磁场监测周期参照 DL/T 414 执行，监测方法参照 DL/T 334 执行；厂界工频电场和磁场应符合 HJ 24 的规定。

（3）噪声监测周期参照 DL/T414 执行；厂界噪声的监测方法参照 GB12348 执行，并符合 HJ 819 要求；生产性噪声的监测方法参照 DL/T799.3 执行。

（4）无组织排放的监测：监督项目、监测周期和分析方法参照 HJ 820、DL/T 414 执行，排放浓度应符合 GB16297、GB20426 的规定。

11.7 设备监督

11.7.1 脱硫设备监督

（1）建立健全脱硫设施的运行、维护、检修操作规程和管理制度，保存各种试验记录和技术报告。

（2）监督检查设施的运行情况，设施应保持正常运行、保证处理效果，符合国家、地方的环保政策要求。

（3）按运行检修规程对脱硫设施进行运行、定期检查与维护，发现问题及时处理，使设备处于良好的状态。

（4）宜对脱硫设施的处理效果和对污染物排放密切相关的关键工艺参数进行监测，监测的项目和监测频次按 DL/T 1477 的规定。石灰石湿法脱硫宜监督石灰石和石膏浆液密度、浆液 pH 值、脱硫副产物品质等指标。

（5）脱硫设施新建或改造工程完工及机组大修前、后三个月内，应进行脱硫效率试验。

（6）应对脱硫技改项目从设备制造、安装到调整试验的质量检查、评价和验收进行全过程环境保护技术监督。

（7）脱硫副产物应综合利用。脱硫设施采用海水脱硫工艺的，应定期检测排放海水水质，监督排放海水是否符合环保要求。

（8）脱硫废水处理设施应运行正常，应定期检测处理后脱硫废水水质。

（9）主要考核指标：

1）有效投用率：100%。

2）二氧化硫排放浓度：低于允许排放标准值。

3）脱硫效率：大于等于设计值。

4）运行阻力：小于等于设计值。

5）脱硫副产品品质：符合设计要求。

6）海水脱硫设施排放海水水质合格率：100%。

11.7.2 脱硝设备监督

（1）建立健全脱硝设备的运行、维护、检修操作规程和管理制度，妥善保存各种试验记录和技术报告。

（2）监督检查设施的运行情况，设施应保持正常运行、保证处理效果，符合国家、地方的环保政策要求。

（3）按运行检修规程对脱硝设施进行运行、定期检查与维护，发现问题及时处理，使设备处于良好的状态。

（4）宜对脱硝设施的处理效果和对污染物排放密切相关的关键工艺参数进行监测，监测的项目和监测频次按 DL/T 1655 的规定。

（5）脱硝设施新建或改造工程完工及机组大修前、后三个月内，应监测氮氧化物的排放浓度，监测其大修后脱硝设施的脱硝效率等性能是否达到设计要求。

（6）应对降低氮氧化物排放（脱硝）设施的技改项目从设备制造、安装到调整试验的质量检查、评价和验收进行全过程环境保护技术监督。

（7）使用液氨做还原剂的，应按国家相关管理规定进行安全生产管理。应监督氨区设施运行情况，其安全设施是否符合要求，产生的氨区废水处理是否符合环保要求。

（8）脱硝设施主要考核指标：

1）有效投用率：100%。

2）氮氧化物排放浓度：低于允许排放标准值。

3）脱硝效率：大于等于设计值。

4）运行阻力：小于等于设计值。

11.7.3 除尘输灰设备监督

（1）根据除尘器有关技术导则、规定和相关说明书等，对除尘器的安装质量、调整试验进行检查、评价和验收。

（2）建立健全相应的运行、维护、检修操作规程和管理制度，保存各种试验记录和技术报告。

（3）除尘器应保持正常运行、保证处理效果，符合国家、地方的烟尘排放标准要求。

（4）按运行检修规程对除尘器进行运行、定期检查与维护，发现问题及时处理，使设备处于良好的状态。

（5）除尘器新建或改造工程完工及机组大修前、大修后三个月内，应进行性能试验，新建、改造和机组大修后除尘器性能试验达到标准要求的方能投入运行。

（6）除尘输灰设施不产生二次污染物排放，灰渣宜综合利用。

（7）电除尘器（含湿式电除尘器）主要考核指标：

1）有效投运率应达到 100%，电场投入率：大于等于 98%。

2）除尘效率：大于等于设计值。

3）除尘器出口烟尘浓度：低于允许排放标准或设计值。

4）漏风率：小于等于设计值。

5）耗水量（仅湿式电除尘器）：小于等于设计值。

（8）布袋除尘器（含电袋除尘器）主要考核指标：

1）有效投运率应达到 100%。电袋除尘器的电场投入率：大于等于 98%。

2）除尘效率：大于等于设计值。

3）除尘器出口烟尘浓度：低于允许排放标准值。

4）漏风率：小于等于设计值。

5）运行阻力：小于等于设计值。

11.7.4 废水处理设备监督

（1）建立健全相应的管理制度、设备台账、运行检修规程和记录。

（2）各类废水处理设施应保持正常运行、保证处理效果，符合国家、地方排放标准要求。

（3）各类废水污染物处理设备应定期检测排放水质，宜对其处理效果进行监测，监测的项目和监测频次按 DL/T 414 的规定。

（4）废水处理设施宜设置必要的在线计量及出水水质监测装置。

（5）临时性排水应有处理方案和技术措施，确保达标排放。

（6）主要考核指标：

1）废水处理率：98%。

2）废水处理合格率：100%。

11.7.5 灰、渣处理及综合利用设备监督

（1）监督检查资源回收利用设施的运行情况。建立必要的运行、维护、检修等规章制度，并有操作记录和设备台账。

（2）建立灰场的监督管理制度，定期检查灰坝等处理设施运行情况，做好灰场碾压、喷水、覆土、种植、绿化等表面固化处理工作，防止灰场的二次污染。

（3）建立废水、灰、渣、脱硫副产物综合利用档案。

（4）做好资源回收利用的宣传工作，积极推广、利用新技术，支持、鼓励技术进步和技术改造，用足、用好综合利用相关政策。

（5）主要考核指标：

1）废水回收利用率宜不小于 90%。

2）灰渣回收利用率宜 100%。

3）脱硫副产物综合利用率宜 100%。

11.7.6 噪声治理设备监督

（1）建立噪声治理装置技术设备台账。

（2）定期监督检查噪声治理装置使用状况，保证其正常投用。

（3）应对噪声治理装置技改项目从设备制造、安装、调试到验收进行全过程环境保护技术监督。

（4）主要考核指标：

1）装置投运率宜 100%。

2）厂界率应大于噪声达标率应 100%。

11.7.7 在线仪表设备监督

（1）应按国家、电力行业和地方的环保管理规定在污染排放口安装在线监测装置。

（2）烟气排放连续监测装置系统应符合 HJ 75 的规定，并按规定要求进行定期检定或校验。

（3）主要考核指标：

1）在线监测装置投运率应不小于 95%。

2）仪器仪表准确率应大于 98%。

11.8 隐患排除及反措落实监督

11.8.1 环保反措落实监督

（1）环保监督专责、环保监督及环保设备管理等技术人员应熟悉国家能源局国能发安全〔2023〕22 号等各项反措文件的要求，严格按照制度的要求对上级下达的反措计划进行贯彻落实。

（2）环保技术监督专责每年年初应组织研究和制定环保年度反措计划，反措计划应逐项落实项目负责人和项目完成时间。

（3）应定期组织检查公司环保专业落实国能发安全〔2023〕22 号、上级有关部门下发的反措及公司年度反措计划情况。

（4）应建立完善的环境保护反措管理台账，通过研究现有的环保反措条款了解其设计思路和实施效果，并结合本单位的实际情况，包括系统结构、设备状况、运维人员技能水平等，在分析存在的问题和不足后，制定本单位个性化反措条款，单位内部审批后予以实施。

（5）应定期对已执行的反措是否继续完好和有效进行检查，并做好记录。

11.8.2 重点隐患排查监督

在新型电力系统背景下，新能源发电占比逐步升高，煤电机组加快由主体性电源向基础保障性和系统调节型电源转变，深度调峰、启停调峰成为常态，常规煤电机组的设计并未考虑目前的工况环境和要求，频繁的启停操作或者快速升降负荷，导致环保设备不能稳定达标等问题出现频次越来越多，极大影响了煤电机组的环保达标性能，在环保技术监督过程中必须加以重视，应列入环保专业隐患排查的重点。重点监督机组调峰运行时对主要环保设备的影响、机组启停、超低负荷时脱硝投运应对措施，氮氧化物排放是否能稳定达标；脱硫、脱硝、除尘设备在快速负荷波动时是否满足环保达标排放要求等方面内容。新型电力系统背景下存在的主要环保设备隐患及处理措施监督内容如下：

1. 部分机组启停、超低负荷运行阶段氮氧化物不能达标排放

调峰机组在机组启停、超低负荷运行时，存在部分时段烟温偏低、脱硝入口烟温未达到设计要求的情况，无法投入脱硝喷氨系统，造成氮氧化物不能达标排放。特别是未进行宽负荷脱硝改造的调峰机组，难以满足环境保护部 环水体〔2016〕189 号在并网后 4h 内、停机后 1h 内氮氧化物的达标排放的要求，影响了煤电机组的环保达标排放性能。

主要的监督措施有：①采取增开调整两侧省煤器旁路烟气挡板，调整燃烧器摆角，关小主路烟气调节阀等方式提高脱硝 SCR 入口烟气温度；②在保障催化剂性能的前提下适当降低脱硝喷氨投运温度，但低于催化剂最低投运温度的运行时间不宜过长；③采取增加省煤器旁路、邻机加热等宽负荷脱硝改造措施。

2. 氨逃逸偏高，影响脱硝后续系统的安全稳定运行

调峰机组在机组启停、超低负荷运行时，由于烟温偏低（各电厂受达标排放的环保压力影响，部分时段在脱硝入口烟温未达到设计要求，就投入脱硝喷氨系统），脱硝催化剂活性较低，同时受此运行时段氧量偏高、氮氧化物排放浓度折算的影响，易造成过量喷氨，使氨逃逸偏高；调峰机组在负荷快速波动时，氮氧化物排放浓度不稳定，当喷氨系统控制喷氨精度不高时，易造成过量喷氨，使氨逃逸偏高；逃逸氨形成硫酸氢铵，低温时硫酸氢铵不易分解，造成空气预热器阻力升高、影响电除尘器极板放电及滤袋糊袋现象，极大地影响了设备的安全稳定运行。

主要的监督措施有：①在保证氮氧化物达标排放的前提下，控制喷氨量，尽可能减少氨逃逸；定期检测脱硝催化剂活性，并进行再生或更换；检修期间，对脱硝喷氨格栅进行检查，疏通堵塞喷嘴；根据运行情况，进行脱硝喷氨优化试验，确保脱硝系统喷氨均匀。②通过精准喷氨改造，对自动喷氨程序进行优化和喷氨调平，使其在快速负荷波动时自动调节喷氨灵敏度，提高了喷氨精度，减少了氨逃逸。

3. 机组深度调峰及启停机调峰时，影响脱硫系统的运行指标

机组在深度调峰及启停机调峰时，机组快速升负荷速率较大时，石灰石浆液无法快速控制二氧化硫，容易造成二氧化硫排放超标，同时负荷快速变化造成脱硫系统单位时间内钙硫比降低，脱硫效率下降。负荷工况变动大，吸收塔入口烟温及烟气含氧量波动加剧，运行工况不稳定，进而影响烟气中二氧化硫吸收、结晶反应，浆液结晶效果差，副产品含水率上升，品质变差；同时还易使石灰石浆液反应不充分，增加吸收剂的消耗量，造成脱硫效率低下。日间启停调峰时易造成脱硫系统浆液循环泵电动

机烧坏、浆液循环泵叶轮泵轴损坏、机封轴承损坏等设备问题；绝大部分调峰机组脱硫系统浆液循环泵未进行变频改造，在负荷快速波动时，对二氧化硫调节精度和负荷响应速度不够准确快速，存在短时间排放超标的问题。部分机组在深度调峰时，需要投油助燃，未燃尽的油气进入脱硫系统，造成脱硫浆液污染，吸收塔内浆液起泡形成虚假液位并影响石膏品质，甚至造成浆液中毒。

主要的监督措施有：①当机组快速升负荷时及时查看调度曲线、及时联系值长，值长提前通知脱硫专业应提前供浆；②根据机组负荷、原烟二氧化硫浓度及时开启浆液循环泵；③根据脱硫吸收塔液位、浆液密度、pH 值调整供浆量；④根据脱硫吸收塔浆液密度、浆液循环泵电流及时开启脱水系统；⑤根据脱硫吸收塔浆液密度、石灰石浆液箱液位及时开启制浆系统；⑥针对投油助燃的影响，可进行等离子助燃改造。

4. 机组深度调峰及启停机调峰时，影响除尘系统的运行指标

启停机调峰和深度调峰，采用投油启机和助燃的机组，易造成电除尘极板、与极线积油污、电场闪络、运行参数下降、输灰困难；启停机调峰期间，氨逃逸量偏大，烟温偏低，当烟温低于烟气露点时，会造成除尘器内部气流均布板、阳极板、阴极线等设备腐蚀，低温时硫酸氢铵不易分解，附着在除尘器极板上，特别是对一、二电场影响较大，造成除尘器电区阴阳极积灰严重，电场闪络，参数降低，除尘器效率降低；部分调峰机组采用布袋或电袋组合的除尘器，硫酸氢铵还会造成滤袋糊袋，差压升高，影响机组带负荷能力等问题。机组负荷快速升高时需要及时调整湿式电除尘、电除尘相关参数，提高除尘效果。频繁调整电除尘器高压柜导通角、调整二次电流参数容易造成电除尘器、湿式电除尘电源模块过热甚至是故障。负荷快速上升时，若干除灰未及时调整或堵管，易造成电除尘高料位报警，导致电除尘二次电流下降，影响除尘系统的安全稳定运行。

主要的监督措施有：①采用投油启机和助燃的机组，做好小油枪维护工作，尽量不投大油枪，优先启动有小油枪的制粉系统，提高燃尽率，减少对后续系统的影响，有条件尽快进行等离子点火改造；②提高脱硝催化剂处烟温，减少氨逃逸；③定期检测脱硝催化剂活性，并进行更换；④利用机组检修，对烟冷器、烟热器进行清理；⑤对电除尘彻底检查，避免机组启动后电除尘高压柜或电场故障，影响烟尘排放浓度。

5. 调峰机组除灰、脱硫耗电率高，考核压力较大

由于机组启停、超低负荷运行时，烟气中氧含量较高，折算后易造成烟尘排放超标。为保证烟尘的达标排放，机组启停、超低负荷或负荷剧烈波动时，始终保持电除尘电流、电压参数在高位运行，造成除尘电耗升高。由于脱硫系统具有协同除尘的作用，因此为保证烟尘达标排放，脱硫系统部分设备须保持连续运行状态；即使启停调峰时机组处于短时间停机状态，脱硫吸收塔搅拌器等设备还是在连续运行，造成脱硫

耗电率高。对机组节能运行造成不利影响，除尘、脱硫电耗率考核指标压力较大。

6. 氧量偏高，烟尘和氮氧化物受氧折算存在超标风险

机组启停、超低负荷运行时，锅炉风量、燃烧状况大幅变化，参数的扰动增加了锅炉烟尘和氮氧化物的控制难度，锅炉燃料量大幅度减少，炉温降低，锅炉燃烧条件不稳定，为保证燃烧需要加大风量，导致锅炉运行氧量增加，受氧量折算的影响，存在烟尘和氮氧化物排放超标风险。

主要的监督措施有：①机组并列控制在整点后立即并列，快速升负荷，降低氧量，避免氧量折算造成的烟尘和氮氧化物排放超标；②机组解列时间控制在整点前，减少高氧量运行时间，但解列时间不好掌控，有烟尘超标的风险。

12 电能质量技术监督

电能质量技术监督从接入系统审查、设备选型、初步设计、施工调试、竣工验收，到运行维护、定期检验、更新改造等各阶段实行监督，对影响电能质量的设备、重要参数、性能指标进行监督、检查和评价。

电能质量技术监督必须坚持“安全第一、预防为主、综合治理”的方针，实行“技术责任制”，坚持依法监督、分级管理的原则，建立健全监督体系，建立明确的分级分工负责制和岗位责任制，贯彻安全生产“可控、在控”的要求，当电能质量指标不符合国家及行业相关标准时，应按“谁引起，谁治理”的原则及时处理，严格执行相关规程、规定和反事故技术措施。

12.1 监督范围

电能质量技术监督工作的范围包括影响电网电能质量的设备以及电厂各等级电压母线的交流电能质量，其衡量的指标有：

（1）频率偏差。

（2）电压偏差。

（3）电压波动和闪变。

（4）三相电压不平衡度。

（5）谐波与间谐波。

12.2 监督依据

GB/T 12325 电能质量　供电电压偏差

GB/T 12326 电能质量　电压波动和闪变

GB/T 14549 电能质量　公用电网谐波

GB/T 15543 电能质量　三相电压不平衡度

GB/T 15945 电能质量　电力系统频率偏差

GB/T 19862 电能质量监测设备通用要求

GB/T 24337 电能质量　公用电网间谐波

GB/T 24847 1000kV 交流系统电压和无功电力技术导则

DL/T 1028 电能质量测试分析仪检定规程

DL/T 1040 电网运行准则

DL/T 1051 电力技术监督导则

DL/T 1053 电能质量技术监督规程

DL/T 1194 电能质量术语

DL/T 1198 电力系统电能质量技术管理规定

DL/T 1227 电能质量监测装置技术规范

DL/T 1228 电能质量监测装置运行规程

DL/T 1297 电能质量监测系统技术规范

DL/T 1309 大型发电机组涉网保护技术规范

NB/T 41004 电能质量现象分类

SD 325 电力系统电压和无功电力技术导则（试行）

国家发展和改革委员会令第 8 号 电能质量管理办法（暂行）

12.3 专业技术监督体系建设

12.3.1 专业监督体系

山东省能源局是山东省电力行业技术监督工作的行政主管部门，山东省电力技术监督领导小组是在其领导下的技术监督工作的领导机构；领导小组下设监督办公室，是全省电力技术监督工作的归口管理机构；监督办公室设在国网山东电科院，下设电能质量技术监督专责，依托国网山东电科院电能质量专业，实施全省电力行业电能质量技术监督工作的日常管理。

发电企业是技术监督的主体，应建立健全企业生产负责人领导下的技术监督组织体系，成立厂级技术监督领导小组，企业生产负责人任组长，并在生产技术部门设立电能质量技术监督专责，构建厂级、车间级、班组级的三级技术监督网，完善工作机制和流程，落实技术监督岗位责任制。

12.3.2 职责分工

技术监督领导小组职责、监督办公室职责见本书 1.3 节，电能质量技术监督相关岗位职责分工如下：

12.3.2.1 监督办公室电能质量监督专责职责

（1）贯彻执行国家、行业、山东省有关电能质量技术监督的方针、政策、法规、标准、规程、制度。

（2）督导发电企业落实国家、行业有关技术监督的标准、规程、制度、反事故措施以及山东省电力技术监督规章制度。

（3）制定或修订电能质量技术监督的制度、实施细则、技术措施等。

（4）参加新建、改建、扩建和重大技术改造项目的电能质量技术监督检查、督导工作，协助研究解决电能质量技术监督工作中重大技术关键问题。

（5）参与重大电能质量事故或异常情况的调查、处理等工作，并提出反事故措施。

（6）参与重要干扰源设备接入方案审查及电能质量治理设备验收工作。

（7）负责电能质量问题防治技术的推广应用工作。

（8）对基层单位电能质量技术监督、检测人员进行技术培训和指导。

（9）定期组织召开电能质量技术监督会议，总结和交流工作经验，确定下年度工作重点。

12.3.2.2 发电企业技术监督领导小组职责

（1）组织开展本企业技术监督工作。

（2）贯彻执行国家、行业有关技术监督的方针、政策、法规、标准、规程、制度、条例、反事故措施。

（3）组织制定本企业各技术监督工作实施细则、岗位职责、考核办法等管理文件，并监督执行。

（4）组织召开本企业技术监督网工作会议，协调解决监督工作中的具体问题。

（5）组织制订年度监督工作计划，总结全厂监督工作。

（6）协调本企业技术监督网中各专业的技术监督工作，审批有关实施细则、技术措施。

（7）对本企业发生的重大事故，组织并参加事故调查分析，督促专业事故防控措施的制定和落实。

（8）负责监督、检查、督促电能质量专业技术监督专责的工作。

（9）参加全省技术监督工作会议。

12.3.2.3 发电企业电能质量技术监督专责职责

（1）贯彻执行国家、行业有关电能质量技术监督的法规、标准及各项规章制度。

（2）在本企业技术监督网组长的领导下，组织开展、协调落实本企业电能质量技术监督工作，代表电能质量专业参加监督网活动。

（3）负责制定电能质量专业技术监督年度工作计划，包括年度工作要求和工作内容、责任部门及实际节点等方面。

（4）负责制订电能质量技术监督实施细则，编制电能质量监督、技术改造、反事故措施年度工作计划和有关技术措施，并组织实施。

（5）接到监督办公室下发的技术监督预（告）警单后及时安排相关部门和人员进行处理，并将处理情况及时反馈。

（6）负责编写电能质量技术监督月报表、半年总结和全年总结、技术改造总结、大修计划及大修总结等，并按要求报送监督办公室。

（7）组织技术人员对电能质量设备重大异常进行分析、评估，负责整理处理措施、反事故措施，监督实施过程和实施效果。

（8）定期组织召开电能质量监督例会，分析影响电能质量安全、经济运行的主要指标完成情况，通报电能质量设备异常及处理情况，指出工作存在的问题并制定改进措施，安排下一步工作计划。

（9）参加监督办公室组织的技术监督网活动，配合监督办公室做好对本企业电能质量技术监督检查工作，协助班组开展电能质量现场测试工作。

（10）组织本专业开展技术监督网活动，监督班组完成本监督规定要求的各项监督工作。

（11）组织本专业人员开展技术培训工作，不断提高技术人员的专业水平。

12.3.2.4 发电企业班组电能质量技术监督职责

（1）认真贯彻执行国家和行业有关电能质量技术监督标准、规程、制度等。

（2）在电能质量监督专责的指导下根据本监督规定要求开展电能质量监督工作。

（3）建立健全班组的规章制度和相应的实施细则，各项监督工作要明确责任人和责任范围，监督计划要科学合理、有序开展。

（4）定期开展本企业电能质量监测设备的送检工作。

（5）定期更新设备台账、技术档案、试验档案、事故档案并不断完善。

（6）参加本企业电能质量设备的事故调查分析，参与制定并落实反事故措施。

（7）参加本企业新建、扩建机组及技改项目的设计、审查、安装、调试的质检验收和交接工作。

（8）负责本班组人员技术培训工作。

12.4 日常管理监督

12.4.1 技术监督报表和报告管理

（1）电能质量技术监督工作实行即时、月报、半年报、年报制度，电能质量技术报告及统计结果（相关报表格式见表12.1~表12.4）应按规定时间报送监督办公室；重大电能质量事故或异常情况立即报告监督办公室。

表12.1　　年第　　季度线路谐波电流监测统计表

序号	站名	电压等级	线路名称	主要谐波电流		
				3	5	……
1						
2						
……						

表12.2　　年第　　季度母线电压电能质量监测统计表

序号	站名	电压等级	母线名称	主要谐波电压			电压总畸变率	不平衡度	闪变
				3	5	……			
1									
2									
……									

表12.3　电能质量技术档案

非线性、不对称、冲击性负荷技术档案	
非线性负荷	（1）设备型式、容量。 （2）设备接线方式、控制方式和脉冲数。 （3）该设备由理论（或经验公式）计算产生的各次（2~25次）谐波电流的最大有效值。 （4）是否安装电容器组或滤波器，安装地点和参数。 （5）其他
不对称负荷	（1）设备型式、容量。 （2）设备产生的基波负序最大电流。 （3）对兼有非线性性质的负荷同时要提供产生各次（2~25次）谐波电流的最大值。 （4）解决不对称的措施和抑制谐波的措施及参数。 （5）其他
冲击负荷	（1）设备型式、容量。 （2）冲击电流最大值；持续时间及两次之间的时间间隔。 （3）根据设备接入点电网的短路容量，计算所造成的电压波动和闪变。 （4）对冲击电流持续时间大于2 s，两次冲击时间小于30 s的设备要提供各次（2~25次）谐波电流的最大值。 （5）对所要安装的电容器组、滤波器或静补装置，要提供具体参数和运行方式。 （6）其他

表 12.4 电能质量监测报告

监测项目	变电站母线监测谐波电压，无功补偿装置监测谐波电流，干扰源设备监测其谐波电压、谐波电流
数据整理汇总	（1）各监测点 2~25 次谐波电压（包括总畸变率）95%概率值（选取总畸变率最大的一相值，下同）。 （2）各监测点负序分量的最大值和 95%概率值、不平衡度的 95%概率值。 （3）干扰源设备主要谐波电流的 95%概率值。 （4）谐波、负序、闪变超标一览表。 （5）谐波电流超标一览表
分析报告	1. 谐波分析报告应包括的内容 （1）系统概况及总谐波水平评价。 （2）主要干扰源设备情况及近期发展。 （3）无功补偿装置（或滤波器组）对谐波的影响。 （4）电能质量异常或事故的分析。 （5）新的干扰源设备投入后谐波水平的预测。 （6）建议和措施。 2. 负序分析报告应包括的内容 （1）系统概况及总负序水平评价。 （2）主要不对称负荷情况及近期规划中的不对称负荷。 （3）负序异常及事故的分析。 （4）电网中造成负序的各种不同因素。 （5）新的负序源投入后对电网造成的影响。 （6）建议和措施。 3. 闪变分析报告应包括的内容 （1）系统概况及总闪变水平评价。 （2）主要冲击负荷情况及近期规划中的冲击负荷。 （3）闪变异常及事故的分析。 （4）系统中造成闪变异常的各种不同因素。 （5）新的冲击性负荷投入后对系统造成的影响。 （6）建议和措施

（2）各发电企业应编写本单位电能质量监督月报、半年监督工作总结、年度监督工作总结及年度监督工作计划，并及时上报电能质量技术监督办公室，月报报送日期为次月 5 日前，半年监督总结报送日期为每年 7 月 15 日前，年度监督工作总结及年度监督工作计划报送日期为次年 1 月 15 日前。

（3）电能质量专业年度监督工作计划应在每年 1 月 15 日前报监督办公室，同时报上年度计划执行情况。

（4）在设备故障或运行异常等问题定性后 2 日内报送故障经过、原因分析及处理措施。

12.4.2 技术监督定期检查管理

（1）应建立定期检查制度，监督办公室负责定期检查的组织工作，各发电企业配合执行，技术监督检查以自查和互查相结合的方式进行，检查周期以 1 年为宜，监督检查应依据《电能质量技术监督检查细则》（见附录11）开展。

（2）技术监督检查应有完整的检查记录或检查报告，对技术监督检查过程中发现的问题应提出相应的意见或建议，对严重影响安全的隐患或故障应提出预警或告警，并跟踪整改情况。各发电企业对检查发现的问题，应制定整改措施，整改措施及完成情况反馈至监督办公室。

12.4.3 监督技术资料档案管理

各发电企业应建立健全下列技术资料档案：

（1）与电能质量技术监督相关的最新版本的标准、规程及反事故技术措施。

（2）设备检修、预试计划，技术监督工作总结及监督会议记录。

（3）设备缺陷记录，设备事故、异常分析记录。

（4）岗位培训制度、计划、记录。

（5）图纸及文件资料：

1）一次系统图；

2）设备规范；

3）设备台账；

4）设备说明书、出厂试验报告、交接试验报告；

5）与设备质量有关的合同、协议和往来文件；

6）试验方案、作业指导书；

7）电能质量测试报告；

8）特殊试验报告；

9）异常告警单。

（6）仪器仪表管理制度、文件资料：

1）仪器设备台账；

2）仪器设备说明书；

3）仪器设备操作规程；

4）年度校验计划；

5）检定证书。

12.4.4 电能质量技术监督预（告）警

（1）各单位根据技术监督预警、告警和整改制度，对发现的重大技术监督问题，及时发出预警、告警及整改通知单。

（2）在规划设计及基建施工阶段，出现下列情况时应预（告）警：

1）工程设计或设备制造存在重大问题，违反设计规程和设备监造大纲。

2）在安装施工中，未按照标准要求进行检查、验收等。

3）在机组分部试运、整套启动试运期间，由于设备或系统调整原因，电能质量干扰源或电能质量在线监测装置各项指标未达设计要求或发生电能质量事件，未及时进行整改。

4）在机组整套启动试运期间，电能质量治理设备不按规定擅自退出运行。

5）未按“三同时”要求与电能质量干扰源同步投运电能质量治理设备的。

（3）生产运行阶段发生下列情况时应预（告）警：

1）技术监督范围内的治理设备处于严重异常状态，但仍在运行。

2）电能质量指标超过国家标准的。

3）技术监督范围内的设备存在安全隐患，经技术监督指导后，仍没有改进。

4）电能质量日常测试数据或在线监测数据异常或弄虚作假。

5）电能质量设备发生异常情况，不按技术监督规定时上报。

（4）电能质量技术监督预（告）警宜分为三级。预（告）警项目应根据上述原则进行确定，预（告）警项目参见 12.4.4.10~12.4.4.12 的一级、二级、三级预（告）警项目。

（5）当发生触发电能质量技术监督预（告）警条件，技术监督管理部门或技术监督单位应根据技术监督预（告）警制度进行响应，发出技术监督预（告）警单。

（6）电能质量技术监督预（告）警单参见表 12.5，应由技术监督管理部门或技术监督单位签发。一级和二级监督预（告）警单应报送上级监督管理单位。

表 12.5　电能质量技术监督预（告）警单

预（告）警单编号：　　　　　　　　　　　　　　　　预（告）警类别：一级 □ 二级 □ 三级 □

预（告）警项目名称：		
单位（部门）名称：		传真或联系方式：
拟稿人：		联系电话：
存在问题		
整改建议		
整改要求		

续表

<table>
<tr><td>审核：</td><td rowspan="3">签发单位（部门）：

（盖章）
年　月　日</td></tr>
<tr><td>复审：</td></tr>
<tr><td>签发：</td></tr>
</table>

（7）根据预（告）警级别，接到预（告）警单的企业或部门应组织相关人员制定整改措施，并在规定的时间内处理解决。

（8）技术监督预（告）警项目整改完成后应参照表 12.6 填写电能质量技术监督预（告）警回执单，由技术监督管理部门或单位负责验收。

表 12.6　电能质量技术监督预（告）警回执单

回执单编号：

<table>
<tr><td colspan="2">单位（部门）名称</td><td colspan="4"></td></tr>
<tr><td colspan="2">预（告）警项目名称</td><td colspan="4"></td></tr>
<tr><td colspan="2">预（告）警单编号</td><td></td><td>预（告）警类别</td><td colspan="2">一级□ 二级□ 三级□</td></tr>
<tr><td colspan="2">预（告）警提出
单位（部门）</td><td></td><td>预（告）警时间</td><td colspan="2">年　月　日</td></tr>
<tr><td>预警内容</td><td colspan="5"></td></tr>
<tr><td>整改计划</td><td colspan="5"></td></tr>
<tr><td>整改结果</td><td colspan="5">（注：整改支撑材料可另附页）</td></tr>
<tr><td colspan="3">填写：</td><td colspan="3" rowspan="3">整改单位（部门）：

（盖章）
年　月　日</td></tr>
<tr><td colspan="3">审核：</td></tr>
<tr><td colspan="3">签发：</td></tr>
</table>

（9）一级和二级电能质量技术监督预（告）警回执单应报送上级监督管理单位。一级监督预（告）警回执单应由企业负责人签发。

（10）电能质量技术监督预警一级预（告）警项目。电能质量技术监督预警一级预（告）警项目包括但不限于以下项目：

1）电能质量基础管理非常薄弱，未建立电能质量组织机构、规章制度，未开展电能质量监督管理。

2）机组不具备一次调频功能或未开展一次调频试验。

3）机组不具备自动发电控制（AGC）功能。

4）发电厂未按调度部门要求安装保证电网安全稳定运行的自动装置。

5）发电机组应具备满负荷时功率因数在0.85（滞相）~0.97（进相）全范围内运行的能力。

6）核查过程中，存在严重电能质量事件风险。

7）升压站高压侧母线电能质量指标两个季度持续超标，未采取措施的。

（11）电能质量技术监督预警二级预（告）警项目。电能质量技术监督预警二级预（告）警项目包括但不限于以下项目：

1）电能质量基础管理较薄弱，未健全电能质量组织机构、规章制度，未认真开展电能质量监督管理。

2）机组具备一次调频功能，但未按调度部分要求投入运行的。

3）机组具备自动发电控制（AGC）功能，但未按调度部分要求投入运行的。

4）发电厂已安装保证电网安全稳定运行的自动装置，但未按调度部分要求投入运行的。

5）核查过程中，存在前期发现但仍未消除电能质量事件风险。

6）升压站高压侧母线电能质量指标超标。

7）厂内其他等级母线电压电能质量指标超标，未采取有效措施的。

8）新、改、扩建项目电能质量“三同时”或竣工验收工作滞后主体工程进度4个月至6个月之间，发生电能质量违规事件的风险较大。

9）未按要求配备电能质量在线监测装置且未按要求开展电能质量测试工作。

（12）电能质量技术监督预警三级预（告）警项目。电能质量技术监督预警三级预（告）警项目包括但不限于以下项目：

1）电能质量基础管理薄弱，未建立健全有效的电能质量组织机构、规章制度，未形成完整、规范的电能质量监督管理体系。

2）已按要求配备电能质量监测装置，但监测装置未按要求开展定期检测或校准。

3）已开展电能质量测试工作，但测试报告或分析结果不符合要求。

4）核查过程中，存在轻微电能质量事件风险。

5）厂用电母线电压或电能质量干扰源设备存在电能质量指标超标情况。

（13）电能质量技术监督预（告）警单格式。电能质量技术监督预（告）警单格式见表 12.5，电能质量技术监督预（告）警回执单格式见表 12.6。

12.4.5 会议及培训管理

每年定期召开技术监督工作会议，要求发电企业监督专责及相关负责人参加；会议总结上年度监督情况，讨论当年监督工作重点，表彰先进，根据现场情况安排专题培训。

发电企业电能质量技术监督专责定期组织对本专业人员进行技术培训。

12.5 设备监督

12.5.1 频率要求

（1）为防止频率异常时发生电网崩溃事故，发电机组在设计选型时应具有必要的频率异常运行能力，指标应符合 DL/T1040 的要求。

（2）新建机组投产时应具备一次调频功能。发电厂应根据调度部门要求，开展一次调频试验，并将试验报告报有关调度部门。

（3）200MW（新建 100MW）及以上火电和燃气机组应具备自动发电控制（AGC）功能，参与电网闭环自动发电控制。

（4）并网运行的发电厂必须具有一次调频和调峰能力，一次调频装置在机组运行时必须投入。发电厂应根据调度部门要求安装保证电网安全稳定运行的自动装置。

12.5.2 电压偏差要求

（1）在电厂规划设计时，应考虑无功电源及无功补偿设备、调压设备、无功电压控制系统等。电厂应具有灵活的无功电压调整能力与检修、事故备用容量，满足电网分（电压）层和分（供电）区平衡要求。

（2）应对容性和感性无功补偿容量、分组及选型，调压设备的容量及选型，无功电压控制系统的选型及控制策略等进行合理规划与设计，以满足调压要求。

（3）无功补偿成套装置的技术监督工作，除包括设备设计、选型、订货、监造、出厂验收、现场安装、现场验收、运行和检修的全过程技术监督外，还包括对设备的缺陷检测、评估、分析、告警和整改的过程监督工作；各级电网企业在选用无功补偿装置时，主设备（电容器、电抗器）应选择符合电力行业技术标准有关要求的产品，其辅助设备应选择型式试验合格的产品，以保证无功补偿装置的运行可靠性。

（4）无功补偿装置设计时，要增加谐波计算项目和审查项目。

（5）无功补偿装置的施工验收项目中要增加谐波测试项目，对产生严重谐波放大的电容器组应限制投入运行，并根据测试情况，提出改进措施。

（6）并入电网的发电机组应具备满负荷时功率因数在 0.85（滞相）~ 0.97（进相）全范围内运行的能力，新建机组应满足进相 0.95 运行的能力。

12.5.3 谐波、间谐波、三相电压不平衡、电压波动和闪变要求

（1）电能质量干扰源设备接入系统前后，均应开展电能质量专项测试，以确定系统电能质量背景情况、干扰源投运对系统的影响，以决定其能否正式投入运行。当因电能质量问题造成事故或异常时，应根据事故分析或异常的性质或影响范围，及时进行测试分析。

（2）对电能质量影响较大的干扰源设备，应在主设备正式送电前完成电能质量治理设备的安装和调试，与主设备同时投运。

（3）重要的电能质量干扰源设备以及各等级电压母线，除开展日常的电能质量测试，还应安装电能质量在线监测装置，对电能质量指标进行实时监测。

12.6 指标管理监督

12.6.1 频率质量监督

（1）并网发电机组一次调频系统的参数应按照电网运行的要求进行整定，一次调频系统应按照电网有关规定投入运行。

（2）发电机组频率异常保护应符合 DL/T 1309 的要求。

（3）正常情况下发电机组不应运行在额定负荷以上，且应满足以下要求：

1）单元制汽轮发电机组在滑压状态运行时，必须保证调节汽门有部分节流，使其具有额定容量 3% 以上的调频能力。

2）发电机组参与一次调频的响应滞后时间应小于 3s，参与一次调频的稳定时间应小于 1min。

3）发电机组一次调频死区、转速不等率、最大负荷限幅、响应行为等应符合 DL/T 1040 的要求。

4）AGC 机组工作在负荷控制方式时，机组的调整应考虑频率约束。当频率超过 50Hz ± 0.1Hz（该值根据电网要求可随时调整）时，机组不允许反调节。

12.6.2 电压偏差监督

（1）1000kV 交流系统的母线电压允许偏差值应符合 GB/T 24847 的要求。

（2）750kV 变电站高压侧母线正常运行电压建议不超过 800kV，最低电压不应影响电力系统同步稳定、电压稳定、厂用电的正常使用及下一级电压的调节。

（3）500kV 及以下交流系统的母线电压允许偏差值应符合 SD 325 的要求。

（4）对于纳入统一调度的发电机组，应按照调度部门下达的电压曲线、无功功率和调压要求开展调压工作，控制发电机无功功率和高压母线电压。

（5）应实现母线电压、上网线路功率因数的实时监控，应进行电压合格率、功率因数合格率等的统计、分析和考核。

（6）应对无功补偿设备、调压设备、无功电压控制系统等及时进行运维管理和监督，包括台账建立和更新、定值参数和策略的调整优化、设备完好率的统计和考核等工作，以满足调压要求。

12.6.3 电网谐波、间谐波、三相电压不平衡、电压波动和闪变监督

（1）监督和防治非线性设备的谐波污染，确保电网公共连接点的谐波电压和注入电网的谐波电流符合 GB/T14549 的要求。

（2）监督和防治冲击性设备和不对称设备对电网的电能质量污染，确保公用电网的三相电压不平衡符合 GB/T 15543 的要求，电压波动和闪变符合 GB/T 12326 的要求。

13 通信及网络安全技术监督

通信及网络安全技术监督是在电力监控系统规划设计、建设实施、生产运行、退役报废阶段，采用有效的检测、试验、抽查和核查资料等手段，对电力监控系统网络安全、电力通信有关的设备运行状态、策略配置、防护措施、运行管理等方面，根据《中华人民共和国电力法》《中华人民共和国网络安全法》《中华人民共和国密码法》《关键信息基础设施安全保护条例》《电力监控系统安全防护规定》《电力行业网络安全管理办法》及国家有关规定开展的检测和分析。

通信及网络安全技术监督工作应坚持“安全第一、预防为主、综合治理”的方针，按照依法监督、分级管理、专业归口的原则，建立健全监督体系，贯彻安全生产“可控、能控、在控”的要求，执行有关规程、规定和反事故措施，及时发现和消除通信及网络安全风险，提高设备及网络运行可靠性。

13.1 监督范围

通信及网络安全技术监督工作实行全过程技术监督，对影响电网、设备、网络安全稳定运行的重要指标进行监测、调整和评价，监督范围包括：

（1）调度数据网边界设备：发电厂电力监控系统与调度主站、集控中心等纵向网络边界设备，包括调度数据网路由器、交换机、纵向加密装置。

（2）电力监控系统安全分区及安全防护设备：发电厂内部安全区划分及厂站内部安全区之间、业务系统之间的安全防护设备，包括横向单向隔离装置、防火墙、网络安全监测装置、入侵检测装置、日志审计等。

（3）电力监控系统主机及网络设备：发电厂内部主机类设备、交换机，包括升压站监控主机、五防主机、AGC/AVC、发电机组监控系统主机、保信子站、故障录波装置、调度计划工作站、核心交换机等。

（4）光纤通信及可信 WLAN 网络：包括变电站和发电厂通信传输设备、光缆、通信电源（独立电源、一体化电源、嵌入式电源）、可信 WLAN 设备。

（5）机房环境及运维检修：包括机房内门窗、地板、照明、机柜等设施，机房接地、“六防”（防盗、防火、防尘、防潮、防雷电、防意外损坏）措施，机房温湿度，设备、业务运行台账，应急预案、应急演练等资料。

13.2 监督依据

GB/T 9361 计算机场地安全要求

GB/T 14285 继电保护和安全自动装置技术规程

GB/T 14733.1 电信术语　电信、信道和网

GB/T 14733.12 电信术语　光纤通信

GB/T 16821 通信用电源设备通用试验方法

GB/T 22239 信息安全技术　网络安全等级保护基本要求

GB/T 32420 无线局域网测试规范

GB/T 35673 工业通信网络　网络和系统安全　系统安全要求和安全等级

GB/T 36572 电力监控系统网络安全防护导则

GB/T 38438 电力通信网运行评估指标体系

GB 50217 电力工程电缆设计标准

GB 50311 综合布线系统工程设计规范

GB 50373 通信管道与通道工程设计标准

GB 50689 通信局（站）防雷与接地工程设计规范

GB 51194 通信电源设备安装工程设计规范

GB/T 51419 无线局域网工程设计标准

YD 5102 通信线路工程设计规范

DL/T 364 光纤通道传输保护信息通用技术条件

DL/T 408 电力安全工作规程　发电厂和变电站电气部分

DL/T 516 电力调度自动化运行管理规程

DL/T 544 电力通信运行管理规程

DL/T 547 电力系统光纤通信运行管理规程

DL/T 548 电力系统通信站过电压防护规程

DL/T 860 变电站通信网络和系统

DL/T 2192 并网发电厂变电站电力监控系统安全防护验收规范

DL/T 2338 电力监控系统网络安全并网验收要求

DL/T 5003 电力系统调度自动化设计规程

DL 5190.4 电力建设施工技术规范　第 4 部分：热工仪表及控制装置

DL/T 5344 电力光纤通信工程验收规范

Q/GDW 11914 电力监控系统网络安全监测装置技术规范

中华人民共和国主席令第五十三号 中华人民共和国网络安全法

国家发展改革委员会 2024 年第 27 号令 电力监控系统安全防护规定

国能安全〔2015〕36 号 国家能源局关于印发电力监控系统安全防护总体方案等安全防护方案和评估规范的通知

国能发安全规〔2022〕100 号 电力行业网络安全管理办法

国能发安全规〔2022〕101 号 电力行业网络安全等级保护管理办法

国能发安全〔2023〕22 号 防止电力生产事故的二十五项重点要求

山东省电力行业通信及网络安全技术监督工作规定（2024 年修订）

13.3 专业技术监督体系建设

13.3.1 专业技术监督体系

山东省能源局是全省电力行业技术监督工作的行政主管部门，山东省电力技术监督领导小组是在其领导下的技术监督工作领导机构；领导小组下设监督办公室，是全省电力技术监督工作的归口管理机构；监督办公室设在国网山东电科院，下设通信及网络安全技术监督专责，依托国网山东电科院通信及网络安全专业，实施全省电力行业通信及网络安全技术监督工作的日常管理。

发电企业是技术监督的主体，应建立健全企业生产负责人领导下的技术监督组织体系，成立技术监督领导小组，企业生产负责人任组长，并在生产技术部门设立通信及网络安全技术监督专责，完善工作机制和流程，落实技术监督岗位责任制。

13.3.2 职责分工

技术监督领导小组职责、监督办公室职责见本书 1.3 节，通信及网络安全技术监督相关岗位职责分工如下：

1. 监督办公室通信及网络安全技术监督专责职责

（1）负责山东省电力行业通信及网络安全专业技术监督日常管理，指导技术监督组织体系建设。

（2）负责制定山东省电力行业通信及网络安全专业专项技术监督工作规定、管理办法和技术规范。

（3）组织召开山东省电力行业通信及网络安全专业技术监督工作会议和各专业工

作会议。

（4）指导山东省发电企业通信及网络安全专业开展全过程技术监督。

（5）组织开展山东省电力行业通信及网络安全专业技术监督服务，落实技术监督措施。

（6）向领导小组汇报山东省电力行业通信及网络安全专业技术监督工作情况，并提供相关技术数据作为政府决策的参考依据。

2. 发电企业通信及网络安全专业技术监督职责

（1）发电企业通信及网络安全技术监督领导小组职责。

1）组织开展本企业通信及网络安全专业技术监督工作。

2）贯彻执行国家、行业有关通信及网络安全专业技术监督的方针、政策、法规、标准、规程、制度、条例、反事故措施。

3）组织制定本企业通信及网络安全技术监督工作实施细则、岗位职责、考核办法等管理文件，并监督执行。

4）组织召开本企业通信及网络安全技术监督网工作会议，协调解决监督工作中的具体问题。

5）组织制定年度通信及网络安全专业监督工作计划，总结全厂通信及网络安全监督工作。

6）协调本企业技术监督网中通信及网络安全专业的技术监督工作，审批有关实施细则、技术措施。

7）对本企业发生的通信及网络安全重大事故，组织并参加事故调查分析，督促通信及网络安全专业事故防控措施的制定和落实。

8）负责监督、检查、督促通信及网络安全专业技术监督专责的工作。

9）参加全省通信及网络安全专业技术监督工作会议。

（2）发电企业通信及网络安全技术监督专责职责。

1）贯彻执行国家及电力行业有关通信及网络安全专业规程和标准，并根据本单位的具体情况制定实施细则。

2）在本企业技术监督网组长的领导下，负责本单位通信及网络安全全过程技术监督的具体工作。

3）根据通信及网络安全技术监督标准、规程、实施细则和反事故措施有关要求，结合本企业设备检修计划，制定本企业年度技术监督工作计划，报技术监督办公室备案，并检查计划执行情况。

4）负责组织本企业电力监控系统网络安全紧急告警、光纤通信网故障调查分析，并负责紧急告警事件、光纤通信网故障及网络、安防、通信设备缺陷的上报工作。

5）负责新建、大修、技改工程的通信系统及网络安全防护方案设计审查、调试及验收的监督工作。

6）组织建立健全通信及网络安全技术监督工作资料档案。

7）按时报送通信及网络安全技术监督工作的各类报表、总结。

8）对监督办公室下发的告警或处理意见及时反馈。

9）参加上级监督部门组织的活动和会议。

10）负责组织本单位通信及网络安全专业技术培训工作。

11）负责及时上报通信及网络安全技术监督网络人员调整情况。

（3）发电企业通信及网络安全专业班组技术监督职责。

1）贯彻执行国家和行业有关通信及网络安全技术监督标准、规程、制度等。

2）在通信及网络安全技术监督专责的指导下根据本监督规定要求开展通信及网络安全技术监督工作。

3）负责通信及网络安全系统更新改造、设备运行维护、反措实施、缺陷处理、安全加固等现场技术监督工作。

4）及时向监督专责反映通信及网络安全系统现场运维、缺陷处理及反措等实施情况。

5）参加本企业通信及网络安全技术监督定期工作会议，传达会议内容并执行会议制定的工作要求。

6）参加网络边界设备、安防设备、主机设备、通信传输设备、光缆、电源的缺陷、异常、事故分析处理，提供运行方式及相关数据，协助分析故障原因。

7）建立并维护设备台账、图纸资料、检验报告、告警处置等监督档案。

8）负责组织本班组通信及网络安全专业技术培训工作。

13.4 日常管理监督

13.4.1 定期技术监督报表和报告管理

（1）每月 5 日前各发电企业通信及网络安全技术监督专责向监督办公室报送上月通信及网络安全技术监督月报，报表应符合表 13.1 要求。

（2）各发电企业通信及网络安全技术监督专责应按时向监督办公室报送半年、全年监督总结，半年监督总结和年度总结应分别在每年 7 月 15 日前、次年 1 月 15 日前上报监督办公室，报告应符合表 13.2 要求。

表 13.1　通信及网络安全技术监督月报表内容及格式要求

<table>
<tr><td>填报单位</td><td></td><td>填报时间</td><td></td></tr>
<tr><td>填报人员</td><td></td><td>审核人员</td><td></td></tr>
<tr><td colspan="4">本月主要通信及网络安全工作</td></tr>
<tr><td colspan="4"></td></tr>
<tr><td colspan="4">网络安全及通信系统告警情况、原因分析及处置措施（描述本月发生的网络安全及光纤通信网告警、影响范围，分析发生原因及处置措施）</td></tr>
<tr><td colspan="4"></td></tr>
<tr><td colspan="4">通信及网络安全反措执行情况</td></tr>
<tr><td colspan="4"></td></tr>
<tr><td colspan="4">通信及网络安全评价统计</td></tr>
<tr><td>应完成测试数（光缆条数+电源套数）</td><td></td><td>实际完成测试数</td><td></td></tr>
<tr><td>传输设备离线小时数</td><td></td><td>纵向加密装置、网络安全监测装置离线小时数</td><td></td></tr>
<tr><td>发生网络安全告警次数</td><td></td><td>及时处置网络安全告警次数</td><td></td></tr>
<tr><td>是否发生生产控制大区非法外联</td><td></td><td>—</td><td></td></tr>
<tr><td colspan="4">下月主要工作</td></tr>
<tr><td colspan="4"></td></tr>
</table>

表 13.2 通信及网络安全技术监督总结内容及格式要求

××电厂××年通信及网络安全技术监督工作总结
××年××电厂根据……。（本段为概述部分，要突出本年度完成的主要工作，比如安全运行小时数、全年总发电量、机组大小修等情况。） **一、通信及网络安全技术监督完成情况** 应包含电力监控系统网络安全防护可靠率、传输设备运行可靠率、测试完成率（并网通信光缆、通信电源）等。 **二、主要监督工作** 通信及网络安全技术监督主要工作。 **三、网络安全事件统计分析** 包含事件描述、发生时间、事件类型、告警设备、影响范围、暴露问题及改进计划等。 **四、通信网告警、故障统计分析** 包括通信网告警、故障发生次数、历次发生时间、涉及通信设备（光缆）、影响范围、原因简述及问题处置等内容。 **五、反措执行情况** 反措计划实施情况。 **六、网络及安防设备策略配置工作** 设备年度新增、退役情况及策略变更情况。 **七、技改** 通信及网络安全技改项目实施情况。 **八、存在问题** 目前通信及网络安全工作中或设备运行中存在的问题。 **九、技术培训** 通信及网络安全技术培训开展情况。 **十、下一步工作计划** 其他要求： 1. 正文仿宋 GB2312、小四，1.25 倍行距，首行缩进 2 字符。 2. 编号格式请参考模版序号。 3. 表格、图片编号请用标准编写。 4. 报送的通信及网络安全技术监督年度总结应有编制、审核、批准人员签字。

（3）通信及网络安全年度技术监督工作计划、反事故措施计划应在每年 1 月 15 日前报监督办公室，同时报上年度计划执行情况。

13.4.2 不定期技术报告管理

对发生电力监控系统网络安全事件，或发生光纤通信网运行故障导致业务中断的情况，发电企业通信及网络安全技术监督专责应在 24h 内报监督办公室，待故障调查结束后 2 日内向监督办公室报送故障分析报告，报告内容应包括事件概述、事件（故障）调查过程、事件（故障）原因分析、问题处理及防范措施。其中事件概述应包括事件（故障）发生时间、涉及设备（光缆）、影响范围等内容。事件（故障）调查过程应包括通信网故障或网络安全事件发生前的运行方式、网络拓扑、设备参数配置、事件（故障）排查过程等内容。事件（故障）原因分析应分析造成此次通信网故障或网络安全事件的主要原因，如网络拓扑因素、设备配置因素、运行方式因素、人为因素、其他因素等，分析此次网络安全事件或通信网故障暴露出的主要问题，包括设备（光缆）本体质量问题、技术问题、管理问题等。问题处理及防范措施应针对此次通信网故障或网络安全事件发生的原因制定整改方案并上报落实情况；针对暴露出的主要问题，提出防范措施，避免类似事件或故障再次发生。

对发生网络安全或光纤通信网告警，或网络边界设备、安防设备、主机设备、通信传输设备、光缆、电源缺陷，通信及网络安全技术监督专责应在 24h 内通报监督办公室，通信及网络安全技术监督月报中应包括告警、缺陷及处理情况。

13.4.3 技术监督定期检查管理

（1）应建立定期检查制度，监督办公室负责定期检查的组织工作，各发电企业配合执行，技术监督检查以自查和互查相结合的方式进行，检查周期以一年为宜，监督检查应依据《通信及网络安全技术监督检查细则》（见附录 12）开展。

（2）技术监督检查应有完整的检查记录或检查报告，对技术监督过程中发现的问题应提出相应的意见或建议，对严重影响安全的隐患或故障应提出预警或告警，并跟踪整改情况。各发电企业对检查发现的问题，应制定整改措施并反馈至监督办公室。

13.4.4 监督信息资料档案管理

建立健全通信及网络安全技术监督资料档案，监督档案中的通信及网络安全相关标准、规程、制度等应及时更新，档案资料应有但不限于以下内容：

（1）通信及网络安全技术监督网相关公文。

（2）通信及网络安全技术监督人员岗位职责。

（3）通信及网络安全技术监督小组活动记录。

（4）网络边界设备、安防设备、主机设备、通信传输设备、电源、光缆、可信 WLAN 设备及相应备品备件台账（含相关配置信息）。

（5）网络边界设备、安防设备、主机设备、通信传输设备、电源、光缆消缺记录。

（6）通信及网络安全常用规程、标准及反措文件。

（7）网络边界设备、安防设备、主机设备、通信传输设备、电源说明书。

（8）工控网络安全事件及通信网故障历次分析报告。

（9）通信电源、光缆空余纤芯测试记录。

（10）相关图纸（含设备接线图纸、网络拓扑图、厂家图纸、设计院竣工图纸等）。

（11）网络及安防设备策略配置定值单及执行情况。

（12）通信及网络安全系统反措计划及执行情况。

（13）通信及网络安全系统现场作业指导书、工作票。

（14）通信及网络安全技术培训活动记录。

（15）监督办公室下发的监督月报。

（16）近期上级部门下发的通信及网络安全相关文件。

13.4.5 监督预（告）警管理

（1）通信及网络安全监督建立技术监督预（告）警制度，监督办公室在技术监督工作中对违反监督制度、存在重大安全隐患的单位，视情节严重程度，由技术监督办公室发出通信及网络安全技术监督预（告）警单（见表 13.3）进行技术监督预（告）警。

表 13.3 通信及网络安全技术监督预（告）警单

预（告）警单编号：

<table>
<tr><td colspan="3">预（告）警项目名称：</td></tr>
<tr><td colspan="2">单位（部门）名称：</td><td>传真或联系方式：</td></tr>
<tr><td colspan="2">拟稿人：</td><td>联系电话：</td></tr>
<tr><td>存在问题</td><td colspan="2"></td></tr>
<tr><td>整改建议</td><td colspan="2"></td></tr>
<tr><td>整改要求</td><td colspan="2"></td></tr>
<tr><td colspan="2">审核：</td><td rowspan="3">签发单位（部门）：
（盖章）
年 月 日</td></tr>
<tr><td colspan="2">复审：</td></tr>
<tr><td colspan="2">签发：</td></tr>
</table>

（2）对于监督办公室签发的通知单，发电企业应认真组织人员研究有关问题，制订整改计划，整改计划中应明确整改措施、责任部门、责任人和完成日期。整改计划应3日内上报监督办公室，参照表13.4填写通信及网络安全技术监督预（告）警回执单。

表 13.4　通信及网络安全技术监督预（告）警回执单

回执单编号：

<table>
<tr><td>单位（部门）名称</td><td colspan="3"></td></tr>
<tr><td>预（告）警项目名称</td><td colspan="3"></td></tr>
<tr><td>预（告）警单编号</td><td></td><td>预（告）警类别</td><td>一级□ 二级□ 三级□</td></tr>
<tr><td>预（告）警提出单位（部门）</td><td></td><td>预（告）警时间</td><td>年　月　日</td></tr>
<tr><td>预警内容</td><td colspan="3"></td></tr>
<tr><td>整改计划</td><td colspan="3"></td></tr>
<tr><td>整改结果</td><td colspan="3">（注：整改支撑材料可另附页）</td></tr>
<tr><td>填写：</td><td colspan="3" rowspan="3">整改单位（部门）：
（盖章）
年　月　日</td></tr>
<tr><td>审核：</td></tr>
<tr><td>签发：</td></tr>
</table>

（3）问题整改完成后，发电企业应将处理情况填入通知单相应栏目，并报送监督办公室备案。对整改完成的问题，发电企业应保存问题整改相关的试验报告、现场图片、影像等技术资料，作为问题整改情况及实施效果评估的依据。

13.4.6　人员及培训管理

电力企业应当加强通信及网络安全从业人员考核和管理，建立与通信及网络安全工作特点相适应的人才培养机制，做好全员网络安全宣传教育，提高网络安全意识。

从业人员应当定期接受相应的政策规范和专业技能培训，留存培训记录，并经培训合格后上岗。

电力企业应当加强内部人员的保密教育、录用离岗等的管理。包括对录用人员身份背景、专业资格和资质进行严格审查，关键岗位录用人员、接触内部敏感信息第三方人员应当签署保密协议；应按时与本单位工作人员签订《网络安全承诺书》，加强关键岗位人员离岗管理，取回各种身份证件、钥匙、徽章等以及机构提供的软硬件设备，承诺履行调离后的保密义务后方可离开。

应落实现场作业人员准入机制，对外来场运维人员和厂家技术支持人员做好备案，记录人员到场时间、个人信息及开展的工作内容等，与外部服务商及人员签署保密协议。

13.5 网络安全

13.5.1 一般要求

（1）发电企业电力监控系统安全防护方案应经调控机构审核，方案实施后应经调控机构验收。

（2）新建、扩建、技改工程中，发电企业通信及网络安全技术监督专责应介入网络边界设备、安防设备、主机设备调试工作，了解装置性能、参数配置和网络架构、运行方式，并对重要调试等环节进行现场监督，设备调试网络安全防护应满足 GB/T 36572 要求。

（3）网络边界设备、安防设备、主机设备安装调试完毕后应按照设计方案要求进行项目验收，确保调试没有漏项，测试数据合格，技术资料完整。

（4）设备投运后，技术资料、备品备件、专用仪器应完整移交。设计单位应在竣工后 3 个月内向生产单位提供 CAD 竣工图纸。

（5）发电企业应建立健全网络边界设备、安防设备、主机设备运行管理规章制度。

（6）根据发电企业网络安全告警信息，开展网络安全告警原因分析、缺陷处置，提出防范措施，形成分析报告，并及时报技术监督办公室。

（7）发电企业建立完善的网络及安防设备策略配置管理制度，策略开放按照白名单、最小化原则，策略变更应留存相关过程资料。

（8）网络安全设备备品、备件管理应满足设备消缺及反措需要。

（9）发电企业应建立完善的资料台账维护机制，定期更新维护网络拓扑图、资产台账等基础信息，确保业务资料台账与现场实际情况一致。

（10）运维、检修工作应使用专用的调试终端及移动存储介质，调试终端严禁接入外网。专用调试终端应做好设备加固管理，关闭不必要的网络服务及端口，消除不必要的软件、用户和程序不良行为。

13.5.2 防护测评

13.5.2.1 防护方案

发电企业电力监控系统安全防护实施方案必须严格遵守国家发展改革委员会2024年第27号令的有关规定，并经过本企业上级专业主管部门、信息安全主管部门以及相应电力调度机构的审核，方案实施完成后应当由上述机构验收。

13.5.2.2 等保测评

发电企业应当在收到国家能源局或其派出机构审核意见后，按照有关规定向公安机关备案并按照要求向国家能源局或其派出机构报告定级备案结果。网络建设完成后，电力企业应当依据国家和行业有关标准或规范要求，定期对网络安全等级保护状况开展网络安全等级保护测评。第二级网络应当每两年进行一次等级保护测评，第三级及以上网络应当每年进行一次等级保护测评。新建的第三级及以上网络应当在通过等级保护测评后投入运行。对自查和等级保护测评中发现的安全风险隐患，制定整改方案，并开展安全建设整改。

13.5.2.3 安全评估

电力监控系统在上线投运之前、升级改造之后必须进行安全评估；已投入运行的系统应该定期进行安全评估，对于电力生产监控系统应该每年进行一次安全评估。评估方案及结果应当及时向上级主管部门汇报、备案。

13.5.3 基础设施安全

13.5.3.1 机房

（1）电力监控系统机房和生产场地应选择在具有防震、防风和防雨等能力的建筑内，应采取有效防水、防潮、防火、防静电、防雷击、防盗窃、防破坏措施；机房场地应避免设在建筑物的高层或地下室，以及用水设备的下层或隔壁（见GB/T 9361）。

（2）生产控制大区机房与管理信息大区机房应独立设置，应配置电子门禁系统及具备存储功能的视频、环境监控系统以加强物理访问控制；应对生产控制大区关键区域或关键设备实施电磁屏蔽。

13.5.3.2 电源

应在机房供电线路上配置稳压器和过电压防护设备，设置冗余或并行的电力电缆线路为计算机系统供电，应建立备用供电系统，提供短期的备用电力供应，至少满足设备在断电情况下的正常运行要求。

13.5.4 体系结构安全

13.5.4.1 安全分区

电力监控系统应划分为生产控制大区和管理信息大区。生产控制大区可以分为控制区（安全区Ⅰ）和非控制区（安全区Ⅱ）；管理信息大区内部在不影响生产控制大区安全的前提下，可以根据各企业不同安全要求划分安全区。生产控制大区的纵向互联应与相同安全区互联，避免跨安全区纵向交叉连接。对于小型发电厂可根据具体情况简化安全区的设置，应按就高不就低的原则对简化后的安全区进行防护，同时避免形成不同安全区的纵向交叉连接。生产控制大区的业务系统在与其终端的纵向连接中使用无线通信网、电力企业其他数据网（非电力调度数据网）或者外部公用数据网的虚拟专用网络方式（VPN）等进行通信的，应设立安全接入区。

13.5.4.2 网络专用

（1）电力监控系统的生产控制大区应在专用通道上使用独立的网络设备组网，采用基于 SDH 不同通道、不同光波长、不同纤芯等方式，在物理层面上实现与其他通信网及外部公用网络的安全隔离。生产控制大区通信网络可进一步划分为逻辑隔离的实时子网和非实时子网，采用 MPLS-VPN 技术、安全隧道技术、PVC 技术、静态路由等构造子网。

（2）生产控制大区数据通信的七层协议均应采用相应安全措施，在物理层应与其他网络实行物理隔离，在链路层应合理划分 VLAN，在网络层应设立安全路由和虚拟专网，在传输层应设置加密隧道，在会话层应采用安全认证，在表示层应有数据加密，在应用层应采用数字证书和安全标签进行身份认证。

（3）调度数据网网络设备安全配置技术监督要点见附录 12《通信及网络安全技术监督检查细则》。

13.5.4.3 横向隔离

（1）在生产控制大区与管理信息大区之间应设置通过国家有关机构安全检测认证的电力专用横向单向安全隔离装置，隔离强度应接近或达到物理隔离，只允许单向数据传输，禁止 HTTP、TELNET 等双向的通用网络安全服务通信；生产控制大区内部的安全区之间应采用具有访问控制功能的设备、防火墙或者相当功能的设施，实现逻辑隔离。

（2）生产控制大区到管理信息大区的数据传输采用正向安全隔离设施，仅允许单向数据传输；管理信息大区到生产控制大区的数据传输采用反向安全隔离设施，仅允许单向数据传输，并采取基于非对称密钥技术的签名验证、内容过滤、有效性检查等安全措施。

（3）安全接入区与生产控制大区中其他部分的连接处应设置通过国家有关机构安全检测认证的电力专用横向单向安全隔离装置。

（4）电力专用横向单向安全隔离装置、防火墙安全配置技术监督要点见《通信及网络安全技术监督细则》1.5.3。

13.5.4.4 纵向认证

（1）纵向加密认证是电力监控系统安全防护体系的纵向防线。采用认证、加密、访问控制等技术措施实现数据的远方安全传输以及纵向边界的安全防护。发电厂生产控制大区与广域网的纵向连接处应当设置经过国家指定部门检测认证的电力专用纵向加密认证装置或者加密认证网关及相应设施，实现双向身份认证、数据加密和访问控制。安全接入区内纵向通信应当采用基于非对称密钥技术的单向认证等安全措施，重要业务可以采用双向认证。

（2）纵向加密认证装置安全配置技术监督要点见《通信及网络安全技术监督细则》1.5.4。

13.5.4.5 入侵检测

（1）生产控制大区可以统一部署一套网络入侵检测系统，合理设置检测规则，及时捕获网络异常行为，分析潜在威胁，进行安全审计，规则库应更新至6个月内最新版本，特征码更新前应进行充分的测试，禁止直接通过互联网在线更新。

（2）入侵检测安全配置技术监督要点见《通信及网络安全技术监督细则》1.5.5。

13.5.5 系统本体安全

13.5.5.1 硬件设备

（1）电力监控系统在设备选型及配置时，应使用国家指定部门检测认证的安全加固的操作系统和数据库，禁止选用经国家相关管理部门检测认定并通报存在漏洞和风险的系统和设备。

（2）生产控制大区和安全Ⅲ区的主机、网络、安防设备应关闭或拆除不必要的光驱、USB、串口、蓝牙等接口。

13.5.5.2 操作系统

（1）电力监控系统在设备选型及配置时，应使用国家指定部门检测认证的安全加固的操作系统和数据库，禁止选用经国家相关管理部门检测认定并通报存在漏洞和风险的系统和设备。

（2）生产控制大区主机操作系统应当进行安全加固。加固方式包括：安全配置、安全补丁、采用专用软件强化操作系统访问控制能力、配置安全的应用程序。关键控制系统软件升级、补丁安装前要请专业技术机构进行安全评估和验证。操作系统安全配置技术监督要点见《通信及网络安全技术监督细则》1.6.2。

13.5.5.3 漏洞缺陷

（1）电力监控系统中的控制软件，在部署前应通过国家有关机构的安全检测认证和代码安全审计，防范恶意软件或恶意代码的植入。重要电力监控系统中的操作系统、数据库、中间件等基础软件应通过国家有关机构的安全检测认证，防范基础软件存在恶意后门。电力监控系统中的计算机和网络设备，以及电力自动化设备、继电保护设备、安全稳定控制设备、智能电子设备（IED）、测控设备等，应通过国家有关机构的安全检测认证，防范设备主板存在恶意芯片。重要电力监控系统中的核心处理器芯片应通过国家有关机构的安全检测认证，防范芯片存在恶意指令或模块。

（2）应建立电力监控系统漏洞档案库，在规定期限内采取漏洞修补或防范措施等方式完成已发现漏洞整改。

13.5.6 监测应急

13.5.6.1 安全监测

（1）发电企业应部署网络安全监测装置或网络安全态势感知采集装置，实现对发电厂涉网监控系统网络安全事件的监视、告警、分析和审计功能。网络安全监测装置安全配置技术监督要点见《通信及网络安全技术监督细则》1.7.1。

（2）涉网设备遵循“应接尽接”原则，将站端可接入设备全部纳入网络安全监测装置监测范围，录入网络安全监测装置资产应准确配置资产信息，主机 agent 白名单、关键文件目录等参数应合理配置。网络安全监测装置应实现基础功能，已部署 agent 的服务器执行插入 U 盘、高危指令等操作，或执行渗透测试操作，监测装置应产生安全告警，并上传至上级平台。

13.5.6.2 应急预案

（1）发电企业应当按照电力行业网络安全事件应急预案，制、修订本单位网络安全事件应急预案，每年至少开展一次应急演练。制、修订电力监控系统专项网络安全事件应急预案并定期组织演练。定期组织开展网络攻防演习，检验安全防护和应急处置能力。

（2）发电企业应当在国家重要活动、会议期间结合实际制定网络安全保障专项工作方案和应急预案，成立保障组织机构，明确目标任务，细化措施要求，组织预案演练，确保重要信息系统、电力监控系统安全稳定运行。

13.6 电力通信

13.6.1 一般要求

（1）发电企业通信系统规划、设计时，应考虑通信传输设备、光缆、电源的技术性能、运行方式和安全可信，征求通信技术监督部门的意见，使系统规划、设计能全面综合地考虑业务承载方式及其可靠性等问题，以保证通信网安全、稳定、合理、经济。

（2）各级通信技术监督部门应按照调度管辖范围参加工程各阶段设计审查。新建、扩建、技改工程的通信系统设计、选型、配置方案应依据 GB 50373、GB 51194、YD 5102、DL/T 5003 等相应的国家标准、行业标准要求，设计部门应听取通信技术监督部门的意见，对于未执行反措的设计项目，运维管理单位有权要求进行更改设计直至满足。

（3）光纤通信网设计方案及设备配置、选型一经确定，设计单位必须严格按设计审查意见进行施工图设计和提供订货清册；设备订货单位必须按设计单位提供订货清册和参数订货，不得擅自更改。

（4）对首次进入系统的通信传输设备、光缆、电源，发电企业通信技术监督专责要会同生产单位一同参加出厂试验和验收工作，了解其结构特点，掌握其技术性能和各种技术特性数据。

（5）安装单位应严格按照 GB/T 16821、DL 5190.4、DL/T 5344 等相应的国家标准、行业标准和相关通信反事故措施要求进行设备安装施工、调试、验收等工作，保证质量并形成完整的技术资料。

（6）新建、扩建、技改工程中，发电企业通信及网络安全技术监督专责应介入通信设备调试工作，了解装置性能、参数配置和网络架构、运行方式，并对重要调试等环节进行现场监督。

（7）通信设备安装调试完毕后应按照设计方案要求进行项目验收，确保调试没有漏项，测试数据合格，技术资料完整。

（8）设备投运后，技术资料、备品备件、专用仪器应完整移交。设计单位应在竣工后 3 个月内向生产单位提供 CAD 竣工图纸。

（9）发电企业应建立健全通信传输设备、光缆、电源运行管理规章制度。

（10）发电企业应建立设备、光缆档案（含图纸资料、运行维护、调试检验、事故缺陷等），并留存电子版资料，电子版资料与实体资料应保持一致。

（11）发电企业应依据 DL/T 516、DL/T 544 等相关规定要求对管辖范围内的通信传输设备、光缆、电源开展运维检修管理，并结合本单位设备、光缆特点制定运行检修管理制度。

（12）根据发电企业光纤通信网故障及告警，开展通信网故障原因分析、缺陷处置，提出防范措施，形成分析报告，并及时报技术监督办公室。

（13）通信传输设备、电源存在的家族性缺陷或重大缺陷，以及发生网络安全事件或设备事件时，应根据其严重程度及影响范围，由技术监督办公室组织进行质量调查（运行单位和制造单位代表参加），调查报告中对有关技术问题提出措施及处理意见。

（14）通信备品、备件管理应满足设备消缺及反措需要。

（15）发电企业应建立完善的资料台账维护机制，定期更新维护网络拓扑图、资产台账等基础信息，确保业务资料台账与现场实际情况一致。应规范开展通信运行维护工作，定期开展光缆空余纤芯测试、蓄电池充放电试验等日常运行维护，并留存测试记录。并网通信设备设施进行检修工作前，应提前向电力通信调度机构申报，并获得许可。

13.6.2 光缆

（1）220kV 及以上电压等级厂站和通信枢纽站应具备两条及以上完全独立的光缆敷设沟道（竖井）。同一方向的多条光缆或同一传输系统不同方向的多条光缆应避免同路由敷设进入通信机房和主控室。

（2）通信光缆或电缆应避免与一次动力电缆同沟（架）布放，并完善防火阻燃和阻火分隔等各项安全措施，绑扎醒目的识别标志；如不具备条件，应采取电缆沟（竖井）内部分隔离等措施进行有效隔离。新建通信站应在设计时与全站电缆沟（架）统一规划，满足以上要求。

（3）跨越高速铁路、高速公路和重要输电通道（“三跨”）的架空输电线路区段光缆不应使用全介质自承式光缆（ADSS），宜选用全铝包钢结构的光纤复合架空地线（OPGW）。

（4）严格按照 OPGW 及其他光缆施工工艺要求进行施工。OPGW 光缆应在进站门型架顶端、最下端固定点（余缆前）和光缆末端分别通过匹配的专用接地线可靠接地，其余部分应与构架绝缘。采用分段绝缘方式架设的输电线路 OPGW 光缆，绝缘段接续塔引下的 OPGW 光缆与构架之间的最小绝缘距离应满足安全运行要求，接地点应与构架可靠连接。

（5）OPGW、ADSS 等光缆在进站门型架处应悬挂醒目光缆标识牌。应防止引入光缆封堵不严或接续盒安装不正确，造成光缆保护管内或接续盒内进水结冰，导致光纤受力引起断纤故障的发生。引入光缆应采用阻燃、防水功能的非金属光缆，并在沟道内全程穿防护子管或使用防火槽盒。引入光缆从门型架至电缆沟地埋部分应全程穿热镀锌钢管，钢管应全程密闭并与站内接地网可靠连接，钢管埋设路径上应设置地埋光缆标识或标牌，钢管地面部分应与构架固定。

（6）直埋光缆（通信电缆）在地面应设置清晰醒目的标识。承载继电保护、安全自动装置业务的专用通信线缆、配线端口等应采用醒目颜色的标识。

（7）应每半年对光缆进行专项检查，重点检查站内及线路光缆的外观、接续盒固定线夹、接续盒密封垫等，并对光缆备用纤芯的衰耗特性进行测试对比。

13.6.3 通信设备

（1）通信设备选型应与现有网络使用的设备类型一致，保持网络完整性。承载 110kV 及以上电压等级输电线路生产控制类业务的光传输设备应支持双电源供电，核心板卡应满足冗余配置要求。

（2）定期开展设备除尘工作。每季度应对通信设备的滤网、防尘罩等进行清洗，做好设备防尘、防虫工作。

（3）调度录音系统应每周进行检查，确保运行可靠、录音效果良好、录音数据准确无误、存储容量充足。调度录音系统服务器应保持时间同步。

（4）通信设备（含电源设备）的防雷和过电压防护能力应满足电力系统通信站防雷和过电压防护相关标准、规定的要求。

13.6.4 通信电源

（1）在配置双套通信直流供电系统（含通信高频开关电源和通信用直流变换电源系统）的厂站，具备双电源接入功能的通信设备应由两套电源独立供电。禁止两套电源负载侧形成并联。

（2）重要厂站应配备两套独立的通信高频开关电源。每套通信高频开关电源应有两路分别取自不同母线的交流输入，并具备相互独立的自动切换功能。通信高频开关电源每个整流模块交流输入侧应加装独立的断路器。

（3）每套通信直流供电系统的整流或变换模块配置总数量不应少于 3 块。通信站蓄电池组供电后备时间不少于 4h，地处偏远的无人值班通信站应大于抢修人员携带必要工器具抵达通信站的时间且不小于 8h。

（4）通信高频开关电源与机房空调不应共用机房交流配电屏。电源监控系统应采用站内通信直流供电系统、UPS 等具备后备时间的供电方式。

（5）通信高频开关电源系统投运前应进行双交流输入切换试验、电源系统告警信号的校核验证。通信蓄电池组投运前应进行全核对性放电试验。通信设备投运前应进行双电源倒换测试。

（6）通信设备应采用独立的断路器或直流熔断器供电，禁止并接使用。各级断路器或熔断器保护范围应逐级配合，下级不应大于其对应的上级断路器或熔断器的额定容量，避免出现越级跳闸，导致故障范围扩大。

（7）通信蓄电池组核对性放电试验周期不得超过两年，运行年限超过四年的蓄电池组，应每年进行一次全核对性放电试验。蓄电池单体浮充电压应严格按照电源运行规程设定，避免造成蓄电池欠充或过充。

（8）通信直流供电系统新增负载时，应及时核算电源及蓄电池组容量，如不满足安全运行要求，应对电源实施改造或调整负载。每年春、秋检期间应对电源系统进行负荷校验、主备切换试验、告警信息验证。

（9）连接两套通信直流供电系统的直流母联断路器应采用手动切换方式。通信直流供电系统正常运行时，禁止闭合直流母联断路器。

13.6.5 业务承载方式

（1）重要厂站调度自动化实时业务信息的传输应具有两路不同路由的通信通道（主/备双通道）。调度厂站应具有两种及以上通信方式的调度电话，满足“双设备、双路由、双电源”的要求，且至少保证有一路单机电话。

（2）同一条 220kV 及以上电压等级线路的两套继电保护通道、同一系统的有主/备关系的两套安全自动装置通道应至少采用两条完全独立的路由；均采用复用通道的，应由两套独立的通信传输设备分别提供，且传输设备均应由两套电源供电，满足“双设备、双路由、双电源”的要求。

（3）用于传输继电保护和安全自动装置业务的通信通道投运前应进行测试验收，其传输时延、误码率、倒换时间等技术指标应满足 GB/T 14285 和 DL/T 364 的要求。传输线路电流差动保护的通信通道应满足收、发路径和时延相同的要求。

13.6.6 机房环境

（1）通信机房应满足密闭防尘和温度、湿度要求，不宜安装窗户，若有窗户应具备遮阳功能，防止阳光直射机柜和设备。

（2）通信站内主要设备及机房动力环境的告警信号应上传至 24h 有人值班的场所。通信电源系统及为通信设备供电的其他电源系统的状态及告警信息应纳入实时监控，满足通信运行要求。

（3）重要厂站的通信机房，应配备不少于两套具备独立控制和来电自启功能的专用机房空调，在空调“*N*-1”情况下机房温度、湿度应满足设备运行要求，且空调电源不应取自同一路交流母线。空调送风口不应处于机柜正上方。

13.6.7 隐患治理

电厂应及时完成调度管辖范围内通信设备缺陷处理及隐患整改。

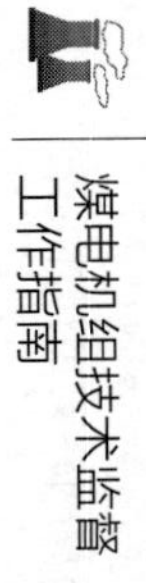

附录 1　绝缘技术监督检查细则

序号	检查项目	标准分	检查方法	评分标准	参考依据
1	**监督管理**	300			
1.1	监督机构与职责	100			
1.1.1	是否成立以总工程师（或生产副总经理）为组长的绝缘监督领导小组，并根据人员变化及时调整完善，有绝缘技术监督组织机构文件	20	查证相关文件、与专责人座谈交流	未成立绝缘监领导小组不得分；监督网不健全或调整不及时扣 10 分；无组织机构文件扣 10 分	《山东省电力行业绝缘技术监督工作规定》（2024 年修订）
1.1.2	各级绝缘监督岗位职责落实情况，是否按责任制要求，工作到位，责任到人	20	查证相关文件、与专责人座谈交流	责任制不落实扣 5 分 / 项	《山东省电力行业绝缘技术监督工作规定》（2024 年修订）
1.1.3	是否按规定定期组织召开本单位绝缘监督例会，并有会议纪要	20	检查会议记录	未召开会议或无会议记录不得分；次数不够或记录不全扣 5 分 / 次	《山东省电力行业绝缘技术监督工作规定》（2024 年修订）
1.1.4	能否按时上报绝缘监督报表、总结，内容是否规范	20	监督报表、总结	不上报的不得分；上报不及时扣 10 分；内容不符合要求扣 3~5 分 / 项	《山东省电力行业绝缘技术监督工作规定》（2024 年修订）
1.1.5	发生重要设备事故和重大设备缺陷能否及时报告	20	设备事故异常记录、事故分析报告	隐瞒不报扣 10 分 / 次；上报不及时扣 3~5 分 / 次	《山东省电力行业绝缘技术监督工作规定》（2024 年修订）
1.2	监督制度与标准	80			
1.2.1	建立本单位的绝缘监督制度，技术措施与实施细则，各级绝缘监督岗位责任制明确，责任制落实，并能根据体制的变化及时修订	20	书面文件	制度不健全扣 5 分	《山东省电力行业绝缘技术监督工作规定》（2024 年修订）
1.2.2	绝缘监督常用相关标准（最新版） GB 50150、GB 50169、DL/T 474、DL/T 596、DL/T 620、DL/T 621、DL/T 664、DL/T 722、DL/T 735、DL/T 1054	30	查看资料	缺少一种扣 5 分	《电力技术监督导则》（DL/T 1051—2019）
1.2.3	应具备的绝缘监督常用制度、文件： （1）发电企业技术监督管理制度； （2）发电企业缺陷管理制度； （3）发电企业技术监督预警、告警制度； （4）发电企业技术监督培训制度	30	查看资料	缺少一种扣 5 分	《山东省电力行业绝缘技术监督工作规定》（2024 年修订）

续表

序号	检查项目	标准分	检查方法	评分标准	参考依据
1.3	监督档案与台账	80			
1.3.1	符合实际情况的电气设备一次系统图、防雷保护与接地网图纸	20	查看资料	每缺一种资料扣 5 分	《山东省电力行业绝缘技术监督工作规定》（2024 年修订）
1.3.2	电气设备台账、监造报告、出厂试验报告、交接试验报告、预防性试验报告、外绝缘台账	40	查看资料	每缺一种资料扣 5 分	《山东省电力行业绝缘技术监督工作规定》（2024 年修订）
1.3.3	设备缺陷统计资料和缺陷处理记录，事故分析报告和采取的措施	20	查看资料	每缺一种资料扣 5 分	《山东省电力行业绝缘技术监督工作规定》（2024 年修订）
1.4	技术培训与交流	40			
1.4.1	有人员技术档案（培训履历、成绩、证书等）	10	检查技术档案	无档案不得分；内容不全酌情扣分	《山东省电力行业绝缘技术监督工作规定》（2024 年修订）
1.4.2	制定培训计划，有培训记录，内容全面	10	书面资料、记录	无计划无记录不得分；记录内容不全面酌情扣分	《山东省电力行业绝缘技术监督工作规定》（2024 年修订）
1.4.3	定期（一般每月一次）开展技术问答，技术交流	10	查记录	酌情扣分	《山东省电力行业绝缘技术监督工作规定》（2024 年修订）
1.4.4	参加上级部门及技术监督执行部门举办的专业培训、技术交流活动情况	10	查记录	酌情扣分	《山东省电力行业绝缘技术监督工作规定》（2024 年修订）
2	**专业技术工作**	700			
2.1	监督指标	200			
2.1.1	不发生由于监督不到位造成的电气设备损坏	50	故障分析报告	因监督不到位造成电气设备损坏不得分	《山东省电力行业绝缘技术监督工作规定》（2024 年修订）
2.1.2	预试完成率大于 96%	50	预试报告	未完成酌情扣分	《山东省电力行业绝缘技术监督工作规定》（2024 年修订）
2.1.3	缺陷消除率大于 92%	50	缺陷记录	未完成酌情扣分	《山东省电力行业绝缘技术监督工作规定》（2024 年修订）
2.1.4	试验仪器检验率为 100%	50	检验报告	一件仪器过期未检扣 5 分	《山东省电力行业绝缘技术监督工作规定》（2024 年修订）

续表

序号	检查项目	标准分	检查方法	评分标准	参考依据
2.2	重点专业工作	500			
2.2.1	发电机	100			
	（1）发电机交接及预防性试验项目齐全，试验数据符合规程要求		试验报告	漏一项扣5分；一项不合格扣5分。	《电力设备预防性试验规程》（DL/T 596—2021）
	（2）发电机定子线棒层间测温元件温度、定子线棒引水管出水温度、铁芯温度无异常		运行参数	一项不合格扣5分	《防止电力生产事故的二十五项重点要求》（国能发安全〔2023〕22号）
	（3）氢冷发电机的氢气湿度、氢纯、漏氢量无异常		运行记录	一项不合格扣5分	《防止电力生产事故的二十五项重点要求》（国能发安全〔2023〕22号）
	（4）发电机出线箱与封闭母线连接处应装设隔氢装置，并在出线箱顶部适当地点设置排气孔。应加装漏氢检测报警装置，当氢气含量达到或超过1%时，应停机查漏消缺		运行记录	不合格扣5分	《防止电力生产事故的二十五项重点要求》（国能发安全〔2023〕22号）
	（5）监测氢冷发电机油系统、主油箱内的氢气体积含量，确保避开含量在4%~75%的可能爆炸范围		运行记录	不合格扣5分	《防止电力生产事故的二十五项重点要求》（国能发安全〔2023〕22号）
	（6）内冷水箱内的含氢量达到2%时加强监视，超过10%立即停机消缺。漏氢量达到 $0.3m^3/d$ 时，在计划停机时安排消缺，大于 $5m^3/d$ 时应立即停机处理		运行记录	不合格扣5分	《防止电力生产事故的二十五项重点要求》（国能发安全〔2023〕22号）
	（7）水冷发电机内冷水的电导率、pH值、压力、流量无异常		运行记录	一项不合格扣5分	《防止电力生产事故的二十五项重点要求》（国能发安全〔2023〕22号）、《大型发电机内冷却水质及系统技术要求》（DL/T 801—2024）
	（8）安装定子内冷水反冲洗系统，定期对定子线棒进行反冲洗		运行记录	不合格扣5分	《防止电力生产事故的二十五项重点要求》（国能发安全〔2023〕22号）

续表

序号	检查项目	标准分	检查方法	评分标准	参考依据
2.2.1	（9）大修时对水内冷定子线棒应分路做流量试验，必要时应做热水流试验		试验报告	不合格扣 5 分	《防止电力生产事故的二十五项重点要求》（国能发安全〔2023〕22 号）
	（10）大修期间按要求对水内冷系统密封性进行试验。当对水压试验结果不确定时，宜用气密试验查漏		试验报告	不合格扣 5 分	《防止电力生产事故的二十五项重点要求》（国能发安全〔2023〕22 号）
	（11）发电机定子绕组端部线圈的磨损、紧固情况无异常，振型为非椭圆		检修记录、试验报告	一处不合格扣 5 分	《防止电力生产事故的二十五项重点要求》（国能发安全〔2023〕22 号）
	（12）发电机定子绕组手包绝缘、防晕层绝缘良好。在大修中开展了发电机定子绕组起晕试验		试验报告	一处不合格扣 5 分	《防止电力生产事故的二十五项重点要求》（国能发安全〔2023〕22 号）
	（13）发电机密封油无渗漏		检修记录	不合格扣 5 分	《防止电力生产事故的二十五项重点要求》（国能发安全〔2023〕22 号）
	（14）发电机转子无匝间短路。在大修中开展了发电机转子 RSO 试验		试验报告	不合格扣 5 分	《防止电力生产事故的二十五项重点要求》（国能发安全〔2023〕22 号）
	（15）大修时应对氢内冷转子进行通风试验		试验报告	不合格扣 5 分	《防止电力生产事故的二十五项重点要求》（国能发安全〔2023〕22 号）、《电力设备预防性试验规程》（DL/T 596—2021）
	（16）发电机转子集电环运行温度正常，碳刷运行正常		运行记录	不合格扣 5 分	《防止电力生产事故的二十五项重点要求》（国能发安全〔2023〕22 号）
	（17）大修时对端部紧固件紧固情况以及定子铁芯边缘硅钢片有无过热、断裂进行检查		检修记录	不合格扣 5 分	《防止电力生产事故的二十五项重点要求》（国能发安全〔2023〕22 号）
	（18）大修时对转子护环进行金属探伤和金相检查，测量护环与铁芯轴向间隙		试验报告、测量记录	不合格扣 5 分	《防止电力生产事故的二十五项重点要求》（国能发安全〔2023〕22 号）

续表

序号	检查项目	标准分	检查方法	评分标准	参考依据
2.2.1	（19）发电机进相能力是否考核过，是否给出整定范围和限制曲线，低励限制是否校核		试验报告、现场查看	不合格扣5分	《同步发电机进相试验导则》（DL/T 1523—2023）、《山东电力系统网源协调管理规定》（2025版）
	（20）严格执行电压控制规定，发电机出口电压和主变压器高压侧电压曲线满足调度要求		运行记录、电压趋势	不合格扣5分	《山东电力系统网源协调管理规定》（2025版）
	（21）发电机反事故措施落实到位		查看记录	一项不合格扣5分	《山东省电力行业绝缘技术监督工作规定》（2024年修订）
2.2.2	变压器	100			
	（1）变压器交接及预防性试验项目齐全，试验数据是否符合规程要求		试验报告	漏一项扣5分；一项不合格扣5分	《电力设备预防性试验规程》（DL/T 596—2021）
	（2）变压器具有短路阻抗和绕组变形试验报告。经受短路冲击电流后，各项试验数据无异常		试验报告	漏一项扣5分	《防止电力生产事故的二十五项重点要求》（国能发安全〔2023〕22号）
	（3）变压器本体和套管绝缘油的色谱数据正常。		试验报告	一项不合格扣5分	《防止电力生产事故的二十五项重点要求》（国能发安全〔2023〕22号）、《电力设备预防性试验规程》（DL/T 596—2021）
	（4）变压器油位、温度、呼吸器正常。变压器无渗漏油		现场检查	一项不合格扣5分	《防止电力生产事故的二十五项重点要求》（国能发安全〔2023〕22号）
	（5）运行10年以上且负载率长期运行在90%以上的变压器进行一次油中糠醛测试		试验报告	不合格扣5分	《防止电力生产事故的二十五项重点要求》（国能发安全〔2023〕22号）
	（6）变压器套管、分接开关油位正常		现场检查	一项不合格扣5分	《防止电力生产事故的二十五项重点要求》（国能发安全〔2023〕22号）
	（7）夏季前后各进行一次红外精确检测		试验报告	不合格扣5分	《防止电力生产事故的二十五项重点要求》（国能发安全〔2023〕22号）

续表

序号	检查项目	标准分	检查方法	评分标准	参考依据
2.2.2	（8）铁芯接地电流不宜大于 100mA，夹件接地线电流不宜大于 300mA		试验报告	不合格扣 5 分	《防止电力生产事故的二十五项重点要求》（国能发安全〔2023〕22 号）
	（9）户外布置的压力释放阀、气体继电器和油流速动继电器有防雨罩		现场检查	不合格扣 5 分	《防止电力生产事故的二十五项重点要求》（国能发安全〔2023〕22 号）
	（10）强油循环的冷却系统必须配备两个相互独立的电源，并具备自动切换装置，定期进行自动切换试验		现场检查	不合格扣 5 分	《国家电网公司十八项电网重大反事故措施》（国家电网设备〔2018〕979 号）
	（11）强油循环结构的潜油泵应逐台启用，延时间隔在 30s 以上		现场检查	不合格扣 5 分	《防止电力生产事故的二十五项重点要求》（国能发安全〔2023〕22 号）
	（12）干式变压器无过热现象		现场检查	一项不合格扣 5 分	《电力变压器》（GB/T 1094.11）
	（13）变压器类设备反事故措施落实到位		查看记录	一项不合格扣 5 分	《山东省电力行业绝缘技术监督工作规定》（2024 年修订）
2.2.3	开关类	80			
	（1）开关类设备交接及预防性试验项目齐全，试验数据符合规程要求		试验报告	漏一项扣 5 分；一项不合格扣 5 分	《电力设备预防性试验规程》（DL/T 596—2021）
	（2）断路器的遮断容量和性能应满足实际安装地点的短路容量要求		设备台账及继电保护提供数据	不符要求扣 5 分	《高压交流断路器》（GB/T 1984—2024）
	（3）SF_6 气体湿度合格，SF_6 气体密度继电器定期检验		试验报告	一项不合格扣 5 分	防止电力生产事故的二十五项重点要求》（《国能发安全〔2023〕22 号）、《电力设备预防性试验规程》（DL/T 596—2021）
	（4）密度继电器与开关设备本体之间的连接方式应满足不拆卸校验密度继电器的要求		现场检查	不合格扣 5 分	《防止电力生产事故的二十五项重点要求》（国能发安全〔2023〕22 号）、《电力设备预防性试验规程》（DL/T 596—2021）
	（5）密度继电器防雨罩能将表、控制电缆接线端子一起放入		现场检查	不合格扣 5 分	《防止电力生产事故的二十五项重点要求》（国能发安全〔2023〕22 号）

续表

序号	检查项目	标准分	检查方法	评分标准	参考依据
2.2.3	（6）开关设备、汇控柜内应有完善的驱潮防潮装置		现场检查	不合格扣 5 分	《防止电力生产事故的二十五项重点要求》（国能发安全〔2023〕22 号）
	（7）室内 GIS 室应有 SF_6 泄漏检测报警、事故排风及氧含量检测系统		现场检查	不合格扣 5 分	《防止电力生产事故的二十五项重点要求》（国能发安全〔2023〕22 号）
	（8）运行中 GIS 和罐式断路器的带电局部放电检测。在大修后应进行局部放电检测，在大负荷前、经受短路电流冲击后必要时应进行局部放电检测		试验报告	不合格扣 5 分	《防止电力生产事故的二十五项重点要求》（国能发安全〔2023〕22 号）
	（9）定期检查断路器分、合闸缓冲器		现场检查	不合格扣 5 分	《高压交流断路器》（GB/T 1984—2024）
	（10）弹簧机构定期进行机械特性试验		试验报告	不合格扣 5 分	《防止电力生产事故的二十五项重点要求》（国能发安全〔2023〕22 号）
	（11）运行中 SF_6 气体泄漏不大于 0.5%/ 年		点检记录	一项不合格扣 5 分	《电力设备预防性试验规程》（DL/T 596—2021）
	（12）检修时应检查户外开关设备绝缘子金属法兰与瓷件的胶装部位防水密封胶完好性，必要时复涂防水密封胶		检修记录	一项不合格扣 5 分	《防止电力生产事故的二十五项重点要求》（国能发安全〔2023〕22 号）
	（13）220kV 及以下电压等级机组并网断路器应采用三相机械联动结构		现场检查	不合格扣 5 分	《防止电力生产事故的二十五项重点要求》（国能发安全〔2023〕22 号）
	（14）同一间隔内的多台隔离开关的电动机电源，在端子箱内分别设立独立的开断设备		现场检查	不合格扣 5 分	《防止电力生产事故的二十五项重点要求》（国能发安全〔2023〕22 号）
	（15）运行 10 年以上的老旧敞开式隔离开关，应加强绝缘子检查，必要时对中间法兰和根部进行无损探伤		试验报告	一项不合格扣 5 分	《防止电力生产事故的二十五项重点要求》（国能发安全〔2023〕22 号）
	（16）重负荷或高温期间，加强隔离开关接头和导电部分的红外测温		试验报告	不合格扣 5 分	《防止电力生产事故的二十五项重点要求》（国能发安全〔2023〕22 号）

续表

序号	检查项目	标准分	检查方法	评分标准	参考依据
2.2.3	（17）开关柜内避雷器、电压互感器应经隔离开关（隔离手车）与母线相连		检查图纸	不合格扣 5 分	《防止电力生产事故的二十五项重点要求》（国能发安全〔2023〕22 号）
	（18）定期开展开关柜超声波局部放电监测、暂态地电压检测		试验报告	不合格扣 5 分	《防止电力生产事故的二十五项重点要求》（国能发安全〔2023〕22 号）
	（19）开展开关柜温度检测		检测记录	不合格扣 5 分	《防止电力生产事故的二十五项重点要求》（国能发安全〔2023〕22 号）
	（20）开关柜防止电气误操作（“五防”）功能完备		现场检查及书面资料	一项不合格扣 5 分	《防止电力生产事故的二十五项重点要求》（国能发安全〔2023〕22 号）
	（21）开关类设备反事故措施落实到位		查看记录	一项不合格扣 5 分	《山东省电力行业绝缘技术监督工作规定》（2024 年修订）
2.2.4	互感器	60			
	（1）互感器交接及预防性试验项目齐全，试验数据符合规程要求		试验报告	漏一项扣 5 分；一项不合格扣 5 分	《电力设备预防性试验规程》（DL/T 596—2021）
	（2）油浸式电流互感器油色谱数据正常		试验报告	一项不合格扣 5 分	《电力设备预防性试验规程》（DL/T 596—2021）
	（3）验算电流互感器所在地的短路电流，超过电流互感器铭牌动热稳定电流时，应及时安排更换		书面资料	一项不合格扣 5 分	《防止电力生产事故的二十五项重点要求》（国能发安全〔2023〕22 号）
	（4）油浸式电流互感器渗漏油应加强油样分析		现场检查	一项不合格扣 5 分	《电力设备预防性试验规程》（DL/T 596—2021）
	（5）应定期开展发电机出口电压互感器空载电流测量，试验周期不超过 3 年；大修时应进行局部放电、感应耐压试验		试验报告	一项不合格扣 5 分	《防止电力生产事故的二十五项重点要求》（国能发安全〔2023〕22 号）
	（6）电流互感器的二次引线端子和末屏引出线端子应有防转动措施		试验报告	不合格扣 5 分	《防止电力生产事故的二十五项重点要求》（国能发安全〔2023〕22 号）

续表

序号	检查项目	标准分	检查方法	评分标准	参考依据
2.2.4	（7）互感器类设备反事故措施落实到位		现场检查	不合格扣5分	《山东省电力行业绝缘技术监督工作规定》（2024年修订）
2.2.5	避雷器及接地	60			
	（1）避雷器及接地网交接及预防性试验项目齐全，试验数据符合规程要求		试验报告	漏一项扣5分；一项不合格扣5分	《电力设备预防性试验规程》（DL/T 596—2021）
	（2）根据地区短路容量的变化，校核接地装置（包括接地引下线）的热稳定容量。		书面资料及现场检查	未进行校核扣10分；有不满足热稳定容量要求情况，发现一项扣5分	《防止电力生产事故的二十五项重点要求》（国能发安全〔2023〕22号）
	（3）变压器中性点及重要设备有双根接地线（且每根均符合热稳定容量要求）		现场检查	一项不合格扣5分	《防止电力生产事故的二十五项重点要求》（国能发安全〔2023〕22号）
	（4）接地网定期（时间间隔不大于5年）进行开挖检查，铜质材料的除外		检查报告	一项不合格扣5分	《防止电力生产事故的二十五项重点要求》（国能发安全〔2023〕22号）
	（5）接地线与电气设备用螺栓连接时应设置防松螺帽或防松垫片		现场检查	不合格扣5分	《防止电力生产事故的二十五项重点要求》（国能发安全〔2023〕22号）
	（6）开展金属氧化物避雷器带电检测，雷雨前后各测一次，包括全电流和阻性电流		试验报告	未开展扣10分；一项不合格扣5分	《防止电力生产事故的二十五项重点要求》（国能发安全〔2023〕22号）
	（7）避雷器在线监测装置显示泄漏电流无异常		现场检查	一项不合格扣5分	《防止电力生产事故的二十五项重点要求》（国能发安全〔2023〕22号）
	（8）避雷器及接地网设备反事故措施落实到位		查看记录	一项不合格扣5分	《防止电力生产事故的二十五项重点要求》（国能发安全〔2023〕22号）
2.2.6	外绝缘	60			
	（1）外绝缘配置符合污区分布图污秽等级要求，不满足是否采取措施		查看资料	一项不合格扣5分	《防止电力生产事故的二十五项重点要求》（国能发安全〔2023〕22号）

续表

序号	检查项目	标准分	检查方法	评分标准	参考依据
2.2.6	（2）定期进行污秽度（盐密、灰密）测试		试验报告	一项不合格扣 5 分	《电力设备预防性试验规程》（DL/T 596—2021）
	（3）根据污秽积累情况定期开展清扫工作		清扫记录	没做到或有空白点扣 5~10 分	《防止电力生产事故的二十五项重点要求》（国能发安全〔2023〕22 号）
	（4）定期开展零值绝缘子检测		试验报告	未开展扣 5 分	《电力设备预防性试验规程》（DL/T 596—2021）
	（5）定期开展 RTV 涂料憎水性试验		试验报告	未开展扣 5 分	《防止电力生产事故的二十五项重点要求》（国能发安全〔2023〕22 号）
2.2.7	其他监督工作	40			
	（1）定期开展红外热成像测温检查。		试验报告	一项不合格扣 5 分	《带电设备红外诊断应用规范》（DL/T 664—2016） 《电力设备预防性试验规程》（DL/T 596—2021）
	（2）高压电缆交接及预防性试验项目齐全，试验数据符合规程要求		试验报告	一项不合格扣 5 分	《电力设备预防性试验规程》（DL/T 596—2021）
	（3）高压电动机交接及预防性试验项目齐全，试验数据符合规程要求		试验报告	一项不合格扣 5 分	《电力设备预防性试验规程》（DL/T 596—2021）
	（4）高压电动机运行中温升、振动、噪声无异常		检查记录	一项不合格扣 5 分	《旋转电机 定额和性能》（GB/T 755—2019）、《电气绝缘结构（EIS）分级》（GB/T 20113—2006）

附录 2　继电保护技术监督检查细则

序号	检查内容	标准分	检查方法	评分标准及办法	参考依据
1	**技术监督体系建设**	100			
1.1	成立厂级技术监督领导小组，企业生产负责人任组长，生产技术部门设立继电保护技术监督专责	25	查阅资料（监督体系建设文件）	检查监督网组成情况，未建立监督网或监督网组成不全，不得分	《山东省电力行业继电保护技术监督工作规定》第十条
1.2	制定本单位各级岗位技术监督责任制	25	查阅资料（监督体系建设文件）	检查职责分工是否明确清晰，不满足要求不得分	《山东省电力行业继电保护技术监督工作规定》第十条
1.3	应定期开展监督网活动	25	查阅资料（监督体系建设文件）	检查是否开展监督网活动，不能提供证明材料不得分	《山东省电力行业继电保护技术监督工作规定》第十条
1.4	继电保护技术监督工作网如有调整，应及时报监督办公室	25	查阅资料（监督体系建设文件）	监督文件中人员组织是否与现有人员对应，不对应不得分	《山东省电力行业继电保护技术监督工作规定》第十二条
2	**日常管理**	100			
2.1	升压站、发电机－变压器组、厂用电系统等设备缺陷异常记录是否完整齐全，缺陷异常分析是否到位	25	查阅资料（设备异常记录及分析处理报告）	无相关资料不得分	《山东省电力行业继电保护技术监督工作规定》第十二条
2.2	及时上报继电保护异常、故障、事故等重大事件，各单位应及时报上级主管部门和监督办公室	25	查阅资料（监督办公室资料）	继电保护异常、故障、事故等重大事件未及时上报不得分	《山东省电力行业继电保护技术监督工作规定》第十二条
2.3	按时上报继电保护统计表和监督月报	25	查阅资料（监督办公室资料）	继电保护统计表和监督月报未按时上报不得分	《山东省电力行业继电保护技术监督工作规定》第四章
2.4	按时上报年终监督总结	25	查阅资料（监督办公室资料）	年终监督总结未按时上报不得分	《山东省电力行业继电保护技术监督工作规定》第四章
3	**设备状况**	100			
3.1	应有继电保护及安全自动装置设备台账（含保护软件版本信息）	25	查阅资料（设备台账）	无设备台账不得分，设备台账未及时更新酌情减分	《山东省电力行业继电保护技术监督工作规定》第十四条
3.2	应有继电保护备品备件台账	25	查阅资料（备品备件台账）	无设备台账不得分，备品备件台账未及时更新酌情减分	《山东省电力行业继电保护技术监督工作规定》第十四条

续表

序号	检查内容	标准分	检查方法	评分标准及办法	参考依据
3.3	继电保护所用仪器、设备应按照相关制度定期进行检测	25	查阅资料（检验报告）	设备未进行定期检验不得分，无检验报告不得分	《山东省电力行业继电保护技术监督工作规定》第十九条
3.4	（1）继电保护按期开展检修； （2）继电保护检修内容齐全，无缺项、漏项； （3）继电保护检修结果记录完整、数据准确、检修资料归档完整	25	查阅资料（检验报告）	未开展检修不得分，检修内容不全、数据不准确、资料未归档酌情减分	《山东省电力行业继电保护技术监督工作规定》第十九条
4	**运行指标**	100			
4.1	发电厂应对每次继电保护动作行为开展评价	25	查阅资料（全息系统、监督总结等）	评价不正确一次及以上不得分	《电力系统继电保护及安全自动装置运行评价规程》（DL/T 623—2010）第 12 章
4.2	二次系统设备、装置及功能应按照相关规定投退，不得随意投入、停用或改变参数设置。属调度机构调度管辖范围的二次系统设备、装置及功能因故需要投入、退出、停用或改变参数设置的应报相应调度机构批准同意后方可进行	25	查阅资料（定值单等）、现场检查	保护控制字、软压板、硬压板投退不正确不得分	《电力二次系统安全管理若干规定》（国能发安全规〔2022〕92 号）第二十四条
4.3	100MW 及以上的发电机 - 变压器组保护，220kV 及以上电压等级的线路、母线等设备的主保护，必须按双重化配置	25	查阅资料（保护台账、定值单等）	主保护未按双重化要求配置不得分	《防止电力生产重大事故的二十五项重点要求》（国能发安全〔2023〕22 号）第 18.1.5、18.1.9 条
4.4	继电保护及自动装置的运行工况应正常，发现缺陷应在月报中详细叙述，紧急缺陷应 24h 内上报，装置及二次回路上不应存在未处理的缺陷	25	现查阅资料	运行装置上存在未处理的缺陷，本项不得分	《山东省电力行业继电保护技术监督工作规定》第十二条
5	**反措落实**	70			
5.1	针对制定的年度反措及定检计划应按时完成	30	查阅资料（反措计划表）	未按照反措计划执行酌情减分	《山东省电力行业继电保护技术监督工作规定》第十九条

续表

序号	检查内容	标准分	检查方法	评分标准及办法	参考依据
5.2	班组应存有上级下发的相关反措文件，检查上级通报文件下达并限期完成的补充反措项目是否按时完成	20	查阅资料	视反措文件存档及执行情况酌情减分	《山东省电力行业继电保护技术监督工作规定》第十条
5.3	针对本厂继电保护设备实际运行情况，每年初编制完成年度反措计划	20	查阅资料	无反措计划不得分	《山东省电力行业继电保护技术监督工作规定》第十一条
6	**隐患排查**	360			
6.1	应有防“三误”，即防“误接线、误碰、误整定”的措施	20	查阅资料（有关文件和运行记录）	本单位无防“三误”措施不得分	《防止电力生产重大事故的二十五项重点要求》（国能发安全〔2023〕22号）第18.1.11条
6.2	现场运行规程齐全、规范，符合实际，具可操作性，相关描述应采用规范术语及调度命名。严格执行上级颁发的技术监督规程、制度、标准和技术规范等要求	20	查阅资料	现场运行规程应齐全、内容规范，并符合实际，具可操作性；相关描述应采用规范术语及调度命名，不满足要求酌情扣分	《山东省电力行业继电保护技术监督工作规定》附录B.3
6.3	（1）继电保护主管部门应有一次系统、厂用系统的运行方式图及方式变化说明； （2）继电保护班组及网控室应备有符合实际、齐全的并网继电保护原理接线图、展开图和端子排图； （3）现场接线变更后，是否同步修改图纸，并履行修改手续	20	查阅资料	查阅图纸、资料应完整、齐全，应与实际设备相符，不满足要求酌情扣分	《防止电力生产重大事故的二十五项重点要求》（国能发安全〔2023〕22号）第18.4.1条
6.4	（1）短路计算书、整定计算书应存档管理，计算结果准确； （2）定值单审批流程准确，存档管理； （3）系统运行方式、设备参数发生变化后，是否按时开展定值校核	20	查阅资料（整定技术书、定值通知单）	未按时开展定值校核不得分	《山东省电力行业继电保护技术监督工作规定》第十九条

续表

序号	检查内容	标准分	检查方法	评分标准及办法	参考依据
6.5	主变压器后备保护跳闸逻辑整改：①出线如果是并联网络线，直接全停；②如果母线解列后，非故障母线能够将其余负荷输送出去，则可以缩小故障范围，跳母联和分段	20	查阅资料（定值单等）	存在未按要求整改情况，酌情扣分	《关于规范发电厂主变压器后备保护跳闸方式的监督意见》（山东电力技术监督办公室 2013JB–01）
6.6	新安装的阀控密封蓄电池组，应进行全核对性放电试验。以后每隔 2 年进行一次核对性放电试验。运行满 4 年以后的蓄电池组，每年做一次核对性放电试验。对容量不合格的蓄电池组应立即更换	20	查阅资料（定值单等）	未按要求开展充、放电试验不得分，蓄电池容量不满足要求不得分	《防止电力生产事故的二十五项重点要求》（国能发安全〔2023〕22 号）第 22.2.6.17 条
6.7	失灵保护按要求投入： （1）3/2 接线、桥接线的断路器失灵保护（按断路器配置），应按 0s 分相重跳本断路器、0.2s 跳相邻断路器（包括远跳）整定，由于时间上无法配合，失灵三跳本断路器及相邻断路器（包括远跳）均整定为 0.2s。 （2）双（单）母线接线的断路器失灵保护，出线或母联（分段）断路器失灵时，断路器失灵跟跳时间整定为 0.15s，跳失灵断路器所连接母线的其他断路器时间均按 0.2s 整定	20	查阅资料（定值单等）	存在未按要求投入情况，酌情扣分	《山东电网继电保护整定方案及运行说明（2024 年版）》第五章 15 条
6.8	充电过电流保护按最新要求整定	20	查阅资料（定值单等）	存在未按要求投入情况，酌情扣分	《山东电力调度控制中心关于开展充电过流保护定值优化调整及现场执行相关要求的通知》（通知〔2024〕552 号）
6.9	采用单相重合闸功能时，两套保护重合闸应按相同方式投入。即在任何情况下，两套装置重合闸方式把手位置、功能连接片、出口压板、控制字等必须一致，两套保护合闸出口连接片均投入相互闭锁重合闸出口连接片退出	20	查阅资料（定值单等）	存在未按要求整定情况，酌情扣分	《山东电力调度控制中心关于优化调整山东电网重合闸投入方式的通知》（通知〔2022〕214 号）

续表

序号	检查内容	标准分	检查方法	评分标准及办法	参考依据
6.10	双重化配置的继电保护装置，两套保护装置的直流电源应取自不同蓄电池组供电的直流母线段，每套保护装置与其相关设备（操作箱、跳闸线圈等）的直流电源均应取自与同一蓄电池组相连的直流母线	20	现场检查	不满足要求不得分	《防止电力生产事故的二十五项重点要求》（国能发安全〔2023〕22号）第18.2.2.2条
6.11	（1）继电保护及相关设备的端子排，宜按照功能进行分区、分段布置，正、负电源之间、跳（合）闸引出线之间以及跳（合）闸引出线与正电源之间、交流电源与直流回路之间等至少采用一个空端子隔开或增加绝缘隔片。 （2）每个接线端子所接线不得超过2根，当有2根接线压在同一个端子上时，要求线径一致	20	现场检查	不满足要求不得分	《防止电力生产事故的二十五项重点要求》（国能发安全〔2023〕22号）第18.1.20条、《电气装置安装工程　盘、柜及二次回路接线施工及验收规范》（GB 50171—2012）第6.0.1条
6.12	200MW及以上容量的发电机定子接地保护宜将基波零序过电压保护与三次谐波电压保护的出口分开，基波零序过电压保护投跳闸	20	现场检查	不满足要求不得分	《防止电力生产事故的二十五项重点要求》第18.2.7条
6.13	未在开关场接地的电压互感器二次回路，宜在电压互感器端子箱处将每组二次回路中性点分别经放电间隙或氧化锌阀片接地，其击穿电压峰值应大于$30I_{max}$ V（I_{max}为电网接地故障时通过变电站的可能最大接地电流有效值，单位为kA），并定期检查	20	现场检查	不满足要求不得分	《防止电力生产事故的二十五项重点要求》（国能发安全〔2023〕22号）第18.6.2.2条
6.14	直流电源系统绝缘监测装置的平衡桥和检测桥的接地端以及微机保护型继电保护装置平柜内的交流供电电源（照明、打印机等）的中性线（零线）不应接入保护专用的等电位接地网	20	现场检查	不满足要求不得分	《防止电力生产事故的二十五项重点要求》（国能发安全〔2023〕22号）第18.6.14.4条

续表

序号	检查内容	标准分	检查方法	评分标准及办法	参考依据
6.15	微机保护装置和保护信息管理系统应经站内时钟系统对时，同一变电站的微机保护装置和保护信息管理系统应采用同一时钟源。运行人员定期巡视时应核对微机保护装置和保护信息管理系统的时钟	20	现场检查	未对时不得分	《继电保护和安全自动装置运行管理规程》（DL/T 587—2016）第 5.16 条
6.16	（1）火电厂控制、保护用直流电源系统，按单台发电机组，应该用 2 台充电、浮充电装置，两组蓄电池组的供电方式。每组蓄电池和充电机应分别接于一段直流母线上。 （2）发电厂直流电源系统馈出网络应采用集中辐射或分层辐射供电方式，严禁采用环状供电方式。 （3）发电机组直流系统对负荷供电，应在供电设备所在段配置分电屏，不应采用直流小母线供电方式。 （4）直流电源系统除蓄电池组出口保护电器外，应使用直流专用断路器。蓄电池组出口回路保护用电器宜采用熔断器，也可采用具有选择性保护的直流断路器	20	现场检查	不满足要求不得分	《防止电力生产事故的二十五项重点要求》（国能发安全〔2023〕22 号）第 22.2.6.5、22.2.6.6、22.2.6.8、22.2.6.12 条
6.17	交流母线分段的，每套站用交流不间断电源装置的交流主输入、交流旁路输入电源应取自不同段的站用交流母线。两套配置的站用交流不间断电源装置交流主输入应取自不同段的站用交流母线，直流输入应取自不同段的直流电源母线	20	现场检查	不满足要求不得分	《防止电力生产事故的二十五项重点要求》（国能发安全〔2023〕22 号）第 22.2.7.7 条
6.18	检查两端直流母线电压，当电压相差不大，即不超过直流电源系统标称电压的 2%，且两组蓄电池型号相同、投运时间和运行环境类似时，其老化速度及特性比较接近，可短时并联。若两段直流母线电压差超过 2%，不建议并联运行	20	现场检查	不满足要求不得分	《电力工程直流电源系统设计技术规程》（DL/T 5044—2014）第 3.5.2 条

续表

序号	检查内容	标准分	检查方法	评分标准及办法	参考依据
7	**涉网安全**	200			
7.1	（1）220kV 及以上并网发电厂应具备连接片在线监视功能； （2）100MW 及以上容量发电机－变压器组应配置专用故障录波器，且录波上送通信通道正常	20	现场检查	不满足要求不得分	《山东电力调度控制中心关于加快 220kV 及以上发电厂、新能源场站等并网主体压板在线监视功能部署的通知》（通知〔2025〕46 号）、《防止电力生产重大事故的二十五项重点要求》（国能发安全〔2023〕22 号）第 18.1.17 条
7.2	发电厂故障录波器应具有统一对时功能，且录波量应能满足运行要求，各通道名称应满足相关要求	20	查阅资料	检查故障录波器录波量是否满足运行要求	《山东电力调度控制中心关于进一步规范变电站及发电厂故障录波器模拟量、开关量典型命名的通知》（通知〔2024〕521 号）
7.3	发电厂应根据相关继电保护整定计算规定、电网运行情况、主设备技术条件、《大型发电机组涉网保护技术规范》（DL/T 1309）中对涉网保护的技术要求，结合定期检验，对所辖设备涉网保护定值进行校核。当电网结构、线路参数和短路电流水平发生变化时，应及时校核涉网保护的配置与整定，避免保护发生不正确动作	20	查阅资料	未开展涉网保护定值校核不得分	《大型发电机组涉网保护技术规范》（DL/T 1309）第 5 章
7.4	主系统保护装置动作后应及时向调度部门上报故障录波图及微机保护动作情况报告	20	查阅资料	存在未及时上报的情况不得分	《继电保护和安全自动装置运行管理规程》（DL/T 587—2016）第 5.8 条
7.5	应制定继电保护运行规程，内容包括但不限于连接片投退、保护投退、定值整定等	20	现场检查	不满足要求酌情扣分	《继电保护和安全自动装置运行管理规程》（DL/T 587—2016）第 5 章
7.6	继电保护所使用的二次电缆应采用屏蔽电缆，屏蔽电缆的屏蔽层应在双端接地	20	现场检查	不满足要求不得分	《防止电力生产事故的二十五项重点要求》（国能发安全〔2023〕22 号）第 18.6.14.5 条

续表

序号	检查内容	标准分	检查方法	评分标准及办法	参考依据
7.7	应采取有效措施减少短路电流、电磁场等对继电保护装置、二次电缆的干扰	20	现场检查	不满足要求不得分	《防止电力生产重大事故的二十五项重点要求》（国能发安全〔2023〕22 号）第 18.6.14 条
7.8	应配置能反应机组功率送出通道异常中断的保护，如功率突降保护、零功率保护，且零功率保护应具备防止电网扰动等原因（如直流闭锁）误动的措施	20	现场检查，查阅资料	不满足要求不得分	《继电保护和安全自动装置技术规程》（GB/T 14285—2023）第 5.2.1.1 条、《并网电源涉网保护技术要求》（GB/T 40586—2021）第 5.12 条
7.9	与线路相关的断路器非全相保护，500kV 的时间整定为 2.0s，220kV 的时间整定为 2.5s，其他的整定为 0.5s。与线路相关的断路器本体非全相保护整定为 3.0s，其他的整定为 1.0s	20	现场检查	不满足要求不得分	《山东电网继电保护整定方案及运行说明（2024 年版）》第五章 16 条
7.10	220kV 及以上断路器必须具备双跳闸线圈机构，两套保护装置的跳闸回路应与断路器的两个跳闸线圈分别一一对应	20	现场检查	不满足要求不得分	《防止电力生产事故的二十五项重点要求》（国能发安全〔2023〕22 号）第 18.2.2.3 条
8	**人员培训**	20			
8.1	组织本单位继电保护专业技术培训，组织开展技术交流、新技术推广与应用	20	查阅资料	根据开展、参加培训情况酌情扣分	《山东省电力行业继电保护技术监督工作规定》第十条
	合计：		总得分：		

附录 3　励磁技术监督检查细则

序号	检查项目	标准分	检查内容	检查扣分说明	参考依据
1	**技术监督体系建设**	100			
1.1	应建立健全总工程师领导的企业内部厂级、专业级、班组级的励磁技术监督三级网络	25	检查监督管理制度文件的网络图及成员	根据本厂机构的实际情况考核，没有监督机构的不得分；监督机构不健全的，视情况扣分	《山东省电力行业励磁技术监督工作规定》（2024 年修订）
1.2	定期开展励磁技术监督网活动，召开本企业励磁技术监督工作会议，检查、落实和协调励磁技术监督工作	25	检查技术监督网活动记录	缺一次技术监督网活动记录扣 5 分，扣完为止	《山东省电力行业励磁技术监督工作规定》（2024 年修订）
1.3	编写本单位的励磁监督年度计划、总结并及时上报主管领导和上级有关部门	25	检查资料	缺一项，扣 15 分；每一件不符合要求，扣 5~10 分	《山东省电力行业励磁技术监督工作规定》（2024 年修订）
1.4	参加山东省励磁技术监督网组织的技术监督会、技术交流等活动	25	检查实际参加情况	不参加一项扣 25 分	《山东省电力行业励磁技术监督工作规定》（2024 年修订）
2	**日常管理**	100			
2.1	按规定格式和时间如实上报其管理公司和技术监督办公室励磁技术监督月报和年度总结	50	检查月报及年度总结	缺一次月报扣 10 分；不符合要求，扣 5 分	《山东省电力行业励磁技术监督工作规定》（2024 年修订）
2.2	励磁系统发生异常、障碍和事故等，应及时上报	50	检查有关资料	发现一次扣 10 分；发生一次严重问题不得分	《山东省电力行业励磁技术监督工作规定》（2024 年修订）

续表

序号	检查项目	标准分	检查内容	检查扣分说明	参考依据
3	**设备状况**	400			
3.1	有励磁系统符合实际的完整图纸；技术资料中是否提供主要设备参数及相关计算说明、励磁系统模型参数及整定值；设备改造、更换应有设计图纸、批准文件和符合要求的技术报告	30	检查试验班组中应有符合实际的完整图纸即正式竣工图纸，包含原理示意图，一、二次系统电气连接图，端子排图及外部设备接口图等。检查应有必备的技术资料，包含发电机、励磁机、励磁变压器、晶闸管整流器、灭磁设施、过电压保护设备和励磁调节器等的使用维护说明书、用户手册及参数整定计算书等；电厂应提供综合后完整的励磁系统模型参数确认报告及相关资料，包括励磁系统主要设备参数表，励磁系统模型和参数应符合所在电网稳定分析的需要；对于新投产或改造后的机组应提供符合所在电网要求的批准文件	有一项不符合要求扣 10 分	《同步电机励磁系统大、中型同步发电机励磁系统技术要求》(GB/T 7409.3—2007)、《同步发电机励磁系统技术条件》(DL/T 843—2021)、《大中型水轮发电机自并励励磁系统及装置运行和检修规程》(DL/T 491—2024)、《山东省电力行业励磁技术监督工作规定》(2024 年修订)
3.2	调节器在正常方式运行时应稳定、可靠；静差率、调节范围应满足要求；通道之间和运行方式之间的切换过程中应无扰动；不应存在长期手动运行的情况；调节器元器件是否出现过热现象	50	检查试验数据、参数设置，并现场观察发电机电压应调整平稳、励磁系统应保证发电机电压静差率、自动电压调节范围和手动励磁调节范围符合相应励磁系统标准要求；通过试验录波图，检查调节器自动 / 手动及通道之间的切换是否平稳；检查运行记录是否存在长期手动现象；检查缺陷或故障记录是否存在调节器元器件过热现象	有一项不符合要求扣 10 分	《同步电机励磁系统大、中型同步发电机励磁系统技术要求》(GB/T 7409.3—2007)、《同步发电机励磁系统技术条件》(DL/T 843—2021)、《山东省电力行业励磁技术监督工作规定》(2024 年修订)
3.3	新投入或大修后的励磁系统应按国家及行业标准做过阶跃、零起升压和灭磁等试验，动态特性应符合标准，动态增益应满足要求	60	查阅试验报告中录波图，空载阶跃试验阶跃量为 5%~10%，超调量、振荡次数、调整时间、电压上升时间符合相应标准的要求；发电机 100% 零起升压时，端电压超调量均不大于 15% 额定值；检查参数设置或录波图，计算励磁系统动态增益应不小于 30 倍；检查发电机灭磁功能正常、可靠	有一项不符合要求扣 10 分	《同步电机励磁系统大、中型同步发电机励磁系统技术要求》(GB/T 7409.3—2007)、《同步发电机励磁系统技术条件》(DL/T 843—2021)、《山东省电力行业励磁技术监督工作规定》(2024 年修订)

续表

序号	检查项目	标准分	检查内容	检查扣分说明	参考依据
3.4	调节器中的TV断线、定子过流限制、V/Hz限制、过励限制、低励限制、调差系数、PSS等功能单元的特性和定值应满足要求。PSS装置应按调度指令投入运行，退出时应上报所在电网调度机构备案；相关参数发生改变时及时进行PSS调整，书面上报调整数据并再次确认	80	查阅整定单、试验报告、检修记录等；定子过流及过励限制应与发电机定子和转子过电流保护相匹配，强励时定子过电流限制不应动作；V/Hz限制应与机组过励磁保护协调一致；低励限制按照调度整定单完成整定试验，且与失磁保护匹配；无功电流补偿或称调差范围应不小于 ±15%，按照调度要求完成整定试验；PSS性能应满足电网要求	有一项不符合要求扣10分	《同步电机励磁系统大、中型同步发电机励磁系统技术要求》（GB/T 7409.3—2007）、《同步发电机励磁系统技术条件》（DL/T 843—2021）、《山东省电力行业励磁技术监督工作规定》（2024年修订）
3.5	励磁系统的强励能力（强励电流倍数、强励电压倍数、强励持续时间等）应满足国家标准和行业标准的要求	30	查阅发电机和励磁系统技术协议，查阅励磁系统模型参数，检查最小控制角、动态增益、励磁变压器二次电压、强励限制设定值，查阅试验报告和录波图	有一项不符合要求扣10分	《同步电机励磁系统大、中型同步发电机励磁系统技术要求》（GB/T 7409.3—2007）、《同步发电机励磁系统技术条件》（DL/T 843—2021）、《山东省电力行业励磁技术监督工作规定》（2024年修订）
3.6	励磁系统的所有保护（包括转子接地、励磁变压器过流等）应按设计及定值要求正确投入；二次回路、监视回路、信号回路正确、完整、可靠	60	检查运行设备，查阅试验报告及运行记录；转子接地保护应工作正常；励磁变压器过流保护的动作电流应能躲过可能的最大负荷电流，且不应限制机组强励功能；监视、操作等二次回路应正确、完整、可靠；故障录波器中信号应齐全	有一项不符合要求扣10分	《同步电机励磁系统大、中型同步发电机励磁系统技术要求》（GB/T 7409.3—2007）、《继电保护和安全自动装置技术规程》（GB/T 14285—2023）、《大型发电机变压器继电保护整定计算导则》（DL/T 684—2021）、《同步发电机励磁系统技术条件》（DL/T 843—2021）
3.7	交流励磁机励磁系统中副励磁机（或励磁变压器）和主励磁机或自并励静止励磁系统中励磁变压器应满足运行要求，并安全、可靠。励磁变压器温度报警和跳闸功能应正常，应有降温措施	20	检查励磁变压器计算书和试验记录；当发电机强励时副励磁机端电压变化应不超过10%~15%额定值；交流励磁机励磁系统中当采用机端变压器作为励磁电源时主变压器高压侧三相短路时应不失磁（检查励磁变压器参数；检查试验记录，当同步电压小于10%额定电压时移相电路正常工作或发连续脉冲）；交流励磁机机端三相短路或不对称短路时不应损坏；励磁变压器试验应满足相关规程要求	有一项不符合要求扣10分	《同步发电机励磁系统技术条件》（DL/T 843—2021）、《大中型水轮发电机静止整流励磁系统试验规程》（DL/T 489—2018）

续表

序号	检查项目	标准分	检查内容	检查扣分说明	参考依据
3.8	灭磁设备、转子过电压、整流设备交 / 直流保护、转子滑环等无异常、过热等现象；检修时应按规程要求进行检查；灭磁装置能在各种工况下正常工作	30	检查灭磁计算书和技术资料。转子过电压保护动作值应高于强励后灭磁电压值、低于出厂试验峰值的 70%；应采用逆变和开关两种灭磁方式；灭磁开关在额定工作电压的 80% 时应可靠合闸，在 30%~65% 之间应能可靠分闸	有一项不符合要求扣 10 分	《同步发电机励磁系统技术条件》（DL/T 843—2021）
3.9	功率整流柜应具有冗余或足够的备用，均流应满足标准要求；不应发生异常、过热、报警等现象	20	查阅整流柜计算书和资料，运行、试验记录和现场检查。功率整流装置的均流系数在励磁电流不低于 80% 负载额定时不应小于 0.9，在励磁电流为额定空载时不应小于 0.85；风冷功率整流装置风机的电源应为双电源，工作电源故障时，备用电源应能自动投入	有一项不符合要求扣 10 分	《同步发电机励磁系统技术条件》（DL/T 843—2021）
3.10	励磁系统环境满足要求	20	满足标准 GB/T 7409.3 第 4 条的要求。	有一项不符合要求扣 10 分	《同步电机励磁系统　大、中型同步发电机励磁系统技术要求》（GB/T 7409.3—2007）
4	**运行指标**	50			
4.1	设备完好率、自动方式运行率、PSS 投入率、限制保护功能投入率	50	检查实际投运情况	有一项不符合要求扣 10 分	《山东省电力行业励磁技术监督工作规定》（2024 年修订）
5	**反措落实**	50			
5.1	反措逐项排查表、反措落实年度计划表、反措落实长期规划表、反措实际落实情况表或与上述表内容相似的文件	50	检查资料况	有一项不符合要求扣 10 分	《防止电力生产事故的二十五项重点要求》（国能发安全〔2023〕22 号）
6	**隐患排查**	50			
6.1	结合机组检修进行热控设备综合或专项隐患排查治理，并制定相应整改措施和计划	50	检查资料	有一项不符合要求扣 10 分	《山东省电力行业励磁技术监督工作规定》（2024 年修订）

续表

序号	检查项目	标准分	检查内容	检查扣分说明	参考依据
7	**人员培训**	50			
7.1	制定年度人员培训计划并实施	50	检查资料	缺培训计划扣20；缺培训记录扣10分	《山东省电力行业励磁技术监督工作规定》（2024年修订）
8	**涉网安全**	200			
8.1	励磁系统参数测试及建模工作	60	查阅试验报告	有一项不符合要求扣10分	《防止电力生产事故的二十五项重点要求》（国能发安全〔2023〕22号）
8.2	PSS试验报告（含高背压、深调）	60	查阅试验报告	有一项不符合要求扣10分	《防止电力生产事故的二十五项重点要求》（国能发安全〔2023〕22号）
8.3	过励限制功能检验及整定	20	查阅试验报告	有一项不符合要求扣10分	《防止电力生产事故的二十五项重点要求》（国能发安全〔2023〕22号）
8.4	低励限制功能检验及整定	20	查阅试验报告	有一项不符合要求扣10分	《防止电力生产事故的二十五项重点要求》（国能发安全〔2023〕22号）
8.5	调差功能试验及参数整定	20	查阅试验报告	有一项不符合要求扣10分	《同步发电机励磁系统技术条件》（DL/T 843—2021）
8.6	励磁系统性能复核试验	20	查阅试验报告	有一项不符合要求扣10分	《防止电力生产事故的二十五项重点要求》（国能发安全〔2023〕22号）
	合计	1000	总得分：		

附录 4　电测技术监督检查细则

序号	检查内容	基本分	检查方法	参考依据
1	**技术监督体系建设**	100		
1.1	监督网机构健全	10	建立厂（局）级监督网并有文件 25 分，制定本单位监督工作实施细则 25 分	《山东省电力行业电测技术监督工作规定》
1.2	监督网人员配备	10	文件明确监督专责工程师	《山东省电力行业电测技术监督工作规定》
1.3	监督设备	20	监督设备配置完整，符合相应规程要求	《山东省电力行业电测技术监督工作规定》
1.4	监督报表与总结	20	定期上报全年、半年、季度报表与总结	《山东省电力行业电测技术监督工作规定》
1.5	文件与资料	20	监督工作规定，监督会议纪要，有关计量监督文件：法规、法令、规定、规程等保存齐全，缺 1 份扣 2 分	《山东省电力行业电测技术监督工作规定》
1.6	专责人应保存的资料	10	上级监督工作规定，有关电能计量、遥测变送器、计量标准等方面的规程与要求	《山东省电力行业电测技术监督工作规定》
1.7	工作人员应保存的资料	10	相应的最新检验规程	《山东省电力行业电测技术监督工作规定》
2	**日常管理**	200		
2.1	检验计划	20	（1）每年应制定详细的检验计划 10 分。 （2）定期检查计划的执行情况并制定奖罚措施 10 分	《山东省电力行业电测技术监督工作规定》
2.2	档案管理	30	电测计量器具及装置必须具备完整的符合实际情况的技术档案、图纸资料和仪器仪表设备台账、关口变送器台账、计量标准台账，并建立健全计量器具及装置的计算机电子档案，配合计量器具的相关标准 20 分。缺少一项台账扣 10 分	《电测技术监督规程》（DL/T 1199—2013）
2.3	人员管理	30	从事电测计量检定工作的人员在取得授权机构颁发的资质证书后方可开展检定工作，且从事检定的项目及内容应与人员证书上标注的内容一致。计量检定人员脱离检定工作岗位一年以上者，必须经复核考试通过后，才可恢复其从事检定工作资格。从事电测现场检测的人员应具有相应的资质证书。不符合一项扣 10 分	《电测技术监督规程》（DL/T 1199—2013）

续表

序号	检查内容	基本分	检查方法	参考依据
2.4	实验室管理	30	电测仪表标准实验室符合下列要求： （1）实验室的环境温度、相对湿度应符合国家、行业相关标准的要求，并应设立与外界隔离的保温防尘缓冲间，温度和相对湿度记录应妥善保存。 （2）实验室应有防尘、防火措施，新风补充量和保护接地网应符合要求，室内应光线充足、噪声低、空气流速缓慢、无外电磁场和振动源、布局整齐并保持清洁。 （3）试验与动力照明电源应分路设置，电源容量按实际所需容量的 3 倍设计，室内接地电阻不大于 1Ω。 （4）实验室应配备足够数量的专用工作服及鞋帽，并配备防寒服。检定人员进入标准实验室工作，须穿戴专用工作服及鞋帽。专用工作服及鞋帽不得在标准实验室以外使用。 （5）单间面积最小不得小于 $30m^2$，面积可按如下公式计算： $S=(5-7)\sum S_b$ 式中：S_b 为标准装置、主设备、辅助设备以及检修调试所需占用面积的总和。 不符合一项扣 10 分	《电测技术监督规程》（DL/T 1199—2013）
2.5	报表管理	30	（1）每月初 10 日前，各发、供电企业监督专责工程师应向监督办公室报送上月“电测技术监督月报”，格式符合要求。 （2）发供电企业应编写本企业年度监督工作总结、下一年的工作计划，并于每年 1 月 10 日前报送监督办公室，格式符合要求。 不符合一项扣 10 分	《电测技术监督规程》（DL/T 1199—2013）
2.6	电测仪表管理	30	（1）应制订计量器具周期检定计划，并按照有效的检定系统框图开展量值溯源和传递工作。 （2）电力设计、施工、调试、制造、试验检修等单位的新建和在用的电测计量标准装置，须经计量标准考核合格，具有有效期内的周期检定证书，方可投入使用，且检定的项目及内容应与装置证书上标注的内容一致。现场使用的电测计量装置应按相关标准进行定期检定 / 校准。 （3）用于量值传递的电测计量标准器和工作用的电测计量器具均应按相关标准进行定期检定 / 校准（含现场检验）。工作用的电测计量器具（包括关口变送器和交流采样装置等）应按各自规程、规范进行自检验，不能自检应按期向具备资质的检测机构申请第三方检验。 （4）凡检定校准后无证书或超过检定周期而尚未检定 / 校准的电测计量标准器和电测计量器具不得使用。 （5）所有检定校准（含现场检验）的计量器具都需有原始记录，并按规定妥善保存。 （6）现场检验可依据相关标准进行部分项目的检验，但现场检验不能代替实验室的检定。	《电测技术监督规程》（DL/T 1199—2013）

续表

序号	检查内容	基本分	检查方法	参考依据
2.6	电测仪表管理	30	（7）检定合格的计量器具应有封印或粘贴合格证，未授权人员不得擅自拆封。计量器具的验收检定一般不得开封调整。 （8）长期搁置不用或封存的计量器具，由使用部门事先提出，经上级监督机构同意可不列入周检计划。这类计量器具应标明封存标志，当需要使用时，须对其重新检定校准合格后，方可使用。 （9）对长期不用、封存或淘汰的计量标准装置，须以书面形式报原发证机关备案。 （10）计量器具经检修调试后，确定达不到原来等级要求时，应给予降级、限用处理，降级、限用的计量器具应有明显标志。 （11）计量器具应指定专人保管，放置在清洁干燥的环境中，建立日常清洁维护制度，定期进行清洁，发现缺陷应及时送修。 （12）电测计量标准器和电测计量器具在送检或运输途中应有防振、防潮、防尘措施，防止损坏。作为传递用的标准计量器具不得挪作他用。 不符合一项扣 5 分	《电测技术监督规程》（DL/T 1199—2013）
2.7	电测仪表标准装置管理	30	（1）计量标准装置的使用必须具备下列要求： 1）计量检定合格，并具有有效的合格证书； 2）具有符合规定所需的环境条件； 3）具有符合等级的、有效的检定员证的人员； 4）具有完善的规章制度。 （2）计量标准器具在送检前后应进行比对，建立数据档案，考核其年稳定性。 不符合一项扣 10 分	《电测技术监督规程》（DL/T 1199—2013）
3	**设备状况**	**200**		
3.1	电测量指示仪表	40	（1）电测量指示仪表是指发电厂和变电站用于监视电压、电流、有功功率、无功功率、相位、频率等电测量的 1.0 级及以下的指示仪表，以及计量用 0.1、0.2、0.5 级电测指示仪表。 （2）指针式测量仪表的测量范围，宜使电力设备额定值指示在仪表标尺的 2/3 左右。对于有可能过负荷运行的电力设备和回路，测量仪表宜选用过负荷仪表。 （3）0.5 级及以上的电测量指示仪表应一年检定校准一次。主要设备、线路的测量用盘表应一年检定一次，其他设备盘表应两年检定 / 校准一次，控制盘和配电盘仪表的定期检定应与该仪表所连接主要设备的大修周期一致。 （4）检定 / 校准合格的电测量指示仪表除盘表外均应出具检定合格证书，对 0.1 级、0.2 级计量用电测量仪表在其检定证书上还应标明各点误差的修正值。对 0.5 级仪表除提出需要误差修正值外，一般出具检验合格证。对每只电测量仪表均应配有检验记录卡或做好记录。 不符合一项扣 10 分	《电测技术监督规程》（DL/T 1199—2013）

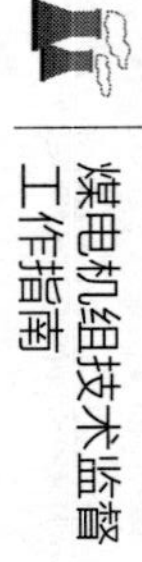

续表

序号	检查内容	基本分	检查方法	参考依据
3.2	直流仪表	40	（1）直流仪器主要包括直流单双电桥、直流电位差计、直流电阻箱、直流分压器、电子式直流电压标准器具、标准电池、标准电阻等。直流仪器一般不作为在线的计量器具使用。 （2）直流仪器按使用条件可分为实验室型和携带型，实验室型在实验室条件下作为精密测量用，携带型在生产现场做一般测量用。 （3）携带型直流电位差计应符合 GB/T 3927 的要求，直流电桥应符合 GB/T 3930 的要求，直流电阻箱应符合 GB/T 3928 的要求。 （4）所有实验室型和携带型直流仪器都应进行周期检定，检定周期为一年。 （5）直流电桥周期检定的项目一般应包括外观及线路检查、绝缘电阻测量、内附指零仪试验和基本误差测定。 （6）直流电位差计周期检定的项目一般应包括外观及线路检查、绝缘电阻测量、内附指零仪试验、工作电流调节电阻检查、工作电流变化试验和基本误差测定。 （7）直流电阻箱周期检定的项目一般应包括外观及线路检查、绝缘电阻测量、残余电阻工作电流调节电阻检查、工作电流变化试验和基本误差测定。 不符合一项扣 10 分	《电测技术监督规程》（DL/T 1199—2013）
3.3	数字仪表	40	（1）数字仪表主要包括数字多用表、标准电压 / 电流源、数字频率计等。 （2）数字多用表一般分为两类，即 4 位半及以下数字多用表、5 位半及以上数字多用表。4 位半及以下数字多用表作为工具表使用，5 位半及以上数字多用表一般作为标准表使用。 （3）所有作为标准表使用的数字仪表都应进行周期检定，检定周期为一年，其检定证书应给出检定数据。作为工具表使用的低等级数字多用表的检定周期可延长至三年，可以不要求有检定数据，但应有合格证书。 （4）作为标准表使用的数字仪表可根据 DL/T 980 的要求进行定级。 不符合一项扣 10 分	《电测技术监督规程》（DL/T 1199—2013）
3.4	电测量变送器	40	（1）电测量变送器一般包括有功功率、无功功率、电流、电压、频率、功率因数和相位角等变送器。 （2）用于电力系统的电测量变送器应符合 GB/T 13850 的要求，还必须取得通过产品定型鉴定的合格证。 （3）所有电测量变送器在安装使用前都应进行检定。变送器的实验室检定按照 JJG 126 交流电量变换为直流电量电工测量变送器检定规程的要求进行。	《电测技术监督规程》（DL/T 1199—2013）

续表

序号	检查内容	基本分	检查方法	参考依据
3.4	电测量变送器	40	（4）投入运行的变送器应明确专人负责维护。 （5）对运行中变送器的核对应包括以下内容： 1）定期巡视、检查和核对遥测值，每半年至少一次，并应有记录； 2）变送器的核对可参考相应固定式的计量表计； 3）在确认变送器故障或异常后，应及时申请退出运行并送归口检定机构检定。 （6）变送器是否超差应以实验室参比条件下进行检定的数据为准。 （7）修理后的变送器在重新安装前应在实验室内进行检定。 （8）使用中的变送器定期检验应与所连接的主设备计划性检修日期同步。一类测点（省际联络线、发电机端及母线电压考核点）的变送器应每年检验一次，二类测点（供电公司间的关口）的变送器应每两年检验一次，三类测点的变送器两至三年检验一次。 不符合一项扣 10 分	《电测技术监督规程》（DL/T 1199—2013）
3.5	交流采样测量装置	40	（1）交流采样测量装置是将电流、电压、有功功率、无功功率、频率、相位角和功率因数等工频交流电量经数据采集、转换、计算转变为数字信号传送至本地或远端显示器的测量装置。 （2）运行中的交流采样测量装置应有专人负责。 （3）各级交流采样测量装置的监督机构和专业人员必须认真执行有关各项规程。必须具备完整的符合实际情况的原理图、出厂图纸、说明书、出厂检验记录、安装接线图、外部回路接线图及其他技术档案和图纸资料，应做到图纸、设备相互一致。 （4）应认真记录交流采样测量装置的历史检验、维护保养情况，元器件、零部件更换情况。 （5）安装的交流采样测量装置及修理后的交流采样测量装置应在投入运行前进行虚负荷的检验。 （6）凡检验合格的交流采样测量装置应有标识，并不得任意修改或更换标识。 （7）对因故障而退出运行的交流采样测量装置，应分析故障原因，并提出整改措施。 （8）运行中的交流采样测量装置应进行下列核对工作： 1）定期巡视、检查和核对遥测值，每半年至少一次，并应有记录； 2）在确认交流采样测量装置故障或异常后，应及时申请退出运行并由归口检定机构进行离线检验。 （9）需向主站传送检测数据的交流采样测量装置的检验周期原则上为一年，用于一般监视测量且不向主站传送数据的交流采样测量装置的检验周期原则上为三年。对使用中的交流采样测量装置，定期检验应与所连接主设备的计划性检修同步进行。 不符合一项扣 10 分	《电测技术监督规程》（DL/T 1199—2013）
4	运行指标	200		

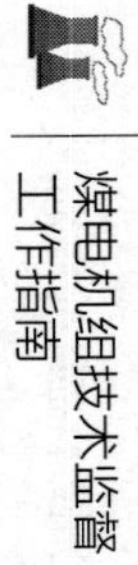

续表

序号	检查内容	基本分	检查方法	参考依据
4.1	电测技术监督考核的主要指标	100	各种电测仪表的检验率为100%，调前合格率不低于98%，实验室标准设备完好率应为100%，Ⅰ、Ⅱ类电能表修调前的检验合格率为100%。缺1份扣20分	《电测技术监督规程》（DL/T 1199—2013）
5	**隐患排查**	**200**		
5.1	电测仪表	100	（1）线路布局合理，无私拉乱接线现象。 （2）电测仪表量程适当，显示正常。 不符合一项扣10分	《山东省电力行业电测技术监督工作规定》
5.2	外观检查	100	检查电测仪表及辅助设备、温度控制设备外观，是否有黑屏、流屏，报警灯是否常亮。不符合一项扣10分	《山东省电力行业电测技术监督工作规定》
6	**人员培训**	**100**		
6.1	人员培训计划及记录	100	（1）参加上级部门及技术监督执行部门举办的专业培训、技术交流活动及本地区技术监督年度工作会议等。 （2）组织本单位计量人员积极展开注册计量师相关培训及积极参加技术监督服务单位举办的专业培训、技术交流及技术监督工作会议等。 不符合一项扣10分	《山东省电力行业电测技术监督工作规定》

附录 5　金属技术监督检查细则

序号	检查项目	标准分	检查内容	检查扣分说明	参考依据
1	**技术监督体系建设**	100			
1.1	应建立健全总工程师领导的企业厂级、车间级、班组级的金属技术监督三级网络	45	检查监督管理制度文件网络图及成员配置情况	未建立三级监督体系不得分；缺一级扣 10 分；监督网成员变动没有更新一次扣 5 分	《山东省电力行业金属技术监督工作规定》、《火力发电厂金属技术监督规程》（DL/T 438—2023）
1.2	定期开展金属技术监督网活动，召开本企业金属技术监督工作会议，检查、落实和协调金属技术监督工作	15	检查技术监督网活动记录是否齐全	未定期开展金属技术监督网活动扣 10 分；未召开本企业金属技术监督工作会议扣 5 分	《山东省电力行业金属技术监督工作规定》、《火力发电厂金属技术监督规程》（DL/T 438—2023）
1.3	制定本单位的金属技术监督规章制度和实施细则	20	检查资料是否齐全	无金属技术监督规章制度扣 20 分；有规章制度但无实施细则扣 10 分	《山东省电力行业金属技术监督工作规定》、《火力发电厂金属技术监督规程》（DL/T 438—2023）
1.4	参加山东省金属技术监督会、金属技术监督检查等活动	20	检查实际参加情况	不参加山东省金属技术监督会扣 10 分；不参加或不配合金属技术监督检查扣 10 分	《山东省电力行业金属技术监督工作规定》、《火力发电厂金属技术监督规程》（DL/T 438—2023）
2	**日常管理**	330			
2.1	金属技术监督档案				
2.1.1	技术标准配置： 工作必需的最新技术标准和规程，主要检查：GB/T 713、GB/T 5310、DL/T 438、DL/T 612、DL/T 647、DL/T 869、TSG 11、TSG 21、TSG D0001 等	30	检查配置和更新情况	每缺少一项工作必需的重要技术标准和技术规程扣 2 分	《山东省电力行业金属技术监督工作规定》、《火力发电厂金属技术监督规程》（DL/T 438—2023）
2.1.2	设备原始资料档案： （1）受监金属部件制造技术资料：包括部件的质量证明书，通常应包括部件材料牌号、化学成分、热加工工艺、力学性能、结构几何尺寸、强度计算书等。 （2）受监金属部件的监造、安装前检验技术报告等技术资料。 （3）安装、监理单位移交的有关技术报告和资料	30	检查档案内容是否符合要求	对于设备原始资料档案缺项，每缺少一项扣 2 分	《山东省电力行业金属技术监督工作规定》、《火力发电厂金属技术监督规程》（DL/T 438—2023）

续表

序号	检查项目	标准分	检查内容	检查扣分说明	参考依据
2.1.3	设备检修、检验技术档案： 按机组分别建立档案，应包括部件的运行参数（压力、温度、转速等）、累计运行小时数、维修与更换记录、事故记录和事故分析报告、历次检修的检验记录或报告等。 （1）锅炉、压力容器、压力管道检验监督档案； （2）汽轮机、发电机各主要部件检验监督档案	30	检查档案内容是否符合要求	对于运行和检修检验技术档案缺项，每缺少一项扣2分	《山东省电力行业金属技术监督工作规定》、《火力发电厂金属技术监督规程》（DL/T 438—2023）
2.1.4	技术监督管理档案： （1）金属技术监督规程、导则； （2）金属技术监督网的组织机构和职责条例； （3）金属技术监督工作计划、总结等档案； （4）无损、理化、焊接、热处理等持证技术人员档案； （5）检测委托单及检测报告； （6）下发监督预警单及整改落实材料	30	检查档案内容是否符合要求	对于技术监督管理档案缺项，每缺少一项扣2分	《山东省电力行业金属技术监督工作规定》、《火力发电厂金属技术监督规程》（DL/T 438—2023）
2.2	试验检测仪器管理： （1）仪器存放环境； （2）仪器计量检定 / 校验报告； （3）仪器使用管理制度	15	现场检查，检查报告记录	仪器存放环境、仪器计量检定、仪器管理，每项不合格扣5分	《山东省电力行业金属技术监督工作规定》
2.3	金属技术监督报表： （1）金属监督月报； （2）金属监督年度总结； （3）技术监督办公室需要报送金属技术监督所需的其他各项总结以及相关技术资料报表	45	检查报告记录	监督月报，少报1次扣2分，不报送年度总结扣10分；未报送技术监督办公室需要的报表或技术资料，每次扣3分	《山东省电力行业金属技术监督工作规定》、《火力发电厂金属技术监督规程》（DL/T 438—2023）
2.4	金属专业工作				
2.4.1	金属监督指标完成情况	20	检查报告记录	未完成金属监督指标的，每个未完成项扣2分	《山东省电力行业金属技术监督工作规定》

续表

序号	检查项目	标准分	检查内容	检查扣分说明	参考依据
2.4.2	金属技术监督计划： （1）监督项目的制订符合标准要求，审批流程符合要求； （2）监督项目的实施	20	检查监督计划、检验检测报告及记录	监督项目的制订不符合要求扣 10 分；未项目监督实施扣 10 分	《山东省电力行业金属技术监督工作规定》、《火力发电厂金属技术监督规程》（DL/T 438—2023）
2.4.3	受监材料监督管理： （1）入厂验收、存放和领用监督管理的档案； （2）材料存放条件是否满足 DL/T 438 规定	20	检查检验检测报告及记录	受监材料监督管理的档案不合格扣 10 分，材料存放条件不满足相关要求扣 20 分	《山东省电力行业金属技术监督工作规定》、《火力发电厂金属技术监督规程》（DL/T 438—2023）
2.4.4	焊接质量监督： （1）焊接人员管理； （2）焊接材料和设备管理； （3）焊接工艺及技术措施； （4）焊接质量过程监督及检验检测报告	40	检查检验检测报告及记录	焊接人员管理不力扣 10 分；焊接材料管理不力扣 10 分；焊接工艺及技术措施不符合要求扣 10 分；过程监督及检验报告不符合要求扣 10 分	《山东省电力行业金属技术监督工作规定》、《火力发电厂金属技术监督规程》（DL/T 438—2023）
2.4.5	外委工程相关技术资料： （1）资质审查文件； （2）设备仪器仪表； （3）技术方案、过程实施文件； （4）外委工作中属受监部件和设备的焊接； （5）检验检测报告	30	检查资质文件、技术方案、检验检测报告等技术资料	对于重要的资质文件、技术方案、实施档案、检验检测报告、焊接管理及技术资料等，每缺少一项扣 3 分；不符合要求扣 2 分	《山东省电力行业金属技术监督工作规定》、《火力发电厂金属技术监督规程》（DL/T 438—2023）
2.4.6	金属监督专工参加技术监督会议、技术培训情况	20	检查会议培训总结	未参加技术监督会议扣 10 分；未参加技术培训、持证不符合工作需要扣 10 分	《山东省电力行业金属技术监督工作规定》、《火力发电厂金属技术监督规程》（DL/T 438—2023）
3	**设备状况**	180			
3.1	锅炉钢架、膨胀系统检查	40	现场检查	每发现一处不合格项扣 3 分	《山东省电力行业金属技术监督工作规定》、《火力发电厂金属技术监督规程》（DL/T 438—2023）、《电力行业锅炉压力容器安全监督规程》（DL/T 612—2017）、《锅炉安全技术规程》（TSG 11—2020）

续表

序号	检查项目	标准分	检查内容	检查扣分说明	参考依据
3.2	主要汽水管道、阀门、支吊架检查	50	现场检查	每发现一处不合格项扣3分	《山东省电力行业金属技术监督工作规定》、《火力发电厂金属技术监督规程》(DL/T 438—2023)、《电力行业锅炉压力容器安全监督规程》(DL/T 612—2017)、《锅炉安全技术规程》(TSG 11—2020)
3.3	炉墙和保温检查	40	现场检查	每发现一处不合格项扣3分	《山东省电力行业金属技术监督工作规定》、《火力发电厂金属技术监督规程》(DL/T 438—2023)、《电力行业锅炉压力容器安全监督规程》(DL/T 612—2017)、《锅炉安全技术规程》(TSG 11—2020)
3.4	安全附件检查	50	现场检查	每发现一处不合格项扣3分	《山东省电力行业金属技术监督工作规定》、《火力发电厂金属技术监督规程》(DL/T 438—2023)、《电力行业锅炉压力容器安全监督规程》(DL/T 612—2017)、《锅炉安全技术规程》(TSG 11—2020)
4	**设备运行监督**	**60**			
4.1	设备运行技术档案： (1)各机组投运时间，累计运行小时数； (2)各机组或部件的设计、实际运行参数； (3)受监部件超温、超压情况日常监控记录	20	检查实际运行情况	无超温、超压情况监控记录扣20分；监控记录不全视情况扣分	《山东省电力行业金属技术监督工作规定》、《火力发电厂金属技术监督规程》(DL/T 438—2023)
4.2	受监部件泄漏次数统计、故障分析处理记录	20	检查设备运行记录	无泄漏次数统计、故障分析处理记录扣20分；统计、记录不全视情况扣分	《山东省电力行业金属技术监督工作规定》、《火力发电厂金属技术监督规程》(DL/T 438—2023)

续表

序号	检查项目	标准分	检查内容	检查扣分说明	参考依据
4.3	管道支吊架和位移指示器检查记录	20	检查支吊架定期检查记录	无支吊架和位移指示器检查记录扣20分；记录不全视情况扣分	《山东省电力行业金属技术监督工作规定》、《火力发电厂金属技术监督规程》（DL/T 438—2023）
5	**反措落实**	120			
5.1	根据《防止电力生产事故的二十五项重点要求》（国能发安全〔2023〕22号），有针对性的制定检修计划及落实情况	60	检查问题排查记录及整改落实资料	根据《防止电力生产事故的二十五项重点要求》（国能发安全〔2023〕22号）中有关金属专业的要求逐条落实，每发现一个不合格项扣5分	《防止电力生产事故的二十五项重点要求》（国能发安全〔2023〕22号）第6.5、7.1~7.4、8.2、10.4条
5.2	上次金属技术监督检查问题整改落实情况	30	检查问题排查记录及整改落实资料	对照上次金属技术监督检查情况，在计划时间内未完成整改落实，每项扣5分	《山东省电力行业金属技术监督工作规定》
5.3	针对近年来政府有关部门及各集团通报下发的设备事故及问题排查，本厂结合实际情况制定的排查治理计划及实施情况	30	检查问题排查记录及整改落实资料	未制定排查治理计划并实施，每次扣5分	近年来政府有关部门及各集团通报下发文件的相关内容、《山东省电力行业金属技术监督工作规定》
6	**隐患排查**	80			
6.1	针对本厂参与调峰的机组，制定的金属专项监督计划及实施情况	30	检查调峰机组专项监督计划及实施情况资料	无调峰机组金属专项监督计划扣10分；调峰机组金属技术监督不力扣20分	《山东省电力行业金属技术监督工作规定》
6.2	针对调峰机组水冷壁高温腐蚀、高温受热面氧化皮异常剥落堆积、异种钢焊缝裂纹等典型设备问题，制定的治理措施及实施情况	30	检查调峰机组典型设备问题治理措施及实施情况资料	无调峰机组典型问题治理措施扣10分；典型问题造成严重后果扣20分	《山东省电力行业金属技术监督工作规定》
6.3	针对现场技术监督检查发现的设备隐患，制定的隐患排查计划及实施情况	20	检查隐患排查记录及整改落实资料	未制定隐患排查计划扣10分；未进行隐患排查扣10分	《山东省电力行业金属技术监督工作规定》
7	**特种设备管理**	80			

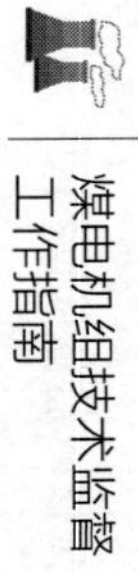

续表

序号	检查项目	标准分	检查内容	检查扣分说明	参考依据
7.1	锅炉登记注册、定期检验工作开展及问题整改处理情况	30	检查登记注册证、检验报告等资料	锅炉登记注册及定期检验工作不符合要求，每台锅炉扣10分	《锅炉定期检验》(GB/T 42535—2023)、《特种设备使用管理规则》(TSG 08—2017)、《锅炉安全技术规程》(TSG 11—2020)
7.2	压力容器登记注册、定期检验工作开展及问题整改处理情况	30	检查登记注册证、检验报告等资料	压力容器登记注册、定期检验工作开展及问题整改不力，每台扣2分	《压力容器》[GB 150—2024(所有部分)]、《特种设备使用管理规则》(TSG 08—2017)、《固定式压力容器安全技术监察规程》(TSG 21—2016)
7.3	压力管道登记注册、定期检验工作开展及问题整改处理情况	20	检查登记注册证、检验报告等资料	压力管道登记注册、定期检验工作开展及问题整改不力，每条扣3分	《压力管道规范　工业管道》[GB/T 20801—2020(所有部分)]、《特种设备使用管理规则》(TSG 08—2017)、《压力管道安全技术监察规程——工业管道》(TSG D0001—2009)
8	**人员培训**	**50**			
8.1	无损检验、理化检验、热处理等专业人员应持证上岗，所从事的技术工作必须与所持的证书相符	30	适用于电力行业的无损检测、理化检验、焊接热处理人员资格证	每发现一项专业人员持证情况不符合要求扣2分	《山东省电力行业金属技术监督工作规定》、《火力发电厂金属技术监督规程》(DL/T 438—2023)、《电力行业锅炉压力容器安全监督规程》(DL/T 612—2017)、《电站锅炉压力容器检验规程》(DL/T 647—2024)、《火力发电厂焊接技术规程》(DL/T 869—2021)
8.2	持证人员数量应满足本厂监督工作需求	20	适用于电力行业的无损检测、理化检验、焊接热处理人员资格证	持证种类缺项，每项扣5分；持证数量缺项，每项扣2分	《山东省电力行业金属技术监督工作规定》、《火力发电厂金属技术监督规程》(DL/T 438—2023)
	合　计	1000			

附录 6 汽机技术监督检查细则

序号	检查内容	标准分	检查方法	评分标准	参考依据
	汽机专业	1640			
1	**技术监督体系建设**	50			
1.1	技术监督网三级管理体系建设情况	15	检查组织机构名单（单位正式公布的文件），与相关人员座谈	没建立三级管理体系或者没有以正式文件的形式下发不得分；缺一级扣 5 分；监督网成员变动没有更新扣 5 分	《山东省电力行业汽机技术监督工作规定》（2024 年修订）第十条
1.2	技术监督网各级岗位职责与分工情况，技术监督考核办法	15	检查技术监督网领导小组组长、汽机专责及班组成员的职责分工情况，有相应考核办法	各级岗位职责分工不明确扣 10 分；少一级扣 3 分；没有考核办法扣 5 分	
1.3	《汽机技术监督实施细则》制订情况	20	查看《汽机技术监督实施细则》制度情况	没有制定《细则》不得分	
2	**日常管理**	120			
2.1	技术监督网活动情况	20	查看监督网活动记录；是否参加上级技术监督网组织的会议、培训等	不参加山东省技术监督办公室组织的汽机技术年度工作会议或培训扣 10 分；没有监督网活动记录扣 10 分	《山东省电力行业汽机技术监督工作规定》（2024 年修订）第十条
2.2	技术监督年度计划及执行情况	10	查看本年度的技术监督计划及执行情况报告	没有制定年度工作计划扣 5 分；未按计划执行扣 5 分	
2.3	定期报告的编写与报送情况	20	查看定期报表、异常报告、大修总结、定期报告等	按统一格式认真填写、按时报材料（报表、汽机改造项目、总结等），要求具有及时性、真实性、准确性。未上报不得分；未按统一格式扣 5 分；报送不及时扣 5 分；数据不真实扣 10 分	
2.4	机组异常情况报送	20	设备出现重大异常分析、处理及报送情况	任一重大异常未报送扣 10 分；一类及以上故障未附分析及处理报告扣 10 分	《山东省电力行业汽机技术监督工作规定》（2024 年修订）第十条第（二）款第 9 项

续表

序号	检查内容	标准分	检查方法	评分标准	参考依据
2.5	重大设备改造情况报送	10	查看机组重大设备改造资料（可研报告、技术总结报告、检修记录、后评估报告）的报送情况	未报送不得分	《山东省电力行业汽机技术监督工作规定》(2024年修订)第十条第（二）款第8项
2.6	事故档案建立情况	20	查看事故档案建立情况及一年来的事故报告	未建立事故档案不得分；报告不全扣5分；报告内容不完整扣5分	《防止电力生产事故的二十五项重点要求》（国能发安全〔2023〕22号）第8.2.12条
2.7	试验档案建立情况。试验档案应包括机组定期进行的各种试验（例如汽门活动试验、注油试验、汽门严密性试验、超速试验、真空严密性试验等）和备用设备定期轮换情况，机组大修（或设备改造）前后热力性能试验、调节系统静态实验、振动测试、辅机试验等	20	查看试验档案建立情况及一年来的试验报告	未建立试验档案不得分；报告不全扣5分，报告内容不完整扣5分	《防止电力生产事故的二十五项重点要求》（国能发安全〔2023〕22号）第8.2.11条、《火力发电厂汽轮机技术监督导则》（DL/T 1055—2021）第10.1.16条
3	**检修监督**	490			
3.1	本体主要部件是否存在下列缺陷或隐患	160			
1）	汽缸（含喷嘴室）裂纹、变形或结合面及大螺栓存在隐患；保温不完好；汽缸间导汽管存在隐患	25	查阅最近一次检修记录、检验报告和总结，缺陷记录等。现场检查机组的保温情况	有隐患的机组不得分；计划检修中应检验未检验的不得分；报告不完整的机组扣10分	《火力发电厂金属技术监督规程》（DL/T 438）
2）	转子（含接长轴）和对轮（含连接螺栓）存在隐患；轴弯曲值不合格；对轮晃度（对轮连接前、后）超标；套装叶轮轴向键槽裂纹（含盘车装置），大轴表面或中心孔存在缺陷	25	查阅检修记录、检验报告和总结，缺陷记录等	有此隐患的机组不得分；计划检修中应检验未检验的不得分；报告不完整的机组扣10分；对轮连接后晃度超标扣10分；不按金属专业要求进行转子无损检查不得分	《防止电力生产事故的二十五项重点要求》（国能发安全〔2023〕22号）第8.3.7、8.3.14条

续表

序号	检查内容	标准分	检查方法	评分标准	参考依据
3）	新机组投产前和机组大修中，是否对平衡块固定螺栓、风扇叶片固定螺栓、定子铁芯支架螺栓、各轴承和轴承座螺栓的紧固情况进行检查，是否有完善的防松措施	10	查阅安装记录、检修记录、设备台账等	没有该项检查记录不得分；记录不全面扣 5 分	《防止电力生产事故的二十五项重点要求》（国能发安全〔2023〕22 号）第 8.2.3 条
4）	机组长时间在恶劣、异常工况下运行，机组参与深度调峰运行	10	查阅运行规程、制造厂家说明书与机组运行表单及热力试验报告等相关技术资料。查看机组的运行参数与设计值的关系，对那些长期超出设计值（温度、压力等）的参数要校核其强度	应有针对性的技术措施及有效的监测手段，若无此项不得分；出现问题无具体分析报告不得分	《火力发电厂安全性评价》（2009 版）第 2.2.1.1 3 条；《火力发电厂汽轮机技术监督导则》（DL/T 1055—2021）第 10.3.1 条
5）	隔板变形或裂纹；叶片（含叶根及与之相配的叶轮根槽）存在严重缺陷（含水蚀），或围带、拉筋等有隐患；超（超）临界机组要检查锅炉氧化皮脱落造成对汽轮机通流部分损伤的情况	20	查阅检修记录、检验报告和总结，运行及缺陷记录等。特别要检查超（超）临界机组锅炉氧化皮脱落造成对汽轮机通流部分损伤的记录	严重缺陷未处理不得分；超（超）临界机组无锅炉氧化皮脱落对汽轮机通流部分损伤检查记录的不得分；隔板变形无测量记录不得分；一般缺陷扣 10 分	汽轮机制造厂有关规定及行业有关规定、《火力发电厂金属技术监督规程》（DL/T 438—2016）第 12.2.1、14.1、15.2.1 条
6）	主汽门、调节汽门、再热主汽门、再热调节汽门以及汽门间连接导汽管存在安全隐患，M32 及以上螺栓［高温（400℃以上）螺栓］未按期检验	20	查阅检修记录、检验报告和总结，运行及缺陷记录等。现场检查汽门、导汽管是否存在晃动现象	存在安全隐患不得分；未进行定期检验不得分；一般缺陷扣 10 分	
7）	主轴承和推力轴承乌金磨损、脱胎、龟裂等尚留有未彻底处理的缺陷；轴承间隙及紧力、推力轴承瓦块厚度差等超标；顶轴油管有缺陷未处理；轴瓦垫铁接触面、间隙、紧力超标	30	查阅检修记录、检验报告和总结，运行及缺陷记录等。现场检查机组运行中各轴瓦乌金温度、推力瓦温度、各轴承的顶轴油压、轴振动和轴承振动等	留有未处理的严重缺陷不得分；接触面、间隙、紧力超标，每项扣 5 分；推力轴承瓦块厚度差超标扣 5 分	汽轮机检修规程
8）	轴封间隙不符合设计标准；轴封动静部分异常磨损；轴封供汽系统及调节装置存在缺陷	20	查阅设备台账、图纸资料、检修记录等。查看机组运行中各个轴端漏汽情况，轴封系统的调节参数是否在设计范围内。如参数有较大出入，是否有相应的解决方案和临时技术措施	轴封间隙不符合设计标准扣 10 分；轴封动静部分存在异常磨损扣 10 分；轴封供汽系统及调节装置存在缺陷扣 10 分	汽轮机检修规程、运行规程

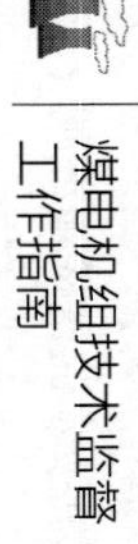

续表

序号	检查内容	标准分	检查方法	评分标准	参考依据
3.2	调节保安系统主要部件是否存在下列缺陷或隐患	100			
1）	超速保安装置（机械超速装置、电超速装置、OPC）存在隐患，或不能正常投入；机组重要运行监视表计，尤其是转速表显示不正确	30	查阅检修及试验资料及有关记录	超速保安系统不能满足基本要求的机组不得分；机组重要运行监视表计显示不正确不得分	《防止电力生产事故的二十五项重点要求》（国能发安全〔2023〕22号）第8.1.6、8.1.7条
2）	汽轮发电机组轴系应安装两套转速监测装置，并分别装设在不同的转子上	10	查阅检修资料及现场查看	只装有一套测速装置的不得分	《防止电力生产事故的二十五项重点要求》（国能发安全〔2023〕22号）第8.1.3条
3）	调节系统（含调速汽门、调压抽汽门）存在卡涩或锈蚀缺陷，或出现负荷摆动、不能定速、带不满负荷等调节系统故障	30	查阅缺陷记录、检修记录、机组运行日志等及现场查询	有卡涩及锈蚀现象或存在调节系统故障的机组不得分	《汽轮机调节保安系统试验导则》（DL/T 711）
4）	DEH控制系统应安全、可靠和稳定，电液伺服阀（包括各种类型电液转换器）的性能应符合要求，不卡涩、不泄漏；EH油系统检修后要进行耐压试验；油系统冲洗时，电液伺服阀必须按规定使用专用盖板替代，不合格的油严禁进入电液伺服阀	30	查阅缺陷记录、检修记录及现场检查	DEH控制系统存在缺陷，或电液伺服阀（包括各种类型电液转换器）的性能卡涩、泄漏等不得分；EH油系统管道有强烈振动、无耐压试验记录不得分	《防止电力生产事故的二十五项重点要求》（国能发安全〔2023〕22号）第8.1.17条，《汽轮机电液调节系统性能验收导则》（DL/T 824—2002）第4.1、4.4条
3.3	重要辅机及附属设备	160			
1）	给水泵（含驱动设备，如小汽轮机、电动机液力耦合器性能等）是否完好；最小流量再循环阀是否内漏，管道是否振动	30	查阅设备台账、检修及缺陷记录，现场检查	任一台设备存在严重隐患或缺陷不得分；备用泵退出备用时间超过规定扣10分	检修规程；《发电厂汽轮机专业安全评价依据》第2.2.2.1条

续表

序号	检查内容	标准分	检查方法	评分标准	参考依据
2）	循环水系统设备，如循环泵及出口蝶阀、冷却水循环泵和空冷器、水塔、旋转滤网及二次滤网等是否存在缺陷和隐患	20	查阅设备台账、检修及缺陷记录，现场检查	任一台设备存在严重隐患或缺陷不得分；一般缺陷每项扣 5 分	检修规程；《发电厂汽轮机专业安全评价依据》第 2.2.2.2 条
3）	凝结水系统设备，如凝结水泵、疏水泵、低压加热器等是否存在缺陷和隐患	20	查阅设备台账、检修及缺陷记录，现场检查	任一台设备存在严重隐患或缺陷不得分；一般缺陷每项扣 5 分	检修规程；《发电厂汽轮机专业安全评价依据》第 2.2.2.3 条
4）	氢冷发电机定子水系统、水冷发电机内冷水系统是否存在缺陷和隐患	10	查阅设备台账、检修及缺陷记录，现场检查	任一台设备存在严重隐患或缺陷不得分；一般缺陷每项扣 5 分	检修规程、运行规程
5）	真空系统（含真空泵、射水泵和射水抽气器、射汽抽气器等）设备是否存在缺陷和隐患；水环式真空泵工作液温度是否正常	20	查阅设备台账、检修及缺陷记录，现场检查	任一台设备存在严重隐患或缺陷不得分；一般缺陷每项扣 5 分	检修规程、运行规程；《发电厂汽轮机专业安全评价依据》第 2.2.2.4 条
6）	EH 油泵、主油泵、高压油泵、交直流润滑油泵、顶轴油泵及其启动装置等是否完好，油系统及设备（油箱、油位计、注油器、冷油器、油净化装置、滤网等）是否正常	20	查阅设备台账、检修及缺陷记录，现场检查设备运行情况及实施的措施是否合理	任一台设备或系统存在严重隐患或缺陷不得分；一般缺陷每项扣 5 分	检修规程、运行规程；《发电厂汽轮机专业安全评价依据》第 2.2.2.5 条
7）	氢冷发电机氢油差压阀、平衡阀自动跟踪装置是否正常。密封油系统（含交直流密封油泵、注油器、冷油器等）是否完好	20	对照设备查阅缺陷及检修记录等，现场检查设备的运行表记及设备的完好性	氢冷发电机氢油差压阀、平衡阀自动跟踪装置不正常，不得分；密封油系统任一设备不正常，扣 5 分	检修规程、运行规程；《发电厂汽轮机专业安全评价依据》第 2.2.2.6 条
8）	凝汽器是否存在泄漏缺陷；堵管数是否在允许范围内；胶球清洗装置是否正常	20	查阅设备台账、检修记录及缺陷记录等，现场查看设备的运行表计及运行日志	凝汽器存在泄漏缺陷扣 5 分；堵管数超标扣 10 分；胶球清洗装置不正常扣 10 分	检修规程、运行规程；《发电厂汽轮机专业安全评价依据》第 2.2.2.7 条

续表

序号	检查内容	标准分	检查方法	评分标准	参考依据
3.4	检修管理	70			
1）	设备台账建立情况	20	查看设备台账	未建立设备台账不得分；台账不齐全每项扣5分；设备检修或设备异动后没有及时录入扣5分	《山东省电力行业汽机技术监督工作规定》（2024年修订）第十条第（三）款第4项
2）	转子档案建立情况	20	查看转子技术档案	未建立转子档案不得分；设备检修或设备异动后没有及时录入扣5分	《防止电力生产事故的二十五项重点要求》（国能发安全〔2023〕22号）第8.2.13条
3）	是否有符合实际的检修工艺规程及检修管理制度	10	查阅规程及检修管理制度	无规程或检修管理制度的不得分；不完整的扣5分	《火力发电厂汽轮机技术监督导则》（DL/T 1055—2021）第11.1.3条
4）	设备大、小修记录（含工艺卡、检修文件包、验收签证书等）、总结是否及时、完整；有关技术资料是否齐全	20	查阅检修文件包	记录不全每项扣5分；总结不及时扣5分	《火力发电厂汽轮机技术监督导则》（DL/T 1055—2021）第11.1.3条
4	**运行监督**	**650**			
4.1	运行管理	170			
1）	机组启、停是否按运行规程要求进行；若出现异常情况是否按运行规程和有关反事故技术措施正确处理，是否作好记录	20	查阅运行规程及相关标准，机组启、停机记录等。检查机组启、停机过程状态和参数记录是齐全	不按运行规程操作不得分；出现操作失误不得分；启、停机记录不全扣10分	机组运行规程；《防止电力生产事故的二十五项重点要求》（国能发安全〔2023〕22号）第8.3.7、8.3.8条
2）	是否按运行规程中正常运行控制数值的要求对设备进行监控；出现异常情况是否按运行规程进行正确处理，是否作好记录并认真分析	20	查阅运行日志或相关记录及异常分析报告，现场查看运行日志中记录的机组异常情况在异常分析报告中有无体现，分析是否合理准确	任一项运行控制数据超过正常值范围，扣5分；任一项数据达到报警值，光字牌亮，未及时消除，扣5分；任一项数据达到跳闸值而未按规程停运设备，不得分	机组运行规程

续表

序号	检查内容	标准分	检查方法	评分标准	参考依据
3）	现场运行规程中有关条文是否按照国家相关规定、有关行业标准及有关行业反事故技术措施作了修订；规程、图册是否及时修订和实际相吻合，并有相应制度保证，应建立技术资料编制、修订和废止的有关管理制度	20	查阅现场运行规程、图册及相关的各项规章制度等	未按国家、企业相关规定和行业反措修订的不得分；修订不完善扣10分	《火力发电厂汽轮机技术监督导则》（DL/T 1055—2021）第10.1.2、10.1.3条，《山东省电力行业汽机技术监督工作规定》（2024年修订）第十条第（三）款第4项
4）	汽轮发电机组大修后正常启动过程中波德图和实测轴系临界转速值，以及正常启动、运行情况下各轴承的振动值记录（包括中速暖机时，临界转速和定速后及满负荷）；应定期测取振动趋势曲线并形成分析报告	20	查阅大修后开机振动监测报告，正常启动、运行情况下各轴承的振动值记录，并考问抽样机组正副主值或司机	无波德图和实测轴系临界转速值扣5分，无正常启动、运行情况下各轴承的振动值记录（包括中速暖机时，临界转速和定速后及满负荷）扣5分；未定期测取振动趋势曲线扣5分；无振动异常分析报告扣5分	《防止电力生产事故的二十五项重点要求》（国能发安全〔2023〕22号）第8.3.14条，《火力发电厂汽轮机技术监督导则》（DL/T 1055—2021）第10.1.13、10.1.14、11.2.5.1条
5）	主要辅机应定期测取振动值并形成分析报告	10	查阅测试记录及报告	无记录扣5分；无报告扣5分	《山东省电力行业汽机技术监督工作规定》（2024年修订）第十八条第（八）款
6）	正常情况下停机的惰走曲线（注明真空、顶轴油泵开启时间等）和破坏真空紧急停机时的惰走曲线	10	查阅有关资料、记录，并考问抽样机组正副主值或司机	数据记录不完整不得分；答不出正确惰走时间或答错不得分；典型惰走曲线未列入运行规程者不得分	《防止电力生产事故的二十五项重点要求》（国能发安全〔2023〕22号）第8.3.14条（5）
7）	各种状态下的典型启动曲线和停机曲线应编入机组运行规程	10	查阅运行规程	未列入规程者不得分	《防止电力生产事故的二十五项重点要求》（国能发安全〔2023〕22号）第8.3.14条（8）
8）	机组启停过程中主要参数和状况记录	20	查阅机组启停记录	记录不规范或数据不完整不得分	《防止电力生产事故的二十五项重点要求》（国能发安全〔2023〕22号）第8.3.14条（9）

续表

序号	检查内容	标准分	检查方法	评分标准	参考依据
9）	建立设备定期分析、主要运行参数定期分析及报告制度	20	查阅汽机月度分析报告、运行分析报告、缺陷处理分析报告等资料	无制度者不得分；没有汽机月度分析报告、运行分析报告、缺陷处理分析报告等记录各扣5分	《火力发电厂汽轮机技术监督导则》（DL/T1055—2021）第10.1.15条、《山东省电力行业汽机技术监督工作规定》（2024年修订）第十条第（二）款第10项
10）	启动蒸汽参数是否符合制造厂规定	10	查汽轮机启动曲线	不符合要求不得分	《防止电力生产事故的二十五项重点要求》（国能发安全〔2023〕22号）第8.3.14条
11）	长时间停机是否按规定进行停机保护、保养	10	查阅运行日志和相关记录	没有相关记录不得分	机组运行规程、《山东省电力行业汽机技术监督工作规定》（2024年修订）第6.2.5.9条
4.2	运行参数及状态管理	220			
1）	各种工况下汽缸上、下缸温差是否合格	20	查阅运行日报、相关记录及启停机记录与规程的启、停机曲线进行对比。现场查看运行表计	任一工况下温差超标，不得分	《防止电力生产事故的二十五项重点要求》（国能发安全〔2023〕22号）第8.3.9、8.3.10条
2）	调节级和监视段压力、温度是否正常；如出现超标或异常有无分析报告	20	查阅运行日报、相关记录及试验报告，现场查看运行表计	任一压力或温度超过设计值，扣15分；无分析报告的不得分	现场机组运行规程
3）	主轴承和推力轴承乌金温度和进、回油温度是否达到报警值，各个推力瓦块之间温度水平是否均匀，同一轴承上的乌金温度差值是否偏大，轴承油膜压力是否正常	20	查阅运行日报、相关记录，现场查看机组运行表计	任一轴承温度达报警值，不得分；推力瓦块之间温度水平相差10℃扣10分；无分析报告的不得分	现场机组运行规程
4）	主轴和主轴承的振动值是否达到优良范围；振动保护是否正常投入；振动异常是否进行分析	20	查阅运行日志，现场查看运行数据、振动保护投入情况及异常分析报告．开机过临界振动状态	振动超过报警值不得分；振动保护未正常投入的机组，不得分	《机械振动　在旋转轴上测量评价机器的振动第2部分：功率大于50MW，额定工作转速1500 r/min、1800 r/min、3000 r/min、3600 r/min陆地安装的汽轮机和发电机》（GB/T 11348.2—2012）、《防止电力生产事故的二十五项重点要求》（国能发安全〔2023〕22号）第8.3.9条

续表

序号	检查内容	标准分	检查方法	评分标准	参考依据
5）	各种工况下机组绝对膨胀值、胀差值、轴向位移是否正常，是否存在汽缸膨胀受阻、汽缸偏移等缺陷	30	查阅启停机记录、运行日报，现场调阅机组历史数据	胀差、轴向位移超报警值不得分；存在汽缸膨胀受阻、偏移扣 20 分	机组运行规程
6）	汽缸结合面和轴封是否存在漏汽现象	10	现场查看	单台机组漏汽不得分	机组运行规程
7）	汽缸是否存在漏进冷汽、冷水隐患	10	查阅缺陷记录、缸温记录、运行表单，现场检查	单台机组存在隐患不得分	《防止电力生产事故的二十五项重点要求》（国能发安全〔2023〕22 号）第 8.3.13 条
8）	系统内、外漏情况，如高低压旁路、高低压加热器旁路、高低压加热器危急疏水等部位的泄漏情况，系统漏水漏汽情况	20	现场检查、查阅内漏台账	存在一处扣 5 分	《山东省电力行业汽机技术监督工作规定》（2024 年修订）第二十条（十三）、《电力节能技术监督导则》（DL/T 1052—2016）第 6.2.4.14 条
9）	检查全厂及各台机组的供热情况，包括供热流量、压力、温度、热量、热电比、全厂供热面积等参数。供热状态下对机组调峰能力的影响。目前供热方式与山东省热电机组在线监测系统中绘制的方式是否一致。现场供热参数显示是否正常	30	现场调查分析、查阅供热合同、供热发票	供热状态下机组负荷不能达到 50% 的扣 10 分；对于可再生能源调峰机组，不能达到核定最低负荷的扣 10 分；供热参数显示不正常的每项扣 5 分；供热方式与山东省热电机组在线监测系统中绘制的方式不一致的扣 5 分	《山东省统调热电机组在线监测管理办法》第十四～十六条
10）	主蒸汽压力、主蒸汽温度、再热蒸汽温度是否达到设计值	20	查阅运行日志、历史数据	主蒸汽温度、再热蒸汽温度每降低 1℃，扣分 3 分；主汽压力（定压运行）每降低 1%，扣 3 分	机组运行规程
11）	过热器减温水、再热器减温水流量是否过大；减温水管路阀门应关闭严密，自动装置可靠，并应设有截止阀	20	查阅运行日志、历史数据	过热器减温水量增加 1% 扣 1 分；再热减温水量增加 1% 扣 5 分	《电力节能技术监督导则》（DL/T 1052—2016） 第 6.2.4.1、6.2.4.2、6.2.4.3、6.2.3.14 条
4.3	工质管理	50			

续表

序号	检查内容	标准分	检查方法	评分标准	参考依据
1）	汽轮机油（润滑油、密封油）、抗燃油油质是否良好；是否有油质管理制度及油质定期检验报告	20	查阅油质管理制度及油质检验报告	无油质管理制度或定期检验报告、油质严重超标不得分；油质检验报告不全或部分油质指标不合格扣 10 分	《电厂运行中矿物涡轮机油质量》（GB 7596-2017),《火力发电厂汽轮机技术监督导》（DL/T 1055—2021）第 10.2.19 条，《防止电力生产事故的二十五项重点要求》（国能发安全〔2023〕22 号）第 8.1.5、8.4.10 条
2）	凝结水硬度、溶氧、电导率和钠等指标是否超过标准	10	查阅水质日报，现场检查在线仪表	指标不合格，每项扣 5 分	《火力发电厂水汽化学监督导则》（DL/T 561—2013）、《火力发电机组及蒸汽动力设备水汽质量》（GB/T 12145—2016）相应条款规定
3）	发电机内氢气是否受到密封油污染（氢气纯度、湿度）；发电机定子或转子内冷水水质是否受到工业水污染；是否往发电机机漏油	10	查阅化学在线仪表及定期化验结果和运行报表	指标不合格，每项扣 5 分；往发电机漏油不得分	《防止电力生产事故的二十五项重点要求》（国能发安全〔2023〕22 号）第 10.1.3.2、10.1.3.3、10.5.1.9 条，《火力发电厂汽轮机技术监督导则》（DL/T 1055—2021）第 10.2.22 条
4）	锅炉给水品质是否合格（除氧器除氧效果）	10	查阅水质月报，水质化验是否按规程要求进行工作，在水质出现异常时，有无及时有书面通知，涉及的专业有无具体的技术方案和措施	指标不合格，每项扣 5 分	《火力发电机组及蒸汽动力设备水汽质量》（GB/T 12145—2016）相应条款规定
4.4	定期工作及重要试验	120			
1）	对新投产的机组或调节系统经重大改造后的机组是否按规定进行甩负荷试验；甩额定负荷是否合格	20	查阅运行、试验等有关资料。所作的调速系统试验是否符合相关规定要求	未按规定做甩负荷试验或 50% 试验不成功不得分；甩负荷后造成危急保安器动作，缺陷尚未消除的扣 15 分；未进行 100% 甩负荷试验或甩 100% 试验不成功扣 15 分	《防止电力生产事故的二十五项重点要求》（国能发安全〔2023〕22 号）第 8.1.15 条、《火力发电厂汽轮机技术监督导则》（DL/T 1055—2021）第 10.2.21 条

续表

序号	检查内容	标准分	检查方法	评分标准	参考依据
2）	按规定进行提升转数动作试验（包括电超速保护试验、危急保安器动作试验），数据应合格	20	查阅试验记录及有关资料	未按规定周期执行不得分；试验不成功，不得分；不按有关规定参数要求进行超速试验，扣 10 分	《火力发电厂汽轮机技术监督导则》（DL/T 1055—2021）附录 C，《防止电力生产事故的二十五项重点要求》（国能发安全〔2023〕22 号）第 8.1.11 ~ 8.1.14 条
3）	危急保安器运行 2000h 充油试验，电超速保护定期模拟试验	10	查阅试验记录、资料是否按规定周期进行定期试验，定期试验是否符合要求	存在严重问题及未按规定周期执行不得分；执行不严格，存在问题扣 5 分	《火力发电厂汽轮机技术监督导则》（DL/T 1055—2021）附录 C
4）	抽气止回阀定期活动试验；大、小修后及甩负荷前做全行程关闭试验；按规定测取抽汽止回阀关闭时间	10	查阅试验记录、资料，检查试验记录是否完整，试验方法是否符合标准要求	未按规定周期执行不得分；执行不严格，存在问题扣 5 分；无关闭时间的扣 5 分	《防止电力生产事故的二十五项重点要求》（国能发安全〔2023〕22 号）第 8.1.11~ 8.1.14 条，《火力发电厂汽轮机技术监督导则》（DL/T 1055—2021）附录 C，机组运行规程规定的定期试验
5）	大修后、甩负荷前和运行机组 1 年 1 次主汽门、调节汽门严密性试验；按规定测取汽门关闭时间	10	查阅试验记录、资料，是否按规定周期进行定期试验，定期试验是否符合要求	未按规定周期执行不得分；执行不严格，存在问题扣 5 分；试验不合格，且缺陷未彻底消除不得分；无汽门关闭时间的扣 5 分	
6）	每天（至少每周）一次的自动主汽门、再热主汽门的活动试验；具有全行程活动试验的机组应每月进行一次全行程试验	10	查阅试验记录、资料，试验方法是否按规程进行，记录的试验数据是否完整准确	未按规程试验不得分；试验发现卡涩未处理不得分；执行不严格，存在问题扣 5 分	
7）	带固定负荷机组每天（至少每周）进行一次调节汽门较大范围变动的活动试验	10	查阅试验记录、资料，试验方法是否按规程进行，记录的试验数据是否完整准确	未按规定执行不得分；执行不严格，存在问题扣 5 分	
8）	中压调节汽门每天（至少每周）进行一次活动试验	10	查阅试验记录、资料及机组运行日志	未按规定执行不得分；执行不严格，存在问题扣 5 分	

续表

序号	检查内容	标准分	检查方法	评分标准	参考依据
9）	是否定期进行真空严密性试验，严密性是否合格	10	查试验记录、值长日志	未定期开展该试验或试验结果不合格不得分；试验记录不规范扣 2 分	《电力节能技术监督导则》（DL/T1052—2016） 第 6.2.4.9 条，DL/T 1055-2021《火力发电厂汽轮机技术监督导则》第 10.3.3 条、附录 D
10）	备用旋转辅机是否定期试转或轮换	10	检查运行记录	不按规程进行不得分	汽轮机运行规程
4.5	重要辅机及附属设备运行工况	90			
1）	给水温度能否达到设计值；高压加热器启停温升率是否符合规程要求；高压加热器投入率是否偏低；高压加热器旁路保护、危急疏水设备等能否正常投入；疏水调节装置能否正常投入；高、低压加热器上下端差是否符合设计值；高压给水旁路漏泄率是否符合相关规程要求	20	现场检查、查阅运行日报，启、停机记录，试验报告，加热器检修记录等	给水温度每偏差 1℃扣 2 分；疏水调节投入不正常扣 5 分；上端差比设计值每偏高 1℃，扣 2 分；下端差比设计值每偏高 5℃，扣 1 分；高压加热器投入率达到 95% 以上为满分，每偏低 1% 扣 1 分	《电力节能技术监督导则》（DL/T 1052—2016）第 6.2.4.4 ~6.2.4.7 条
2）	给水泵及小汽轮机运行工况是否正常（轴承温度、振动、密封水温度、调节装置、润滑油系统等）；液力耦合器能否正常调速，工作油温是否超限；变频设备调节是否适应机组运行的要求	10	查阅运行日志、检修记录及设备缺陷记录。现场查看设备运行状况	存在严重缺陷本条不得分；一般缺陷扣 5 分	企业检修规程、运行规程及有关企业反事故措施
3）	凝汽器真空度、凝结水过冷度是否正常	10	查阅运行日志及现场检查运行表计	凝汽器真空度不正常扣 5 分；实际过冷度比设计过冷度高 0.5℃，扣 2 分	《电力节能技术监督导则》（DL/T 1052—2016）第 6.2.4.11、6.4.2.8 条
4）	循环水泵运行方式是否合理；循环水温升是否合理；旋转滤网投入是否正常	10	查阅运行日志、检修记录及设备缺陷记录。现场查看设备运行状况	存在严重缺陷本条不得分；循环水泵运行方式不合理扣 5 分	《山东省电力行业汽机技术监督工作规定》（2024 年修订）第 6.2.4.5 条

续表

序号	检查内容	标准分	检查方法	评分标准	参考依据
5）	氢冷发电机氢油差压阀、平衡阀能否全行程投入、压差应保持在规定的范围内	10	现场调查分析	不能全行程投入扣5分；不能投入本条不得分	《防止电力生产事故的二十五项重点要求》（国能发安全〔2023〕22号）第10.3.1.2条
6）	凝汽器胶球清洗装置能否正常投入；凝汽器是否经常泄漏；凝汽器端差是否正常	10	查阅运行日报，缺陷记录等	胶球投入不正常或凝汽器经常泄漏扣5分；100%为满分，胶球装置投入率每偏低1%扣1分；收球率90%为满分，每偏低1%扣1分；端差≤7℃时为满分，每偏高1℃扣1分	《电力节能技术监督导则》（DL/T 1052—2016） 第6.2.4.10、6.2.4.12、6.2.4.13条
7）	冷却塔淋水密度是否均匀；填料是否完好；配水装置是否完好；出塔水温是否正常；防冻装置是否完好匹配	10	现场查看，检查相关的技术措施及措施的执行情况	存在严重缺陷本条不得分；一般缺陷扣5分	《电力节能技术监督导则》（DL/T 1052—2016）第6.2.4.17、6.2.4.18条
8）	机组高、低压轴封供汽压力、温度是否正常；轴封加热器温升是否超过设计值	10	查阅运行表计、运行记录		《防止电力生产事故的二十五项重点要求》（国能发安全〔2023〕22号）第8.3.5条、《火力发电厂汽轮机技术监督导则》（DL/T 1055—2021）第10.2.9条
5	**反措落实**	200			
5.1	反事故措施年度工作计划制定情况，是否结合电厂实际情况制定了有针对性的反事故措施。反事故措施计划执行情况检查，应有相关记录、阶段总结和年度总结	20	检查计划和总结	没有制定年度计划不得分；没有阶段总结扣5分；没有年度总结扣10分	《山东省电力行业汽机技术监督工作规定》（2024年修订）第十条第（二）款第3项
5.2	冬季防冻和夏季防洪措施制定、演练和执行情况检查，应有相关记录、年度执行情况总结等	10	查看措施和演练记录、总结等	没有措施不得分；没有演练过程记录扣5分；没有执行情况总结扣5分	《山东省电力行业汽机技术监督工作规定》（2024年修订）第二十一条第（十五）款

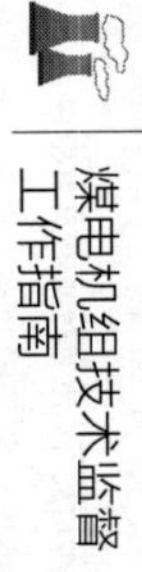

续表

序号	检查内容	标准分	检查方法	评分标准	参考依据
5.3	是否设置主油箱油位低跳机保护；是否采用测量可靠、稳定性好的液位测量方式，并采取三取二的方式	20	检查新增条款落实情况	没有落实不得分	《防止电力生产事故的二十五项重点要求》（国能发安全〔2023〕22 号）第 8.4.6 条
5.4	是否执行“润滑油压低联启直流油泵同时跳闸停机”	10	现场检查	没有落实不得分	《防止电力生产事故的二十五项重点要求》（国能发安全〔2023〕22 号）第 8.4.11 条
5.5	机组发生异常并处理后，是否制定了相应的反事故措施	10	查看事故档案	事故发生后没有制定反事故措施不得分	《山东省电力行业汽机技术监督工作规定》（2024 年修订）第十条第（二）款第 9 项
5.6	汽轮机在深调峰运行方式下，进入中压调节阀动作区间后，调节系统应设置中压调节阀阀位限制或增加蓄能器等防止控制油压大幅摆动的措施	10	问询热工或运行人员，现场检查	未采取相应措施不得分	《防止电力生产事故的二十五项重点要求》（国能发安全〔2023〕22 号）第 8.1.19 条
5.7	新机组或润滑油系统检修、改造后，应进行交流润滑油泵跳闸联锁启动备用交流润滑油泵和直流润滑油泵试验，在联锁启动过程中，系统润滑油压不得低于汽轮机运行最低安全油压（或润滑油压低跳汽轮机值）	10	查阅试验记录	未开展该项试验不得分；每缺一项扣 5 分	《防止电力生产事故的二十五项重点要求》（国能发安全〔2023〕22 号）第 8.4.12 条
5.8	机组蓄电池在按（国能发安全〔2023〕22 号）第 22.2.6.17 条或运行规程规定进行核对性放电试验后，应带上直流润滑油泵、直流密封油泵进行实际带负载试验	10	查阅试验记录	未定期开展该项试验不得分	《防止电力生产事故的二十五项重点要求》（国能发安全〔2023〕22 号）第 8.4.20 条
5.9	润滑油系统油泵出口止回阀前应设置可靠的排气措施，防止油泵启动后泵出口堆积空气不能快速建立油压，导致轴瓦损坏	10	查系统图、现场检查	润滑油系统油泵出口止回阀前未设置可靠的排气措施不得分	《防止电力生产事故的二十五项重点要求》（国能发安全〔2023〕22 号）第 8.4.3 条

续表

序号	检查内容	标准分	检查方法	评分标准	参考依据
5.10	轴封及门杆漏汽至除氧器或抽汽管路，应设置止回阀和截止阀	10	查系统图、现场检查	未设置止回阀和截止阀不得分	《防止电力生产事故的二十五项重点要求》（国能发安全〔2023〕22 号）第 8.3.3 条
5.11	油系统防火	80			
1）	轴承（含密封瓦）及油系统是否漏油，汽缸及管道保温是否被油污染，密封瓦是否漏氢	20	现场检查，查阅机组的运行日志及补氢记录	严重泄漏不得分；轻微泄漏扣 10 分；保温被油污染不得分	《防止电力生产事故的二十五项重点要求》（国能发安全〔2023〕22 号）第 2.3.1 ~ 2.3.10 条
2）	机头下部热体附近油管道是否采取隔热防火措施，热体保温是否完整并包好铁皮	15	现场检查	发现 1 处不符合要求，不得分	
3）	油管道法兰是否符合要求，焊接质量是否定期检验，油管道能否保证各种运行工况下自由膨胀	15	查阅设计图纸及焊口检验报告，检查是否按要求进行相关检验。现场查看油管路的膨胀情况	发现 1 处不符合要求，不得分；焊缝未定期检验，不得分；油管道膨胀受阻扣 10 分	
4）	压力油管道及阀门是否存在尚未消除的爆破隐患，油系统是否仍使用铸铁阀门	15	查阅设备台账、检修及缺陷记录，现场检查	存在此类隐患或缺陷不得分；检验不合格未处理者不得分；发现焊缝漏油不得分；仍使用铸铁阀门的不得分	
5）	主油箱（包括调节用汽轮机油、润滑油及密封油）事故放油门配置是否符合反措规定，事故情况下是否方便操作；室外事故油箱是否符合要求；油系统出现故障有无相关技术措施	15	现场查看及查阅相关技术资料	不符合要求不得分；无油系统出现故障相对应的相关技术措施的不得分	
6	**隐患排查**	30			
6.1	电厂定期隐患排查情况	10	查阅检查记录	未按要求定期排查，不得分	《山东省电力行业汽机技术监督工作规定》（2024 年修订）
6.2	专项隐患排查情况	10	查阅检查记录	未按要求专项排查，不得分	
6.3	其他电厂同类型机组发生事故后本厂是否进行隐患排查	10	查阅检查记录	未按要求排查，不得分	

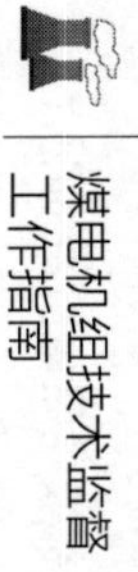

续表

序号	检查内容	标准分	检查方法	评分标准	参考依据
7	**涉网安全**	70			
7.1	发电机调速系统中的汽轮机调节阀调节性能应能满足调频、调峰的要求，保证电网安全稳定运行	20	查阅一次调频、AGC 试验报告	未进行一次调频、AGC 试验或试验不合格，不得分	《防止电力生产事故的二十五项重点要求》（国能发安全〔2023〕22 号）第 5.1.17.2、5.1.17.3 条
7.2	完成机组调速系统实测建模工作，并将实测报告报送所在的电网调度机构	20	查阅实测建模报告	没有测试的机组不得分	
7.3	源网协调试验	20	查阅一年来的源网协调试验报告	机组大修后没有进行源网协调试验不得分；一次调频、AGC、高背压出力、最低稳燃、发电机进相试验不合格每项扣 5 分	《国家电网公司网源协调管理规定》（国家电网企管〔2014〕1212 号）、《山东电力系统网源协调管理规定》（2025 版）
7.4	机组能否在额定容量下连续稳定运行	10	查阅运行记录	降出力严重的机组不得分	《关于印发〈山东省直调煤电机组额定容量核定管理办法〉的通知》（鲁电技监〔2021〕24 号）
8	**人员培训**	30			
8.1	是否按要求参加技术监督办公室及上级公司举办的培训	10	查看培训记录	没有进行培训不得分，培训记录不详细扣 2 分	《山东省电力行业汽机技术监督工作规定》（2024 年修订）第十六条
8.2	本厂的培训：相关法规、标准、规程、文件及管理制度的宣贯、学习；设备、系统的特性及运行维护说明等设计资料的学习；对检修、运行人员的定期培训、考试记录，设备异动后的培训记录，事故处理后的反事故措施培训等	20	查看培训记录、考试成绩	没有培训记录不得分，记录不详细每项扣 2 分	

附录 7　锅炉技术监督检查细则

序号	检查内容	标准分	检查方法	评分标准及办法	参考依据
	锅炉专业	1000			
1	**技术监督体系**	80			
1.1	技术监督网三级管理体系建设	30	查看组织架构	未建立总工、锅炉技术监督专责工程师、车间或班组组成的三级管理体系和三级监督管理体系的不得分，缺一级扣 10 分；成员变动未及时更新的扣 5 分	《山东省电力行业锅炉技术监督工作规定》第十条
1.2	技术监督网三级管理体系执行	30	查看组织架构、查看工作记录	各级岗位职责与分工明确，总工职责 15 分，专责工程师 10 分，班组监督专责人 5 分	
1.3	《锅炉技术监督实施细则》制定	20	查看技术监督制度	未建立《锅炉技术监督实施细则》不得分；制度不完善扣 10 分；未及时修订扣 5 分	
2	**日常管理**	280			
2.1	技术监督网活动情况	20	查看监督网活动记录	未参加山东省技术监督办公室组织的锅炉技术年度工作会议的扣 10 分；无监督网活动记录的扣 10 分	《山东省电力行业锅炉技术监督工作规定》
2.2	每月召开监督、节能例会，进行安全性、节能指标分析和监督工作总结	20	查看会议记录	例会每少一次扣 5 分；分析报告每缺一份扣 5 分	《山东省电力行业锅炉技术监督工作规定》
2.3	定期报告的编写与报送：向山东电力技术监督办公室定期报送监督数据、监督月报、季报、年报及其他上报材料情况	20	查看定期报表	缺少年报不得分；缺少月报、季报一次扣 10 分；报送不及时扣 5 分；数据不真实扣 10 分；未按统一格式扣 3 分	《山东省电力行业锅炉技术监督工作规定》第十一条
2.4	机组异常情况报送	30	查看运行记录	设备出现重大异常和一类及以上故障的分析处理报告应及时报送山东电力技术监督办公室，未报送的一次扣 10 分；未附分析处理报告的扣 5 分	《山东省电力行业锅炉技术监督工作规定》第十二条（二）

续表

序号	检查内容	标准分	检查方法	评分标准及办法	参考依据
2.5	设备台账建立情况	20	查看设备台账、检修记录、缺陷记录	未建立台账不得分；台账不齐全每项扣5分；设备检修或异动后未及时录入扣5分	《山东省电力行业锅炉技术监督工作规定》第十四条（二）
2.6	试验档案建立情况：包括定期试验、备用设备定期轮换	20	查看试验档案及试验报告	未建立试验档案扣10分；未按照规定要求开展定期试验的每项扣5分；试验不合格扣3分（完成锅炉辅助设备的定期轮换，切换周期应根据设备实际状况制定，设备定期切换试验应有试验安排规定、试验记录、结果、合格判定、试验措施、试验异常分析、未按时执行原因）	《山东省电力行业锅炉技术监督工作规定》第十四条（二）、《火力发电厂锅炉技术监督规程》（DL/T 2052—2019）第10.3.2、9.1.4条
2.7	事故档案建立情况	30	查看事故档案及事故报告	未建立事故档案不得分，报告不全扣5分，报告内容不完整扣5分	《山东省电力行业锅炉技术监督工作规定》第十四条（二）4
2.8	新投产机组及相关设备重大改造后应进行性能试验、运行优化试验、测试试验，撰写试验报告或记录，并及时报送（包括科研报告、技术总结报告、检修记录、评估报告）	30	检查机组重大设备改造报送情况	漏报每项扣10分（应包括：锅炉性能考核试验，磨煤机、风机性能考核试验，锅炉配煤掺烧试验，锅炉冷态空气动力场试验，循环流化床锅炉布风板阻力试验，平料试验，锅炉燃烧调整试验，制粉系统优化试验，脱硫/脱硝系统优化运行试验，历次检修前后锅炉及主要辅机性能试验，涉网性能试验报告）	《山东省电力行业锅炉技术监督工作规定》第十四条（二）3
2.9	运行规程、检修规程、系统图等是否按照要求进行定期审核、修订，设备异动后是否对相关内容进行修订	20	查看规程	查看运行规程、检修规程、系统图，未按规定时间进行审核或修订扣10分；没有对修改部分进行培训扣5分	《山东省电力行业锅炉技术监督工作规定》第十四条（三）、《火力发电厂锅炉技术监督规程》（DL/T 2052—2019）第9.1.2条
2.10	常用节能监督标准应齐备	10	查看标准	《中华人民共和国节约能源法》《电力工业节能技术监督规定》《火力发电厂节约能源规定》《电站锅炉性能试验规程》《电力节能检测实施细则》《磨煤机试验规程》《电站锅炉风机现场试验规程》，缺少一项扣2分	《山东省电力行业锅炉技术监督工作规定》

续表

序号	检查内容	标准分	检查方法	评分标准及办法	参考依据
2.11	锅炉防磨防爆监督管理： （1）成立防磨防爆组织体系、制定相关管理制度； （2）防磨组成员职责应到位； （3）定期进行防磨防爆检查； （4）防磨防爆培训	40	查防磨防爆管理制度和工作记录	（1）成立有防磨防爆组织体系和制订相关管理制度，无组织机构或无管理制度扣 10 分。 （2）防磨组成员履行职责不到位，无故不参加防磨检查扣 5 分 / 次。 （3）做到“逢停必查”，有相关记录、检查报告和处理措施，工作闭环，调峰停机 3 天以上，必须进行防磨检查工作；大小修期间必须进行专项全面的防磨检查并彻底处理缺陷和隐患。未做到逢停必查漏一次扣 10 分；大小修未进行专项全面的防磨检查工作扣 10 分；缺陷隐患未闭环扣 5 分 / 处。 （4）防磨防爆培训工作开展不到位扣 5 分	《山东省电力行业锅炉技术监督工作规定》第二十条（五）
2.12	对上年 / 次检查提出的整改建议和问题的整改及落实情况	20	查看整改措施及报告	无措施且未整改的每项扣 15 分；有措施未整改的每项扣 10 分；无措施整改的扣 5 分	《山东省电力行业锅炉技术监督工作规定》第十五条
3	**设备状况**	200			
3.1 制粉	磨煤机 CO 浓度在线监测装置	5	查运行记录	磨煤机无 CO 浓度在线监测装置扣 5 分	《山东省电力行业锅炉技术监督工作规定》
	充惰系统	5	查运行记录	充惰系统不能正常投入的扣 5 分。	《火力发电厂锅炉技术监督规程》（DL/T 2052—2019） 第 4.2.1（d）、9.3.4 条
	风粉在线测量装置	5	查运行记录、维护记录	无风粉在线测量系统扣 5 分；未定期标定维护扣 3 分	《火力发电厂锅炉技术监督规程》（DL/T 2052—2019）第 4.2.1 条（h）
	送粉管道	10	现场勘察	送粉管道布置不合理或存在容易积粉区域（急弯、长竖管段下方）扣 5 分；送粉管道有漏点的每处扣 5 分	《防止电力生产事故的二十五项重点要求》（国能发安全〔2023〕22 号）第 6.3.1.3、6.3.1.4 条

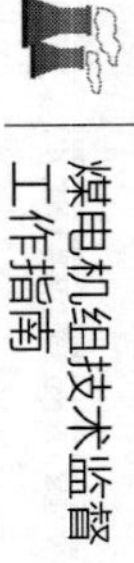

续表

序号	检查内容	标准分	检查方法	评分标准及办法	参考依据
3.1 制粉	取粉测点	10	现场勘查、查维护记录	无取粉测点或未定期维护扣 10 分；测点位置不合理（应在垂直管段）扣 5 分	《山东省电力行业锅炉技术监督工作规定》
	一次风管道闸板门	5	现场勘察	一次风管道闸板手动门未在停炉后手动关闭的扣 5 分	《山东省电力行业锅炉技术监督工作规定》
	防爆门检查（中间储仓式）	10	现场勘察	粉仓、粗 / 细粉分离器处安全门有遮挡的扣 10 分	《电站磨煤机及制粉系统选型导则》（DL/T 466—2017）第 8.7 条、《火力发电厂烟风煤粉管道设计规范》（DL/T 5121—2020）、《火力发电厂制粉系统设计计算技术规定》（DL/T 5145—2012）、《防止电力生产事故的二十五项重点要求》（国能发安全〔2023〕22 号）第 6.3.1.9 条
	原煤斗	5	查运行记录、值长日志	原煤斗无防堵或疏通措施的扣 5 分；未及时记录堵煤信息的扣 3 分	《火力发电厂锅炉技术监督规程》（DL/T 2052—2019）第 4.3.1 条（b）
3.2 燃烧器	燃烧器型式和布置	10	查规程、查相关试验资料	由于维护不当造成结渣、灭火、爆燃事故的，视情况扣 5~10 分	《火力发电厂锅炉技术监督规程》（DL/T 2052—2019）第 4.1.4 条
	燃烧器喷口	10	查运行记录、检修记录	喷口角度是否发生倾斜过大，大于 5% 扣 5 分；发生过燃烧器喷口、一次风管烧损或堵塞事故的扣 5 分	《山东省电力行业锅炉技术监督工作规定》
	燃烧器喷口壁温测点	5	查 DCS、维护记录	无壁温测点扣 5 分；未定期标定维护扣 3 分	《山东省电力行业锅炉技术监督工作规定》
	风门开度指示	5	查检修记录、现场勘察	风门开度方向与就地指示不一致扣 5 分	《山东省电力行业锅炉技术监督工作规定》
	火检信号	10	查 DCS、维护记录	火检信号是否正常、准确，失准的扣 5~10 分	《山东省电力行业锅炉技术监督工作规定》

续表

序号	检查内容	标准分	检查方法	评分标准及办法	参考依据
3.3 脱硝	SCR 出口烟道烟气成分测点布置	5	现场勘查	无气氛测点或未定期维护扣 5 分；测点位置不合理扣 3 分。	《山东省电力行业锅炉技术监督工作规定》
3.4 风烟	烟道有无堵塞和积灰	10	现场查看	烟道有明显堵塞和积灰扣 5~10 分	《火力发电厂锅炉机组检修导则　第 6 部分：除尘器检修》（DL/T 748.6—20218）
	烟道和风道的密封性，有无泄漏	5	现场查看	存在明显泄漏扣 5 分	
	阀门和挡板是否灵活可靠，能够准确调节风量	10	查阅检修、维护记录	调节不准确扣 5~10 分	
	阀门和挡板的密封性，有无泄漏	5	查阅检修、维护记录	存在明显泄漏扣 5 分	
	风量标定测点是否预留，位置是否合理	5	现场查看	无测点扣 5 分；位置不合理扣 3 分	《火力发电厂锅炉技术监督规程》（DL/T 2052—2019）
	风机振动	5	查运行记录、值长日志	振动数据在不正常范围内扣 5 分	《火力发电厂锅炉技术监督规程》（DL/T 2052—2019）、设备技术手册、使用说明书及运行规程
	风机失速故障情况	10	查阅检修、维护记录	风机发生过失速，视情况扣 5~10 分	
	风机导叶、定子和转子是否存在磨损、腐蚀或变形等	10	查阅检修、维护记录	存在磨损、腐蚀或变形等视情况扣 5~10 分	《火力发电厂锅炉机组检修导则　第 6 部分：除尘器检修》（DL/T 748.6–2021）
3.5 汽水	受热面测点是否完备	5	查看 DCS	存在坏点扣 5 分	《山东省电力行业锅炉技术监督工作规定》
	受热面壁温控制措施	10	运行规程或具体措施	无控制措施相关内容扣 5 分；超温且无措施扣 10 分	《山东省电力行业锅炉技术监督工作规定》
	安全阀	10	查阅校验报告	安全阀未在校验有效期内不得分	《山东省电力行业锅炉技术监督工作规定》

续表

序号	检查内容	标准分	检查方法	评分标准及办法	参考依据
3.6 吹灰	吹灰器维护	5	查检修记录	是否有退不出、烧损等扣5分	《山东省电力行业锅炉技术监督工作规定》
	吹灰器连接管道、吹灰器疏水器	10	现场勘查	吹灰器连接管道无泄漏现象；低点位置无积水点，疏水器布置合理，无堵塞、泄漏等问题	《山东省电力行业锅炉技术监督工作规定》
4	**运行指标**	200			
4.1 制粉	磨煤机润滑油压、油温、磨辊压力（中速磨），磨煤机电流，出入口风差压，密封风差压，风煤比	25	查运行记录、查运行规程	润滑油压、油温，磨煤机出入口风差压、密封风差压、风煤比等未在规程范围内的每项扣5分	《火力发电厂锅炉技术监督规程》（DL/T 2052—2019）第10.2.2条
	润滑油油质	5	查维护记录	未按规程定期检查润滑油油质的扣5分	《山东省电力行业锅炉技术监督工作规定》
	磨煤机入口冷风门开度（中间储仓式）	5	查运行记录	磨煤机入口冷风门开度大于等于30%的扣5分	《山东省电力行业锅炉技术监督工作规定》
	出口风温，根据煤质搭配合理范围	5	查运行记录	磨煤机出口风温未根据煤质信息设定合理范围的扣5分	《火力发电厂锅炉技术监督规程》（DL/T 2052—2019） 第9.3.4条、《电站磨煤机及制粉系统选型导则》（DL/T 466—2017） 第8.5条、《火力发电厂锅炉技术监督规程》（DL/T 2052—2019）第10.3.1条（b）
	钢球维护（钢球磨）	5	查维护记录	级配比例不符合标准的扣5分；未按时补充钢球的扣3分	《火力发电厂锅炉技术监督规程》（DL/T 2052—2019） 第11.2.17条、《电站磨煤机及制粉系统选型导则》（DL/T 466—2017）第6.1.1.3条
	石子煤（中速磨）	5	查维护记录	未按月进行石子煤热值化验的扣5分；石子煤量异常的扣3分	《火力发电厂锅炉技术监督规程》（DL/T 2052—2019）第11.2.19条、

续表

序号	检查内容	标准分	检查方法	评分标准及办法	参考依据
4.1 制粉	煤粉细度	5	查维护记录	煤粉细度不合理的扣 5 分；未定期取样化验煤粉细度的扣 3 分	《火力发电厂锅炉技术监督规程》（DL/T 2052—2019）第 9.3.5 条
	皮带秤	5	查维护记录	皮带秤未定期校验的扣 5 分	《山东省电力行业锅炉技术监督工作规定》
	磨煤机入口热风温度（褐煤机组）	5	查运行记录	褐煤机组入口热风温度过高的扣 5 分	《山东省电力行业锅炉技术监督工作规定》
	一次风速	5	查运行记录	一次风速是否在 5% 以内，冷风送粉最低风速 18m/s，热风送粉最低风速 25m/s，风速过低的扣 5 分	《火力发电厂锅炉技术监督规程》（DL/T 2052—2019）第 9.3.6、9.3.4 条
	煤质情况	5	查运行规程、锅炉设计规范	锅炉实际燃用煤种偏离设计值 10% 以上，扣 5 分	《火力发电厂锅炉技术监督规程》（DL/T 2052—2019）第 4.1.2 条
4.2 燃烧器	夏季高出力燃烧情况	5	查运行记录、值长日志	锅炉实际最大负荷不符合实际保证值的，扣 5 分	《山东省电力行业锅炉技术监督工作规定》
	低负荷稳燃情况	5	查运行记录、值长日志	锅炉实际最低稳燃负荷不符合实际保证值的，扣 5 分	《山东省电力行业锅炉技术监督工作规定》
4.3 脱硝	SCR 入口温度	5	查 DCS 系统、运行记录	低负荷工况下 SCR 入口温度低于保证值扣 5 分	《山东省电力行业锅炉技术监督工作规定》
	NO*x* 浓度均匀性	5	查 DCS 系统、查试验报告	SCR 出口两侧 NO*x* 浓度偏差大于 10%，扣 5 分	标准，《火力发电厂锅炉技术监督规程》（DL/T 2052—2019）第 4.1.18 条（a）
	是否进行喷氨优化	5	查规程，查试验记录	喷氨不均匀且未进行喷氨优化扣 5 分	《山东省电力行业锅炉技术监督工作规定》

续表

序号	检查内容	标准分	检查方法	评分标准及办法	参考依据
4.4 风烟	排烟温度	10	查运行记录、值长日志	存在烟温偏差扣5分；排烟温度大于设计值扣5分	《火力发电厂锅炉技术监督规程》（DL/T 2052—2019）、《电站锅炉性能试验规程》（GB/T 10184—2015）、设备技术手册、使用说明书及运行规程
	排烟氧量	5	查运行记录、值长日志	排烟氧量大于设计值扣5分	《电站锅炉性能试验规程》（GB/T 10184—2015）、设备技术手册、使用说明书及运行规程
	烟气的排放浓度是否符合环保标准	10	查运行记录、值长日志	排放超过环保标准扣5~10分	《火力发电厂锅炉技术监督规程》（DL/T 2052—2019）
	空气预热器差压	5	查运行记录、值长日志	差压大于设计值扣5分	《火力发电厂锅炉技术监督规程》（DL/T 2052—2019）
	低负荷期间SCR入口烟温	5	查运行记录、值长日志	烟温低于设计值扣5分	《火力发电厂锅炉技术监督规程》（DL/T 2052—2019）、设备技术手册、使用说明书及运行规程
	风机风量、风压	10	查运行记录、值长日志	风量未达到设计要求扣5分；风压不在规定范围内扣5分	《火力发电厂锅炉技术监督规程》（DL/T 2052—2019）
4.5 汽水	汽包水位、压力	5	查运行记录	汽包水位、压力不符合运行规程扣5分	
	汽包壁温差	5	查运行记录	汽包壁温差应＜5℃，不符合不得分	《火力发电厂锅炉技术监督规程》（DL/T 2052—2019）
	汽温、汽压	5	查运行记录	主汽温度、主汽压力超出运行规程规定的扣5分	《火力发电厂锅炉技术监督规程》（DL/T 2052—2019）
	蒸汽品质	5	查阅化验报告	蒸汽品质应每周化验一次，重点关注钠、硅含量和电导率，符合蒸汽质量标准规定	《火力发电机组及蒸汽动力设备水汽质量》（GB/T 12145—2016）

续表

序号	检查内容	标准分	检查方法	评分标准及办法	参考依据
4.5 汽水	给水、炉水品质	5	查阅化验报告	给水、炉水应每天化验一次，主要项目包括硬度、碱度、pH 值、溶解氧、磷酸根，符合锅炉给水质量标准	《工业锅炉水质》（GB/T 1576—2018）、《火力发电机组及蒸汽动力设备水汽质量》、（GB/T 12145—2016）
	受热面壁温	10	查 DCS，值长记录	超温一次扣 5 分	《山东省电力行业锅炉技术监督工作规定》
	锅炉排污	10	查运行记录	锅炉排污率应控制在规定范围内，超过 2% 的扣 5 分；未定期排污扣 5 分；未记录排污量扣 3 分	《山东省电力行业锅炉技术监督工作规定》
4.6 吹灰	吹灰频次、时间	5	查运行记录	按照规定的程序进行吹灰操作，吹灰频次、时间不符合规程要求的不得分	《火力发电厂锅炉技术监督规程》（DL/T 2052—2019）
	吹灰器投入率	5	查运行记录	投入率大于 95%，不符合不得分	
5	**反措落实**	40			
5.1	反事故措施年度工作计划制定情况，是否结合电厂实际情况制定了有针对性的反事故措施。反事故措施计划执行情况检查，应有相关记录、阶段总结和年度总结	20	检查工作计划	无年度计划不得分；无年度总结扣 10 分；无阶段性总结扣 5 分	《山东省电力行业锅炉技术监督工作规定》第九条（二）、第十一条（三）、第十四条（四）
5.2	25 项反措应编入运行规程，设备改造后应及时修订	20	查看运行、检修规程	反措未编入规程的扣 10 分；设备改造后未及时更新规程的每项扣 5 分；反措应包括：①承压部件爆漏；②承压部件超温超压；③汽包满水和缺水；④锅炉油系统火灾；⑤制粉系统、煤尘爆炸；⑥锅炉尾部再次燃烧；⑦空气预热器卡涩；⑧锅炉灭火；⑨锅炉严重结焦、高温腐蚀；⑩锅炉内爆；⑪ 辅机跳闸；⑫ 蓬煤堵煤；⑬ 迎峰度夏；⑭ 冬季防冻；⑮ 超临界机组氧化皮脱落等，缺少一项扣 5 分	《山东省电力行业锅炉技术监督工作规定》

续表

序号	检查内容	标准分	检查方法	评分标准及办法	参考依据
6	**隐患排查**	50			
6.1	定期隐患排查情况	20	查排查记录	未按要求排查不得分；无排查记录扣5分	《山东省电力行业锅炉技术监督工作规定》
6.2	专项隐患排查情况	10	查排查记录	未按要求排查不得分；无排查记录扣5分	《山东省电力行业锅炉技术监督工作规定》
6.3	同类型机组发生事故后本厂隐患排查情况	20	查排查记录	未按要求排查不得分；事故案例不全每项扣10分	《山东省电力行业锅炉技术监督工作规定》
7	**涉网安全**	120			
7.1	锅炉燃烧工况：燃烧工况正常，是否危及正常稳定运行的缺陷和隐患。主要包括： （1）炉膛压力情况。 （2）燃烧不稳定工况。 （3）火焰偏差、刷壁现象。 （4）飞灰可燃物含量。 （5）煤质分析数据。 （6）超过出力运行的情况。 （7）水冷壁高温腐蚀情况	15	查阅检修、维护记录及总结；现场查询设备情况	（1）没有炉膛压力超限运行记录或评价期内任一月统计单台炉有超限运行6次及以上，扣10分。 （2）在运行中经常发生燃烧不稳定，未做原因分析、未采取措施的扣10分。 （3）火焰出现偏斜、刷壁现象，视情况扣5~10分。 （4）飞灰可燃物含量过大，扣5分	《山东省电力行业锅炉技术监督工作规定》第九条（八）
7.2	是否发生锅炉灭火、炉膛爆炸事故。主要包括： （1）灭火事故记录与分析。 （2）炉膛外爆或内爆事故。 （3）防止灭火及炉膛爆炸事故措施。 （4）燃烧调试试验和锅炉不投油最低稳燃负荷试验。 （5）炉膛压力保护定值。 （6）火焰探头或锅炉灭火保护装置	15	查阅运行记录；查阅有关试验资料；现场查询设备运行情况	（1）发生灭火事故，扣标准分的30%~50%。 （2）发生炉膛外爆或内爆炸事故，扣标准分的100%。 （3）未制订防止灭火及炉膛爆炸事故措施不得分；措施不全面、不正确、不具体扣标准分的30%~50%	《山东省电力行业锅炉技术监督工作规定》

续表

序号	检查内容	标准分	检查方法	评分标准及办法	参考依据
7.3	是否发生锅炉尾部再燃烧事故。主要内容： （1）尾部再燃烧事故。 （2）防止锅炉尾部在燃烧事故措施。 （3）等离子点火系统的防止煤粉未燃或燃尽率偏低措施	15	查阅运行记录；查阅有关试验资料；现场查询设备运行情况	（1）检查期内发生尾部再燃烧事故扣 10 分，已发生事故的原因不明、没有防范措施的扣 10 分。 （2）未制订防止锅炉尾部再燃烧事故措施；措施不全面、不正确、视具体情况扣 5~10 分。 （3）投用等离子点火系统，没有防止煤粉未燃或燃尽率偏低的措施，扣 10 分	《山东省电力行业锅炉技术监督工作规定》
7.4	是否发生炉膛严重结渣事故。主要包括： （1）炉膛严重结渣事故。 （2）改燃易结渣煤种，煤结焦特性分析、配煤掺烧试验	15	查阅运行记录；查阅有关试验资料；现场查询设备运行情况	（1）对易结渣煤种未进行结焦特性分析、配煤掺烧试验，或因未制订调整措施造成炉内结渣的，视情况扣标准分的 20%~40%。 （2）炉内结渣，影响机组安全运行，根据其严重程度，扣标准分的 50%~100%。 （3）炉内存在严重结渣，其部位及原因是否查明，有无防止对策，措施是否落实，视情况扣标准分的 30%~50%	《山东省电力行业锅炉技术监督工作规定》
7.5	是否发生因汽温异常引起停炉的事故。 主要包括： （1）汽温异常记录。 （2）过热器、再热器减温水量超过设计用量。 （3）机组变负荷速率过快，造成锅炉受热面频繁超温	15	查阅运行记录；查阅有关试验资料；现场查询设备运行情况	（1）未建立锅炉受热面超温管理制度和记录簿，或登录不全、不正确，扣标准分的 20%~100%。 （2）正常运行中汽温偏离规程规定值，根据超限次数、持续时间、超限幅度及对机组负荷影响程度，扣标准分的 30%~100%	《山东省电力行业锅炉技术监督工作规定》
7.6	网源平台厂站运维情况。主要包括： （1）煤耗、调峰、综合利用等参数是否按照相关要求上传。 （2）网源平台上传参数的日常维护情况，是否有专人负责	15	查阅子站网源平台数据；查阅数据异常处理记录	（1）未按要求上传扣 10 分，或上传参数不全、不正确，扣标准分的 5 分。 （2）没有专人负责数据维护，异常数据处理不及时，扣标准分的 5 分	《山东省电力行业锅炉技术监督工作规定》

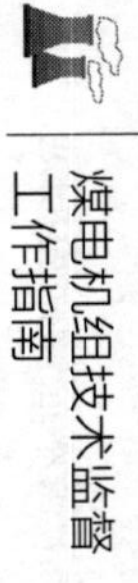

续表

序号	检查内容	标准分	检查方法	评分标准及办法	参考依据
7.7	是否完成灵活性改造、是否存在灵活运行导致机组的异常故障等	10	询问值长或调度主任	进行了灵活性改造且未导致机组异常故障加10分	《山东省电力行业锅炉技术监督工作规定》
7.8	最小技术出力工况下运行参数异常情况（如蒸汽温度等）	10	查运行记录	最小技术出力下运行参数均在规定范围内加10分	《山东省电力行业锅炉技术监督工作规定》
7.9	月/年启停调峰次数，是否开展过停机不停炉	10	查运行记录	开展过停机不停炉加10分	《山东省电力行业锅炉技术监督工作规定》
8	**人员培训**	30			
8.1	本厂锅炉年度培训计划的制定与执行	30	查看培训记录	无培训计划扣10分，培训内容不完善每项扣5分。培训内容应包括： （1）相关法规、标准、规程、管理制度的宣贯、学习。 （2）设备、系统的特性及运行维护说明等设计资料。 （3）先进锅炉安全和节能理论、监督技术。 （4）设备异动后的培训记录，事故处理后的反事故措施培训。 （5）锅炉监督工作宣传，提高锅炉监督网络成员的监督意识	《山东省电力行业锅炉技术监督工作规定》第十六条

附录 8 热工技术监督检查细则

序号	检查项目	标准分	检查内容	检查扣分说明	参考依据
	热工专业	1000			
1	**技术监督体系建设**	200			
1.1	应建立健全总工程师领导的企业内部厂级、专业级、班组级的热工技术监督三级网络	40	检查监督管理制度文件的网络图及成员	根据企业机构的实际情况考核，没有监督机构的不得分；监督机构不健全的扣20分	《山东省电力行业热工技术监督工作规定》
1.2	定期开展热工技术监督网活动，召开本企业热工技术监督工作会议，检查、落实和协调热工技术监督工作	40	检查技术监督网活动记录	年度范围内每缺一次季度技术监督网活动记录扣10分	《山东省电力行业热工技术监督工作规定》
1.3	编制本企业热工技术监督年度计划、总结并及时上报主管领导和上级有关部门	40	检查资料	缺一项，扣10分；每一项不完善，扣5分	《山东省电力行业热工技术监督工作规定》
1.4	按照规定格式和时间如实编写热工技术监督月报和指标完成情况，并上报其管理公司和技术监督办公室，重要问题应及时上报	50	抽检报送山东院的监督月报	年度范围内缺一次月报扣15分；内容不全扣5~10分	《山东省电力行业热工技术监督工作规定》
1.5	参加山东省热工技术监督网组织的技术监督会、监督检查等活动	30	检查实际参加情况	年度范围内不参加一项扣15分	《山东省电力行业热工技术监督工作规定》
2	**日常管理**	100			
2.1	根据热工仪表周检、抽检计划，按时完成热工计量器具的检定工作	20	检查热工计量器具检定资料	不满足要求的一次扣2分	《山东省电力行业热工技术监督工作规定》
2.2	组织和实施热工定期试验，如风量、风压、炉膛压力等管路定期吹扫制度、安全阀回路测试、氧量校验、皮带秤定期校验等。保证热控系统和设备性能指标满足相关规程要求	20	检查资料，核查热控系统和设备性能指标	不满足要求的一次扣2分	《山东省电力行业热工技术监督工作规定》
2.3	定期修订热工保护联锁定值（每两年进行修订，经企业技术监督负责人批准）	20	检查清册内容是否及时更新，并经过编审批	不按期修订的扣10分	《山东省电力行业热工技术监督工作规定》

续表

序号	检查项目	标准分	检查内容	检查扣分说明	参考依据
2.4	制定机组检修计划，实施三级验收等监督项目	20	检查监督项目资料	资料不齐全或不符合要求的一项扣 2 分	《山东省电力行业热工技术监督工作规定》
2.5	组织本企业热控系统事故的调查分析，制订反事故措施	10	检查反措执行情况	资料不齐全或不符合要求的一项扣 2 分	《山东省电力行业热工技术监督工作规定》
2.6	完善设备缺陷档案及缺陷分析报告	10	检查资料，查阅报告	资料不齐全或不符合要求的一项扣 2 分	《山东省电力行业热工技术监督工作规定》
3	**设备状况**	100			
3.1	自动控制系统应投入运行	20	检查实际投运情况	有一项没投入扣 2 分	《山东省电力行业热工技术监督工作规定》
3.2	运行的热工设备（就地设备、DCS 等）应无报警信息存在	20	检查报警信息	有一项报警扣 2 分	《山东省电力行业热工技术监督工作规定》
3.3	分散控制系统电源应设计有可靠的后备手段，电源的切换时间应保证控制器、服务器不被初始化；操作员站如无双路电源切换装置，则必须将两路供电电源分别连接于不同的操作员站；系统电源故障应设置最高级别的报警。 MFT、ETS 等执行部分的继电器逻辑保护系统必须有两路自动切换的可靠电源，或两路可靠电源分别供两套相互独立的冗余继电器逻辑回路。 TSI 必须有两路交流 220V 电源供电，其中至少有一路是 UPS 电源。 严禁非分散控制系统用电设备接到分散控制系统的电源装置上；热控电源柜内开关应有明显、明确标志，备用开关应挂备用标志，是否存在备用开关合闸情况。机柜内应张贴电源开关用途标志名称。 电子间、工程师站的环境应满足相应要求（电子间温度应在 15~30℃；湿度 45%~80%）	20	检查现场情况	每一不符合项扣 2 分	《防止电力生产事故的二十五项重点要求》（国能发安全〔2023〕22 号）第 9.1 条款；《火力发电厂热工自动化系统可靠性评估技术导则》（DL/T 261—2022）

续表

序号	检查项目	标准分	检查内容	检查扣分说明	参考依据
3.4	控制系统升级或改造后应开展 DCS 全功能性能测试	10	检查测试报告	不符合扣 2 分	《防止电力生产事故的二十五项重点要求》（国能发安全〔2023〕22 号）第 9.2.1 条
3.5	热控就地设备的设计、安装、标牌、外观、运行及维护情况是否满足规程要求。检查热控系统定期巡检制度和巡检记录，尤其是高温、高湿和振动大区域的电缆、热控设备的防护隔离情况	30	检查资料和现场实际运行情况	每一不符合项扣 2 分	《山东省电力行业热工技术监督工作规定》
4	**运行指标**	**50**			
4.1	数据采集系统（DAS）测点投入率大于等于 99%	10	检查实际投运情况	不符合要求扣 5 分	《山东省电力行业热工技术监督工作规定》
4.2	主要热工检测参数现场抽检合格率大于等于 98%	10	检查资料	不符合要求扣 5 分	《山东省电力行业热工技术监督工作规定》
4.3	DCS 机组模拟量控制系统（MCS）投入率大于等于 95%	10	检查实际投运情况	不符合要求扣 5 分	《山东省电力行业热工技术监督工作规定》
4.4	保护投入率等于 100%，检查机组保护投入情况，机组的保护投退制度、投退审批及记录等是否满足要求	20	检查实际投运情况	不符合要求扣 10 分	《山东省电力行业热工技术监督工作规定》
5	**反措落实**	**250**			
5.1	锅炉主保护应设置炉膛负压低二值跳锅炉保护；烟风系统联锁应设置炉膛负压低三值跳引风机的保护	20	检查实际设置情况	每一不符合项扣 10 分	《防止电力生产事故的二十五项重点要求》（国能发安全〔2023〕22 号）第 6.2.4 条（3）
5.2	火焰检测装置保证在全负荷段（含深度调峰工况）和全适应煤种条件下都能正确检测到火焰；定期对等离子点火系统进行拉弧试验，能在深调运行或燃烧不稳时及时投入；锅炉深度调峰运行应同步改进并完善吹灰控制策略	30	检查实际设置情况	每一不符合项扣 10 分	《防止电力生产事故的二十五项重点要求》（国能发安全〔2023〕22 号）第 6.2.1 条

续表

序号	检查项目	标准分	检查内容	检查扣分说明	参考依据
5.3	参与灭火保护的炉膛压力测点应单独设置并冗余配置，必须保证炉膛压力信号取样部位设计合理、安装正确，各压力信号的取样管相互独立，系统工作可靠。炉膛负压模拟量测点应冗余配备4套或以上，各套测量系统的取样点、取样管、压力变送器均单独设置：其中三个为调节用，量程应大于炉膛压力异常联跳风机定值，另一个作监视用，其量程应大于炉膛瞬态承压能力极限值	50	检查实际设置情况	每一不符合项扣20分	《防止电力生产事故的二十五项重点要求》（国能发安全〔2023〕22号）第6.2.1条
5.4	应设置主油箱油位低跳机保护，并采取三取二的方式，保护动作值应考虑机组跳闸后的惰走时间	10	检查实际设置情况	每一不符合项扣10分	《防止电力生产事故的二十五项重点要求》（国能发安全〔2023〕22号）第8.4.6条
5.5	润滑油压低报警、联启油泵、跳闸保护、停止盘车定值及测点安装位置应按照制造商要求整定和安装，整定值应满足直流油泵联启的同时必须跳闸停机	20	检查实际设置情况	每一不符合项扣10分	《防止电力生产事故的二十五项重点要求》（国能发安全〔2023〕22号）第8.4.11条
5.6	汽轮发电机组轴系应安装两套转速监测装置，并分别装设在不同的转子上。两套装置转速值相差超过30r/min后分散控制系统（DCS）应发报警	10	检查实际设置情况	每一不符合项扣10分	《防止电力生产事故的二十五项重点要求》（国能发安全〔2023〕22号）第8.1.3条
5.7	所有重要的主、辅机保护都应采用“三取二”“四取二”等可靠的逻辑判断方式，保护信号应遵循从取样点到输入模件全程相对独立的原则，确因系统原因测点数量不够，应有防保护误动及拒动措施，保护信号供电亦应采用分路独立供电回路	20	检查实际设置情况	每一不符合项扣10分	《防止电力生产事故的二十五项重点要求》（国能发安全〔2023〕22号）第9.5.2条
5.8	主要自动控制系统的自动切手动、主重要参数越限、主重要参数间偏差大等应设置报警功能	10	检查实际设置情况	每一不符合项扣10分	《火力发电厂热工自动化系统可靠性评估技术导则》（DL/T261—2022）
5.9	锅炉汽包水位保护所用的三个独立的水位测量装置输出的信号均应分别通过三个独立的I/O模件引入DCS的冗余控制器。每个补偿用的汽包压力变送器也应分别独立配置，其输出信号引入相对应的汽包水位差压信号I/O模件。汽包水位保护应进行实际传动试验	30	检查实际设置情况	每一不符合项扣10分	《防止电力生产事故的二十五项重点要求》（国能发安全〔2023〕22号）第6.4.9条

续表

序号	检查项目	标准分	检查内容	检查扣分说明	参考依据
5.10	主控台上一对主保护跳闸按钮的各自两副触点并联后串联	10	检查实际设置情况	不符合扣 10 分	《火力发电厂热工自动化系统可靠性评估技术导则》（DL/T 261—2022）
5.11	锅炉 MFT 后炉膛吹扫时间不少于 5min。在 MFT 后点火前，若炉膛压力高三值或低三值，则跳闸所有送风机或引风机	10	检查实际设置情况	不符合扣 10 分	《火力发电厂锅炉炉膛安全监控系统技术规程》（DL/T 1091）
5.12	送引风机的控制中应有炉膛压力高低闭锁功能	10	检查实际设置情况	不符合扣 10 分	《火力发电厂热工自动化系统可靠性评估技术导则》（DL/T 261—2022）
5.13	200MW 及以上机组应设计 RB 功能，并经试验合格	20	检查实际投运情况及试验报告	每一台机组未投入某项 RB 扣 5 分，无试验报告扣 10 分	《防止电力生产事故的二十五项重点要求》（国能发安全〔2023〕22 号）第 6.2.4 条、《火力发电厂热工自动化系统可靠性评估技术导则》（DL/T 261—2022）
6	**隐患排查**	50			
6.1	结合机组检修进行热控设备综合或专项隐患排查治理，并制定相应整改措施和计划	50	检查资料	缺一项扣 5 分	《山东省电力行业热工技术监督工作规定》
7	**人员培训**	10			
7.1	制定年度人员培训计划并实施	10	检查资料	缺培训计划、培训记录扣 10 分	《山东省电力行业热工技术监督工作规定》
8	**涉网安全**	240			
8.1	一次调频	120			
8.1.1	是否设置一次调频功能投退按钮	5	现场检查 DCS 控制逻辑及操作界面	设置一次调频功能投退按钮扣 5 分	《发电机组并网安全条件及评价》（GB/T 28566—2012）第 5.2.8.2 条

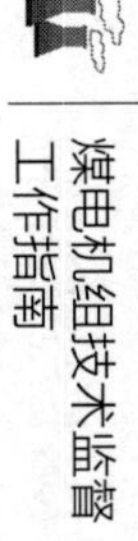

续表

序号	检查项目	标准分	检查内容	检查扣分说明	参考依据
8.1.2	是否有一次调频现场运行管理规程	5	查阅现场规程	无一次调频现场运行管理规程扣 5 分	《发电机组并网安全条件及评价》（GB/T 28566—2012）第 5.2.8.4 条
8.1.3	DEH、DCS 内组态调频死区不大于 ±2r/min	5	现场查看逻辑组态及参数，记录机组实际调频死区	不符合扣 5 分	《并网电源一次调频技术规定及试验导则》（GB/T 40595—2021）第 5.2 条
8.1.4	速度变动率设置不大于 5%	5	现场查看机逻辑组态及参数，记录不等率设置	不符合扣 5 分	《并网电源一次调频技术规定及试验导则》（GB/T 40595—2021）第 5.4 条
8.1.5	参与一次调频限幅设计满足要求： （1）额定有功功率 P_N<350MW 机组一次调频功率变化幅度应不小于 ±10% P_N。 （2）350MW ≤ P_N<500MW 机组一次调频功率变化幅度应不小于 ±8% P_N。 （3）P_N ≥ 500MW 机组一次调频功率变化幅度应不小于 ±6% P_N。 （4）额定负荷运行机组应参与一次调频，增负荷方向最大调频负荷增量幅度不小于 6%P_N	30	现场查看机组逻辑组态及参数，记录机组实际上下限幅值	不符合一项扣 10 分	《并网电源一次调频技术规定及试验导则》（GB/T 40595—2021）第 5.3.1 条
8.1.6	机组初次并网、大修、控制系统发生重大改变或加装影响调频性能的外挂装置后，是否完成机组一次调频试验。五年内（2018 年 6 月至今）是否开展一次调频试验	20	查阅各机组在 5 年时间内的检修项目是否有涉网控制系统改造	检查最近机组大修或改造情况，每缺一次试验扣 10 分，对 5 年内未按规定开展试验的机组进行记录	《防止电力生产事故二十五项重点要求》（国能发安全〔2023〕22 号）第 5.1.17.2 条
8.1.7	机组一次调频试验应满足： （1）运行工况选择，包括单阀和顺序阀控制方式。 （2）试验应至少包括 60% P_N、75% P_N、90%P_N。	20	查阅试验报告	每缺一项扣 10 分	《并网电源一次调频技术规定及试验导则》（GB/T 40595—2021）

续表

序号	检查项目	标准分	检查内容	检查扣分说明	参考依据
8.1.7	（3）扰动量选择，每个工况点至少进行 ±0.1Hz（±6r/min）及 ±0.133Hz（±8r/min）频差扰动试验；选取 75% P_N 负荷点进行调频上限试验。 （4）响应指标应满足：响应时间应不大于 2s，机组达到 75% 目标负荷的时间应不大于 15s，上升时间应不大于 30s，有功功率调节时间应不大于 45s。 （5）一次调频有功功率超调量不大于 30%，振荡次数不大于 2 次	20	查阅试验报告	每缺一项扣 10 分	《并网电源一次调频技术规定及试验导则》（GB/T 40595—2021）
8.1.8	一次调频大扰动（≥ ±0.1Hz）动作时，机组的负荷响应时间、动作幅值、负荷偏差等指标是否满足要求	20	查看一次调频大扰动动作情况	不符合一项扣 10 分	《电网运行准则》（GB/T 31464—2022）第 5.4.2.3.1 条
8.1.9	所有机组是否完成一次调频远程大频差（±11r/min 或 ±12r/min）性能测试，测试通道相关限幅是否满足要求	10	现场查看	不符合每台机组扣 5 分	《电力系统网源协调技术导则》（GB/T 40594—2021）
8.2	自动发电控制（AGC）	120			
8.2.1	设计有自动发电控制（AGC）的发电机组是否开展联调试验，并能正常运行。 （1）查看是否有 AGC 联调记录。 （2）查看调度侧下发负荷指令与机组接收到的 AGC 指令信号之间误差是否在 ±0.2% 之内。 （3）查看机组送调度的负荷信号与调度收到的负荷信号误差是否在 ±0.2% 之内。 （4）查看机组侧是否设置 AGC 信号异常处理功能。如 AGC 指令信号判断坏质量时，进行指令保持或切 AGC 报警等。 （5)查看机组侧是否设置频率约束功能。当频率超过（50±0.1）Hz 时，机组不允许反向调节	30	现场检查自动发电控制联调试验和逻辑设计	一项不符合扣 10 分	《电网运行准则》（GB/T31464—2022）第 5.4.2.3.4 条、《火力发电厂自动发电控制性能测试验收规程》（DL/T 1210—2013）

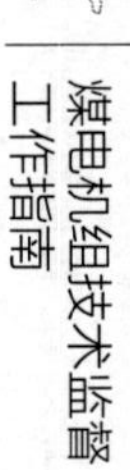

续表

序号	检查项目	标准分	检查内容	检查扣分说明	参考依据
8.2.2	完成机组 AGC 性能试验，相关指标满足要求： （1）调节范围：在最低技术出力至额定出力范围内连续可调。 （2）调节速率：机组正常升、降负荷调节速率满足（按机组额定出力的百分数表示，单位为 MW/min）：循环流化床机组不小于 1%、直吹式火电机组应不小于 1.5%；中间储仓式火电机组不小于 2%。 （3）调节误差：一般不大于额定出力的 1%。 （4）响应时间：直吹式机组应不大于 60s；中间储仓式机组应不大于 40s。 （5）机组主参数波动应符合《火力发电厂自动发电控制性能测试验收规程》（DL/T 1210—2013）要求	40	查阅试验报告，重点核查运行参数性能和指标是否满足要求	一项不符合扣 20 分	《电网运行准则》（GB/T 31464—2022） 第 5.4.2.3.1、5.4.2.3.4 条，《火力发电厂自动发电控制性能测试验收规程》（DL/T 1210—2013）
8.2.3	机组初次并网、大修、控制系统发生重大改变或加装影响 AGC 性能的外挂装置后，是否完成机组 AGC 试验。五年内是否开展 AGC 试验	50	检查最近机组大修或改造情况，查阅试验报告	每缺一次试验扣 20 分，对 5 年内未开展试验的机组进行记录	《防止电力生产事故二十五项重点要求》（国能发安全〔2023〕22 号）第 5.1.19.3 条

附录 9　化学技术监督检查细则

序号	检查项目	标准分	检查内容	检查扣分说明	参考依据
1	**技术监督体系建设**	40			
1.1	监督网机构健全	10	建立厂（局）级监督网并有文件，制定本单位监督工作实施细则	现场检查、询问、查阅相关记录，缺陷的、不符合的扣 10 分	《山东电力化学技术监督工作规定》
1.2	监督网人员配备	10	文件明确监督专责工程师	缺少明确监督专责工程师的，不符合的扣 10 分	
1.3	监督设备	10	监督设备配置完整，符合相应规程要求	现场检查、询问、查阅相关记录，缺陷的、不符合的扣 10 分	
1.4	监督报表与总结	5	定期上报全年、半年、季度报表与总结	现场检查、询问、查阅相关记录，缺陷的、不符合的扣 10 分	
1.5	文件与资料	5	监督工作规定，监督会议纪要，有关计量监督文件、法规、法令、规定、规程等保存齐全	现场检查、询问、查阅相关记录，缺陷的、不符合的扣 10 分	
2	**煤质监督**	200			
2.1	档案管理	5	煤质设备性能可靠，经长期试验证明可靠稳定；设备维护得当，有维修维护人员和相关记录	检查设备维修维护记录，每缺一项扣 1 分	《火电厂燃煤管理技术导则》（DL/T 1668—2016）、《山东电力化学技术监督工作规定》
		5	仪器设备档案健全，包括仪器设备名称、唯一标识、授权使用记录、仪器说明书、检定 / 校准证书或性能试验报告	检查仪器设备授权使用记录、仪器说明书等，每缺一项扣 1 分	
		5	仪器状态应有明显标识，标识内容包括“合格、降级、不合格、报废、有效期、仪器设备管理责任人”等	检查仪器设备的明显标识，每缺一项扣 1 分	
		5	工作人员应保存相应的标准或最新检验规程	检查设备的标准或最新检验规程，每缺一项扣 1 分	
		10	煤质使用标准应为最新版本	检查检测用标准，每不符合一项扣 2 分	

续表

序号	检查项目	标准分	检查内容	检查扣分说明	参考依据
2.2	人员管理	10	检查人员证书及原始记录/运行报表，证书颁发机构是否为资质授权机构	每缺一项扣1分	《山东电力化学技术监督工作规定》
		10	证书项目内容是否涵盖人员实验内容	每不符合一项扣1分	
		10	原始记录或运行报表是否有无证人员签字	每出现一次扣1分	
2.3	实验室管理	10	设置：天平室、工业分析室、发热量测定室、元素分析室、煤样存放室	应设置：天平室、工业分析室、发热量测定室、元素分析室、煤样存放室，每缺一项扣1分	《化学监督导则》（DL/T 246—2015）、《火电厂燃煤管理技术导则》（DL/T 1668—2016）、《山东电力化学技术监督工作规定》
		10	实验室的环境温度、相对湿度应符合国家、行业相关标准的要求，并应设立与外界隔离的保温防尘缓冲间，温度和相对湿度记录应妥善保存	存样间无热源及阳光直射等，发热量测定室设立与外界隔离的保温防尘缓冲间，每缺一项扣1分	
		10	存样间设置“一门两锁”制度，并有专人保管	存样间设置“一门两锁”制度，并由专人保管，不符合扣5分	
2.4	标准物质	10	（1）标准物质在有效期内。 （2）苯甲酸在有效期内，并应符合使用要求。 （3）日常做样时，宜带标样进行检测	标准物质在有效期内，缺项扣2分 苯甲酸在有效期内，并应符合使用要求，缺一项扣2分	《煤炭成分分析和物理特性测量标准物质应用导则》（GB/T 29164—2012）、《山东电力化学技术监督工作规定》
2.5	煤样检测项目要求	10	对每日每批来煤进行全水分、工业分析（包括水分、灰分、挥发分及固定碳）、全硫含量及发热量测定	检查相关记录及报表，测试频率不够/缺一项扣2分	《山东电力化学技术监督工作规定》
		10	对入厂煤每月至少进行一次按各矿别累积混合样的工业分析、发热量及全硫含量测定	检查相关记录及报表，测试频率不够/缺一项扣2/1分	
		10	对入厂新煤源除进行规定的测定项目外，还应测定元素分析、灰熔融性、可磨性等	检查相关记录及报表，测试频率不够/缺一项扣2/1分	

续表

序号	检查项目	标准分	检查内容	检查扣分说明	参考依据
2.5	煤样检测项目要求	5	主要入厂煤应按矿别每半年对累积混合样进行全分析一次，即包括工业分析、元素分析、发热量、全硫含量、灰熔融性等	检查相关记录及报表，测试频率不够 / 缺一项扣 2/1 分	《山东电力化学技术监督工作规定》
		5	入厂煤的元素分析应按煤源每季进行一次	检查相关记录及报表，测试频率不够 / 缺一项扣 2/1 分	
		5	每日对入炉煤进行全水分、工业分析（包括水分、灰分、挥发分及固定碳）、全硫含量及高、低位发热量测定	检查相关记录及报表，测试频率不够 / 缺一项扣 2/1 分	
		5	每月对入炉煤累积混合样进行一次的工业分析、发热量及全硫含量测定	检查相关记录及报表，测试频率不够 / 缺一项扣 2/1 分	
		5	每季对累积混合样进行一次元素分析	检查相关记录及报表，测试频率不够 / 缺一项扣 2/1 分	
		5	每班至少进行一次飞灰可燃物及煤粉细度的测定	检查相关记录及报表，测试频率不够 / 缺一项扣 2/1 分	
2.6	外委管理	5	未建立煤质检测标准实验室或不具备相应检测资质（能力）的单位，煤质检验工作应委托有相应检测资质的机构开展。设备管理人员应核查检测机构资质、依据规程、检测项目和检测结果	检查相关记录及报表，测试频率不够 / 缺一项扣 2/1 分	《山东电力化学技术监督工作规定》
2.7	实验用设备	6	（1）计量仪器按时检定 / 校准，检定 / 校准证书有效。检定 / 校准周期：天平、测硫仪、烘箱、高温炉、灰熔点仪等一年；热量仪、氧弹、筛网两年。 （2）烘箱、高温炉、热量计、测硫仪、工业分析仪等仪器设备每月使用国家一级或二级标准物质进行自检。 （3）热量计热容量每季至少标定一次	检查相关仪器设备检定 / 校准记录，测试频率不够 / 缺一项扣 2/1 分 检查相关实验的自检记录，测试频率不够 / 缺一项扣 2/1 分 检查热容量的标定记录测试频率，不够 / 缺一项扣 2/1 分	《山东电力化学技术监督工作规定》

续表

序号	检查项目	标准分	检查内容	检查扣分说明	参考依据
2.8	机械化采制样装置	5	（1）检查机械采制样装置整机综合性能验收报告，判定是否合格。 （2）确认机械采制样装置整机综合性能检验是否由有能力、有经验的第三方权威机构完成。 （3）检验周期是否在两年内。 （4）设备使用记录、维护记录。 （5）年投运率不低于 90%	检查机械采制样装置整机综合性能验收报告，判定是否合格，每不符合一项扣 1 分 确认机械采制样装置整机综合性能检验是否由有能力、有经验的第三方权威机构完成，每不符合一项扣 1 分 检验周期是否在两年内，每不符合一项扣 1 分	《山东电力化学技术监督工作规定》
2.9	人工采样符合标准要求	9	（1）人工采样方案或作业指导书。 （2）采样精密度核验报告或记录。 （3)采样报告信息：采样人员、采样时间、采样方法、批煤质量、采样单元数、子样数目、总样质量、气候记录、异常情况记录等	检查人工采样资料及记录，每不符合一项扣 1 分	《商品煤样人工采取方法》（GB/T 475—2008）第 5、11 章
2.10	人工制样符合标准要求；	10	（1)人工制备煤样程序图（或作业指导书） （2）煤样全水分校正记录 （3）存查煤样记录：样品保存期应不少于 2 个月。 （4）制样记录信息：制样人员、制样时间等	检查人工制样资料及记录，每不符合一项扣 1 分	《煤样的制备方法》（GB 474—2008）第 11.2.2、11.3、11.4 条
2.11	煤质技术监督考核的主要指标	5	入厂煤验收检质率 100%，入炉煤验收检质率 100%。	入厂煤验收检质率 100%。检质率每降低 1%, 扣 1 分；95% 以下不得分 入炉煤验收检质率 100%。检质率每降低 1%, 扣 1 分；95% 以下不得分	《山东电力化学技术监督工作规定》
3	**油务监督**	205			
3.1	汽轮机油的监督	55			

续表

序号	检查项目	标准分	检查内容	检查扣分说明	参考依据
3.1.1	汽轮机油的新油验收	10	新油必须验收合格后，方可入库、使用。必须验收检测的项目：外观、运动黏度、倾点、密度、闪点、酸值、水分、泡沫性、空气释放值、铜片腐蚀、液相锈蚀、抗乳化性、旋转氧弹、清洁度	检查验收记录，虽然验收，但验收检测项目不全，每少一项，扣 1 分	《涡轮机油》（GB 11120—2011）、《变压器油维护管理导则》（GB/T 14541—2017）、《山东省电力行业化学技术监督工作规定》
				检查验收记录，未验收就使用，油质合格，扣 2 分	
				检查验收记录，未验收就使用，油质不合格，扣 5 分	
				供油商未提供抗氧化剂的类型信息，扣 5 分	
3.1.2	运行中汽轮机油的质量标准	10	（1）符合运行中汽轮机油质量标准。必须检测的项目：外观、色度、运动黏度、闪点、颗粒污染等级、酸值、水分、泡沫性、空气释放值、液相锈蚀、抗乳化性、旋转氧弹、抗氧剂含量。 （2）项目检测周期符合标准要求	检查运行台账或检测报告，所有指标全部检测，每一不合格项扣 1 分	《电厂运行中矿物涡轮机油质量》（GB/T 7596—2017）、《变压器油维护管理导则》（GB/T 14541—2017）、《山东省电力行业化学技术监督工作规定》
				检查运行台账或检测报告，所有质量指标，每少检测一项扣 1 分	
				检查运行台账或检测报告，所有检测指标，周期检测每少一次扣 1 分	
3.1.3	汽轮机油防劣措施	10	对抗氧化剂类型为 T501 的，应进行油中 T501 抗氧化剂含量测定	每年测定一次 T501 抗氧化剂含量，每少一次扣 1 分	《电厂运行中矿物涡轮机油质量》（GB/T 7596—2017）、《电厂用矿物涡轮机油维护管理导则》（GB/T14541—2017）第 10.5.3 条 a
				低于新油原始测定值的 25%，扣 5 分	
3.1.4	汽轮机 油系统 大修检查	10	汽轮机润滑系统，检查设备台账系统管路及各主要部件	系统管路及各主要部件有轻微锈蚀，扣 1 分	《山东省电力行业化学技术监督工作规定》
				系统管路及各主要部件有严重锈蚀，扣 2 分	
				冷油器油泥平均厚度 1mm 以上，扣 5 分	
				油箱底部油泥、杂质较少，扣 5 分	

续表

序号	检查项目	标准分	检查内容	检查扣分说明	参考依据
3.1.5	新机组投运	5	颗粒度不大于 SAE AS4059F 标准中 7 级	检查报告，检测结果不合格，扣 5 分	《电厂用矿物涡轮机油维护管理导则》（GB/T 14541—2017）第 6.2 条
3.1.6	运行汽轮机油颗粒度要求	10	运行中汽轮机油颗粒度小于等于 SAE AS4059F 标准中 8 级，该项目运行“期望值”为 SAE AS4059F 标准 7 级	检查运行台账或检测报告，周期检测每少一次扣 1 分 100MW 及以上机组，每季测定一次，100MW 以下机组，每半年测定一次，每少一次扣 1 分	《山东省电力行业化学技术监督工作规定》
3.2	抗燃油监督	30			
3.2.1	抗燃油新油验收	10	新油必须逐桶验收，合格后方可入库、使用。必须验收检测的项目：外观、颜色、密度、运动黏度、倾点、闪点、自燃点、酸值、颗粒度、水分、电阻率、氯含量、泡沫特性、空气释放值	检查验收记录，虽然验收，但验收检测项目不全，每少一项扣 1 分 检查验收记录，未验收就使用，油质合格，扣 2 分 检查验收记录，未验收就使用，油质不合格，扣 2 分	《电厂用磷酸酯抗燃油运行维护导则》（DL/T 571—2014）第 4 章、《山东省电力行业化学技术监督工作规定》
3.2.2	运行抗燃油监督	10	（1）运行油各项检测指标及检测周期不应低于《电厂用磷酸酯抗燃油运行维护导则》（DL/T 571—2014）要求。 （2）新投产机组，颗粒度应小于等于 SAE AS4059 标准 6 级。 （3）运行中抗燃油颗粒度每季（月）检测一次，执行 SAE AS4059 标准≤ 6 级，并要求达到“期望值”≤ 5 级	检查运行台账或检测报告，所有质量指标全部检测，每一不合格项扣 1 分 检查运行台账或检测报告，所有质量指标，每少检测一项扣 1 分 检查运行台账或检测报告，所有检测指标，周期检测每少一次扣 1 分 检查报告，检测结果不合格，扣 2 分 检查运行台账或检测报告，检测结果不合格，扣 2 分	《电厂用磷酸酯抗燃油运行维护导则》（DL/T 571—2014）、《山东省电力行业化学技术监督工作规定》

续表

序号	检查项目	标准分	检查内容	检查扣分说明	参考依据
3.2.3	运行 抗燃油 防劣措施	10	（1）用旁路再生过滤器保证酸值小于0.08mgKOH/g。 （2）定期更换油箱顶部的空气过滤器的滤芯	检查运行记录。机组运行期间应不间断连续投运保证油质，否则，扣2分 检查运行记录和检测报告，机组运行期间酸值等相关指标有上升趋势时，不能及时更换滤芯或定期更换滤芯，扣2分 检查运行记录，再生装置有定期更换记录，否则扣2分	《山东省电力行业化学技术监督工作规定》
3.3	绝缘油监督	55			
3.3.1	绝缘油 新油验收	10	新油必须验收合格后，方可入库、使用。必须验收检测的项目：倾点、运动黏度、水含量、击穿电压、密度、介质损耗因数、外观、酸值、水溶性酸或碱、界面张力、腐蚀性硫、抗氧化添加剂含量、糠醛含量、闪点	检查验收记录，虽然验收，但验收检测项目不全，每少一项扣1分 检查验收记录，未验收就使用，油质合格，扣2分 检查验收记录，未验收就使用，油质不合格，扣5分	《电工流体　变压器和开关用的未使用过的矿物绝缘油》（GB 2536—2011）、《变压器油维护管理导则　》（GB/T 14542—2017）、《山东省电力行业化学技术监督工作规定》
3.3.2	运行 绝缘油 监督	10	符合运行中变压器油质量标准，必须验收检测的项目：外状、色度、水溶性酸、酸值、闪点、水分、界面张力、介质损耗因数、击穿电压、电阻率、含气量、腐蚀性硫、颗粒度	检查运行台账或检测报告，所有质量指标全部检测，每一不合格项扣1分 检查运行台账或检测报告，所有质量指标，每少检测一项扣1分 检查运行台账或检测报告，所有检测指标，周期检测每少一次扣1分	《运行中变压器油质量》（GB/T 7595—2017）、《变压器油维护管理导则》（GB/T 14542—2017）、《山东省电力行业化学技术监督工作规定》
3.3.3	变压器油防劣措施	5	进行油中T501抗氧化剂含量测定	每年测定一次T501抗氧化剂含量，每少一次扣1分	《运行中变压器油质量》（GB/T 7595—2017）

续表

序号	检查项目	标准分	检查内容	检查扣分说明	参考依据
3.3.4	油中溶解气体分析	30	（1）色谱检测及周期按标准规范。 （2）变压器和电抗器在投运前和大修后，需要做一次色谱分析。 （3）互感器，除制造厂明确规定不许取油样密封设备外，一般在投运前做一次色谱分析。 （4）允许取样的互感器，投运后第一次停电做一次色谱分析，若无异常改为周期检测。 （5）变压器发生气体继电器动作、受大电流冲击、内部有异常响声、油温明显升高等异常情况时，立即进行色谱分析。 （6）确认有产气故障的，应立即停电或进行跟踪分析的具体处理措施。 （7）对于互感器、套管等少油设备，若油中含有乙炔，应查明原因并采取适当措施	检查计量或校准证书，超计量周期使用，扣2分 检查仪器使用记录或维护记录。因故不能开展色谱分析，每缺一次，扣1分 检查设备分析台账，超检测周期分析，没有发生事故，扣2分 检查设备分析台账，超检测周期分析，发生事故，扣5分 检查运行台账或检测报告，所有质量指标，每少检测一项扣1分 没有上岗证书，扣2分 检查变压器、电抗器、互感器、套管运行台账或检测报告。未检测或检测结果不合格，每发现一项扣1分 检查计量或校准证书，超计量周期使用扣2分 检查仪器使用记录或维护记录，因故不能开展色谱分析，每缺一次扣2分 检查设备分析台账，超检测周期分析，没有发生事故，扣2分 检查设备分析台账，超检测周期分析，发生事故，扣5分 检查运行台账或检测报告，所有质量指标，每少检测一项，扣1分	《绝缘油中溶解气体组分含量的气相色谱测定法》（GB/T 17623—2017）、《变压器油中溶解气体分析和判断导则》（DL/T 722—2014）、《山东省电力行业化学技术监督工作规定》
3.4	六氟化硫监督	40			

续表

序号	检查项目	标准分	检查内容	检查扣分说明	参考依据
3.4.1	六氟化硫新气验收	10	六氟化硫瓶装新气到货后，必须按规定比例验收后，方可使用。必须检测的项目：六氟化硫纯度、空气含量、四氟化碳、六氟乙烷、八氟丙烷、水分、酸度、可水解氟化物、矿物油	六氟化硫新气未验收使用，扣 5 分	《工业六氟化硫》（GB/T 12022—2014）、《山东省电力行业化学技术监督工作规定》
				六氟化硫新气验收时，仅测定水分，扣 2 分	
				虽然六氟化硫新气按必检项目检测验收，但抽检比例不符合要求，扣 1 分	
3.4.2	运行六氟化硫气体监督	10	（1）运行气体湿度检测及周期。 （2）运行气体分解产物测定	不具备六氟化硫气体水分测试能力，扣 5 分	《六氟化硫电气设备中气体管理和检测导则》（GB/T 8905—2012）、《六氟化硫电气设备气体监督导则》（DL/T 595—2016）、《气体分析　微量水分的测定　第 2 部分：露点法》（GB/T 5832.2—2016）、《山东省电力行业化学技术监督工作规定》
				六氟化硫气体水分测试仪必须在计量或校准期内使用，否则，扣 2 分	
				测试条件达不到条件，扣 5 分	
				按规定周期对六氟化硫设备内气体水分进行测试，否则，扣 2 分	
				检查运行台账或检测报告，未检测或检测结果不合格，扣 2 分	
3.4.3	设备解体时六氟化硫气体的质量监督	10	（1）退役或检修设备中气体不得直接排放至大气。 （2）使用过的气体全部装入有明显标记的容器，以便于处理。 （3）电气设备需要补气时，按规定执行	检查设备检修台账和气体回收台账，每一项不符合扣 2 分	
3.4.4	回收再利用气体的监督管理	10	回收的气体，经净化达到新气质量标准后重新使用	检查报告，每一项不符合扣 2 分	《工业六氟化硫》（GB/T 12022—2014）、《山东省电力行业化学技术监督工作规定》
3.5	持证上岗和油质检验	15			
3.5.1	持证上岗	5	油务及六氟化硫分析检测人员必须持有岗位资格证书	无证人员从事分析检测、核验工作。每一人扣 1 分	《山东省电力行业化学技术监督工作规定》

续表

序号	检查项目	标准分	检查内容	检查扣分说明	参考依据
3.5.2	计量器具校验	5	实验室使用的计量仪器，应取得计量合格证书	未经过计量认证或不在认证周期，每一项不符合扣2分	《山东省电力行业化学技术监督工作规定》
3.5.3	基本仪器配备	5	实验室应配备基本的仪器设备	未配备常用检测仪器，扣2分	《山东省电力行业化学技术监督工作规定》
3.6	油质合格率及油耗	10			
3.6.1	油质合格率	5	油质合格率要达到99%及以上	变压器油、汽轮机油和抗燃油油质合格率在99%以下，每种油每降1%，扣2分	《山东省电力行业化学技术监督工作规定》
				无油质合格率数据，扣2分	
3.6.2	油耗	5	汽轮机油耗、变压器油耗	汽轮机油耗大于10%，每增加1%，扣2分	《山东省电力行业化学技术监督工作规定》
				变压器油耗大于1%，每增加0.5%，扣2分	
4	**水汽品质及热力系统监督**	210			
4.1	水汽异常	20	（1）有人身重伤、死亡事故，重大化学责任事故。 （2）发生腐蚀、结垢、积盐而引起锅炉爆管、泄漏事故。 （3）因水汽品质恶化造成停机、停炉。 （4）水汽品质恶化该停不停。 （5）发生化学操作不当，如向热力系统误补酸性水、加错药品等，但未造成停机、停炉。 （6）发生上述事故、故障没有上报而经检查发现	审查年度资料及报告，每项单次扣5分	《化学监督导则》（DL/T 246—2015）第3章

续表

序号	检查项目	标准分	检查内容	检查扣分说明	参考依据
4.2	水汽测试方法、项目和频率	20	（1）运行监督中常用试验方法应按规程、规范要求。 （2）每项测试结果符合规律、准确、达到相应要求。 （3）监督项目（包括在线仪表和人工分析）。 （4）测试频率（包括在线仪表和人工分析）。 （5）在线仪表测试误差超差时应立即按规定的测试项目和频率恢复人工测试（仪表参与其准确率考核）并符合 10.6.1.4 的周期。 （6）原水全分析每年不少于 4 次。 （7）循环水全分析每年不少于 4 次。 （8）运行记录、日志、试验报告、原始记录。 （9）有基建、扩建改造项目的电厂应满足可提供至少年度四季的水质全分析报告的要求	审查年度资料及报告，每项单次扣 1 分	《火力发电机组及蒸汽动力设备水汽质量》（GB/T 12145—2016）、《化学监督导则》（DL/T 246—2015）、《发电厂化学设计规范》（DL 5068—2014）、《发电厂在线化学仪表检验规程》（DL/T 677—2018）
4.3	水汽指标合格率	30			
4.3.1	机组运行	15	（1）水汽品质总合格率应达 98%以上。 （2）凝水溶氧合格率应达到 95%以上。 （3）给水铜、铁的单项合格率应达到 95%以上。 （4）发电机内冷水中铜含量合格率应达到 95%以上。 （5）制定机组运行过程的“期望值”	总合格率低于 95% 扣 10 分；检查运行规程，运行记录缺项单次扣 1 分	《火力发电机组及蒸汽动力设备水汽质量》（GB/T 12145—2016）、《化学监督导则》（DL/T 246—2015）、《发电厂化学设计规范》（DL/T 5068—2014）、《发电厂在线化学仪表检验规程》（DL/T 677—2018）、《山东省电力行业化学技术监督工作规定》

续表

序号	检查项目	标准分	检查内容	检查扣分说明	参考依据
4.3.2	启动过程中	15	（1）机组冷态启动按规定进行启动过程中监测。 （2）测试频率应按机组启动各阶段工况进行（每次）。 （3）按规定每个工况的测试项目（每次）。 （4）升负荷各阶段必须做铁的测定（每次） （5）测铁的频率应能满足升负荷各阶段的要求（每次）。 （6）升负荷各阶段中测试数据达到相应质量标准（每次）。 （7）冷态启动时调度负荷 8h 统计汽水品质合格率（每次）。 （8）热态启动的机组应严密注意给水溶氧（每次）	检查运行记录缺项单次扣 1 分；测量频次不够，扣 1 分；测试工况缺项，扣 1 分	《火力发电机组及蒸汽动力设备水汽质量》（GB/T 12145—2016）、《化学监督导则》（DL/T 246 —2015）、《发电厂化学设计规范》（DL/T 5068—2014）、《发电厂在线化学仪表检验规程》（DL/T 677—2018）、《山东省电力行业化学技术监督工作规定》
4.4	机组大修	50			
4.4.1	水汽系统检查与分析	25	（1）按要求对汽包、除氧器、高压加热器、低压加热器、下水包（下连箱）等热力设备及发电机内冷水系统进行监督检查。 （2）按照规定进行水冷壁、省煤器、过热器、再热器割管检查。如果因为某种原因前次小修中已割管，当次大修不再做要求。 （3）对凝汽器抽管检查（凝汽器为钛管、不锈钢管的，视运行情况不强调必须抽管）。 （4）对汽轮机通流部分积盐和腐蚀情况有详细检查记录，记录各级叶片的沉积量、pH、主要沉积成分等。 （5）对水汽系统的其他辅机设备的检查、验收。	检查热力系统台账记录不完整、记录不规范，每少一处扣 1 分；抽样位置不符合规定，每项单次扣 1 分；汽轮机通流位置的检查情况缺项，每项单次扣 1 分；检查管样的处理与存放不规范的，每项单次扣 1 分；割管或抽管后未做垢量、沉积率或成分分析的，每项单次扣 1 分；检查检修台账不完整的，每项单次扣 1 分	《火力发电厂水汽化学监督导则》（DL/T 561—2022）、《火力发电厂机组大修化学检查导则》（DL/T 1115—2019）

续表

序号	检查项目	标准分	检查内容	检查扣分说明	参考依据
4.4.1	水汽系统检查与分析	25	（6）正确地刨开管样、处理管样、留样存放。 （7）对沉积物、腐蚀产物做成分分析（凝汽器抽管不做沉积物成分分析的强制要求）。 （8）各种管样制作合理，保存完好。要求管样保存最近两次大修管样。 （9）机组检修台账应数据齐全并配有彩色照片	检查热力系统台账记录不完整、记录不规范，每少一处扣 1 分；抽样位置不符合规定，每项单次扣 1 分；汽轮机通流位置的检查情况缺项，每项单次扣 1 分；检查管样的处理与存放不规范的，每项单次扣 1 分；割管或抽管后未做垢量、沉积率或成分分析的，每项单次扣 1 分；检查检修台账不完整的，每项单次扣 1 分	《火力发电厂水汽化学监督导则》（DL/T 561—2022）、《火力发电厂机组大修化学检查导则》（DL/T 1115—2019）
4.4.2	检查结果评价	25	（1）水冷壁向火侧结垢速率小于 40g/（m^2·a）、40~80g/（m^2·a）、大于 80g/（m^2·a）。 （2）水冷壁向火侧基本无腐蚀 / 轻微腐蚀小于等于 1mm/ 局部溃疡腐蚀或点蚀大于 1mm。 （3）省煤器基本无腐蚀 / 轻微腐蚀小于等于 1mm/ 局部溃疡腐蚀或点蚀大于 1mm。 （4）省煤器沉积量小于 20g/（m^2·a）为一类，20~100g/（m^2·a）为二类，大于 100g/（m^2·a）按三类计。 （5）过热器管内基本无腐蚀 / 轻微腐蚀小于等于 1mm，局部溃疡腐蚀或点蚀大于 1mm。 （6）再热器管内基本无腐蚀 / 轻微腐蚀小于等于 1mm，局部溃疡腐蚀或点蚀大于 1mm。 （7）汽轮机转子、隔板和叶片的腐蚀：基本无腐蚀 / 低压缸有轻微锈蚀，初凝区隔板有轻微腐蚀 / 下隔板有较严重锈蚀，不锈钢出现针孔，初凝区隔板有严重腐蚀。	检查台账、管样、沉积速率大于 80g/（m^2·a），扣 2 分；检查台账、管样，局部溃疡腐蚀或点蚀大于 1mm，扣 2 分；检查台账，结盐量大于 10mg/（cm^2·a），扣 2 分；检查台账、管样，结垢量大于 0.5mm，扣 2 分	《火力发电厂水汽化学监督导则》（DL/T 561—2022）、《火力发电厂机组大修化学检查导则》（DL/T 1115—2019）、《山东省电力行业化学技术监督工作规定》

续表

序号	检查项目	标准分	检查内容	检查扣分说明	参考依据
4.4.2	检查结果评价	25	（8）汽轮机转子、隔板和叶片的积盐：不结盐或结盐量小于 1mg/（cm^2·a）；少量结盐，结盐量 1~10mg/（cm^2·a）；结盐较多，结盐量大于 10mg/（cm^2·a）。 （9）凝汽器铜管的均匀腐蚀：腐蚀量小于 0.005mm/a、0.005~0.02mm/a、大于 0.02mm/a。 （10）凝汽器铜管的局部腐蚀：无 / 管壁点蚀，沟槽深度小于等于 0.3mm；点蚀，沟槽深度大于 0.3mm 或已有部分管子穿孔。 （11）凝汽器管的结垢：基本无垢、垢量小于等于 0.5mm、大于 0.5mm。 （12）除氧器、各级加热器检查无异常	检查台账、管样、沉积速率大于 80g/（m^2·a），扣 2 分；检查台账、管样，局部溃疡腐蚀或点蚀大于 1mm，扣 2 分；检查台账，结盐量大于 10mg/（cm^2·a），扣 2 分；检查台账、管样，结垢量大于 0.5mm，扣 2 分	《火力发电厂水汽化学监督导则》（DL/T 561—2022）、《火力发电厂机组大修化学检查导则》（DL/T 1115—2019）、《山东省电力行业化学技术监督工作规定》
4.5	停炉保护	15	（1）停炉保护的内容列入锅炉和化学运行规程。 （2）应建有较完整的设备停用保护台账。 （3）要求有停用保护的具体措施、实施方法。 （4）按要求的监测项目和频率进行测试； （5）停炉保护的效果评价	没有停炉规程，扣 2 分；停炉保护的记录及台账不健全，扣 2 分；年内保护的锅炉没有停用保护的具体措施或实施方法，扣2分；监测内容缺失或降低频率，扣 2 分；检查执行情况不完善的，扣 2 分	《火力发电厂停（备）用热力设备防锈蚀导则》（DL/T 956—2017）
4.6	循环水处理	15	（1）循环水系统进行防腐、防垢、防菌藻处理。 （2）循环水不能正常加药处理。 （3）根据水质情况，每日至少 2 次进行监督项目分析化验。 （4）循环水胶球清洗工作在机组正常运行情况下，每2天至少1次，应有详细的投球、收球记录，并收球率达到 95% 以上。 （5）海滨电厂或直流冷却系统机组应有防腐、防菌藻处理，所有工作应有详细记录，没有记录或进行了某项工作但效果不好。	防腐、防垢、防菌藻措施不合理，每项单次扣 2 分；监督项目不全或频率不达标，每项单次扣 2 分；检查运行、检修记录，防腐、防菌藻处理措施不当的，每项单次扣 2 分；不经试验随意更换处理方式的，每项单次扣 2 分；凝汽器结垢、除垢措施不得当的，每项单次扣 2 分	《发电厂凝汽器及辅机冷却器管选材导则》（DL/T 712—2021）、《火力发电厂水汽化学监督导则》（DL/T 561—2022）、《山东省电力行业化学技术监督工作规定》

续表

序号	检查项目	标准分	检查内容	检查扣分说明	参考依据
4.6	循环水处理	15	（6）补充水源发生变化、采用新工艺或更换新药品处理循环冷却水时，应有静态和动态模拟试验的试验数据以保证更换效果。 （7）由于结垢并影响端差的凝汽器，应进行化学清洗	防腐、防垢、防菌藻措施不合理，每项单次扣 2 分；监督项目不全或频率不达标，每项单次扣 2 分；检查运行、检修记录，防腐、防菌藻处理措施不当的，每项单次扣 2 分；不经试验随意更换处理方式的，每项单次扣 2 分；凝汽器结垢、除垢措施不得当的，每项单次扣 2 分	《发电厂凝汽器及辅机冷却器管选材导则》（DL/T 712—2021）、《火力发电厂水汽化学监督导则》（DL/T 561—2022）、《山东省电力行业化学技术监督工作规定》
4.7	凝结水处理	20	（1）凝汽器泄漏时应及时发现，及时采取措施。 （2）执行三级处理的规定。 （3）凝汽器泄漏时应及时有效地投入混床处理。 （4）凝结水混床的出水测试项目与频率按规定执行。 （5）泄漏时凝结水的监测频率和项目应满足要求	当水质恶化时，未能及时发现或采取措施不及时的，每项单次扣 2 分；未按规定执行三级处理的扣 2 分；混床投入不得力，影响给水品质的，每项单次扣 2 分；测试项目或测试频率缺失的，每项单次扣 2 分	《火力发电机组及蒸汽动力设备水汽质量》（GB/T 12145—2016）、《火力发电厂水汽化学监督导则》（DL/T 561—2022）、《山东省电力行业化学技术监督工作规定》
4.8	给水炉水处理	20	（1）由于给水、炉水加药调整不力而造成炉水及给水异常；磷酸盐、pH、氨、联氨达到 4h 以上数据异常。 （2）由于水位、汽水分离器异常，炉水质量、给水质量造成蒸汽品质超标。 （3）炉水、给水异常时，应执行“三级处理”。 （4）锅炉的连续和定期排污方式，应根据锅炉炉水水质及蒸汽品质来决定。超标不排污。 （5）当炉内处理方式不能达到沉积率“二类”以上水平，应考虑处理方式的改进。 （6）当水汽品质出现超标准，合格率低于 95% 时，应分析原因及时解决，必要时做热化学试验进行详细系统查定	按不达标项目，每项单次扣 2 分；超标 8h 以上，每项单次扣 2 分；执行措施不到位，每项单次扣 2 分；排污量不够扣 2 分；当存在超标或沉积率等问题时，没有方案及相关措施计划，每项单次扣 2 分	《火力发电机组及蒸汽动力设备水汽质量》（GB/T 12145—2016）、《山东省电力行业化学技术监督工作规定》

续表

序号	检查项目	标准分	检查内容	检查扣分说明	参考依据
4.9	余热锅炉及凝汽器化学清洗	20	（1）根据水冷壁向火侧沉积物量和运行年限确定是否进行化学清洗。 （2）达到酸洗标准没有进行化学清洗，应经主管部门批准。 （3）没有酸洗资质进行酸洗工作。 （4）清洗过程应有详细的过程监测记录，清洗情况应记入设备台账中。 （5）腐蚀指示片无点蚀，平均腐蚀速率应小于 8g/（m^2·h），腐蚀总量应小于 80g/m^2。 （6）锅炉酸洗之后距点火时间超过 20 天，必须采取停炉保护措施。 （7）负责化学清洗的单位是否取得电力行业颁发的化学清洗相应级别的资质证书，参加清洗的人员是否取得相应的资格证书。 （8）电厂开展此项工作时，化学清洗技术方案是否经由相关技术监督部门审查，厂内主管领导批准，并报上级公司生产管理部门审批、备案。 （9）是否进行化学清洗现场监督、技术安全交底记录、化学清洗记录是否齐全。 （10）化学清洗结果是否达到《火力发电厂锅炉化学清洗导则》（DL/T 794—2024）、DL/ 957-2017《火力发电厂凝汽器化学清洗及成膜导则》的相关要求。 （11）化学清洗后所涉及的系统设备（上下联箱、汽包等容器）部位内的残液、残渣是否清除干净，并应有照片记录。 （12）化学清洗后的废液处理方案是否合理，废液排放是否符合国家及地方的环保要求	每 1 项不符合，扣 2 分	《火力发电厂锅炉化学清洗导则》（DL/T 794—2024）、《山东省电力行业化学技术监督工作规定》

续表

序号	检查项目	标准分	检查内容	检查扣分说明	参考依据
5	化学仪表	100			
5.1	实验室（化验站）设备、仪器	20	（1）实验室（化验站）主要仪器设备应按照设计规程配备。 （2）实验室（化验站）设备操作规程： 1）《设备维护规程》（重点：周期校验规定包括周期校验记录规定）； 2）《仪器校验规程》（重点：仪表校验标准溶液的制备规定，包括配制记录及标液测量记录的规定）； 3）设备使用说明书齐全。 （3）实验室（化验站）设备、仪器应备有仪器设备记录卡、仪器检修记录、维护记录、校验记录、使用记录）。 （4）化验室主要仪器按周期检定：电导率仪、pH 计、pNa 表、分光光度计、天平、离子计等每年检定一次，计量部门无法检定的仪器按自编的校验规程进行校定	每 1 项不符合，扣 2 分	《山东省电力行业化学技术监督工作规定》
5.2	实验室仪器管理	20	（1）化验室、化验站应采取有效的防护措施避免受震动、噪声等影响。 （2）化验室、化验站在靠近煤场和有污染的药品库，应采取有效隔离措施。 （3）化验室、化验站设施满足对照明、水源、电源、温度和通风的特殊要求。 （4）精密仪器室、仪表校验室、天平室、热量计室、气相色谱室应满足试验规程中规定的温湿度要求。 （5）化验室及化验站的化验台、地面能满足耐酸、碱要求	缺失仪类设备，每项单次扣 2 分；缺少设备维护、校验规程、使用说明书、仪器台账、设备记录卡等资料，或缺少周期校验规定 / 记录的，每项单次扣 2 分	《电导率仪检定规程》（JJG 376—2007）、《紫外、可见、近红外分光光度计检定规程》（JJG 178—2007）、《实验室 pH（酸度）计检定规程》（JJG 119—2018）、《实验室离子计检定规程》（JJG 757—2018）、《电子天平》（JJG 1036—2022）、《山东省电力行业化学技术监督工作规定》

续表

序号	检查项目	标准分	检查内容	检查扣分说明	参考依据
5.3	实验室仪器设备工作环境	5	水实验室及化验站工作仪器如分光光度计、pH 酸度计、电导率仪、硅表等仪器应满足使用的精度要求	现场检查，每项单次扣 1 分	《山东省电力行业化学技术监督工作规定》
5.4	化验室仪器准确度	5	满足相应仪表准确度的要求	现场检查，每项单次扣 1 分	《山东省电力行业化学技术监督工作规定》
5.5	在线化学仪表	50			
5.5.1	在线仪表管理	5	化学在线仪表应有检修规程、仪器的使用说明书。 仪器、设备台账齐全（包括仪器设备记录卡、仪器检修记录、维护记录、校验记录、停用记录）并有完整的记录	缺少资料目录、检修规程、使用说明书等材料的，每项单次扣 1 分	《化学监督导则》（DL/T 246 — 2015）、《发电厂在线化学仪表检验规程》（DL/T 677—2018）、《山东省电力行业化学技术监督工作规定》
5.5.2	在线仪表配备情况	5	仪表及设备实际配备符合设计规程。补给水处理及水汽系统应配备的在线化学仪表及各块表的分值	现场检查，每项单次扣 1 分	《山东省电力行业化学技术监督工作规定》
5.5.3	在线仪表水样状态及二次监控	10	（1）在线仪表所在的运行实验室环境温度应满足仪表要求。 （2）水汽取样利用除盐水做闭式冷却介质且对部分水样或全部水样进行恒温控制。 （3）取样水温度应满足小于等于 35℃。 （4）样品流量应满足各台仪表的要求。 （5）要求控制盘采用超限报警装置。 （6）计算机集中采样，可正确投入运行	现场检查，每项单次扣 2 分	《山东省电力行业化学技术监督工作规定》
5.5.4	在线仪表正常维护校验评定	10	（1）电导表、pH 表能够做到两周校验一次。 （2）钠表一个月用标定液作两点定位校验一次。 （3）溶氧表、联氨表每两周可用电解氧或标定液校准一次。 （4）硅表、磷表能够做到一至两周手动校验一次	现场检查，每项单次扣 2 分	《山东省电力行业化学技术监督工作规定》

续表

序号	检查项目	标准分	检查内容	检查扣分说明	参考依据
5.5.5	在线仪表投入率	10	（1）投入率=（仪表投入小时数 / 机组运行小时数）100%。 （2）要求电导率仪投入率 100%。 （3）要求酸度计 100%。 （4）要求钠离子监测仪 100%。 （5）要求硅酸根监测仪 90%。 （6）要求磷酸根监测仪 100%。 （7）要求溶解氧监测仪 100%。 （8）要求联氨监测仪 100%	全厂仪表的投入率应大于等于 95%，每下降 1%，扣 5 分；电导率表投入下降 1%，扣 1 分；酸度计投入率下降 2%，扣 1 分；钠离子监测仪投入率下降 10%，扣 1 分；硅酸根、磷酸根、溶解氧、联胺监测仪投入率下降 5%，扣 1 分	《山东省电力行业化学技术监督工作规定》
5.5.6	在线仪表准确率	10	（1）准确率=（整机基本误差在允差内的投入仪表量 / 投入仪表的数量）100%。 （2）要求电导率表准确率 100%。 （3）要求酸度计准确率不低于 95%。 （4）要求硅酸根监测仪的准确率为不低于 100%。 （5）要求磷酸根监测仪的准确率不低于 100%。 （6）要求钠离子监测仪的准确率不低于 70%。 （7）要求联氨表的准确率不低于 80%。 （8）要求溶氧表的准确率不低于 100%。 （9）测量误差超出允许误差的 5 倍以上连续运行超过 24h	全厂仪表的准确率应大于等于 95%，每下降 1%，扣 5 分；电导率表准确率下降 1%，扣 1 分；酸度计准确率下降 2%，扣 1 分；钠离子监测仪准确率下降 10%，扣 1 分；硅酸根、磷酸根、溶解氧、联胺监测仪准确率下降 5%，扣 1 分	《山东省电力行业化学技术监督工作规定》
6	**水处理工艺及设备**	245			
6.1	锅炉补给水处理	95			

续表

序号	检查项目	标准分	检查内容	检查扣分说明	参考依据
6.1.1	混凝、澄清	15	（1）澄清池（器）进水浊度应符合要求。 （2）出水浊度、游离余氯、化学耗氧量应符合下一级水处理设备进水要求。 （3）在线浊度计配备不全。 （4）冬季水温较低时（低于10℃）应设有加热器。 （5）石灰乳、混凝剂、助凝剂配制的计量设备是否存在缺陷。 （6）混凝澄清池是否有渗漏。 （7）澄清池是否存在冒气泡或“翻池”现象。 （8）管路和阀门是否存在内漏和外漏	缺少现场设备、规程、设计规范、运行记录的，每项单次扣1分	《发电厂化学设计规范》（DL 5068—2014）、《火力发电厂水汽化学监督导则》（DL/T 561—2022）、《大中型火力发电厂设计规范》（GB 50660—2011）
6.1.2	过滤	10	（1）滤料（石英砂、无烟煤、活性炭）性能是否合格（失效），有无流失现象。 （2）运行出水质量应满足下一级水处理进水要求，例如浊度、余氯、化学耗氧量等 （3）滤器或滤池是否存在缺陷； （4）各类水泵是否存在缺陷，容器型过滤设备压差是否超过规定。 （5）出力是否明显下降，是否存在严重污堵现象。 （6）水洗、气洗设备是否有缺陷。 （7）反洗加药装置是否运行正常。 （8）过膜压差是否超过规程规定。 （9）清洗工艺是否合理；对于特殊水质（中水或污染水体）是否进行了中试试验。 （10）管道和阀门是否存在内漏和外漏	缺少现场设备、规程、设计规范、运行记录的，每项单次扣1分	《发电厂化学设计规范》（DL 5068—2014）、《火力发电厂水汽化学监督导则》（DL/T 561—2022）、《大中型火力发电厂设计规范》（GB 50660—2011）

续表

序号	检查项目	标准分	检查内容	检查扣分说明	参考依据
6.1.3	杀菌	10	（1）原水有机物含量较高时应设有必要的杀（除）菌设施。 （2）杀（除）菌设施运行正常，达到预期效果	缺少现场设备、规程、设计规范、运行记录的，每项单次扣 1 分	《山东省电力行业化学技术监督工作规定》
6.1.4	加药系统	10	（1）自动加药系统应运转正常，应能够根据水量、浊度、温度变化情况自动调整。 （2）人工调整应根据水量、浊度、温度变化情况及时调整加药量	缺少现场设备、规程、设计规范、运行记录的，每项单次扣 1 分	《山东省电力行业化学技术监督工作规定》
6.1.5	水的预脱盐	10	（1）蒸发器：系统内是否存在结垢、腐蚀、水汽共沸现象。 （2）海水淡化（海水反渗透）：设备是否存在结垢腐蚀情况；配套处理设备及能量回收装置是否工作正常。 （3）电渗析，极间是否有结垢、腐蚀渗漏情况。 （4）反渗透，膜滤芯是否存在结垢、污堵现象；膜元件有无损坏、泄漏。 （5）设备常规运行应达到设计出水质量、设计出力、水质指标。 （6）脱盐率、回收率应达到设计要求。 （7）设备入口水质是否合格、正常。 （8）加药设备工作是否正常，加药量是否符合要求。 （9）反渗透清洗频率是否超出设计规定；清洗工艺是否合理；清洗后能否使脱盐率恢复到规程要求。 （10）管道和阀门是否存在内漏和外漏	缺少现场设备、规程、设计规范、运行记录的，每项单次扣 1 分	《山东省电力行业化学技术监督工作规定》

续表

序号	检查项目	标准分	检查内容	检查扣分说明	参考依据
6.1.6	水的除盐	10	（1）出水质量应达到锅炉设计要求。 （2）树脂配比合理，除盐水 pH 值应大于6.0。 （3）进出口压差是否超过规程规定。 （4）日常监测项目齐全。 （5）树脂不应有流失、污染、降解、破碎，影响使用效果。 （6）管道和阀门是否存在内漏和外漏	缺少现场设备、规程、设计规范、运行记录的，每项单次扣1分	《山东省电力行业化学技术监督工作规定》
6.1.7	酸碱系统	10	（1）酸碱储罐及酸碱传输和配制系统是否有滴漏等腐蚀情况。 （2）酸碱废液按要求处理、排放。 （3）生产现场应有完备的安全设施、急救设施。 （4）管道和阀门是否存在内漏和外漏。 （5）酸碱系统布置合理，安全、检修、清洗措施合理	缺少现场设备、规程、设计规范、运行记录的，每项单次扣1分	《山东省电力行业化学技术监督工作规定》
6.1.8	除盐水箱	10	（1）应有隔绝空气措施。 （2）储备量应达到锅炉设计要求	缺少现场设备、规程、设计规范、运行记录的，每项单次扣1分	《山东省电力行业化学技术监督工作规定》
6.1.9	设备管理	10	无跑、冒、滴、漏、腐蚀等缺陷	每一处缺陷扣1分	《山东省电力行业化学技术监督工作规定》
6.2	凝结水精处理	40			
6.2.1	前置过滤	10	（1）机组铁应满足汽水品质要求，设有除铁设备。 （2）前置过滤应正常投运，清洗、还原应正常运转。 （3）过滤器（管式过滤器或阳树脂过滤器）压差是否过大，是否按规定周期或压差清洗 （4）过滤器出口的铁是否合格	缺少现场设备、规程、设计规范、运行记录的，每项单次扣1分	《发电厂化学设计规范》（DL 5068—2014）、《火力发电厂水汽化学监督导则》（DL/T 561—2022）、《大中型火力发电厂设计规范》（GB 50660—2011）、《山东省电力行业化学技术监督工作规定》

续表

序号	检查项目	标准分	检查内容	检查扣分说明	参考依据
6.2.2	除盐系统	10	（1）混床工作是否正常，压差是否过大，出水水质是否正常，周期制水量是否下降。 （2）树脂有无流失现象，树脂是否污染、降解。 （3）自动调节旁路阀能正常调节，或能保障全部凝结水通过。 （4）应设有树脂捕捉器，并运行正常。 （5）所有精处理设备能否正常投入和退出。 （6）凝水按要求设计加氨处理	缺少现场设备、规程、设计规范、运行记录的，每项单次扣 1 分	《山东省电力行业化学技术监督工作规定》
6.2.3	再生系统	10	（1）树脂输送畅通，不应出现堵塞。 （2）是否发生过树脂流失。 （3）树脂分离、再生效果良好。 （4）酸碱安全防护设备是否配备，工作是否正常	缺少现场设备、规程、设计规范、运行记录的，每项单次扣 1 分	《山东省电力行业化学技术监督工作规定》
6.2.4	设备管理	10	无跑、冒、滴、漏、腐蚀、缺陷	每一处缺陷扣 1 分	《山东省电力行业化学技术监督工作规定》
6.3	冷却水处理	30			
6.3.1	循环水处理	10	（1）循环水加药处理应根据水质变化进行模拟试验，确定处理方式和加药量（应提供第三方权威部门报告）。 （2）加药处理实现连续加药。 （3）循环水监测项目齐全。 （4）凝汽器管水侧没有结垢倾向。 （5）凝汽器管没有腐蚀情况。 （6）循环水可进行有效的杀菌处理。 （7）循环水对构筑物没有侵蚀。 （8）闭式水系统有必要的防腐、防垢措施。 （9）闭式水有必要的监测、监督	缺少现场设备、规程、设计规范、运行记录的，每项单次扣 1 分	《发电厂化学设计规范》（DL 5068—2014）、《火力发电厂水汽化学监督导则》（DL/T 561—2022）、《化学监督导则》（DL/T 246 — 2015）、《大中型火力发电厂设计规范》（GB 50660-2011）、《发电厂凝汽器及辅机冷却器管选材导则》（DL/T 712—2021）、《大型发电机内冷却水质及系统技术要求》（DL/T 801—2024）

续表

序号	检查项目	标准分	检查内容	检查扣分说明	参考依据
6.3.2	内冷水处理	10	（1）内冷水系统有必要的加药处理或除盐处理。 （2）加药处理及时或除盐处理效果能达到发电机设计水质要求。 （3）发电机内冷水应监测 pH、电导率、铜含量，项目齐全	缺少现场设备、规程、设计规范、运行记录的，每项单次扣 1 分	《山东省电力行业化学技术监督工作规定》
6.3.3	设备管理	10	无跑、冒、滴、漏、腐蚀、缺陷	每一处缺陷扣 1 分	《山东省电力行业化学技术监督工作规定》
6.4	给水及炉水处理	30			
6.4.1	给水处理	10	（1）热力除氧应达到要求。 （2）化学除氧应达到要求，除氧剂选择适当。 （3）加氨点设计合理，实现有效的加氨处理。 （4）能有效的控制加药处理，自动加药运行正常或人工调整及时	缺少现场设备、规程、设计规范、运行记录的，每项单次扣 1 分	《发电厂化学设计规范》（DL 5068—2014）、《火力发电厂水汽化学监督导则》（DL/T 561—2022）、《火力发电机组及蒸汽动力设备水汽质量》（GB/T 12145—2016）、《化学监督导则》（DL/T 246—2015）
6.4.2	炉内处理	10	（1）炉内调节方式选用合理。 （2）磷酸盐处理控制标准合适。 （3）加药方式合理。 （4）存在严重的磷酸盐隐藏现象。 （5）可正常排污。 （6）能有效的控制加药处理，自动加药运行正常或人工调整及时	缺少现场设备、规程、设计规范、运行记录的，每项单次扣 1 分	《山东省电力行业化学技术监督工作规定》
6.4.3	设备管理	10	有跑、冒、滴、漏、腐蚀、缺陷每一处	每一处缺陷扣 1 分	《山东省电力行业化学技术监督工作规定》
6.5	水汽取样	5	（1）采集的水样具有代表性。 （2）水样冷却水系统没有腐蚀、结垢、污堵情况。 （3）水汽集中取样分析装置的环境、安装要求及其他条件，能满足厂家及配套仪表的要求。	缺少现场设备、检修台账、检修工艺的，每项单次扣 1 分	《山东省电力行业化学技术监督工作规定》

续表

序号	检查项目	标准分	检查内容	检查扣分说明	参考依据
6.5	水汽取样	5	（4）高温架与低温架布局合理，通风、排水、散热、照明能满足要求	缺少现场设备、检修台账、检修工艺的，每项单次扣 1 分	《山东省电力行业化学技术监督工作规定》
6.6	氢气站	20			
6.6.1	电解装置	10	（1）电解装置外观是否整洁，垫片处有无泄漏。 （2）电解槽温度是否过高，电解槽出口氢氧两管气液混合体温度差是否符合标准。 （3）电解液浓度（或密度）符合规程要求，是否有定期化验记录。 （4）制氢装置出口氢气纯度合格（大于 99.7%）。 （5）制氢装置出口氧气纯度合格（大于 99.2%）。 （6）制氢装置出口应配置氢、氧纯度分析仪。 （7）电解用水应按规程或厂家说明书的要求。 （8）制氢装置出口氢气湿度应符合《氢冷发电机氢气湿度技术要求》（DL/T 651—2017）规定：新建、扩建电厂，氢气允许湿度（露点）小于等于 -50℃；已建电厂，氢气允许湿度（露点）小于等于 -25℃。 （9）远程显示仪表能可靠地工作，有正常的信号传输与显示。 （10）液位报警装置工作可靠。 （11）设备有故障时能及时排除。 （12）设备台账及时记录。 （13）新安装或大修后的氢气系统应做耐压试验、清洗和气密试验。 （14）电解液系统不应使用铜质或铝质阀门及垫圈	现场查看，查阅运行记录、检修台账的，缺少的每项单次扣 1 分	《发电厂化学设计规范》（DL 5068—2014）、《氢冷发电机氢气湿度技术要求》（DL/T 651—2017）、《氢气使用安全技术规程》（GB 4962—2008）、《电力建设施工技术规范　第 4 部分：热工仪表及控制装置》（DL 5190.4—2019）

续表

序号	检查项目	标准分	检查内容	检查扣分说明	参考依据
6.6.2	氢罐及其他	10	（1）制氢站设置置换吹扫用氮气或二氧化碳气纯度合格（氮气纯度大于97.5%，二氧化碳纯度大于98%）。 （2）氢气管道工作压力大于0.1MPa时，不应采用闸阀。 （3）电解间、氢气干燥间、半封闭储氢罐间内应设置氢气检漏报警装置或此装置应与排风扇联锁。 （4）储氢罐最高点应设放空管或最底部设排污管，有定期排污记录。 （5）制氢站工作人员严禁使用电炉、电钻、火炉、喷灯等会产生明火、高温的工具与热物体	现场查看，查阅运行记录、检修台账的，缺少的每项单次扣1分	《氢气站设计规范》（GB 50177—2005）、《发电厂化学设计规范》（DL 5068—2014）、《氢气使用安全技术规程》（GB 4962—2008）
6.7	药品及加药设备	10	（1）再生剂（盐酸、液碱）与循环冷却水处理药剂（水质稳定剂、硫酸、缓蚀剂）等大宗药剂含量是否合格，杂质含量是否超标。 （2）树脂、滤料等水处理材料的验收是否合格。 （3）直接向锅炉机组投加的药剂（磷酸三钠、氢氧化钠、氨水）质量是否验收，杂质含量是否超标。 （4）药品贮存设施的有效容积，应能满足《发电厂化学设计规范》（DL 5068—2014）一般规定要求。 （5）酸碱贮存设备应考虑安全、检修及清洗措施。 （6）各种加药系统的管道和管件应有防腐措施	现场查看，查阅运行记录、检修台账的，缺少的每项单次扣1分	《发电厂化学设计规范》（DL 5068—2014）、《发电厂水处理用离子交换树脂验收标准》（DL/T 519—2014）、《发电厂水处理用离子交换树脂选用导则》（DL/T 771—2014）、《工业用合成盐酸》（GB/T 320—2006）、《工业硫酸》（GB/T 534—2014）、《高纯氢氧化钠》（GB/T 11199—2024）、《工业磷酸三钠》（HG/T 2517—2009）、《火力发电厂循环水用阻垢缓蚀剂》（DL/T 806—2013）、《电力建设施工技术规范　第4部分：热工仪表及控制装置》（DL 5190.4—2019）、《水处理剂　聚合硫酸铁》（GB 14591—2016）、《高纯氢氧化钠》（GB/T 11199—2024）、《化学试剂　氨水》（GB/T 631—2007）

续表

序号	检查项目	标准分	检查内容	检查扣分说明	参考依据
6.8	箱、槽、管道阀门设计及防腐	10	（1）除盐水箱、凝结水箱应有减少水质被空气污染的措施。 （2）浓碱液贮存设备及管道应有防止低温凝固的措施。 （3）接触腐蚀介质或对出水质量有影响的设备、管道、阀门、排水沟内表面和受腐蚀环境影响的设备、管道的外表面，应有合适的防腐层或用耐腐蚀材料制造。 （4）酸碱贮存、石灰乳系统地面应有冲洗排水设施。 （5）酸碱贮存及计量间地面、墙裙、墙顶棚、沟道、通风设施、钢平台扶梯、设备（管道）外表面，应采取防腐措施。 （6）盐酸贮存槽、计量箱应采用液体石蜡密封或在通气口装设酸雾吸收器。 （7）室外水箱不应采用玻璃水位计。 （8）碱液管道上的配件、阀门不应使用黄铜或铝质材料	现场查看，查阅运行记录、检修台账的，缺少的每项单次扣1分	《发电厂化学设计规范》（DL 5068—2014）、《工业用水软化除盐设计规范》（GB/T 50109—2014）、《电力建设施工技术规范 第4部分：热工仪表及控制装置》（DL 5190.4—2019）
6.9	热网补给水及生产回水处理	5	（1）热网补给水以锅炉补给水作为供给时，应经过除氧。 （2）热网补给水以单独设置离子交换处理系统出水作为供给时，应经过除氧。 （3）以生产回水作为热网补给水时，应依据水质污染情况，考虑生产回水的处理措施。 （4）对不需处理的生产回水，应设置符合要求的监督水箱。 （5）热网疏水回收至机组热力系统时，疏水质量应符合《火力发电机组及蒸汽动力设备水汽质量》（GB/T 12145—2016）的规定	现场查看，查阅运行记录、检修台账的，缺少的每项单次扣1分	《发电厂化学设计规范》（DL 5068—2014）、《发电厂供热管网腐蚀与结垢控制导则》（DL/T 2657—2023）、《火力发电机组及蒸汽动力设备水汽质量》（GB/T 12145—2016）
总分		1000			

附录 10　环境保护技术监督检查细则

序号	检查项目	标准分	检查内容	检查扣分说明	参考依据
1	**监督体系建设**	50			
1.1	贯彻方针、政策	10	是否存在被环保部门通报情况；是否发生污染纠纷；是否获环境保护相关的市级 / 省部级 / 省部级以上先进奖励	有被环保部门通报批评事件扣 10 分；有污染纠纷扣 5 分；单位获市级先进额外加 5 分；省、部级先进额外加 10 分；省部级以上先进额外加 20 分（同一类以最高分计，不重复计算）	《山东电力环境保护技术监督工作规定》第 5.4 条
1.2	环境保护领导机构	10	是否成立企业负责人为组长的环境保护领导小组（红头文件）；是否环境保护领导小组定期会议（每季至少 1 次）；是否有定期会议记录；组长是否符合要求；是否未及时调整小组成员	未成立环境保护领导小组扣 10 分；组长不是企业负责人扣 5 分；未及时调整小组成员扣 5 分；无定期会议记录扣 5 分；定期会议记录不全扣 2~5 分	《山东电力环境保护技术监督工作规定》第 5.5.1 条
1.3	三级环保技术监督网络	10	是否成立建立企业生产负责人、环保监督专责工程师、环保设施相关部门及班组的三级环保技术监督网（红头文件）；是否每季度至少组织一次监督网会议；是否有定期会议记录；组长是否符合要求；是否未及时调整技术监督网成员；监督网成员是否涵盖全面	未成立环保技术监督网扣 10 分；未及时调整环保技术监督网扣 5 分；无定期会议记录扣 5 分；定期会议记录不全扣 2~5 分；监督网成员涵盖不全面扣 5 分；缺一级扣 5 分	《山东电力环境保护技术监督工作规定》第 5.5.1 条
1.4	环保技术监督专责工程师	10	是否设置环保技术监督专责工程师；环保技术监督专责工程师是否专职	无环保技术监督专责工程师扣 10 分；环保技术监督专责工程师不专职的扣 5 分	《山东电力环境保护技术监督工作规定》第 5.5.2 条
1.5	环境监测站	10	是否成立环境监测站，环境监测人员数量	无监测站扣 10 分；无环境监测人员的扣 10 分；配置持证环境监测人员少于 2 人的，扣 5 分	《山东电力环境保护技术监督工作规定》第 5.5.3 条
2	**日常监督管理**	310			
2.1	监督专职管理	190			
2.1.1	设备台账	10	下列环保设施是否有设备台账：废水、除尘、脱硫、脱硝、CEMS、降噪、灰渣场等	环保设施（废水、除尘、脱硫、脱硝、CEMS、降噪、灰渣场）台账齐全，缺 1 项扣 2 分	《山东电力环境保护技术监督工作规定》第 6.4.2 条

续表

序号	检查项目	标准分	检查内容	检查扣分说明	参考依据
2.1.2	“三同时”	10	重点环保设施改造项目是否有环评批复；是否有环保部门验收报告	有“三同时”过程记录和验收报告，缺 1 项扣 5 分	《山东电力环境保护技术监督工作规定》第 6.4.2 条
2.1.3	监督计划、总结	10	是否有年度环保技术监督工作计划；是否有年度环保技术监督总结；是否向电科院按时报送计划和总结；是否制定有效期内的环保规划（一般为 5 年规划）；环保规划制定是否完善	无年度环保技术监督工作计划扣 5 分；无总结扣 5 分；没有按时报送扣 5 分；未制定环保规划（一般为 5 年规划）扣 5 分；规划制定不完善扣 1~5 分	《山东电力环境保护技术监督工作规定》第 5.5.2 条
2.1.4	环保管理制度	10	环保管理制度应符合《山东电力环境保护技术监督工作规定》7.2.1 要求，包括但不限于：环保技术监督管理细则、环保设施达标运行考核和管理制度、环境污染应急制度及突发环境污染事件应急预案、安全操作规程、实验室管理制度、技术资料及档案管理制度等，制度应带编号并及时更新	规章制度或企业标准每缺一项扣 2 分；不规范每一处扣 0.5 分	《山东电力环境保护技术监督工作规定》第 5.5.2、7.3.1 条
2.1.5	法律法规标准	10	按现行法律法规标准清单查，查缺项和未及时更新项	适用法规和标准类文件搜集不全，每缺一项扣 1 分；未及时更新每一项扣 1 分	《山东电力环境保护技术监督工作规定》第 5.5.2 条
2.1.6	监督报表及报送	30	是否有环保监督月报 / 月度总结；是否有环保监督季报 / 季度总结；是否有环保监督年报 / 年度总结；是否有环保设施大修总结，是否上报；脱硫、脱硝、除尘等环保设施性能试验报告是否上报；是否有废水、噪声、脱硫监测报表，记录是否完善	监督报表信息缺少一项扣 5 分；记录不完善每处扣 2 分；需上报报表（监督月报、季报、年报）及大修总结、性能试验报告未能按时上报，每次扣 2 分	《山东电力环境保护技术监督工作规定》第 5.5.2 条
2.1.7	排污许可证管理	20	是否取得排污许可证；相关记录台账是否规范、齐全；是否定期在国家排污许可证管理信息平台填报信息；是否有排污许可证执行报告，是否及时信息公开	未取得排污许可证扣 20 分；未按要求变更或重新申请排污许可证扣 10 分；相关记录台账不规范，酌情扣 2~10 分；未定期在国家排污许可证管理信息平台填报信息扣 10 分；无排污许可证执行报告扣 10 分；未及时信息公开扣 10 分	《排污许可管理条例》（国务院令〔2021〕第 736 号）

续表

序号	检查项目	标准分	检查内容	检查扣分说明	参考依据
2.1.8	自行监测管理	40	是否制定了自行监测管理制度；是否有自行监测方案及计划；监测项目及频次是否满足要求；是否有自行监测年度报告；监测结果超标的是否有应急报告；自行监测信息公开是否满足要求	无自行监测管理制度扣10分；无自行监测方案及计划扣10分；监测项目及频次不符合要求，酌情扣2~20分（1项2分，最多20分）；无自行监测年度报告扣10分；出现监测结果超标的无应急分析报告扣10分；自行监测信息公开不符合要求，有1项扣10分	《山东电力环境保护技术监督工作规定》第5.4条、《排污单位自行监测技术指南 总则》（HJ 819—2017）第4.1~4.5条、7章，《排污单位自行监测技术指南 火力发电及锅炉》（HJ 820—2017）第5章
2.1.9	污染事件管理	20	是否有污染事件；是否有污染事件过程记录、调查报告、整改方案；有污染事件是否及时上报；有污染事件是否隐瞒不报	无污染事件得满分；有污染事件过程记录、调查报告、整改方案，缺1项扣5分；没有及时上报扣10分；隐瞒不报扣20分	《山东电力环境保护技术监督工作规定》第5.4条
2.1.10	无污染赔罚款	20	是否有污染罚款。如有，污染缴费赔、罚款金额多少	无污染赔罚款得20分；有污染缴费赔、罚款项，每1万元扣2分，累计10万元及以上扣20分	《山东电力环境保护技术监督工作规定》第5.4条
2.1.11	宣传、培训和新技术推广	10	是否有年度环保培训计划，是否有活动过程记录，是否有工作总结；是否获环境保护相关的市级 / 省部级 / 省部级以上科技奖励	有年度环保培训的计划、活动过程记录、工作总结，缺1项扣5分；获环保相关的公司或市级科技奖1项额外加5分；环保相关的省、部级科技奖1项额外加10分；环保相关的省、部级以上科技奖1项额外加20分	《山东电力环境保护技术监督工作规定》第5.4条
2.2	环境监测站管理	40			
2.2.1	环境监测设备	5	有无声级计；有无标准声源；有无烟气分析仪；有无空气粉尘测试仪；废水检测仪器是否齐全；脱硫吸收剂检测仪器是否齐全；脱硫石膏检测仪器是否齐全	有专用试验室及试验仪器设备，缺1项扣1分（如监测项目外委，则该项仪器缺失不扣分）	《山东电力环境保护技术监督工作规定》第5.5.3条
2.2.2	技术培训	5	是否有技术培训计划，是否有培训记录，是否有培训总结	培训计划、培训记录、培训总结，缺1项扣1分	《山东电力环境保护技术监督工作规定》第7.4.2条

续表

序号	检查项目	标准分	检查内容	检查扣分说明	参考依据
2.2.3	持证上岗	5	在开展噪声、粉尘、废水、烟气的环境监测人员中，应有 / 实际有上岗证书的人数数量	环境监测人员应有上岗证书，缺 1 人扣 1 分	《山东电力环境保护技术监督工作规定》第 7.4.2 条
2.2.4	药品管理	5	是否有药品管理制度，是否有药品使用记录	有管理制度、有使用记录，缺 1 项扣 1 分	《山东电力环境保护技术监督工作规定》第 6.4.3 条
2.2.5	仪器管理	5	是否有仪器管理制度，2000 元以上仪器（重点检查声级计、烟气分析仪、自动电位滴定仪及其他贵重仪器）是否有签字审批的操作规程	有管理制度、2000 元以上仪器要有操作规程，缺 1 项扣 1 分	《山东电力环境保护技术监督工作规定》第 6.4.3 条
2.2.6	计量鉴定	5	需要强检的检测仪器（烟气分析仪、分析天平、声级计及标准声源等）是否有在有效期内的计量检定证书	检测仪器应定期进行计量检定，缺 1 台次扣 1 分	《山东电力环境保护技术监督工作规定》第 7.4.2 条
2.2.7	报表管理	5	废水报表填报是否规范，数据是否齐全；噪声报表填报是否规范，数据是否齐全；粉尘报表填报是否规范，数据是否齐全；脱硫报表填报是否规范，数据是否齐全；石灰石报表填报是否规范，数据是否齐全	报表填报不规范 1 次扣 1 分；数据不全扣 1~3 分	《山东电力环境保护技术监督工作规定》第 7.5 条
2.2.8	数据上报	5	废水报表是否按月上报生产管理部门；噪声报表是否按要求上报生产管理部门；粉尘报表是否按要求上报生产管理部门；脱硫报表是否按月上报生产管理部门；石灰石报表是否按月上报生产管理部门	数据上报不及时（或数据不全）缺 1 个月扣 1 分	《山东电力环境保护技术监督工作规定》第 7.5 条
2.3	环境监测开展情况	80			
2.3.1	废水监测	30			
2.3.1.1	废水检测项目	10	外排废水、脱硫废水、处理后的生活废水和工业废水的检测项目是否符合《火电厂环境监测技术规范》（DL/T 414—2022）要求；如外委检测是否有相应的检测资质	按《火电厂环境监测技术规范》（DL/T 414—2022）要求开展项目，缺 1 项次扣 1 分；没开展脱硫废水常规监测项目（pH、SS、COD）的，缺 1 项次扣 1 分；外委检测无检测资质该项不得分	《火电厂环境监测技术规范》（DL/T 414—2022）第 4.8.1 条

续表

序号	检查项目	标准分	检查内容	检查扣分说明	参考依据
2.3.1.2	采样、分析方法	10	外排废水、脱硫废水、处理后的生活废水和工业废水的采样、分析方法是否符合《火电厂环境监测技术规范》（DL/T 414—2022）要求；试验原始记录是否规范；如外委检测是否有相应的检测资质	采样、分析方法，有1项不符合《火电厂环境监测技术规范》（DL/T 414—2022）要求扣3分；不规范每项酌情扣1~2分；外委检测无检测资质该项不得分	《火电厂环境监测技术规范》（DL/T 414—2022）第4.6条、第4.8.2条
2.3.1.3	检测周期	10	外排废水的检测周期是否符合《排污单位自行监测技术指南　火力发电及锅炉》（HJ 820—2017）要求；脱硫废水、处理后的生活废水和工业废水的检测周期是否符合《火电厂环境监测技术规范》（DL/T 414—2022）要求；如外委检测是否有相应的检测资质	监测周期按标准要求开展，缺1次扣1分；外委检测无检测资质该项不得分	《火电厂环境监测技术规范》（DL/T 414—2022）第4.5.2条、《排污单位自行监测技术指南　火力发电及锅炉》（HJ 820—2017）第5.1.1条
2.3.2	烟气污染物监测	20			
2.3.2.1	检测项目	10	是否开展以下烟气污染物检测项目：锅炉排放烟气的烟气量、烟温、氧量、烟尘、二氧化硫、氮氧化物、汞、氨的排放浓度及排放量；是否每台运行锅炉都开展；如外委检测是否有相应的检测资质	缺1项次扣2分；外委检测无检测资质该项不得分	《火电厂环境监测技术规范》（DL/T 414—2022）第5.2条、《排污单位自行监测技术指南　火力发电及锅炉》（HJ 820—2017）第5.1.1条
2.3.2.2	采样、检测周期、分析方法	10	采样、分析方法是否符合《火电厂环境监测技术规范》（DL/T 414—2022）要求；检测时锅炉负荷是否大于75%额定值；检测周期是否符合《排污单位自行监测技术指南　火力发电及锅炉》（HJ 820—2017）要求；如外委检测是否有相应的检测资质	采样、分析方法、工况，有1项不符合《火电厂环境监测技术规范》（DL/T 414—2022）要求扣2分；检测周期每炉至少每季度1次，缺1项次扣2分；外委检测无检测资质该项不得分	《火电厂环境监测技术规范》（DL/T 414—2022）第5.3条，《排污单位自行监测技术指南　火力发电及锅炉》（HJ 820—2017）第5.1.1条
2.3.3	噪声监测	15			
2.3.3.1	厂界噪声测点设置	5	查日常检测报告，厂界噪声测点设置；测试报告是否有测点布置图；如外委检测是否有相应的检测资质	测点设置不符合要求扣1~3分；无测点布置图扣2分；外委检测无检测资质该项不得分	《火电厂环境监测技术规范》（DL/T 414—2022）第7.7条

续表

序号	检查项目	标准分	检查内容	检查扣分说明	参考依据
2.3.3.2	检测周期、检测方法	10	检测周期是否满足《火电厂环境监测技术规范》（DL/T 414—2022）要求；是否有标准声源校准；测试记录是否有气象条件；测试记录是否规范；如外委检测是否有相应的检测资质	检测周期每年至少2次，每缺1次扣5分；检测方法不符合《火电厂环境监测技术规范》（DL/T 414—2022）要求，酌情扣2~10分；无标准声源校准扣3分；无气象条件等测试记录、测试记录不规范扣2~5分；外委检测无检测资质该项不得分	《火电厂环境监测技术规范》（DL/T 414—2022）第7.3、7.4、7.5、7.6、7.8、7.9条
2.3.4	无组织排放	15			
2.3.4.1	检测项目	5	检查开展无组织排放的检测项目，检测项目包括：颗粒物的无组织排放浓度，使用液氨或氨水做还原剂的还需检测氨区周边的氨无组织排放浓度，以及排污许可证上规定的检测项目；如外委检测是否有相应的检测资质	缺1项扣2.5分；外委检测无检测资质该项不得分	《火电厂环境监测技术规范》（DL/T 414—2022）第8.2条、《排污单位自行监测技术指南　火力发电及锅炉》（HJ 820—2017）第5.1.2条
2.3.4.2	采样、检测周期、分析方法	10	采样、分析方法是否符合《火电厂环境监测技术规范》（DL/T 414—2022）要求；检测周期是否符合《排污单位自行监测技术指南　火力发电及锅炉》（HJ 820—2017）要求；如外委检测是否有相应的检测资质	采样、分析方法，有1项不符合《火电厂环境监测技术规范》（DL/T 414—2022）要求扣2分；检测周期每季度1次，缺1项次扣2分；外委检测无检测资质该项不得分	《火电厂环境监测技术规范》（DL/T 414—2022）第8.3条、《排污单位自行监测技术指南　火力发电及锅炉》（HJ 820—2017）第5.1.2条
3	**发电企业生产设备的监督**	340	监督设备状况、运行指标、设备隐患、涉网安全等内容		
3.1	燃料及原材料监督	25			
3.1.1	燃料	5	检查燃料的硫分、灰分、含氮量等指标检测情况；开展项目是否齐全	每月至少1次对燃料的硫分、灰分等项目进行监督燃料品质分析，每年至少1次燃料的含氮量分析，缺1次扣1分；项目不全扣0.5分/次	《山东电力环境保护技术监督工作规定》第6.3.2条
3.1.2	水务管理	5	检查全厂水平衡测试开展情况	每五年进行1次水平衡测试，有水平衡测试报告，没有不得分	《山东电力环境保护技术监督工作规定》第6.3.2条、《电力环境保护技术监督导则》（DL/T 1050—2024）第5.2.2.2条

续表

序号	检查项目	标准分	检查内容	检查扣分说明	参考依据
3.1.3	脱硫吸收剂	10	是否定期开展脱硫吸收剂品质分析；开展项目是否齐全	每月至少1次脱硫吸收剂品质分析，缺1次扣1分；项目不全扣0.5分/次；采用海水脱硫、氨法脱硫工艺的此项暂不考核，得基本分	《火电厂脱硫装置技术监督导则》（DL/T 1477—2024）第6.4条、《山东电力环境保护技术监督工作规定》第6.3.2条
3.1.4	脱硝还原剂	5	是否每月开展脱硝还原剂品质分析；开展项目是否齐全	每月至少1次脱硝还原剂品质分析，缺1次扣1分；项目不全扣0.5分/次	《火电厂烟气脱销装置技术监督导则》（DL/T 1655—2016）第6.3条、《山东电力环境保护技术监督工作规定》第6.3.2条
3.2	废水处理设施	50			
3.2.1	废水处理规章、记录	10	生活废水处理设施/工业废水处理设施/城市中水处理设施/脱硫废水处理设施含油废水/含煤废水处理设施/废水零排放处理设备是否有运行规程、检修规程，是否有运行记录	运行、检修规程，运行记录，缺1项扣2分；新增废水处理设备运行、检修规程未进行及时修订的缺1项扣2分	《电力环境保护技术监督导则》（DL/T 1050—2024）第5.2.3.1条、《山东电力环境保护技术监督工作规定》第6.3.3.1条
3.2.2	废水设施投运率	10	全厂废水设施综合投运率年度统计值，生活废水处理设施/工业废水处理设施/城市中水处理设施/脱硫废水处理设施含油废水/含煤废水处理设施的投运率年度统计值	全厂综合投运率99%以上得10分；95%以上得8分；95%~90%得5分；90%以下不得分；单项投运率90%以下扣2.5分	《山东电力环境保护技术监督工作规定》第6.3.3.6条
3.2.3	废水处理率	10	全厂废水总处理率年度统计值，生活废水处理设施/工业废水处理设施/城市中水处理设施/脱硫废水处理设施含油废水/含煤废水处理设施的处理率年度统计值	全厂总处理率95%以上得10分；95%~90%得5分；90%以下不得分；单项处理率90%以下扣2.5分	《山东电力环境保护技术监督工作规定》第6.3.3.6条
3.2.4	处理合格率	10	全厂年废水总处理合格率年度统计值，生活废水处理设施/工业废水处理设施/城市中水处理设施/脱硫废水处理设施含油废水/含煤废水处理设施的处理合格率年度统计值	全厂处理合格率100%得10分；100%~95%得5分；95%以下不得分；单项95%以下扣2.5分	《山东电力环境保护技术监督工作规定》第6.3.3.6条

续表

序号	检查项目	标准分	检查内容	检查扣分说明	参考依据
3.2.5	临时性排水及其他	10	考评期间是否有酸洗废水及其他临时排水；是否有技术措施；是否有工作记录；临时排水是否有监测报告，监测结果是否合格； 废水排放口是否有规范化标志；是否存在雨污不分流问题	临时排水有技术措施，有工作记录，排水合格，缺 1 项扣 3 分；排水不合格扣 10 分； 废水排放口不规范扣 5 分；雨污不分流酌情扣 2~5 分	《山东电力环境保护技术监督工作规定》第 6.3.3.5 条
3.3	除尘设施	50			
3.3.1	除尘器规章、记录	10	是否有运行规程、检修规程，是否有运行记录；新增设备运行规程是否及时修订，新增设备检修规程是否及时修订	运行规程、检修规程，运行记录，缺 1 项扣 3 分；新增除尘设备运行、检修规程未进行及时修订的缺 1 项扣 2 分	《电力环境保护技术监督导则》（DL/T 1050—2024）第 5.2.3.1 条、《山东电力环境保护技术监督工作规定》第 6.3.4.2 条
3.3.2	除尘设施投入率	10	全厂除尘设施投入率及单台机组除尘设施投入率的年度统计值	全厂投入率 99% 以上得 10 分；95% 以上得 6 分；95%~90% 得 3 分；90% 以下得 0 分；单台 90% 以下扣 5 分	《山东电力环境保护技术监督工作规定》第 6.3.4.7 条
3.3.3	除尘效率	10	除尘器效率是否达到设计值（查新改、大修后的除尘器性能试验报告）	新改及大修后除尘器效率达不到设计值每台次扣 5 分	《山东电力环境保护技术监督工作规定》第 6.3.4.7 条
3.3.4	其他技术指标	10	查新建、改造、大修后的除尘器性能试验报告，漏风率、本体阻力指标是否低于设计值；电袋 / 布袋除尘器运行阻力指标是否低于设计值；全厂电除尘器电场投运率年平均值及单台机组电除尘器电场投运率年平均值多少；检查电除尘器电场的故障停运情况、电袋 / 布袋除尘器滤袋破损情况及其他问题发生情况	漏风率、阻力等指标应小于等于设计值，有 1 项次达不到扣 3 分；电除尘器电场投运率 98% 以上得 10 分；98%~95% 得 5 分；95% 以下不得分；单台 95% 以下扣 5 分；有电除尘器电场长期故障停运（故障停运 1 周以上）的每电场扣 2 分；有滤袋破损的每个扣 2 分；其他问题酌情扣 1~10 分	《山东电力环境保护技术监督工作规定》第 6.3.4.7 条
3.3.5	性能试验	10	新建、改造、大修前、大修后是否进行试验；是否在 90 日内完成；是否有性能试验报告	除尘器新建、改造、大修前、大修后进行试验，缺 1 次扣 10 分；未在 90 日内完成扣 3 分；无取得报告扣 5 分	《火电厂环境监测技术规范》（DL/T 414—2022）第 5.3.1.2 条、《山东电力环境保护技术监督工作规定》第 6.3.4.5 条

续表

序号	检查项目	标准分	检查内容	检查扣分说明	参考依据
3.4	脱硫设施	70			
3.4.1	脱硫规章、记录	10	是否有运行规程、检修规程；是否有保证设备环保达标运行的管理制度；是否有运行记录； 新增设备运行规程是否及时修订；新增设备检修规程是否及时修订	运行规程、检修规程，管理制度，运行记录。缺1项扣3分；新增脱硫设备运行规程、检修规程未进行及时修订的缺1项扣2分	《电力环境保护技术监督导则》（DL/T 1050—2024）第5.2.3.1条、《山东电力环境保护技术监督工作规定》第6.3.5.1条
3.4.2	设备投运率	10	全厂脱硫设施投运率以及单台机组脱硫设施投运率年度统计值	全厂脱硫投运率在98%以上得10分；96%以上得8分；94%以上得6分；92%以上得4分；90%以上得2分；90%以下不得分；单台机组90%以下扣5分	《山东电力环境保护技术监督工作规定》第6.3.5.9条
3.4.3	脱硫效率	10	脱硫效率是否达到设计值	脱硫效率应不低于设计值，每台低于设计值每1%扣2分	《山东电力环境保护技术监督工作规定》第6.3.5.9条
3.4.4	其他技术指标	10	查性能试验报告、日常监测报告、运行指标，运行阻力、电耗、摩尔比、石灰石品质、副产品品质、脱硫废水水质、海水脱硫设施排放海水水质等指标是否达到设计指标；现场检查脱硫设施，是否存在表计故障及其他问题	运行阻力、电耗、摩尔比、石灰石品质、副产品品质、脱硫废水水质、海水脱硫设施排放海水水质等，有1项达不到设计值扣2分；现场检查发现表计故障每台次扣1分；其他问题酌情扣分1~10分	《山东电力环境保护技术监督工作规定》第6.3.5.9条
3.4.5	日常监督试验	20	脱硫日常监督试验项目是否开展齐全，检测指标包括：石灰石品质、石膏浆液密度、浆液pH值、脱硫副产物品质、海水脱硫设施排放海水水质等［根据脱硫工艺的特点调整，应按《火电厂脱硫装置技术监督导则》（DL/T 1477—2024）要求］；监测记录是否规范；监测周期是否满足《火电厂脱硫装置技术监督导则》（DL/T 1477—2024）要求	符合《火电厂脱硫装置技术监督导则》（DL/T 1477—2024）要求项目齐全得20分； 石灰石品质、石膏浆液密度、浆液pH值、脱硫副产物品质缺1大项扣3分；石灰石品质/脱硫副产物品质/海水脱硫设施排放海水水质中单项指标缺1项指标扣0.5分；监测不规范酌情扣2~5分；监测周期不符合要求酌情扣2~5分	《山东电力环境保护技术监督工作规定》第6.3.5.4条，《火电厂脱硫装置技术监督导则》（DL/T 1477—2024）第6.2、6.4、6.5、6.5、6.7、6.10、6.11条

续表

序号	检查项目	标准分	检查内容	检查扣分说明	参考依据
3.4.6	定期性能试验	10	新建、改造、大修前、大修后是否进行试验；是否在 90 日内完成；是否有性能试验报告	脱硫设备新建、改造、大修前、大修后进行试验，缺 1 次扣 10 分；未在 90 日内完成扣 3 分；无取得报告扣 5 分	《火电厂环境监测技术规范》（DL/T 414—2022）第 5.3.1.2 条、《山东电力环境保护技术监督工作规定》第 6.3.5.5 条
3.5	脱硝设施	50			
3.5.1	规章、记录	10	是否有运行规程、检修规程；是否有保证设备环保达标运行的管理制度；是否有运行记录；新增设备运行规程是否及时修订，新增设备检修规程是否及时修订	运行规程、检修操作规程，管理制度，运行记录，缺 1 项扣 3 分；新增设备运行、检修规程未进行及时修订的，缺 1 项扣 2 分	《电力环境保护技术监督导则》（DL/T 1050—2024）第 5.2.3.1 条、《山东电力环境保护技术监督工作规定》第 6.3.6.1 条
3.5.2	设备投运率	10	全厂脱硝设施投运率以及单台机组脱硝设施投运率年度统计值	全厂投运率 98% 以上得 10 分；96% 以上得 8 分；94% 以上得 6 分；92% 以上得 4 分；90% 以上得 2 分；90% 以下不得分；单台机组 90% 以下扣 5 分	《山东电力环境保护技术监督工作规定》第 6.3.6.8 条
3.5.3	脱硝效率	10	脱硫效率是否达到设计值	脱硝效率应不低于设计值，每台低于设计值每 1% 扣 2 分	《山东电力环境保护技术监督工作规定》第 6.3.6.8 条
3.5.4	技术指标	10	查性能试验报告、日常监测报告、运行指标等，运行阻力、电耗、氨逃逸浓度等指标是否达到设计指标；现场检查脱硝设施，是否存在表计故障及其他问题	运行阻力、电耗、氨逃逸等，有 1 项次达不到设计值扣 2 分；现场检查发现表计故障每台次扣 1 分；其他问题酌情扣分 1~10 分；如没安装氨表或氨表显示不正常则扣 2 分	《山东电力环境保护技术监督工作规定》第 6.3.6.8 条
3.5.5	定期性能试验	10	新建、改造、大修前、大修后是否进行试验；是否在 90 日内完成；是否有性能试验报告	脱硝设备新建、改造、大修前、大修后进行试验，缺 1 次扣 10 分；未在 90 日内完成扣 3 分；无性能试验报告扣 5 分	《火电厂环境监测技术规范》（DL/T 414—2022）第 5.3.1.2 条、《山东电力环境保护技术监督工作规定》第 6.3.6.5 条

续表

序号	检查项目	标准分	检查内容	检查扣分说明	参考依据
3.6	灰、渣场	15			
3.6.1	灰渣场规章、记录	10	是否有运行规程、检修规程；是否有相应的灰场管理制度；是否有运行记录	运行规程、检修规程，管理制度，运行记录，缺1项扣2分	《电力环境保护技术监督导则》（DL/T 1050—2024）第5.2.3.1条、《山东电力环境保护技术监督工作规定》第6.3.8.1条
3.6.2	灰场管理	5	是否有碾压、喷水、覆土等防止二次污染的措施、过程记录等支撑资料	应有防止二次污染的措施、过程记录等，缺1项扣2分	《山东电力环境保护技术监督工作规定》第5.3.8.1条
3.7	连续监测系统	40			
3.7.1	CEMS规章、记录	10	是否有相应的管理制度，是否有设备台账，是否有运行维护记录，新增设备的设备台账是否及时更新	管理制度、设备台账、运行维护记录，缺1项扣2分；未及时更新缺1项扣2分	《电力环境保护技术监督导则》（DL/T 1050—2024）第5.2.3.1条，《山东电力环境保护技术监督工作规定》第6.3.10条
3.7.2	技术指标考核	10	CEMS设备的投入率、准确率、应上线率年统计值度；因CEMS故障导致环保指标小时均值超标情况	投入率大于等于95%，准确率大于等于95%，应上线率大于等于95%，有1项不合格每单台次扣2.5分；有因CEMS故障导致环保指标小时均值超标的，每小时数扣1分	《山东电力环境保护技术监督工作规定》第6.3.10.3条
3.7.3	定期维护	10	总排、脱硫及脱硝CEMS是否开展定期维护工作；是否有定期检验检定记录，记录是否齐全； 校验标气是否有在有效期内的标物证书	无维护定期工作扣5分；无定期检验检定记录扣5分；记录不全的酌情扣1~4分；校验标气无有效期内的标物证书扣5分	《山东电力环境保护技术监督工作规定》第6.3.10.2条
3.7.4	第三方运营管理	10	是否有委托合同；是否有设施检修台账；台帐记录是否齐全，设施检修台账是否记录设施故障、缺陷及处理改造过程，是否记录设施操作过程和运行参数	无委托合同不得分；设施检修台账，每缺1项扣2分；台账记录不全，有遗漏每处扣1分	《山东电力环境保护技术监督工作规定》第6.3.10条
3.8	降噪设施	10			

续表

序号	检查项目	标准分	检查内容	检查扣分说明	参考依据
3.8.1	降噪设施规章、记录	5	是否有相应的管理制度；是否有相应的设备台账；是否有监测记录	管理制度、设备台账、监测记录，缺 1 项扣 2 分	《电力环境保护技术监督导则》（DL/T 1050—2024）第 5.2.3.1 条，《山东电力环境保护技术监督工作规定》第 6.3.7 条
3.8.2	技术指标	5	查性能试验报告、日常监测报告，降噪指标是否达到设计指标	有 1 设备达不到设计值扣 5 分	《山东电力环境保护技术监督工作规定》第 6.3.7 条
3.9	设备检修	30			
3.9.1	检修前的检查	10	环保设备大修前是否有检查报告和记录	有环保设备检修前检查报告和记录，缺 1 项扣 5 分	《山东电力环境保护技术监督工作规定》第 6.4.2 条
3.9.2	检修计划实施	10	环保设备大修是否有检修计划；是否有检修质量保证措施；是否有过程记录	有环保设备检修计划、有检修质量保证措施、过程记录，缺 1 项扣 5 分	《山东电力环境保护技术监督工作规定》第 6.4.2 条
3.9.3	设备验收	10	是否有环保设备修后验收记录；是否有修后总结报告	有环保设备修后验收记录、修后总结报告，缺 1 项扣 5 分	《山东电力环境保护技术监督工作规定》第 6.4.2 条
4	**指标管理**	**240**			
4.1	污染物排放控制	140			
4.1.1	废水排放浓度	30	废水排放浓度是否达标排放；查日常监测报告是否存在超标的指标	达标排放得 30 分；有 1 项次超标指标扣 5 分	《山东电力环境保护技术监督工作规定》第 6.3.12.1 条
4.1.2	烟尘排放浓度	30	查全厂及每台机组的烟尘排放浓度小时均值超标情况，按机组平均统计小时均值超标数据	达标排放得 30 分；小时均值超标 1 倍以内 1h 扣 0.2 分；小时均值超标 1 倍以上 1h 扣 0.5 分（小时均值超标小时数以机组平均数据计）	《山东电力环境保护技术监督工作规定》第 6.3.12.2 条
4.1.3	二氧化硫排放浓度	30	查全厂及每台机组的二氧化硫排放浓度小时均值超标情况，按机组平均统计小时均值超标数据	达标排放得 30 分；小时均值超标 1 倍以内 1h 扣 0.2 分；小时均值超标 1 倍以上 1h 扣 0.5 分（小时均值超标小时数以机组平均数据计）	《山东电力环境保护技术监督工作规定》第 6.3.12.2 条

续表

序号	检查项目	标准分	检查内容	检查扣分说明	参考依据
4.1.4	氮氧化物排放浓度	30	查全厂及每台机组的氮氧化物排放浓度小时均值超标情况，按机组平均统计小时均值超标数据	达标排放得 30 分；小时均值超标 1 倍以内 1h 扣 0.2 分；小时均值超标 1 倍以上 1h 扣 0.5 分（小时均值超标小时数以机组平均数据计）	《山东电力环境保护技术监督工作规定》第 6.3.12.2 条
4.1.5	厂界噪声	20	是否能达标排放；查日常监测报告，检查检测数据超标情况	达标排放得 20 分；1 个超标点扣 10 分	《山东电力环境保护技术监督工作规定》第 6.3.12.4 条
4.2	综合利用监督	60			
4.2.1	管理制度	10	是否有固废物管理制度；是否有危险废弃物管理制度；是否有综合利用台账管理制度	缺 1 项扣 5 分；未及时修订扣 2 分；不规范问题 1 处扣 1 分	《山东电力环境保护技术监督工作规定》第 6.3.9 条
4.2.2	危险废弃物处置	20	危险废弃物储存是否符合要求，是否建立危险废弃物储存仓库；是否有危险废弃物进出管理台账；废油、废弃催化剂等危险废弃物处置是否有五联单	危险废弃物储存不符合要求扣 1~10 分；无危险废弃物进出管理台账扣 10 分，记录不全扣 2~8 分；废油、废弃催化剂等危险废弃物处置没有五联单扣 10 分	《山东电力环境保护技术监督工作规定》第 6.3.9 条
4.2.3	灰渣综合利用	10	全厂灰渣综合利用率年度统计值；是否有灰渣综合利用台账，是否全过程跟踪	利用率 90% 以上得 10 分，低于 90% 每 3% 扣 1 分，60% 以下不得分；无综合利用台账扣 10 分，台账不规范扣 1~10 分	《山东电力环境保护技术监督工作规定》第 6.3.8.5 条
4.2.4	脱硫副产品综合利用	10	全厂脱硫副产品综合利用率年度统计值；是否有脱硫副产品综合利用台账，是否全过程跟踪	利用率 90% 以上得 10 分，低于 90% 每 3% 扣 1 分，60% 以下不得分；无综合利用台账扣 10 分，台账不规范扣 1~10 分	《山东电力环境保护技术监督工作规定》第 6.3.8.5 条
4.2.5	废水回收利用	10	全厂废水回收利用率年度统计值	利用率 85% 以上得 5 分；低于 85% 的每 5% 扣 1 分；60% 以下不得分	《山东电力环境保护技术监督工作规定》第 6.3.8.5 条
4.3	环境统计指标	40			
4.3.1	万千瓦时烟尘排放量（千克）	10	查全厂烟尘年均排放浓度和年均万千瓦时排放量统计数据	年均排放浓度小于超低排放浓度的得 10 分。否则以全省年度平均水平为基数，≤ 50% 得 10 分，50%~75% 得 9 分，75%~100% 得 8 分，100%~125% 得 7 分，125%~150% 得 6 分，150%~200% 得 5 分，＞ 200% 得 4 分	《山东电力环境保护技术监督工作规定》第 7.2 条

续表

序号	检查项目	标准分	检查内容	检查扣分说明	参考依据
4.3.2	万千瓦时 SO_2 排放量（千克）	10	查全厂二氧化硫年均排放浓度和年均万千瓦时排放量统计数据	年均排放浓度小于超低排放浓度的得 10 分。否则以全省年度平均水平为基数，≤ 50% 得 10 分，50%~75% 得 9 分，75%~100% 得 8 分，100%~125% 得 7 分，125%~150% 得 6 分，150%~200% 得 5 分，＞200% 得 4 分	《山东电力环境保护技术监督工作规定》第 7.2 条
4.3.3	万千瓦时 NO_x 排放量（千克）	10	查全厂氮氧化物年均排放浓度和年均万千瓦时排放量统计数据	年均排放浓度小于超低排放浓度的得 10 分。否则以全省年度平均水平为基数，≤ 50% 得 10 分，50%~75% 得 9 分，75%~100% 得 8 分，100%~125% 得 7 分，125%~150% 得 6 分，150%~200% 得 5 分，＞200% 得 4 分	《山东电力环境保护技术监督工作规定》第 7.2 条
4.3.4	万千瓦时废水排放量（吨）	10	查全厂废水年均万千瓦时排放量统计数据	以全省年度平均水平为基数，≤ 50% 得 10 分，50%~75% 得 9 分，75%~100% 得 8 分，100%~125% 得 7 分，125%~150% 得 6 分，150%~200% 得 5 分，＞200% 得 4 分	《山东电力环境保护技术监督工作规定》第 7.2 条
5	**隐患排查**	**60**			
5.1	整改问题完成情况	60	上一次环保监督检查或迎峰度夏环保监督检查提出的问题整改落实情况	无整改闭环单 1 项扣 10 分；整改资料信息不全每项酌情扣 2~8 分；整改问题 1 项未完成扣 10 分；部分完成每项酌情扣 3~8 分，扣完为止	《山东电力环境保护技术监督工作规定》第 7.2 条
	合计	1000	总得分		

附录 11 电能质量技术监督检查细则

序号	检查项目	标准分	检查方法	评分标准	参考依据
	电能质量监督	500			
1	**监督体系建设**	60			
1.1	企业技术监督三级网络建设	20	检查是否建立健全发电企业内部厂级、车间级、班组级的电能质量技术监督三级网络，检查监督管理制度文件的网络图及成员	根据企业机构的实际情况考核，没有监督机构的不得分，监督机构不健全的扣 5 分	《山东省电力行业电能质量技术监督工作规定》（2024 年修订）
1.2	技术监督网活动记录	20	检查是否定期开展技术监督网活动，召开本企业电能质量工技术监督工作会议，检查、落实和协调电能质量技术监督工作	年度范围内每缺一次季度技术监督网活动记录扣 5 分	《山东省电力行业电能质量技术监督工作规定》（2024 年修订）
1.3	技术监督会、监督检查参加情况	20	检查是否参加技术监督办公室组织的技术监督会及监督检查。	年度范围内不参加一项扣 5 分	《山东省电力行业电能质量技术监督工作规定》（2024 年修订）
2	**日常管理监督**	180			
2.1	报表和报告管理	60			
2.1.1	监督计划、总结报送	30	是否有年度电能质量技术监督工作计划；是否有年度电能质量技术监督总结；是否向监督办公室按时报送计划和总结	无年度电能质量技术监督工作计划扣 15 分；无总结扣 15 分；没有按时报送扣 5~10 分	《山东省电力行业电能质量技术监督工作规定》（2024 年修订）
2.1.2	监督报表、测试报告报送	30	是否有电能质量监督月报 / 月度总结；是否有电能质量监督季报 / 季度总结；是否有电能质量定期测试分析报告	监督报表信息缺少一项扣 10 分；记录不完善每处扣 5 分；需上报报表（监督月报、季报）及定期测试报告未能按时上报，每次扣 5 分	《山东省电力行业电能质量技术监督工作规定》（2024 年修订）
2.2	技术资料档案管理	60			
2.2.1	设备台账	20	查看重要电能质量干扰源及治理设备是否有设备台账	台账齐全，缺 1 项扣 15 分	《山东省电力行业电能质量技术监督工作规定》（2024 年修订）
2.2.2	其他技术档案管理	20	查看是否建立健全电能质量技术监督的基础资料和档案管理，建立电能质量事故及分析处理档案，加强电能质量信息管理	设备出厂试验报告、事故分析处理档案缺一项扣 10 分	《山东省电力行业电能质量技术监督工作规定》（2024 年修订）

续表

序号	检查项目	标准分	检查方法	评分标准	参考依据
2.2.3	“三同时”管理	20	重要电能质量干扰源与电能质量治理设备是否有验收报告	有“三同时”过程记录和验收报告，缺 1 项扣 10 分	《山东省电力行业电能质量技术监督工作规定》(2024 年修订)
2.3	仪器仪表管理	60			
2.3.1	仪器仪表配置	30	是否配备经监督办公室认可的检测机构校准、检测合格的电能质量测试仪器、仪表。	未配备专业的电能质量测试仪扣 15 分；测试仪没有合格的检测校准证书扣 15 分	《山东省电力行业电能质量技术监督工作规定》(2024 年修订)
2.3.2	仪器仪表管理	30	电能质量检测仪器、仪表是否建立维护制度，按计划进行定期检验，并建立有关档案	未建立仪器设备档案，扣 30 分；测试仪未按要求进行定期试验，扣 15 分	《山东省电力行业电能质量技术监督工作规定》(2024 年修订)
3	**设备监督**	120			
3.1	机组一次调频功能	20	机组是否具备一次调频功能；是否开展一次调频试验，并将试验报告报有关调度部门；一次调频装置在机组运行时是否投入	机组不具备一次调频功能，扣 20 分；未开展一次调频试验，扣 10 分；一次调频装置在机组运行时未投入，扣 10 分	《电能质量技术监督规程》(DL/T 1053—2017)
3.2	AGC 功能检测	20	200MW（新建 100MW）及以上火电和燃气机组是否具备自动发电控制（AGC）功能，且参与电网闭环自动发电控制。现场查看系统，查看调度考核情况	不具备连续平滑调节扣 20 分；调控速率不满足调度要求扣 10 分；查看一年内每月的调度考核情况，出现一次考核扣 5 分，扣完为止	《电能质量技术监督规程》(DL/T 1053—2017)
3.3	安全稳定装置	20	发电厂是否按调度部门要求安装保证电网安全稳定运行的自动装置	未安装安全稳定自动装置扣 20 分；安全稳定自动装置未投入运行扣 10 分	《电能质量技术监督规程》(DL/T 1053—2017)
3.4	机组进相能力	20	并网发电机组是否具备满负荷时功率因数在 0.85（滞相）~0.97（进相）全范围内运行的能力，新建机组是否满足进相 0.95 运行的能力	发电机组不具备满负荷时功率因数在 0.85（滞相）~0.97（进相）全范围内运行的能力，扣 20 分；新建机组不满足进相 0.95 运行的能力扣 10 分	《电能质量技术监督规程》(DL/T 1053—2017)
3.5	电能质量干扰源主设备监督	20	电能质量干扰源设备接入系统前后，是否开展电能质量专项测试	未开展专项测试或测试不合格未采取措施，每次扣 10 分	《电能质量技术监督规程》(DL/T 1053—2017)

续表

序号	检查项目	标准分	检查方法	评分标准	参考依据
3.6	电能质量干扰源治理设备监督	20	对电能质量影响较大的干扰源设备，是否在主设备正式送电前完成电能质量治理设备的安装和调试，与主设备同时投运	对电能质量影响较大的干扰源设备，未配备电能质量治理设备的扣 20 分；治理设备与主设备未同时投运的扣 10 分	《电能质量技术监督规程》（DL/T 1053—2017）
4	**指标监督**	120			
4.1	一次调频功能	10	并网发电机组一次调频系统的参数是否按照电网运行的要求进行整定，一次调频系统是否按照调度要求投入运行	每项不符合要求扣 5 分	《电能质量技术监督规程》（DL/T 1053—2017）
4.2	机组频率保护	10	发电机组频率异常保护应符合《大型发电机组涉网保护技术规范》（DL/T 1309—2013）的要求	不符合要求扣 10 分	《电能质量技术监督规程》（DL/T 1053—2017）、《大型发电机组涉网保护技术规范》（DL/T 1309—2013）
4.3	一次调频能力	10	单元制汽轮发电机组在滑压状态运行时，必须保证调节汽门有部分节流，使其具有额定容量 3% 以上的调频能力	不符合要求扣 10 分	《电能质量技术监督规程》（DL/T 1053—2017）
4.4	一次调频响应（稳定）时间	10	发电机组参与一次调频的响应滞后时间应小于 3s，参与一次调频的稳定时间应小于 1min	每项不符合要求扣 5 分	《电能质量技术监督规程》（DL/T 1053—2017）
4.5	一次调频其他参数	10	发电机组一次调频死区、转速不等率、最大负荷限幅、响应行为等应符合《电网运行准则》（DL/T 1040—2007）的要求	每项不符合要求扣 5 分	《电能质量技术监督规程》（DL/T 1053—2017）、《电网运行准则》（DL/T 1040—2007）
4.6	AGC 反调节	10	AGC 机组工作在负荷控制方式时，机组的调整应考虑频率约束。当频率超过 50Hz ± 0.1Hz（该值根据电网要求可随时调整）时，机组不允许反调节	不符合要求扣 10 分	《电能质量技术监督规程》（DL/T 1053—2017）
4.7	升压站高压侧母线电压	10	500kV 及以下交流系统的母线电压允许偏差值应符合《电力系统电压和无功电力技术导则》（DL/T 1773—2017）的要求	升压站高压侧母线电压不合格扣 10 分	《电能质量技术监督规程》（DL/T 1053—2017）、《电力系统电压和无功电力技术导则》（DL/T 1773—2017）

续表

序号	检查项目	标准分	检查方法	评分标准	参考依据
4.8	AVC 调节	10	是否按照调度部门下达的电压曲线，无功功率和调压要求开展调压工作，控制发电机无功功率和高压母线电压	发电机无功功率和高压母线电压不满足调度要求，每项扣 5 分	《电能质量技术监督规程》（DL/T 1053—2017）
4.9	电压合格率、功率因数合格率	10	是否实现母线电压、上网线路功率因数的实时监控，是否进行电压合格率、功率因数合格率等的统计、分析	每项不合格扣 5 分	《电能质量技术监督规程》（DL/T 1053—2017）
4.10	谐波	10	升压站高压侧谐波电压和注入电网的谐波电流是否符合《电能质量　公用电网谐波》（GB/T 14549—1993）的要求	超过国家标准扣 10 分	《电能质量技术监督规程》（DL/T 1053—2017）、《电能质量　公用电网谐波》（GB/T 14549—1993）
4.11	电压不平衡度	10	电网公共连接点的三相电压不平衡是否符合《电能质量　三相电压不平衡》（GB/T 15543—2008）的要求	超过国家标准扣 10 分	《电能质量技术监督规程》（DL/T 1053—2017）、《电能质量　三相电压不平衡》（GB/T 15543—2008）
4.12	电压波动和闪变	10	电网公共连接点的电压波动和闪变是否符合《电能质量　电压波动和闪变》（GB/T 12326—2008）的要求	超过国家标准扣 10 分	《电能质量技术监督规程》（DL/T 1053—2017）、《电能质量　电压波动和闪变》（GB/T 12326—2008）
5	**人员培训**	**20**			
5.1	制定年度人员培训计划并实施	20	检查资料	缺培训计划、培训记录，每项扣 10 分	《山东省电力行业电能质量技术监督工作规定》（2024 年修订）
	合计	500	总得分		

附录12 通信及网络安全技术监督检查细则

序号	检查项目	标准分	检查内容	检查扣分说明	检查依据
1	**技术监督体系建设**	40			
1.1	应建立健全总工程师领导的企业内部通信及网络安全技术监督团队	20	检查是否建立健全总工程师领导的企业内部通信及网络安全技术监督团队	根据本厂机构的实际情况考核，没有监督机构的不得分；监督机构不健全的，视情况扣分	《山东省电力行业通信及网络安全技术监督工作规定》（2024年修订）第十条
1.2	制定年度监督计划（内容包括定期试验、人员培训、设备送检）	20	查看是否制定年度监督计划（内容包括定期试验、人员培训、设备送检）	没有年度监督计划不得分；监督计划内容不完整，每发现一处扣2分	《山东省电力行业通信及网络安全技术监督工作规定》（2024年修订）第十条
2	**日常管理**	50			
2.1	技术监督网活动情况	10	查看本年度的技术监督计划及执行情况报告	没有制定年度工作计划扣5分；未按计划执行扣5分	《山东省电力行业通信及网络安全技术监督工作规定》（2024年修订）第十条
2.2	定期报告的编写与报送情况	20	查看定期报表、异常报告、大修总结、定期报告等	按统一格式认真填写、按时报材料，要求具有及时性、真实性、准确性。未上报不得分；未按统一格式扣5分；报送不及时扣5分；数据不真实扣10分	《山东省电力行业通信及网络安全技术监督工作规定》（2024年修订）第十条
2.3	电力监控系统或通信系统异常情况报送	20	发生电力监控系统网络安全事件，或发生光纤通信网运行故障导致业务中断，及时报送山东电力技术监督办公室，故障调查结束后报送故障分析报告。发生网络安全或光纤通信网告警，或网络边界设备、安防设备、主机设备、通信传输设备、光缆、电源缺陷，及时报送山东电力技术监督办公室，“通信及网络安全技术监督月报”中应包括告警、缺陷及处理情况	任一重大网络安全或通信业务中断事件未报送不得分；未报送故障分析报告扣10分；月报未包括告警、缺陷及处理情况扣10分	《山东省电力行业通信及网络安全技术监督工作规定》（2024年修订）第十条
3	**防护评估**	50			

续表

序号	检查项目	标准分	检查内容	检查扣分说明	检查依据
3.1	防护方案				
3.1.1	系统、设备接入电力监控系统网络时应制定相应安全防护方案，落实安全防护措施	20	查看安全防护方案，检查安全方案是否经过本企业上级专业主管部门、信息安全主管部门以及相应电力调度机构的审核，安全防护措施部分内容是否合理、完整	没有制定安全防护方案不得分；未经过审核扣 5 分；安全防护措施部分内容不合理、不完整扣 5 分	《电力监控系统安全防护总体方案》（国能安全〔2015〕36 号）第 4.3 条
3.2	等保测评				
3.2.1	应按照国家及行业相关标准规范要求，开展电力监控系统等保定级、备案和测评	10	查看定级、备案证明和等级保护测评报告。是否按期对网络安全等级保护状况开展网络安全等级保护测评。第二级网络应当每两年进行一次等级保护测评，第三级及以上网络应当每年进行一次等级保护测评	没有等级保护测评备案证明及报告不得分；没有按期开展等级保护测评扣 5 分	《电力行业网络安全等级保护管理办法》（国能发安全规〔2022〕101 号）第十、十三条
3.2.2	等级保护测评发现的问题闭环管理	10	自查和等级保护测评中发现的安全风险隐患，是否制定整改方案，并开展安全建设整改	没有等级保护测评备案证明及报告不得分；没有制定整改方案不得分	《电力行业网络安全等级保护管理办法》（国能发安全规〔2022〕101 号）第十三条
3.3	安全评估				
3.3.1	应在电力监控系统的建设改造、运行维护和废弃阶段开展安全评估工作	10	查看安全防护评估报告，检查问题闭环整改情况。已投入运行的系统应该定期进行安全评估，对于电力生产监控系统应该每年进行一次安全评估	没有安全防护评估报告不得分；没有定期进行安全评估扣 5 分	《电力监控系统安全防护总体方案》（国能安全〔2015〕36 号）第 5.3 条
4	**人员管理**	**60**			
4.1	准入备案				
4.1.1	应落实现场作业人员准入机制	10	检查是否完成现场作业人员的全员准入备案	没有现场作业人员的全员准入备案不得分	《信息安全技术　网络安全等级保护基本要求》（GB/T 22239—2019）第 9.1.8.4 条

续表

序号	检查项目	标准分	检查内容	检查扣分说明	检查依据
4.1.2	应对外来场运维人员和厂家技术支持人员做好备案	10	查看外来人员工作记录，检查是否记录人员到场时间、个人信息及开展的工作内容等	没有外来人员工作记录不得分；工作记录没有记录人员到场时间、个人信息及开展的工作内容扣 5 分	《信息安全技术　网络安全等级保护基本要求》（GB/T 22239—2019）第 9.1.8.4 条
4.2	协议签订				
4.2.1	应与外部服务商及人员签署保密协议	10	检查是否与外来人员签署保密协议	没有与外来人员签署保密协议不得分	《电力监控系统安全防护总体方案》（国能安全〔2015〕36 号）第 4.6 条
4.2.2	应按时与本单位工作人员签订《网络安全承诺书》	10	检查是否每年与全员签署保密协议和签订《网络安全承诺书》	没有按要求每年与全员签署保密协议和签订《网络安全承诺书》不得分	《电力监控系统安全防护总体方案》（国能安全〔2015〕36 号）第 4.6 条
4.3	培训考试				
4.3.1	应对本单位工作人员进行网络安全宣传教育	10	查看安全培训记录，检查是否对本单位工作人员开展网络安全政策和管理要求的宣传教育	安全培训记录中没有网络安全宣传教育内容不得分	《电力监控系统安全防护总体方案》（国能安全〔2015〕36 号）第 4.6 条
4.3.2	应对本单位工作人员进行网络安全和安全生产规程培训并考试	10	查看考试记录，检查本单位工作人员上岗前是否经过网络安全和安全生产规程培训及考试，考试是否合格	工作人员没有进行网络安全和安全生产规程培训并考试合格，不得分	《电力行业网络安全管理办法》（国能发安全规〔2022〕100 号）第二十七条
5	**运行维护**	**20**			
5.1	调试运维应使用运维专机、专用存储介质，不应通过互联网远程调试	10	检查二次设备调试现场或调试记录，查看是否有网络安全防护措施、是否存在通过互联网远程维护	没有网络安全防护措施不得分；存在通过互联网远程维护扣 5 分	《防止电力生产事故的二十五项重点要求》（国家能源局 2023 版）第 19.2.18 条

续表

序号	检查项目	标准分	检查内容	检查扣分说明	检查依据
5.2	应配备专用的调试计算机及移动存储介质。调试计算机应进行安全加固，不应接入任何外网，不应挪作他用	10	检查现场运维是否配备专用运维终端；检查运维终端是否安装与运维调试无关的软件、是否有连接互联网记录、是否禁用无线网卡、是否进行必要的安全加固（包括但不限于开启账户口令策略、安全审计、屏幕保护，禁用或阻断 445、3389 等高危端口服务）等	没有配备专用运维终端不得分；安装无关软件扣 2 分；有连接互联网记录扣 2 分；禁用无线网卡扣 2 分；安全加固不合规的地方，每发现一处扣 2 分	《防止电力生产事故的二十五项重点要求》（国家能源局 2023 版）第 19.2.21 条
6	**基础设施安全**	**70**			
6.1	机房				
6.1.1	机房应具有防火、防水、防雷接地等物理安全防护措施	10	检查是否设置了灭火设备，是否设置了火灾自动报警系统，是否有人负责维护该系统的运行；检查是否定期进行防火检查，防火检查内容应包括防火巡查、消防设施器材运维等情况	没有灭火设备不得分；没有火灾自动报警系统扣 5 分；没有系统维护运行人员扣 2 分；没有定期检查扣 2 分；防火检查内容不全扣 2 分	《信息安全技术　网络安全等级保护基本要求》（GB/T 22239—2019）第 9.1.1.5 条 a）
		10	检查温湿度监控设备，在温湿度异常的情况下是否可及时告警，历史告警是否及时处理；是否有防水防潮措施；如果机房内有上下水管安装，是否穿过屋顶和活动地板下，穿过墙壁和楼板的水管是否采取了可靠的保护措施；是否配备除湿装置；机房内是否有水渍和受潮痕迹	异常情况不能及时告警和及时处理不得分；没有防水防潮措施扣 2 分；穿过墙壁和楼板的水管没有采取可靠的保护措施扣 2 分；没有配备除湿装置扣 2 分；发现受潮痕迹扣 2 分	《信息安全技术　网络安全等级保护基本要求》（GB/T 22239—2019）第 9.1.1.6 条 a）、b）、c），第 9.1.1.8 条
		10	检查机房内所有设备的金属外壳、金属框架、各种电缆的金属外皮以及其他金属构件是否良好接地；配电屏或整流器入端三相对地是否装有防雷装置，并且性能良好	发现没有良好接地，每发现一处扣 2 分；没有防雷装置，每发现一处扣 2 分	《信息安全技术　网络安全等级保护基本要求》（GB/T 22239—2019）第 9.1.1.4 条 a）、b）
6.1.2	机房应配置电子门禁系统，控制、鉴别和记录人员的进出情况	10	检查重要区域门禁系统的出入记录（如检查电子门禁记录）；检查重要区域（四级系统）是否配置第二道门禁，并启用该门禁功能	没有出入记录，每发现一处扣 5 分；没有正确配置第二道门禁，每发现一处扣 5 分	《信息安全技术　网络安全等级保护基本要求》（GB/T 22239—2019）第 9.1.1.2 条 a）、b）

续表

序号	检查项目	标准分	检查内容	检查扣分说明	检查依据
6.1.3	应对涉及敏感数据的业务系统或关键区域实施电磁屏蔽	10	检查等级保护四级系统重要设备（SCADA 服务器、前置机、网关机）是否置于电磁防护机柜或屏蔽机房内	电磁屏蔽不合规的，每发现一处扣 2 分	《信息安全技术　网络安全等级保护基本要求》（GB/T 22239—2019）第 9.1.1.10 条 b）
6.2	电源				
6.2.1	应保证可靠电力供应	20	检查机房供电线路上是否配置稳压器和过电压防护设备；检查是否提供短期的备用电力供应，满足设备在断电情况下的正常运行要求	没有配置稳压器和过电压防护设备，每发现一处扣 5 分；没有备用电力供应，每发现一处扣 5 分	《信息安全技术　网络安全等级保护基本要求》（GB/T 22239—2019）第 9.1.1.9 条 a）、b）
7	**体系结构安全**	**150**			
7.1	安全分区				
7.1.1	电力监控系统安全分区应合理，不应存在网络非法外联情况	30	检查电力监控系统各项业务功能是否按照安全分区的原则部署，网络拓扑图是否与现场情况一致，边界是否清晰；检查生产控制大区除安全接入区外，是否选用带有无线通信功能的设备；登录设备查看是否存在主机设备通过双网卡等手段实现跨区连接的情况	业务功能没有部署在相应的安全区，每发现一处扣 5 分；网络拓扑图不一致、边界不清晰，每发现一处扣 1 分；选用带有无线通信功能的设备，每发现一处扣 5 分；存在跨区连接的情况，每发现一处扣 5 分	《电力监控系统安全防护总体方案》（国能安全〔2015〕36 号）第 2.1 条
7.2	网络专用				
7.2.1	调度数据网路由器、交换机专用	10	检查调度数据网路由器、交换机是否为专用设备，是否存在与其他业务共用设备现象。检查调度数据网路由器、交换机端口连接的通信线缆标签是否清晰、准确	路由器、交换机存在共用现象，每发现一处扣 5 分；线缆标签不清晰、不准确的，每发现一处扣 5 分	《电力监控系统安全防护总体方案》（国能安全〔2015〕36 号）第 2.2 条
7.2.2	调度数据网网络设备安全配置应符合要求	20	检查调度数据网网络设备的安全配置： （1）是否关闭或限定网络服务（FTP、TELNET、HTTP、DNS、DHCP）。 （2）避免使用默认路由。	网络设备安全配置不合规，每发现一处扣 5 分	《电力监控系统安全防护总体方案》（国能安全〔2015〕36 号）第 2.2 条

续表

序号	检查项目	标准分	检查内容	检查扣分说明	检查依据
7.2.2	调度数据网网络设备安全配置应符合要求	20	（3）是否关闭网络边界 OSPF 路由功能。 （4）是否采用安全增强的 SNMPv2 及以上版本的网管协议。 （5）是否设置受信任的网络地址范围（通过 ACL 限制远程 SSH 地址及网管地址）。 （6）是否记录设备日志。 （7）是否设置高强度的密码。 （8）是否开启访问控制列表（屏蔽 135、137、138、139、445、3389 等高危端口，并引用至物理端口）。 （9）是否封闭空闲的网络端口等	网络设备安全配置不合规，每发现一处扣 5 分	《电力监控系统安全防护总体方案》（国能安全〔2015〕36 号）第 2.2 条
7.3	横向隔离				
7.3.1	生产控制大区与管理信息大区、安全接入区的横向边界应采用正反向隔离装置，且应配置正确	20	检查正反向隔离装置策略配置： （1）是否修改了默认口令。 （2）安全策略是否为最小化配置。 （3）是否限定端口，端口不能全开。 （4）网络安全监视功能是否对横向隔离设备进行实时监控。 （5）策略配置是否进行定期备份。 （6）反向隔离装置是否进行升级加固	没有采用正反向隔离装置不得分；策略配置不合规，每发现一处扣 5 分	《电力监控系统安全防护总体方案》（国能安全〔2015〕36 号）第 2.3.1 条
7.3.2	安全Ⅰ区与安全Ⅱ区的网络边界、安全Ⅲ区与安全Ⅳ区的网络边界应部署硬件防火墙，防火墙应仅开通应用所需的数据通道，制定严格的访问控制策略	20	检查防火墙的策略配置： （1）访问控制策略是否使用白名单方式，是否存在源地址、目的地址或端口为空或 any 的情况。 （2）访问控制策略地址、端口配置范围是否过宽，是否对地址段、端口端进行了定义。如单条策略配置的源地址、目的地址或端口段未进行定义且范围大于 1 个，应访谈并检查是否有相关的设计、说明文档明确策略开通的目的。	没有在网络边界按要求部署硬件防火墙不得分；策略配置不合规，每发现一处扣 5 分	《电力监控系统安全防护总体方案》（国能安全〔2015〕36 号）第 3.4 条

续表

序号	检查项目	标准分	检查内容	检查扣分说明	检查依据
7.3.2	安全Ⅰ区与安全Ⅱ区的网络边界、安全Ⅲ区与安全Ⅳ区的网络边界应部署硬件防火墙，防火墙应仅开通应用所需的数据通道，制定严格的访问控制策略	20	（3）访问控制规则是否应用到端口或者安全域中。 （4）配置是否进行定期备份。 （5）防火墙日志是否满足保存6个月要求。 （6）waf是否定期进行规则库升级	没有在网络边界按要求部署硬件防火墙不得分；策略配置不合规，每发现一处扣5分	《电力监控系统安全防护总体方案》（国能安全〔2015〕36号）第3.4条
7.4	纵向认证				
7.4.1	生产控制大区纵向边界应部署电力专用纵向加密认证装置（卡）及相应设施	30	检查是否为经过国家指定部门检测认证的纵向加密认证装置（卡）。检查纵向加密认证装置（卡）的配置： （1）查看操作员卡是否正常使用、保管，登录设备是否需要操作员卡及PIN码是否为默认密码。 （2）纵向加密装置，检查隧道是否处于密通。 （3）纵向加密装置，查看安全策略是否按照实际业务细化到相关业务系统具体的IP地址（段）、业务端口号和连接方向（ICMP除外）。 （4）登录纵向加密装置，查看是否开启了日志记录。 （5）策略配置是否备份。 （6）是否采用SM2国产加密算法	没有按要求部署电力专用纵向加密认证装置（卡）及相应设施不得分；策略配置不合规，每发现一处扣5分	《电力监控系统安全防护总体方案》（国能安全〔2015〕36号）第2.4.1条
7.5	入侵检测				
7.5.1	入侵检测系统策略应合理配置	20	检查入侵检测系统的策略配置： （1）是否使用入侵检测系统在网络边界处监视以下攻击行为：端口扫描、强力攻击、木马后门攻击、拒绝服务攻击、缓冲区溢出攻击、IP碎片攻击和网络蠕虫攻击等。	策略配置不合规，每发现一处扣5分	《电力监控系统安全防护总体方案》（国能安全〔2015〕36号）第3.5条

续表

序号	检查项目	标准分	检查内容	检查扣分说明	检查依据
7.5.1	入侵检测系统策略应合理配置	20	（2）当检测到攻击行为时，记录攻击源 IP、攻击类型、攻击目的、攻击时间，在发生严重入侵事件时应提供报警。 （3）是否进行定期升级。 （4）是否进行定期备份。 （5）日志是否满足保存 6 个月要求	策略配置不合规，每发现一处扣 5 分	《电力监控系统安全防护总体方案》（国能安全〔2015〕36 号）第 3.5 条
8	**系统本体安全**	70			
8.1	硬件设备				
8.1.1	应当禁止选用经国家相关管理部门检测认定并经国家能源局通报存在漏洞和风险的设备	10	检查生产控制大区服务器、工作站、路由器、交换机、专用安防设备、通用安防设备是否选型存在风险。	选型存在风险，每发现一处扣 5 分。	《国家电网有限公司十八项电网重大反事故措施（修订版）》（国家电网设备〔2018〕979 号）第 16.2.2.5 条
8.1.2	生产控制大区应关闭或拆除主机不必要的光驱、USB、串口、蓝牙等接口	10	检查生产控制大区和安全Ⅲ区的主机、网络、安防设备是否关闭多余网口；检查 USB 端口 / 光驱是否封闭	没有关闭多余网口，每发现一处扣 2 分；USB 端口 / 光驱没有封闭，每发现一处扣 2 分	《电力监控系统网络安全防护基本策略》第 3.4 条 3）
8.2	操作系统				
8.2.1	应当禁止选用经国家相关管理部门检测认定并经国家能源局通报存在漏洞和风险的系统	10	现场检查使用的操作系统是否为国家指定部门检测认证的安全加固的操作系统	操作系统不是国家指定部门检测认证的安全加固的操作系统，每发现一处扣 5 分	《国家电网有限公司十八项电网重大反事故措施（修订版）》（国家电网设备〔2018〕979 号）第 16.2.2.5 条
8.2.2	生产控制大区的操作系统应进行安全加固	30	现场核查操作系统是否已采取加固： （1）操作系统按照安全管理员、系统管理员、审计管理员角色分配权限，不存在多余或过期账户。 （2）不存在空口令账户，口令复杂度满足长度不小于 8 位，字母、数字及特殊字符，且口令应定期更换。	操作系统安全加固配置不合规，每发现一处扣 2 分	《国家电网有限公司十八项电网重大反事故措施（修订版）》（国家电网设备〔2018〕979 号）第 16.2.2.5 条

续表

序号	检查项目	标准分	检查内容	检查扣分说明	检查依据
8.2.2	生产控制大区的操作系统应进行安全加固	30	（3）账户连续登录失败5次，账户锁定10min要求。 （4）超时600s误操作，登录自动退出。 （5）关闭不需要的系统服务及端口，应关闭21、23、25、53、67、69、80、109、110、135、137、138、139、445、3389、5353及对应的服务。 （6）开启NTP服务。 （7）开启账户登录日志记录。 （8）配置日志功能，记录与设备相关的安全事件。 （9）开启系统审计进程。 （10）使用PAM认证模块禁止wheel组之外的用户su为root。 （11）仅存在1个UID为0的用户。 （12）设置屏幕保护功能。 （13）对于通过IP协议进行远程维护的设备，应限制允许登录到该设备的IP地址范围。 （14）禁止root账户远程登录。 （15）主机间登录禁止使用公钥验证。 （16）配置文件与目录缺省权限，控制用户缺省访问权限，当在创建新文件或目录时，应屏蔽掉新文件或目录不应有的访问允许权限，防止同属于该组的其他用户及别的组的用户修改该用户的文件或更高限制。 （17）远程管理仅通过SSH方式，修改SSH的Banner信息。 （18）禁用nfs服务。 （19）删除默认路由。 （20）关闭主机光驱等接口。 （21）关闭带存储功能的USB设备的接入，并物理封堵。 （22）禁止IP路由转发、禁止ICMP重定向、禁止IP源路由，打开syncookie缓解synflood攻击	操作系统安全加固配置不合规，每发现一处扣2分	《国家电网有限公司十八项电网重大反事故措施（修订版）》（国家电网设备〔2018〕979号）第16.2.2.5条

续表

序号	检查项目	标准分	检查内容	检查扣分说明	检查依据
8.2.3	应建立电力监控系统漏洞档案库，在规定期限内采取漏洞修补或防范措施等方式完成漏洞整改	10	应用漏洞扫描工具开展漏洞扫描，不应存在中高风险漏洞。 结合漏洞修复记录、渗透测试等工作，检查是否存在中危及以上漏洞	漏洞扫描发现高危漏洞，每发现一台设备扣 5 分；漏洞扫描发现中危漏洞，每发现一台设备扣 2 分	《国家电网有限公司电力监控系统网络安全运行管理规定》第三十三、三十五条
9	**监测应急**	**90**			
9.1	安全监测（网络安全监测装置）				
9.1.1	发电企业应部署网络安全监测装置或网络安全态势感知采集装置，实现对发电厂涉网监控系统网络安全事件的监视、告警、分析和审计功能	30	是否正确部署网络安全监测装置，并将告警信息上传至调度主站，网络安全监测装置安全加固满足以下要求： （1）按照安全管理员、系统管理员、审计管理员角色分配权限，不存在多余或过期账户。 （2）密码复杂度满足安全要求，且密码口令应定期更换。 （3）账户连续登录失败 5 次，账户锁定 10min 要求。 （4）应配置超时 5min 无动作，自动退出。 （5）开启日志审计功能。 （6）配置对时，优先配置 B 码对时。 （7）装置版本应过检。 （8）网络连接白名单、服务端口白名单及危险操作命令配置参照主机类	没有正确部署网络安全监测装置不得分；安全加固配置不满足要求，每发现一处扣 2 分	《电力监控系统安全防护总体方案》（国能安全〔2015〕36 号）第 3.13 条
9.1.2	网络安全监测装置应实现基础功能	10	执行账户登录、插入 U 盘、高危指令等操作，同时结合渗透测试，检查监测装置是否能产生安全告警，是否能上传至上级平台	不能实现基础功能不得分	《电力监控系统安全防护总体方案》（国能安全〔2015〕36 号）第 3.13 条
9.1.3	网络安全监测装置资产接入情况	10	涉网设备遵循“应接尽接”原则，将站端可接入设备全部纳入网络安全监测装置监测范围，录入网络安全监测装置资产应准确配置资产信息	存在未接入的资产，每发现一处扣 2 分；没有准确配置资产信息，每发现一处扣 2 分	《电力监控系统安全防护总体方案》（国能安全〔2015〕36 号）第 3.13 条

续表

序号	检查项目	标准分	检查内容	检查扣分说明	检查依据
9.1.4	主机 agent 参数配置情况	10	查看主机 agent 白名单规则是否满足最小化要求，是否合理配置关键文件目录等参数	参数配置不合规，每发现一处扣 5 分	《电力监控系统安全防护总体方案》（国能安全〔2015〕36 号）第 3.13 条
9.2	应急预案				
9.2.1	应编制网络安全应急预案	10	现场查看是否编制网络安全应急预案，事件定级是否合理	没有编制网络安全应急预案不得分；事件定级不合理，每发现一处扣 3 分。	《电力行业网络安全管理办法》（国能发安全规〔2022〕100 号）第二十一条
9.2.2	重大活动期间，应根据活动保障级别和要求编制网络安全专项保障方案，按照保障方案落实相关技术措施	10	现场查看是否制定重大活动保障方案	没有制定重大活动保障方案不得分	《电力行业网络安全管理办法》（国能发安全规〔2022〕100 号）第二十二条
9.2.3	应按时开展应急演练	10	查询演练记录，是否每年至少进行 1 次应急演练	没有按时开展应急演练不得分	《电力行业网络安全管理办法》（国能发安全规〔2022〕100 号）第二十一条
10	**光缆**	**70**			
10.1	检查 OPGW 光缆引下接地、检查 ADSS 光缆磨损及电腐蚀情况、检查光缆接头盒	10	检查 OPGW 光缆引下线是否满足三点接地要求	未做三点接地扣 10 分；未规范做三点接地，一点扣 2 分	《防止电力生产事故的二十五项重点要求》（国能发安全〔2023〕22 号）第 19.3.23 条
		10	检查 ADSS 挂点两侧光缆是否存在磨损、电腐蚀现象	ADSS 挂点两侧光缆存在磨损、电腐蚀现象扣 10 分	《电力系统光纤通信运行管理规程》（DL/T 547—2020）第 6.4.2.3 条
		10	检查光缆接头盒是否密封良好	光缆接头盒未密封，存在进水等可能，扣 10 分	《防止电力生产事故的二十五项重点要求》（国能发安全〔2023〕22 号）第 19.3.24 条

续表

序号	检查项目	标准分	检查内容	检查扣分说明	检查依据
10.2	检查光缆标识	10	检查光缆标签标识是否准确完备	发现无明显光缆标识牌，一处扣2分	《防止电力生产事故的二十五项重点要求》（国能发安全〔2023〕22号）第19.3.24及19.3.25条
10.3	检查导引光缆敷设情况	10	检查导引光缆防护管防水封堵是否良好	导引光缆防护管未做防水封堵一处扣3分	《防止电力生产事故的二十五项重点要求》（国能发安全〔2023〕22号）第19.3.24条
		10	检查电缆沟内导引光缆敷设是否采取有效的阻燃隔离措施	电缆沟内导引光缆敷设未采取有效的阻燃隔离措施，一条扣4分	《防止电力生产事故的二十五项重点要求》（国能发安全〔2023〕22号）第19.3.24条
10.4	检查光缆路由情况	10	检查220kV及以上电压等级并网的重要并网厂（场）站，是否具备两条及以上完全独立的光缆敷设沟道（竖井）。220kV及以上线路光缆进站应具备至少两条相互独立的路由，不存在同沟道、共竖井进入通信机房或主控室的情况	同沟道一处扣5分	《防止电力生产事故的二十五项重点要求》（国能发安全〔2023〕22号）第19.3.4条
11	**通信设备**	**70**			
11.1	检查设备运行状态	10	检查板卡是否有异常告警或故障	办卡存在异常告警或故障，一处扣4分	《电力系统光纤通信运行管理规程》（DL/T 547—2020）第6.5.2条
		10	检查设备的电源线、接地线、尾纤跳纤、同轴电缆等线缆连接是否可靠，光跳纤弯曲半径是否满足要求	连接不可靠一处扣2分；光跳纤弯曲半径不满足要求，一处扣3分	《电力系统光纤通信运行管理规程》（DL/T 547—2020）第6.5.1.2条
		10	检查光传输设备是否运行超过10年且非自主可控	光传输设备运行超过10年且非自主可控，一处扣5分	《关于做好发电调度2021年项目落实和2022年项目立项储备工作的通知》（鲁电调技〔2021〕22号）

续表

序号	检查项目	标准分	检查内容	检查扣分说明	检查依据
11.2	检查设备、业务标签标识	10	检查通信设备、业务标签标识是否准确完备	通信设备、业务标签标识缺少一处扣2分；手写一处扣1分	《电力通信运行管理规程》（DL/T 544—2012）第11.1.2条
11.3	核心板卡双重化配置	10	检查光传输设备核心板卡（如交叉板、电源板等）是否满足冗余配置	光传输设备核心板卡（如交叉板、电源板等）不满足冗余配置，一处扣4分	《防止电力生产事故的二十五项重点要求》（国能发安全〔2023〕22号）第19.3.2条
11.4	检查设备供电、接地情况	10	检查光传输设备、双路供电的光路子系统、调度交换机等设备两路电源是否取自完全独立的两套直流电源；采用单路供电的光路子系统，承载保护的光路子系统设备应与保护接口装置来自同一套电源取电	未取自完全独立的两套直流电源，一处扣5分；采用单路供电的光路子系统，承载保护的光路子系统设备未与保护接口装置来自同一套电源取电，一处扣5分	《防止电力生产事故的二十五项重点要求》（国能发安全〔2023〕22号）第19.3.2、19.3.8、19.3.9条
		5	检查通信设备是否使用独立的空气开关、断路器或直流熔断器供电	通信设备未使用独立的空气开关、断路器或直流熔断器供电，一处扣2分	《防止电力生产事故的二十五项重点要求》（国能发安全〔2023〕22号）第19.3.26条
		5	检查通信设备接地是否牢固、无锈蚀	通信设备接地出现不牢固、锈蚀情况，一处扣2分	《电力系统通信站过电压防护规程》（DL/T 548—2012）第4.1.1.3条
12	**通信电源**	**70**			
12.1	检查通信电源配置情况	15	检查220kV及以上电压等级并网的厂（场）站是否配备两套独立的通信专用电源（含独立通信电源和一体化电源系统通信专用DC/DC变换装置配置），且两套通信电源的交流、整流和直流分配部分完全独立运行	未配备两套独立的通信专用电源，一处扣10分；两套通信电源的交流、整流和直流分配部分未完全独立运行，一处扣5分	《防止电力生产事故的二十五项重点要求》（国能发安全〔2023〕22号）第19.3.11条

续表

序号	检查项目	标准分	检查内容	检查扣分说明	检查依据
12.1	检查通信电源配置情况	15	检查通信电源系统整流容量、蓄电池后备时间是否满足要求。每套独立通信电源整流模块总容量应大于通信站总负载电流与该套通信电源所带全部蓄电池组 10 小时率放电电流之和（承载省际及以上骨干通信网业务或 220kV 及以上继电保护、安控业务的通信站点，应采用 2 倍蓄电池组 10 小时率放电电流计算），整流模块数量按 N+1（$N \geqslant 2$）原则配置，每套蓄电池容量应满足站内通信设备独立供电时长不小于 4h；每套一体化电源系统通信专用 DC/DC 变换装置配置的变换模块数量应满足 N+1（$N \geqslant 2$）原则，总容量应在模块数量为 N 的情况下，大于通信站总负载之和	整流模块每少一块，扣 5 分	《防止电力生产事故的二十五项重点要求》（国能发安全〔2023〕22 号）第 19.3.12 条、《通信电源技术、验收及运行维护规程》（Q/GDW 11442—2020） 第 5.2.4.3 及 5.2.4.4 条
		15	检查上下级空气开关容量配置是否满足级差配合要求	上下级空气开关容量配置不满足级差配合要求，一处扣 3 分	《防止电力生产事故的二十五项重点要求》（国能发安全〔2023〕22 号）第 19.3.26 条
		15	检查独立通信电源整流模块交流输入侧、一体化电源系统通信专用 DC/DC 变换装置的变换模块直流输入侧是否配置独立空气开关	未配置独立空气开关，一处扣 3 分	《防止电力生产事故的二十五项重点要求》（国能发安全〔2023〕22 号）第 19.3.11 条
12.2	检查通信电源输入可靠性	10	检查独立通信电源或一体化电源系统通信专用 DC/DC 变换装置输入是否可靠。220kV 及以上电压等级并网的厂（场）站，使用独立通信电源供电时，其交流输入应由能自动切换的、可靠的、来自不同站用变压器母线段的双回路交流电源供电；采用全站一体化电源通信专用 DC/DC 变换装置供电时，两套变换装置电源应分别引自站内不同电源	独立通信电源或一体化电源系统通信专用 DC/DC 变换装置输入不可靠，一处 5 分	《防止电力生产事故的二十五项重点要求》（国能发安全〔2023〕22 号）第 19.3.11 条
13	**业务承载方式**	**60**			

续表

序号	检查项目	标准分	检查内容	检查扣分说明	检查依据
13.1	检查保护、安控业务	20	检查保护、安控等重要生产业务是否满足“双设备、双路由”运行要求，保护装置是否具备“双接口、三路由”改造条件（具备条件的应积极推进改造）	保护装置具备“双接口、三路由”改造条件而未改造的，一处扣10分	《华北直调线路保护双通道运行管理规定（试行）》（华北分调〔2019〕120号）第三条
13.2	检查调度数据网业务	20	检查调度数据网业务承载是否规范。配置双套传输设备的并网厂（场）站调度数据网业务由各级传输网络两套设备分别承载	配置双套传输设备的并网厂（场）站调度数据网业务由各级传输网络一套设备分别承载，一处扣10分	《山东省电力并网运行管理实施细则》（鲁监能市场〔2023〕53号附件1）第五十九条
13.3	检查调度交换业务	10	检查省调直调电厂是否至少具备省调、地调两种调度电话接入方式，且两种方式不存在共用路由、设备情况（地方电厂、新能源场站以及用户站调度电话注册至地调和地调备调的调度软交换系统）	采用一种方式接入，扣10分	《防止电力生产事故的二十五项重点要求》（国能发安全〔2023〕22号）第19.3.7条
		10	检查厂（场）站调度电话是否具备录音功能，调度电话录音应至少保留6个月	不具备录音功能，扣5分；录音保存时间短于6个月，扣5分	《防止电力生产事故的二十五项重点要求》（国能发安全〔2023〕22号）第19.3.42条
14	**机房环境**	**70**			
14.1	检查机房动环监控	20	检查通信电源系统状态及告警信息、通信机房温湿度等监控信息是否接入24h有人值班场所	未接入24h有人值班场所，扣20分；接入信息不全，一处扣5分	《防止电力生产事故的二十五项重点要求》（国能发安全〔2023〕22号）第19.3.29条
14.2	检查沟道、竖井是否存在隐患	10	检查机房管沟孔洞封堵是否良好，电缆竖井、沟道防火措施是否到位	防火措施不到位，一处4分	《防止电力生产事故的二十五项重点要求》（国能发安全〔2023〕22号）第17.2.9条
14.3	检查机房基础环境	10	检查机房门窗是否密闭，通信机房空调制冷能力是否正常	门窗未密闭，扣4分；制冷能力不满足要求，一处扣4分	《防止电力生产事故的二十五项重点要求》（国能发安全〔2023〕22号）第19.3.27条

续表

序号	检查项目	标准分	检查内容	检查扣分说明	检查依据
14.3	检查机房基础环境	10	机房防水、防火、防小动物措施是否到位	缺少一处防范，扣 3 分	《电力通信运行管理规程》（DL/T 544—2012）第 10.2 条
		10	通信设备以及配置的滤网、防尘罩应定期进行清理、除尘	通信设备以及配置的滤网、防尘罩未定期进行清理、除尘，一处 3 分	《防止电力生产事故的二十五项重点要求》（国能发安全〔2023〕22 号）第 19.3.40 条
14.4	检查机房接地情况	10	检查通信机房接地是否满足要求	通信机房未良好接地，一处扣 5 分	《防止电力生产事故的二十五项重点要求》（国能发安全〔2023〕22 号）第 19.3.38 条
15	**运维检修**	**60**			
15.1	检查通信运行维护工作规范性	30	检查电厂日常运行维护工作是否规范，是否定期开展光缆空余纤芯测试、蓄电池充放电试验等工作，并留有测试记录	缺少一项测试，扣 10 分；测试不规范，一项扣 5 分	《电力系统光纤通信运行管理规程》（DL/T 547—2020）第 6.4.3 条、《防止电力生产事故的二十五项重点要求》（国能发安全〔2023〕22 号）第 19.3.30 条
15.2	检查通信运行资料完备性及准确性	20	检查电厂通信运行资料（通信业务台账、光缆路由图、电源接线图等）是否完备，通信业务台账与现场实际情况及电网侧通信业务台账是否一致；光缆路由图及通信电路图是否与现场实际情况一致	缺少一项，扣 5 分；图实不符，一项扣 5 分	《电力通信运行管理规程》（DL/T 544—2012）第 10.5 条
15.3	检查电厂设备检修工作规范性	10	检查电厂对并网通信设备设施进行检修工作前，是否提前向电力通信调度机构申报，并获得许可	未申报，扣 10 分	《电力通信运行管理规程》（DL/T 544—2012）第 8.1.3 条